全国勘察设计行业
优秀水系统工程案例集

中国勘察设计协会水系统分会　主编

中国建筑工业出版社

图书在版编目（CIP）数据

全国勘察设计行业优秀水系统工程案例集/中国勘
察设计协会水系统分会主编. —北京：中国建筑工业出
版社，2020.12
ISBN 978-7-112-25584-9

Ⅰ．①全… Ⅱ.①中… Ⅲ.①给排水系统—建筑设计
—图集 Ⅳ.①TU991.02-64

中国版本图书馆 CIP 数据核字(2020)第 227260 号

本书配套资源下载流程：
中国建筑工业出版社官网 www.cabp.com.cn→输入书名或征订号查询→
点选图书→点击配套资源即可下载。
重要提示：下载配套资源需注册网站用户并登录，该配套资源有效期为本
书出版后五年。

责任编辑：张文胜　于　莉
责任校对：焦　乐

全国勘察设计行业优秀水系统工程案例集
中国勘察设计协会水系统分会　主编
*
中国建筑工业出版社出版、发行（北京海淀三里河路 9 号）
各地新华书店、建筑书店经销
北 京 红 光 制 版 公 司 制 版
北京建筑工业印刷厂印刷
*
开本：787 毫米×1092 毫米　1/16　印张：29　字数：686 千字
2020 年 12 月第一版　　2020 年 12 月第一次印刷
定价：**92.00** 元
ISBN 978-7-112-25584-9
(36389)

编 委 会

主 任：

徐文龙　中国建设科技集团股份有限公司　副总裁

副主任（按姓氏拼音排序）：

陈　永　亚太建设科技信息研究院有限公司　副总经理

杜永新　中铁第四勘察设计院集团有限公司　处长

关兴旺　亚太建设科技信息研究院有限公司　总编

韩　冰　中冶京诚工程技术有限公司　副总裁

黄　鸥　北京市市政工程设计研究总院有限公司　专业总工

黄晓家　全国工程勘察设计大师、中国中元国际工程有限公司　总工

李国洪　中国市政工程中南设计研究总院有限公司　副总工

李彦春　中国市政工程西南设计研究总院有限公司　董事长

路　琦　北控水务集团有限公司　总监

史春海　中国市政工程西北设计研究院有限公司　董事长

王　研　中国建筑西北设计研究院有限公司　院专业总工

王　育　上海市政工程设计研究总院（集团）有限公司　副总裁

吴凡松　中国市政工程华北设计研究总院有限公司　总经理

徐　扬　华东建筑集团股份有限公司　专业总师

张富国　中国市政工程东北设计研究总院有限公司　副院长

赵乐军　天津市市政工程设计研究总院　副总工

赵　锂　中国建筑设计研究院有限公司　副总经理/总工

委　员（按姓氏拼音排序）：

陈永青　华蓝设计（集团）有限公司　副总工

程宏伟　福建省建筑设计研究院有限公司　顾问总工

丰汉军　广州市设计院　院副总工

归谈纯　同济大学建筑设计研究院（集团）有限公司　集团副总工

郭　飞　江苏省建筑设计研究院有限公司　给排水总工

金　鹏　中国建筑东北设计研究院有限公司　专业总工

3

李　波　中国建筑西南设计研究院有限公司　院副总工

李成江　中国市政工程华北设计研究总院有限公司　顾问总工

李骏飞　广东省建筑设计研究院有限公司　副总工

李树苑　全国工程勘察设计大师、中国市政工程中南设计研究总院有限公司　顾问总工

李　艺　全国工程勘察设计大师、北京市市政工程设计研究总院有限公司　总工

栗心国　中南建筑设计院股份有限公司　副总工

刘　俊　东南大学建筑设计研究院有限公司　专业总工

马小蕾　中国市政工程西北设计研究院有限公司　总工

唐建国　上海城市建设设计研究总院（集团）有限公司　总工

王　峰　华南理工大学建筑设计研究院有限公司　副总工

王家良　四川省建筑设计研究院有限公司　院常务副总工

王靖华　浙江大学建筑设计研究院有限公司　总工

王如华　上海市政工程设计研究总院（集团）有限公司　院副总工

王雪原　中国市政工程西南设计研究总院有限公司　总院专业总工

徐　凤　上海建筑设计研究院有限公司　资深总工

薛学斌　中衡设计集团股份有限公司　副总工

俞士静　上海市政工程设计研究总院（集团）有限公司　副总工

张　彬　亚太建设科技信息研究院有限公司　所长

张晓昕　北京市城市规划设计研究院　所长

赵力军　广州市设计院　教授级高级工程师

郑克白　北京市建筑设计研究院有限公司　副总工

郑文星　深圳市建筑设计研究总院有限公司　给排水总工

统　稿：

贠金娟　亚太建设科技信息研究院有限公司　副主任

杨　曦　亚太建设科技信息研究院有限公司　编辑

鸣谢单位：

广东纽恩泰新能源科技发展有限公司

山东东信塑胶科技有限公司

前　言

　　中国勘察设计协会行业优秀勘察设计奖每两年一次，逢单数年组织评选，是勘察设计行业享有盛誉的奖项，旨在推动全国工程勘察设计行业技术创新，提高工程勘察设计质量和水平，引导、鼓励工程勘察设计单位和工程勘察设计人员创作出更多质量优、水平高、效益好的工程勘察设计项目，促进技术进步，加快科技成果应用。

　　优秀水系统工程项目奖申报范围包括：

　　（一）水环境系统工程：海绵城市、城市水环境综合治理、管网、水源地、水质深度处理与提标改造、城市地下综合管廊、智慧水务、村镇水环境综合治理、市政高浓度污废水工程设计。

　　（二）建筑水系统工程：二次供水、居住建筑给水排水、公共建筑给水排水、场站建筑给水排水工程设计。

　　优秀水系统工程参评项目由全国各省（市）勘察设计协会评审推荐，评审委员会由来自全国给水排水行业具有深厚学术造诣和丰富实践经验的知名专家组成。在中国勘察设计协会的领导下，评优工作由中国勘察设计协会水系统分会组织，并坚持高标准、严要求、公平、公正、公开，好中选优的原则，评审形成提名项目名单，经中国勘察设计协会网站公示，并由中国勘察设计协会奖励委员会审定，最终确定获奖名单。获奖项目具有时代性和权威性，代表了当前水系统工程设计行业的较高水平。

　　优秀水系统工程，2017年有效申报项目107项，获奖项目63项，其中一等奖11项，二等奖22项，三等奖30项。2019年有效申报项目171项，获奖项目63项，其中一等奖13项，二等奖22项，三等奖28项。鉴于书籍版面有限，本书收录了2017年一等奖项目和2019年一等奖、二等奖项目，共46项，分为水环境系统工程和建筑水系统工程。

　　本书采用图文并茂的编写形式，结合网络配套资源的表现方法，以获奖工程为依托，请获奖项目团队总结凝练，汇编成籍。力求做到内容翔实、重点突出，对指导实际工程设计有较强的指导性和可操作性。希望通过对优秀获奖项目的广泛宣传和推介，促进互相交流和借鉴，加强工程设计人员的创新实践与总结凝练，并以此推动行业的进步与发展，以及人才的培养与提升。

　　从创优到评奖，从工程设计到技术总结，至今凝练汇籍出版，包含了众多工程的设计者、撰写者、评审人员和编辑人员的智慧与汗水，在此，中国勘察设计协会水系统分会向他们致以最真挚地感谢和崇高的敬意！

　　本书策划、编辑过程时间紧、工作量大，如有疏漏和不足之处，敬请批评指正。

中国勘察设计协会水系统分会

目　录

水环境系统工程

建筑水系统工程

水环境系统工程

2019 年一等奖

九天湖综合整治工程①

- 设计单位：　中国市政工程中南设计
　　　　　　研究总院有限公司
- 主要设计人：陈才高　万年红　曾朝银
　　　　　　周　斌　翟作卫　陶光辉
　　　　　　骆晨光　李　伟
- 本文执笔人：翟作卫

作者简介：

翟作卫，高级工程师，中国市政工程中南设计研究总院有限公司。研究方向：市政给水排水、城市防洪、黑臭水体治理、海绵城市。

一、工程概况

本工程位于厦门市集美区集美新城核心区西侧，为杏林湾水域一部分，流域面积9.4km²，周边分布灵玲国际马戏城、大明广场、集美区政府、中航城、厦门园博苑等多个公共建筑及居住小区；2015年前湖区黑臭严重，水浮莲遍布全湖，死鱼泛滥，2015年正式启动改造，2017年建设完成，极大地改善和提高了九天湖水质，对提高居民生活环境和城市整体形象具有十分重要的意义。

对全流域污水及雨水排放系统存在的问题进行了整体梳理，系统规划，按照"源头减量、过程控制、末端治理"的总体思路，采取针对性的工程措施，工程内容主要包括截污工程（含CSOs调蓄池）、环保清淤工程、护岸、步道及景观工程、水动力改善工程等多个子项工程，项目投资约2.9亿元。

二、现状分析

1. 九天湖水域污染现状

由于九天湖区域地处杏林湾尾部，水动力条件差，且周边现状尚有多处村庄尚未拆迁，水污染较为严重。2015年3月，由于水体污染，湖区出现大面积死鱼，臭味猛增，引发居民投诉，造成了较大社会影响。此后，为避免污染严重的水体进入杏林湾下游其他水域，在园博园生态岛区域进行了临时围堰，使污水不再扩散，并设置临时提升泵站，将湖区污水提升进入九天湖A区处理站，随着气温的逐步升高，水体水浮莲迅速扩展至整个九天湖水域，水体功能严重丧失。根据现状调查，九天湖区域内的排出口共有4处，分布如图1所示。

1号出水口为董任村排水出口，现状为2-D1500排水管道，管底高程为0.170m，从现状护岸顶部进入九天湖区，出水量大，污染较重。2号出水口为锦源溪出水口，在杏锦

---

① 该工程设计主要工程图详见中国建筑工业出版社官方网站本书的配套资源。

图1 九天湖区域现状排出口分布图

路西侧为锦源溪，从锦园村流来，在杏锦路东侧九天湖排洪沟，从海翔大道而来，两者交汇后，通过诚毅南路下(3～4)×3.0(m)箱涵，进入九天湖，为本流域断面最大，污水量最大的出水口（图2）。3号出水口为诚毅南路现状雨水出水口，管道口径为DN1500，管底标高为－0.780m，现状踏勘时可见污水流出（图3）。4号出水口为立言路雨水排出口，管道口径为DN1400，根据原设计图纸，管底标高为－1.570m，现场踏勘时仅能看到管顶部分，其他部分淹没于水下。

图2 2号出水口现状

图3 3号出水口现状

九天湖流域较大，北至高速公路以北，西至杏前路铁路区域，南至杏林湾路以南，东至西亭村，范围内的雨水通过锦园溪、排洪管涵，排向九天湖，污水也最终排向九天湖污水处理站和九天湖A区污水处理站。

区内现状村庄包括锦园社区（锦园、寨内、后浦）、三社社区（西蔡、东蔡）、西亭社区（湖内、上店、郭厝、官任）、董任和内林的部分城中村。建成区主要有中亚城、中航城、杏北工业区部分。

根据工程分段，整个九天湖流域范围内位于北部的1～4号排出口划归为本工程范围，南部的出水口划归为滨水西岸截流系统改造工程。1号出口服务范围即为董任村流域，汇水面积为0.45km²；2号出口服务范围为锦源溪流域，汇水面积为9.0km²；3号、4号出口服务范围为西亭南路流域，汇水面积为 0.45km²。

2. 九天湖护岸现状分析

九天湖两侧，官任段护岸和绿化以及 IOI 段护岸及绿化均已建设完成，大民广场段护岸已建设完成；诚毅南路段，现状尚为土坡，岸线未完成设计工作，也未进行整治；马戏城段，施工图设计已完成，设计护岸总长为 836m，实际施工了 K0＋000～K0＋210 段和 K0＋550～K0＋836 两段，分别为马戏城北侧和靠近诚毅南路段，共建设了 496m，尚有 340m 未建设。

步道方面，目前官任段岸线后的绿化和步道、自行车道均已建设完成；IOI 段岸线后的绿化和步道、自行车道均已建设完成；马戏城段原设计时未设计绿化、步道和自行车道；大民广场段，建筑紧贴岸线，人行步道位于大民广场商业区中部；诚毅南路段，尚未设计绿化、步道和自行车道。

3. 九天湖淤积现状

由于目前湖区水浮莲密布，无法进行详细的库底高程测量，根据目前 70～100m 间距的钻孔数据，现状位于杏林湾路以南的区域清淤基本达到设计的库底高程（－2.24m）；靠近杏林湾路桥梁两侧，现状库底标高在－1.50m 左右，尚未达到设计清淤库底高程；靠近大民广场段库底高程已基本清淤到设计库底高程；在靠近马戏城段，湖区中部尚有原施工便道，顶高程 1.2m 左右。

以上这些尚未清淤到设计标高的地区，需要进行清淤，达到设计高程（－2.24m）。

4. 九天湖底泥沉积物现状

水体的污染会带来底泥沉积物的污染，这些底泥的沉积污染物质，如果超过一定的标准，而不进行清除，则可能会在九天湖截污完成，水体上部水质逐步改善时，底泥中的污染物质逐步释放到上部的水体，进而污染上部水体，成为内源性污染源。因此，如果底泥沉积物超过允许标准，也需要将这些受污染的淤泥进行清除。

前期进行淤泥调查时，分别在库首、库中、库尾均匀布置了 4 个钻孔。

对这 4 个对取样点处底泥采用取样器采集柱状样品，按底泥的实际厚度分别自上至下按 0～10cm、10～30cm、30～60cm、60～100cm、100～150cm，150～200cm，分段分层取样，对各层所取样品分别进行污染物质检测，主要检测指标为底泥中有机碳、总磷（TP）、总氮（TN）、硫化物以及重金属物质含量（铜、镍、铅、铬、镉、汞、砷），用于查明深度方向上污染物质的分布规律，为清淤工程提供技术支撑。

根据厦门地质工程勘察院取样，并委托国土资源部福州矿产资源监督检测中心（福建省地质测试研究中心）检测，各物质含量如表 1 所示。根据检测结果，对各污染物质分层分区域变化规律分析。

根据《海洋沉积物质量》GB 18668—2002 的相关规定，按照海域段不同使用功能和环境保护目标，海洋沉积物质量分为三类：

第一类：适用于海洋渔业水域，海洋自然保护区，珍稀与濒危生物自然保护区，海水养殖区，海水浴场，人体直接接触沉积物的海上运动或娱乐区，与人类食用直接有关的工业用水区。

第二类：适用于一般工业用水区，滨海风景旅游区。

第三类：适用于海洋港口水域，特殊用途的海洋开发作业区。

底泥中污染物质检测结果

表 1

分析编号	样品原号	取样深度 (m)	N 10⁻²	Cu 10⁻⁶	Pb 10⁻⁶	Ni 10⁻⁶	Cr 10⁻⁶	P 10⁻⁶	As 10⁻⁶	Hg 10⁻⁶	S 10⁻²	有机碳 C_{org} 10⁻²	Cd 10⁻⁶
2503386	ZK3Y1	0~0.1	0.187	560.6	101.2	102	411.2	5101	17.76	0.252	0.526	5.19	1.1
2503387	ZK3Y2	0.1~0.3	0.304	424.1	86.5	94.7	292.5	3584	14.7	0.267	0.352	3.33	0.678
2503388	ZK3Y3	0.3~0.6	0.359	644.9	90.8	121.4	431.6	4199	14.22	0.277	0.459	4.15	0.745
2503389	ZK3Y4	0.6~1.0	0.36	701.5	94.7	128.3	405.6	4281	14.55	0.325	0.505	4.35	1.02
2503390	ZK3Y5	1.0~1.5	0.372	660.2	93.1	128	397.9	4363	14.13	0.278	0.536	4.44	0.981
2503391	ZK3Y6	1.5~2.0	0.328	561.3	89.8	121.4	336.5	3968	13.77	0.275	0.453	3.81	0.915
2503392	ZK25Y1	0~0.1	0.044	13.9	36.5	28.1	79	292	7.01	0.032	0.551	0.81	0.061
2503393	ZK25Y2	0.1~0.3	0.038	10	32.5	24.8	70.2	267	7.21	0.029	0.481	0.75	0.045
2503394	ZK25Y3	0.3~0.6	0.039	11.2	33.6	21.7	53.3	247	6.77	0.027	0.434	0.69	0.042
2503395	ZK25Y4	0.6~1.0	0.027	7.3	23.3	13.7	40	181	4.7	0.018	0.293	0.44	0.033
2503396	ZK25Y5	1.0~1.5	0.047	12.6	38.9	25.2	67.2	297	7.35	0.031	0.541	0.89	0.048
2503397	ZK25Y6	1.5~2.0	0.03	9.9	26.8	16.3	40.9	231	5.47	0.02	0.392	0.59	0.033
2503398	ZK41Y1	0~0.1	0.04	11	32.2	20.1	45.6	268	7.23	0.023	0.571	0.86	0.043
2503399	ZK41Y2	0.1~0.3	0.051	23.5	35.9	24.2	56.9	363	7.25	0.029	0.565	0.92	0.064
2503400	ZK41Y3	0.3~0.6	0.05	14.4	38	25.6	55	312	6.73	0.029	0.581	0.89	0.036
2503401	ZK41Y4	0.6~1.0	0.039	15.7	30.4	19.4	44.7	287	5.94	0.026	0.445	0.75	0.036
2503402	ZK41Y5	1.0~1.5	0.046	13	36.1	23.6	51.7	316	6.79	0.026	0.555	0.86	0.057
2503403	ZK41Y6	1.5~2.0	0.023	6.4	21	11	27.4	235	3.99	0.016	0.21	0.35	0.061
2503404	ZK58Y1	0~0.1	0.121	171.9	46.6	120.4	178.8	1462	6.41	0.129	0.32	1.71	0.305
2503405	ZK58Y2	0.1~0.3	0.017	5.7	17.2	8.6	28.4	166	3.42	0.018	0.127	0.27	0.026
2503406	ZK58Y3	0.3~0.6	0.039	10.5	31.1	18.9	42.5	299	6.07	0.022	0.545	0.83	0.034
2503407	ZK58Y4	0.6~1.0	0.046	12.8	38	23.6	54	351	6.24	0.027	0.617	0.89	0.035
2503408	ZK58Y5	1.0~1.5	0.027	6.4	22.1	12.4	31.9	242	5.27	0.017	0.28	0.43	0.026
2503409	ZK58Y6	1.5~2.0	0.042	8.9	29	18.9	45	290	6.38	0.022	0.643	0.91	0.043

因此，九天湖水域参照第二类，作为工业用水区和滨海风景旅游区，其底质沉积物质量标准如表 2 所示。

底质沉积物质量标准　　　　　　　　　　　　　　　　　表 2

序号	项　目	指标（第二类）
1	废弃物及其他	海底无工业、生活废弃物，无大型植物碎屑和动物尸体等
2	色、臭、结构	沉积物无异色、异臭，自然结构
3	大肠菌群（个/g 湿重）	≤200①
4	粪大肠菌群（个/g 湿重）	≤40②
5	病原体	供人生食的贝类增养底质不得含有病原体
6	汞（$\times 10^{-6}$）	≤0.5
7	镉（$\times 10^{-6}$）	≤1.5
8	铅（$\times 10^{-6}$）	≤130.0
9	锌（$\times 10^{-6}$）	≤350.0
10	铜（$\times 10^{-6}$）	≤100.0
11	铬（$\times 10^{-6}$）	≤150.0
12	砷（$\times 10^{-6}$）	≤65.0
13	有机碳（$\times 10^{-2}$）	≤3.0
14	硫化物（$\times 10^{-6}$）	≤500.0
15	石油类（$\times 10^{-6}$）	≤1000.0
16	六六六（$\times 10^{-6}$）	≤1.0
17	滴滴涕（$\times 10^{-6}$）	≤0.05
18	多氯联苯（$\times 10^{-6}$）	≤0.20

① 对供人生食的贝类增养底质，大肠菌群（个/g 湿重）要求≤14。

② 对供人生食的贝类增养底质，粪大肠菌群（个/g 湿重）要求≤3。

注：除大肠菌群、粪大肠菌群、病原体外，其余数值测定项目（序号 6～18）均以干重计。

根据检测数据和相关指标，可以看出 ZK3 各个深度上的 N、P 相比较于其他区域钻孔，数值均高出 10 倍以上，虽然没有标准指标参考，但如果以其他 3 个钻孔处的含量为库区底泥中 N/P 含量的基准值，可以得出超标严重的结论。其他的指标方面，ZK3 各个深度 Cu 超标 5～7 倍，Ni 超标 2 倍，Cr 超标 3 倍，有机碳超标 1.5 倍，其他污染物质未超标，而其他区域的钻孔，除个别异常数据外，均位于标准值范围内。因此可以判定，位于库区头部的区域，由于锦源溪和董任村排污口的大量排污，造成底泥污染严重，而且该区域尚未进行清淤，淤泥为多年沉积，从目前取得 2m 深度的化验结果看，污染物质并未呈现自上而下的递减，说明这 2m 厚度的淤泥均为近年沉积，而且实际污染深度超过 2m。由于污染物质已在上游沉积，且下游大部分区域前期已进行清淤达到设计底高程，下游区域底泥污染物质指标处于相对较低的水平。

因此，为彻底清除内源污染物质，有必要对这些受污染区域的受污染淤泥全部清除。

5. 现状九天湖水动力存在的问题分析

整个杏林湾水域上游只有后溪水流下泄补充，目前在集杏海堤建了闸，日常运行中，未开闸与海域水体进行交换，为相对封闭的水体，目前杏林湾水域底高程在−2.24m 左右，常水位在−0.50m 左右，水深仅 1.74m 左右，为宽浅型水体，水底坡度平缓，不会有明显的垂直环流。在杏林湾集美新城和园博园与集美大道、田集连接线之间的水域，水域面积相对较大，上游还有后溪水流的补充，在后溪水流和风场的相互作用下，水体尚能具备一定的流动性，有利于水体的复氧和污染物质的扩散自净。

而九天湖域位于杏林湾库区的尾部，水域狭长，下游受园博园岛屿建设的影响，与杏林湾大水域水体交换被阻隔，上游锦源溪目前排放的均为污水，没有清洁水源补充，虽然污染物质总量在截污工程完成后会得到大量消减，但旱季除了九天湖处理站的尾水进入水体进行补充外，周围也不会有其他清洁水源进行补充，在该区域内必然形成死水区域，水体不流动，水体复氧能力差，自净能力不足，水体水质也必然很容易恶化。

因此，有必要采取一些人工干预措施，增强水体的水动力学条件，增大水体循环速度，改善水体流态，通过水流的碰撞和扩散，增大水体复氧能力，增强水体的自净能力，以达到改善水环境、水体自我修复、水质长期稳定保持的目的。

三、面临的问题与需求分析

1. 外源污染方面

九天湖流域范围内，目前建设情况较为复杂，已建成区采用完全分流体制，但由于市政污水系统建设不完善，部分污水处理站进出水管网未建设，污水处理站未正常运行，分流制收集的污水最终仍排入了九天湖；城中村区域采用合流制排放体制，最终也进入了九天湖，造成九天湖湖水的污染。

总结来看，近期污染来源主要有：

(1) 村庄合流制污水。现状董任村合流制污水，通过 1 号排出口进入九天湖；锦园社区的锦园村、寨内村、后浦村，三社社区的西蔡村和东蔡村合流制污水进入锦源溪，西亭社区的湖内村合流制污水进入九天湖排洪沟，交汇后，最终通过诚毅南路的（3～4）×3.0m 箱涵，进入九天湖，西亭社区的西亭村的分水线西侧部分，合流制污水最终通过诚毅南路的 DN1500 管道和立言路的 DN1400 管道，进入九天湖区域。

(2) 建成区未处理而溢流的污水。由于九天湖处理站目前进出水管道尚未接通，九天湖处理站尚未启用，而区域内中航城等居住小区目前已经入住，建成区分流制污水管道收集的污水，最终出路也是进入九天湖水域。

(3) 建成区雨污混接污水。根据国内多个城市管网普查结果，分流制建成区的住宅小区内，虽然进行了雨污分流建设，但通常由于居民装修改造，会将污水排入雨水管道内。另外，居民一般均将洗衣机等设置阳台，居民洗涤废水通常也是排入阳台雨水管道中，小区商铺等装修建设时，也通常会将污水排入雨水管道，或者在雨污水管道施工时，将雨水和污水管道错接，这些有意无意的错接情况，在城市分流制管道上普遍存在，最终均导致污水进入雨水管道，进而通过雨水排放出口，进入城市水域。

(4) 初雨携带的污染。初期雨水指从降雨形成地面径流开始，前 12.5mm（1/2 英寸）降雨形成的径流量，国外称之为 first-flush，近年来，初期雨水的污染问题在国内外开始受到关注。

初期雨水挟带有相当高浓度的污染物质，其排入水体产生污染的问题已经引起关注，初期雨水污染物治理应从以下三方面着手：1）源头减量，就地处理；2）收集调蓄处理；3）加强维护管理。对于多湖泊城市，建议将分散就地减量处理和末端人工湿地处理方法相结合：通过改变地面径流条件，增加降雨向地下的渗透，减少地面径流量；通过分散式初期雨水处理设施，使得雨水在进入湖泊、河道之前得到适当处理。这些措施可以减少进入湖泊初期雨水污染负荷，对水环境的改善具有积极意义。

远期区域全部分流制改造完成后，污染来源主要有：建成区雨污混接污水和初雨携带的污染。

以上污染源，无论近期还是远期，最终均通过排洪沟渠和雨水管涵进入九天湖区域，造成九天湖水域的污染，尤其是对于杏林湾这种相对封闭的水域，九天湖位于其尾部，水动力条件最差的区域，这些污染物质的进入造成的影响就更大。

因此，有必要对现状和远期可能的所有排入九天湖区域的雨水管涵、排洪沟渠进行污染的截流，且由于九天湖自身水动力条件缺陷，尽可能截流这些污染源显得尤为迫切和必需。

2. 内源污染方面

库区清淤仅有约一半的区域清淤达到了设计底高程，另外一半的区域尚未达到设计高程，而且目前已经清淤到设计标高的底泥中，存在超过允许标准的污染物质，也需要进行清除，从而清除内源污染物质。

3. 护岸景观方面

诚毅南路段尚未完成设计，马戏城段已有设计图纸，但并未全部施工，尚有 340m 长度护岸未建设完成，另外马戏城和 IOI 段位于杏林湾路桥下的衔接段，也尚未完成设计。因此，九天湖段的护岸需要进一步建设完善，尚没有完成设计的，需要进行设计；已完成设计尚未施工的，由于条件的变化，也需要进行进一步复核，确认原设计图纸是否仍可以利用；已经施工的，由于上部条件的变化，是否需要加强加固，也需要进行复核。

四、系统设计

为解决九天湖区域的污染现状，对其水体水环境的修复就成为必然，根据现场实际情况，制定系统设计路线如下：

（1）九天湖外源污染控制系统：主要针对进入九天湖的污水进行截流处理，切断向九天湖排放营养物的污染源，从根本上消除水体污染和富营养化的主要人为外源性污染源，为水质改善提供基本条件。

（2）九天湖内源污染控制系统：主要针对目前沉积的污染底泥进行清淤，对湖底受污染的沉积物进行疏浚清除，避免底泥中污染物质的释放，增强底泥对水体的净化能力，从而达到对九天湖的有效治理。

（3）水动力学的修复改善系统：通过人工措施，加快水体的交换频率，增强水体的流动性，增强湖水下层水体的溶解氧含量，从而达到控制内源性污染，降低水体污染物浓度，进而改善水体质量的目的，常用措施有引水稀释、人工曝气、人工循环等。

五、设计参数

1. 外源污染控制设计参数

（1）预测方法

由于目前区域服务范围内存在现状村庄、分流制改造区域等多种形式，现状村庄为合流制排放体制，通过总体访谈能基本了解常住人口数据，但各村内普遍存在一定数量的流动人口，无法准确获得数据；分流制改造区域内，各区域入住率也不尽相同，无法准确获得人口数据。因此，污水量的预测无法采用单位人口指标，根据调查的污染源构成，初雨的污染量预测需要采用面积指标。

预测时，根据近远期污水源的构成，按照近期、远期进行分别进行。

1）近期需截流污水量预测

旱季污水构成为村庄合流制污水、分流制未处理溢流污水以及雨污混接污水，根据各流域范围内现状建成区、现状村庄区各自的区域面积，采用面积指标进行污水量的预测，其中建成区考虑10％的污水存在雨污混接或末端溢流的情况，村庄区按照全部污水进入雨水系统考虑。

近期初雨的污染方面，按照近期建成区和村庄区域面积进行预测，对现状农地区域，不考虑污染初雨的收集，初雨需要全部进行调蓄方能满足处理站处理能力的要求，调蓄的降雨量按照《室外排水设计规范》GB 50014—2006的推荐数值为4～8mm，考虑到位于岛外地区人口密度较小，为尽量节约工程费用，减小管径和调蓄容积，本次设计取规范下限值（4mm）。

2）远期需截流污水量预测：

远期区域全部改造成为分流制排水体制，主要是雨污混接和初雨污染，雨污混接按照建成区污水总量的10％考虑，初雨截流量按照4mm降雨量考虑，分别进行预测。

（2）预测结果

近期九天湖旱季污水量为3456m³/d，近期初雨截流总量为1.4万m³，按照厦门平均4天一场雨，每天初雨需处理量为3516m³/d。因此，近期旱季处理站需处理的截流水量为6972m³/d，截流倍数取2.0，雨季处理站需处理的截流水量为1.0万m³/d。

远期九天湖旱季污水量为4879m³/d，远期初雨截流总量为2.38万m³，按照厦门平均4天一场雨，每天初雨需处理量为5946m³/d。因此，远期旱季处理站需处理的截流水量为1.0万m³/d，截流倍数取2.0，远期雨季处理站需处理的截流水量为1.4万m³/d。

2. 内源污染控制设计参数

根据本工程的实际特点，由于绞吸船清淤施工船舶的进出场难度大，且绞吸淤泥的脱水和晾晒场地的缺乏，而且本工程其他项目的实施也需要在湖区进行围堰施工，与清淤工程的围堰结合施工，具有协同建设节省工程投资的优点。因此，本工程清淤推荐干塘清淤方式。

清淤标高方面，湖区头部由于污染较重，现状湖底标高约1.5m，对目前调查出的2m深度污染较重的淤泥进行清淤，清淤深度至-3.50m，由于该清淤深度超过了已建设挡土墙底高程（-3.20m），挡土墙安全性受到了影响。因此，清淤完成后，采用洁净土壤快速回填至-2.24m，由于靠近锦源溪箱涵，且箱涵底高程-0.90m，需要采取一定防冲刷措施，因此在靠近出口处抛填1m厚度的块石防冲刷。湖区的其他区域，清淤底高程为-2.24m。

根据前期勘察期间对湖区按照50～100m布置钻孔施工时，测量的湖底数据测算，清淤土方量共计约35万m³。

3. 水动力改善设计参数

利用三维水动力学模型，设计计算方案，对不同的水动力改善工程实施前后，杏林湾以及九天湖区流场、水力停留时间进行模拟和预测；分析工程实施前后湖体流态变化，以及工程对水力停留时间的影响范围和程度，为工程的科学规划和实施提供理论依据。

在官任村和园博园岛屿之间，设置潜水泵站，同时在九天湖区内设置导流堤，使九天湖与园博园之间的水体循环流动。

（1）循环泵站

采用水下贯流泵方式，水泵设置在水面下，水面上方在最高洪水位上方设置必要的检修平台，参照筼筜湖引海水目前每 3 天更新一次，且拟提高到 2 天更新一次的方式，九天湖水体 2 天循环更新一次，每天需补充的水量约 23 万 m³，按照循环泵站每天工作 10h，则泵站规模为 6.4m³/s。极端情况下，通过加大泵站的运行时间，实现 1 天更新一次的目标。

（2）导流管

九天湖内的管道从水动力泵站接出后接入九天湖起端，对九天湖进行水动力循环。

通过分析对比不同典型风场情况下方案实施前后湖流流速变化，可以了解改善工程方案对湖区整体或局部水动力特性的影响（图 4、图 5）。

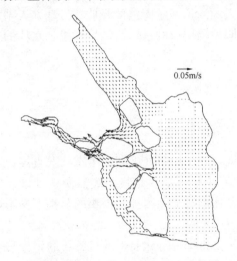
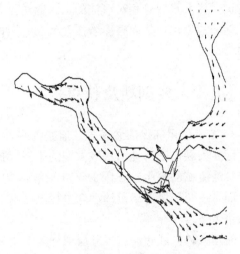

图 4　方案实施后杏林湾水域流速分析　　　图 5　方案实施后九天湖水域流速分析

六、主要工程内容

1. 截污工程

在现状 4 个排放口末端设置截流井，敷设截流管道，将旱季污水接入九天湖污水处理站，进行处理后再排放进入九天湖；同时为了对面源污染进行截流控制，在服务范围最大的 2 号排放口附近设置初雨调蓄池，调蓄池有效容积为 2.6 万 m³，截流调蓄区域内 4mm 的初雨水量，储存调蓄初雨携带的污染，只允许后期的干净雨水进入九天湖，以保护九天湖水体水质；雨停后，将初雨调蓄池储存的污染初雨均匀提升输送至九天湖污水处理站进行处理。

2. 清淤工程

九天湖区域内早期完成了部分区域的清淤，还有部分区域的清淤尚未完成，已经完成的区域近年来回淤比较严重，而且由于水污染在底泥中也产生了部分污染严重的底泥，根据分层取样化验，在库区的首部，底泥污染较为严重。为彻底清淤内源性污染源，对污染严重的底泥需要进行环保清淤，对尚未完成清淤的区域，需要清淤完善。

采用干塘清淤施工方式，对库区进行彻底的清淤，共需要清淤约 35 万 m³，清淤的污染淤泥运往海沧采石场废弃场堆放。

3. 护岸及步道工程

目前尚有九天湖段和诚毅南路段没有施工，现状杂草丛生，影响了整体形象。步道方面，整个杏林湾目前仅剩下九天湖区域尚未建设步道，导致杏林湾步道无法形成环状贯通。因此，结合九天湖综合整治工程，完成护岸及步道工程建设，新建马戏城侧、诚意南路侧护岸及步道约 1100m。

4. 水动力改善工程

结合干塘清淤的有利时机，在官任侧靠近杏林湾大水域侧，建设轴流泵站一座，设计流量 6.4m³/s，从杏林湾大水域侧取水，通过在九天湖湖底埋设 DN2000 预应力钢筋混凝土管道，将大水域侧相对清洁的水源输送至九天湖湾顶诚意南路侧释放，推动九天湖水体从上向下游流动，从而整体增强九天湖和园博园岛屿周边的水体流动性，增加水体的自净能力。

七、工程主要创新及特点

1. 工程采用环保清淤理念，清淤彻底

因九天湖位于杏林湾水域末端的生态保护区，施工期间九天湖的生态状况直接影响整个杏林湾流域的水生态。因此，九天湖区的清淤工程，不仅是将湖底清淤达到设计底高程，而是按照环保清淤设计理念进行湖底清淤，在彻底清除内源污染源的前提下又不影响现状水生态。

对湖区各区域底泥进行分层取样，对主要污染指标进行化验，通过各层的污染程度来确定不同区域的清淤深度，为了不影响杏林湾的水生态，采用施工导流的干塘清淤方式进行清淤，减少因底泥扰动带来的水体污染，同时对超过沉积物标准的底泥，进行彻底的清理，避免底泥污染物质释放到水体影响水环境质量。平均清除淤泥厚度 2.15m，湖底清淤共 35 万 m³。

2. 污染控制技术多元化，在福建省率先建设初雨调蓄池

九天湖污染物不仅是点源污染，面源污染也非常严重，经对初雨进行取样化验，初期雨水 COD 达 550mg/L，SS 达 420mg/L，远远超出九天湖地表Ⅳ类水体的水质控制标准，因沿海城市雨量多，大量的面源污染造成九天湖水质不断恶化。

本工程不仅针对点源污染源进行截流，还同时考虑了非点源污染源的截流，建设初雨调蓄池，在福建省率先针对 4mm 以下污染较重的初雨污染进行了截流，建设 26000m³ 初雨调节池，调蓄后的初雨提升至污水处理系统进行处理。经测算，本工程初雨调节池降解削减污染物指标 COD（化学需氧量）55%，悬浮物 75%，工程完成后，九天湖整体水质基本达地表 4 类水体。

3. 数模计算与工程技术的完美结合

针对九天湖水动力条件不足的问题，采用人工干预措施，加强水体循环，改善其水动力条件。同时，从整体杏林湾水域的角度，利用先进的计算机软件，建立数学模型，对工程实施前后的水动力条件（流场、浓度场以及水龄等）进行数学模拟，指导工程设计，使工程效益最大化。

本工程在杏林湾水域建设 $6.4m^3/s$ 的水动力泵站及湖底敷设的 2km 长的水动力循环管道，不仅提高了九天湖的水动力，而且加快了杏林湾水域的水体流动，增强了整个杏林湾水域的水体交换。末端采用宽顶堰进行跌水配水，形成"瀑布式"景观，既提高了循环水的复氧效率，又提高了整个工程的景观效果。基本消除湖区死鱼现象，极大地增强了九天湖水域的生态功能。

4. 景点标准打造工程景观，实现人与自然的和谐统一

由于九天湖处于厦门市集美区核心区，周边分布大量的景点及公共建筑，本工程按照以人为本的设计理念打造人与自然的和谐统一。

初雨调蓄池采用地埋式，调蓄池及所有截流井及除臭设备均位于地下。调蓄池上方建设智能停车场及观景平台，同时配套建设环湖绿色护岸、慢行系统、绿带系统、夜景系统，特别是水动力系统的"瀑布式"配水景观，使九天湖成为一个对公众开放的集休闲、观景、运动健身的城市公园。

5. 工程技术路线先进完整，工程措施复杂

按照截流控制外源污染、清淤控制内源污染、水动力改善加强水体自净能力的技术路线，全面改善水体环境现状，打造可持续的水环境保持和改善能力。

6. 应急措施全面

截流闸门采用双闸门，在一个故障时另一个能顺利开启，避免产生内涝。当所有设施都损坏时，洪水仍可通过微梯形闸板上方的溢流口逸出，避免严重内涝。

7. 自控系统先进

本工程建设了一座中心控制室，设 4 台监控主机、服务器、18 台大屏幕拼接屏；室外区域共设置了 8 套 PLC 远程测控终端和 48 个视频摄像点，沿湖岸敷设了光纤通信环网；通过 Ethernet 网进行数据通信和信息交换，实现中控室对所有截污闸、调蓄池、水动力泵站的远程监控，以及在线检测仪表的远程监测；实现中控室对所有摄像点的视频图像的显示和存储。

八、效益分析

1. 经济效益

工程具有一定的直接经济效益，但间接经济效益更为显著，主要表现如下：

（1）改善集美区的投资环境：本工程的建设改变了九天湖水黑臭水体的现状，提高了集美区的对外形象，有利于对外招商引资和旅游业的发展，促进集美区经济的腾飞。

（2）废物回收利用：污水中含有 BOD、N、P、K 等营养成分，这些物质经过污水处理后转化到泥饼中，可用作肥料。

2. 社会效益

（1）主要污染物将得到控制。随着点源截污及面源截污工程的建设，进入九天湖水体的 COD、氮、磷等主要污染物将得到有效控制。

（2）九天湖水质将得到持续改善。通过水动力的建设，极大地改善原有水动力差的现象，近岸逐步恢复了洁净，水质得到改善。

（3）群众环保意识进一步增强。通过九天湖沿线人行景观系统的建设，极大提高人民群众参与环保的积极性，增强了人民群众节约用水和环保意识。

3. 环境效益

通过本工程建设，能够清除内源污染，改善水动力条件，增强自净能力，消除黑臭水体，基本达到Ⅳ类水体水质的控制目标。对沿湖绿化景观的建设，极大地改善了周边生态环境。

京港澳高速南岗洼
积水治理工程①

- 设计单位：北京市市政工程设计研究总
  院有限公司
- 主要设计人：许志宏　邓卫东　张宏远
  　　　　　　崔　亮　潘可明　宫　凯
  　　　　　　肖永铭　杨鸿瑞
- 本文执笔人：邓卫东

作者简介：
邓卫东，北京市市政工程设计研究总院有限公司设计室主任，正高级工程师，北京市级防汛抢险专家。主要从事城市、道路的防洪、排涝、排水等基础设施的规划、设计工作。

一、工程概况

　　京港澳高速公路是一条首都放射型国家高速公路，为中国的南北交通大动脉，全长约2285km。其中北京段被誉为"中国公路建设的新起点"。北京段起点位于三环路六里桥，终点位于房山琉璃河，全长45.6km。北京段高速公路动工于1986年4月，全线完工于1993年11月。京港澳高速南岗洼下凹路段距离起点约17.5km，位于北京市丰台区长辛店南岗洼村南500m处。高速公路在此与京广铁路交汇，下穿京广铁路。此处道路路面最低点高程为40.18m，道路周边地面高程均在47m左右，道路最低点距离周边地面深度达7m。

　　南岗洼雨水泵站位于铁路桥东南角，建于1992年，在2013年进行了改造，目前占地1163m²，设计抽排能力1.2m³/s，其中雨水抽排能力为1.05m³/s，其余为盲沟水抽水，设计重现期为2年。在京石高速下拉槽段道路两侧沿路有雨水管道支管D400~D800mm、设计坡度1.0‰~18‰，在铁路桥东有横穿主路的现况泵站进水管D1000~D1200mm、设计坡度1.0‰。此外，在桥区设有单箅雨水口50座、多箅雨水口7座，合计雨水口116座。泵站出水经退水管D1200mm向东约836m排入下游河道九子河，现况九子河河底高程44.0m。九子河是小清河的支流，小清河下游最后排入房山主要河流——大石河。

　　2012年7月21日的暴雨致使北京丰台区的蟒牛河洪水暴涨，洪水溢出河道冲毁路堤、涌入京港澳高速南岗洼下凹路段，致使道路积水最深达7m。2016年7月20日，又一次暴雨致使此下凹段道路被淹没，由于本次在暴雨到来之前采取了封路等交通管制措施等预案，保证了人员、车辆的安全。时间间隔较短的两次暴雨，造成中国的南北交通大动脉人身伤亡和断路的洪涝灾害，暴露了此路段防洪排涝基础设施体系还不完善、设施能力还未全部达标、防汛抢险能力还存在不足等防汛薄弱环节。本项目被定为北京市2016年汛后防洪排涝重点水务工程，要求在2017年汛前要完成主体工程。工程内容主要为：路堤防

① 该工程设计主要工程图详见中国建筑工业出版社官方网站本书的配套资源。

渗加固及挡水墙工程2.3km、新建调蓄泵站工程等。

1. 周边水系简介

周边主要有两条水系：小清河及蟒牛河。蟒牛河为小清河的一个支流（图1）。高速公路由北向南上跨蟒牛河，设置了3孔×15m桥梁，此后逐步降低路面设计高程，下穿京广铁路桥后又逐步升至地面以上，在此形成一低于周边地面的路堑段，最低点大致位于南岗洼古桥附近，路堑段范围内降雨径流由排水泵站排至小清河。

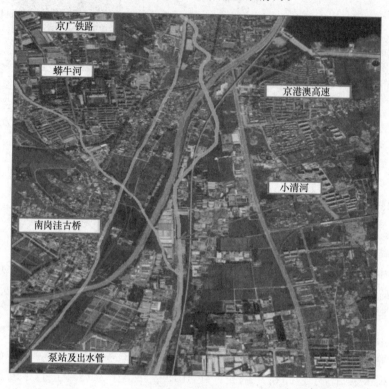

图1 周边主要水系示意图

蟒牛河：属于小清河的支流，全长8.33km，流域面积17.4km²。该河道为防洪排水河道，主要承担长辛店西部地区的防洪及雨水排除任务。蟒牛河河道现状防洪标准低，河道行洪断面较小，河道淤积严重，河床较浅。蟒牛河现状河底宽为2.5～12m，河道上口宽为8～14m，目前正在治理当中。其治理标准为：20年一遇设计、50年一遇校核，河底宽14m，河道上口宽30m，南岗洼段20年一遇设计水位为47.11m，50年一遇设计水位为47.30m、100年一遇设计水位为47.55m。

小清河：发源于北京市永定河右岸门头沟的九龙山，总流域面积406km²，其中北京市境内212.35km²。小清河干流自大宇水库起至白沟河，全长34.8km。小清河干流右堤按50年一遇标准治理，右堤为主堤，堤防级别为2级，右堤超高采用小清河干流50年一遇洪水位加2m和小清河分洪区50年一遇滞洪水位加0.5m的外包线考虑。

2. 2012年7月21日南岗洼地区降雨分析

根据南岗洼地区上游流域自记雨量站——卢沟新桥站的雨量记录，统计6h、24h的降雨量（表1）。

卢沟新桥雨量站 2012 年 7 月 21 日暴雨小时降雨量记录　　　　　表 1

时次	8 时	9 时	10 时	11 时	12 时	13 时	14 时	15 时
降雨量 (mm)	0.0	0.0	0.0	1.4	12.4	8.9	14.5	14.2
时次	16 时	17 时	18 时	19 时	20 时	21 时	22 时	23 时
降雨量 (mm)	5.1	8.3	25.1	75.5	52.9	17.0	8.8	6.8
时次	0 时	1 时	2 时	3 时	4 时	5 时	6 时	7 时
降雨量 (mm)	2.0	9.9	4.6	1.7	0.0	0.0	0.0	0.0

根据表 1，大致结果如下：H_{6h}＝187.6mm（17 时～22 时），H_{24h}＝269.1mm（8 时～次日 7 时）。

根据《北京市水文手册　暴雨图集（1999 年）》得到本地区 6h、24h 的 10 年、20 年、50 年、100 年一遇设计暴雨如下：$H_{6h,10\%}$＝130mm、$H_{6h,5\%}$＝160mm、$H_{6h,2\%}$＝205mm、$H_{6h,1\%}$＝235mm；$H_{24h,10\%}$＝210mm、$H_{24h,5\%}$＝270mm、$H_{24h,2\%}$＝350mm、$H_{24h,1\%}$＝400mm。

从"7·21"降雨量记录结果来看，6h 降雨量略超过 20 年一遇（160mm），24h 降雨量为 20 年一遇。根据蟒牛河和小清河流域面积及河道长度，分析汇流时间，可以确定，"7·21"降雨对于京港澳高速公路南岗洼段流域来说，应达到 20 年一遇以上的降雨级别。

3. 2012 年 7 月 21 日南岗洼地区淹没水位调查情况

"7·21"降雨过后，对高速公路南岗洼路段周边的淹没情况进行了调查。从图 2 可以看出，现场调查了 12 处洪水淹没水位，高程在 46.92～48.60m 之间，平均高程为 47.60m。判断在泵站的调查水位较为准确，为泵站值班工作人员指认，其余为当地居民凭印象指认。所以根据泵站调查水位及平均水位值，确定南岗洼"7·21"洪水淹没的最高水位为 47.60m。

根据"7·21"调查洪水位 47.60m，绘制高速公路南岗洼段淹没区示意图，如图 3 所示。

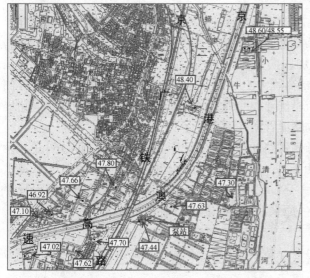

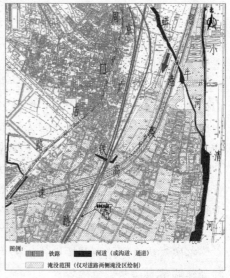

图 2　京港澳高速南岗洼段"7·21"淹没水位调查　　图 3　京港澳高速南岗洼段"7·21"淹没范围示意图

根据"7·21"调查的淹没水位 47.60m，对南岗洼段高速公路两侧的淹没范围进行绘制，高速公路东侧淹没区域已经和蟒牛河、小清河右岸连成一片。洪水经过高速公路下穿段等通道淹没了高速公路西侧。高速公路南侧的京广铁路局部铁轨顶部高程在 47.59～47.75m 之间，也几乎被洪水淹没，这与当时救灾人员的描述相符。

高速公路西侧来水，由于周口店路高程较高，仅有一约 4m 宽涵洞连通周口店路东西两侧，所以周口店路西侧来水大部分被阻挡在道路西侧，不是南岗洼地区淹没的主要来水方向。

4. 水灾成因分析结论

根据以上分析，造成京港澳高速公路南岗洼路段"7·21"水灾的主要原因为暴雨造成河道洪水满溢导致路堤溃决。

南岗洼段蟒牛河右岸洪水满溢：由于南岗洼段蟒牛河河道防洪标准较低（规划治理标准为 20 年一遇，现状未治理），导致"7·21"暴雨造成河水满溢，涌向高速公路路堤，淹没水位达到 47.60m，超过当地规划 100 年一遇的设计水位 47.55m。

高速公路路堑段两侧土堤不稳固：高速公路南岗洼段两侧土堤，经不住两侧洪水的浸泡和漫堤冲刷，造成局部溃决，洪水快速涌入公路下凹段。

5. 水灾成因的验证

在 2016 年汛前完成了路堤泄水踏步的工程，使得 2016 年 7 月 20 日洪水顺泄水踏步排入路堤，减少了路堤内、外水位差，避免了洪水漫堤，并在洪水来临之前采用了封路等交通管制措施，保证了人员、车辆的安全，灾后快速恢复了交通。由于本次洪水发生在白天，养护部门又作了充分的准备，所以对本次洪涝灾害有全程的视频资料，通过视频资料可以验证水灾成因结论的正确。

二、治理方案确定

为了阻止下凹桥区外侧雨水汇入，对处于淹没区的道路下穿段，采用挡水墙的设计思路，使其两侧路堤连同道路下穿段的两端高点，抵御周边洪水；并对原有路堤防渗加固。主要工程措施含挡水墙、排水边沟、加固防渗桩 3 部分。挡水墙按 100 年一遇洪水位 47.55m 设计，设计超高 1.20m，墙顶部高程为 48.75m。排水边沟的作用为排除挡墙外侧的积水，在洪水退水的情况下，防止挡墙基础被冲刷。加固防渗桩的主要作用为加固路堤的稳定性，防止土壤水由于水位差造成路堤管涌（图 4）。

南岗洼泵站位于京港澳高速下穿京广铁路的东南角，建于 1992 年，占地 1163m²，设计重现期为 2 年，设计雨水抽排能力为 1.05m³/s。泵站出水经长约 836 米的 D1200 退水管排入下游河道小清河。依据 2017 年 2 月 1 日实施的北京市《城镇雨水系统规划设计暴雨径流计算标准》，决定将其排水标准由原来的 2 年一遇设计标准提高到 30 年一遇设计、100 年一遇排涝的标准（图 5）。

本次对现有道路下凹桥区排涝能力进行提升，主要包括增加道路雨水工程的收水能力和新建调蓄泵房两部分内容。

现状下凹路段道路低点下有一根现状 D1200 雨水管道，负责输送道路收集的雨水至现状泵站。为了不影响高速公路的通行，采用顶管施工方法，新敷设一根 D1350 的雨水管

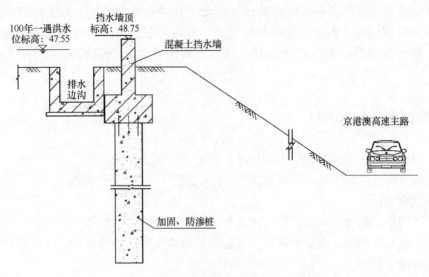

图4　京港澳高速南岗洼段路堤加固防渗设计方案

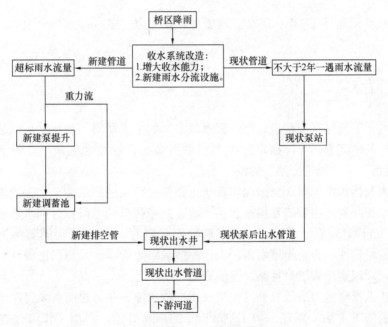

图5　泵站提升标准技术路线

道，顶管的接受坑建在道路现状8m宽的中央绿化带，并最终改造为雨水分流井，并与原现状雨水管道检查井联通，收集的雨水对新、老泵站进行流量分配。利用道路低点的8m宽绿化带，新建雨水方沟，沟上盖钢格板，并将绿化带改造为下凹式绿地，增加道路下凹区的收水能力。

当降雨强度在2年一遇标准以下时，收集到的雨水径流首先通过原有的雨水管道进入老泵站并排出至下游河道。当降雨强度超过2年一遇时，超出老泵站排水能力的雨水通过分流井，进入新建调蓄泵站。由于顶管安全施工的要求，顶管管外顶距离高速公路路面达到3.5m，所以新建泵站底部设计高程较低，分流过来的雨水可以先通过重力流流入调蓄池，调蓄池内水位涨至安全水位上限时（避免道路受到水淹），启动泵将雨水抽至调蓄池。当降雨峰值过后，即现有泵站（老泵房）有一台泵关闭时，调蓄泵房的提升泵也停止运行，即可启动调蓄池中的排空泵，通过原有出水设施将调蓄池中的雨水排至下游河道。

三、设计目标与原则

本工程设计目标主要有：使下凹桥区抵御外水（高水）的能力达到100年一遇；下凹桥区泵站的排水标准由2年一遇提高到30年一遇设计、100年一遇校核。

设计原则为：

（1）下凹桥区的排水原则，即高水高排、低水低排；

（2）工程建设期间，减少对现有排水泵站及道路交通运行的影响，保证道路正常排水及交通的安全运营；

（3）采用调蓄措施提升其排涝标准，贯彻"低影响开发""海绵城市"及"绿色公路"的设计理念；

（4）充分利用地下空间，节省土地资源，降低工程造价，贯彻"绿色公路"设计理念。

四、工程特点

本工程的施工现场对工程建设制约因素较多，如施工期间不能影响高速公路的正常运行、建设用地及时间紧张等。在设计中大胆采用多项设计技术创新，贯彻了"低影响开发""海绵城市"及"绿色公路"的设计理念。

路堤加固及挡水墙工程。公路两侧现状土路堤，必须进行加高、加固处理，使其防洪能力达到100年一遇。主要工程措施含挡水墙、加固防渗桩两部分。挡水墙按100年一遇洪水位47.55m设计，设计超高1.20m，墙顶部高程为48.75m。加固防渗桩的主要作用为加固路堤的稳定性，防止土壤水由于水位差造成路堤管涌。采用以上设计，施工场地位于路堤外侧，可以避免施工对道路交通的影响。

对下凹桥区排涝能力进行提升。主要是增加收水能力和新建调蓄泵房两部分的建设内容。采用顶管施工方法，新建一根D1350mm的雨水管道，利用工作坑改造为雨水分流井，对新、老泵站进行流量分配。将绿化带改造为下凹式绿地，并新建雨水收水方沟。当降雨强度在2年一遇标准以下时，通过老泵站排水。当降雨强度超过2年一遇时，超出的雨水通过分流井进入新建调蓄泵房。

调蓄泵房工程，原雨水泵站位于京港澳高速下穿京广铁路的东南角，设计重现期2年。对现状泵站的排涝能力的提升：由其原来设计标准2年一遇，提升至100年一遇的排涝标准。根据对现状条件的分析，为了保证施工期原泵站正常运行，不对原泵站进行改造，新建调蓄泵房，提升桥区的排涝能力，设置了分流井及新建进水管对新老泵站流量进行分配和提升收水能力；采用调蓄池后置方案，并利用先重力流、后泵提升，节省了占地、投资及能耗。

分流井：新建的调蓄泵房进水管采用顶管施工的方法，最终将顶管接收井改造为分流井。管径为1350mm，管外顶距离高速公路路面3.5m。位于道路中央隔离带的顶管接收井的井底距离地面约5.5m，而原泵站进水管管底距离地面约1.5m，所以具备了采用溢流堰对新、老泵站的流量分配的可能性。即利用水位来控制，当老泵房的排水能力不能满足来水流量时，水位上涨通过溢流堰排入新建调蓄泵房（图6）。

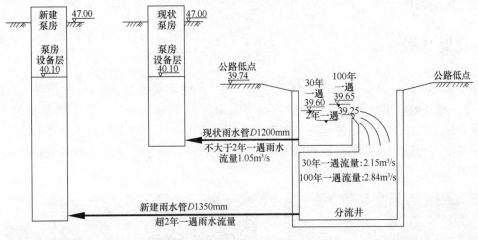

图6 分流井运行工况示意图

调蓄池容积确定：调蓄池的设计标准为100年一遇排涝标准，调蓄池的有效容积为下凹区降雨产汇流过程中不能由原雨水泵站排出的径流量的叠加。经过调蓄计算，确定调蓄池有效容积为2749m³。

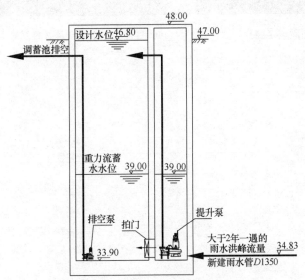

图7 调蓄池节能设计方案示意图

调蓄池后置设计方案：调蓄池建设用地较为紧张，其东侧为基本农田用地、西侧为现状泵房、南侧为当地居民房屋、北侧为高速公路路堤。新建进水管底高程为34.83m，现状地面高程为47.00m，高差达到12.18m，分流井最高设计水位为39.00m。根据以上情况，考虑将来水以重力＋泵提升形式进入调蓄池，可以充分利用池子上部空间（图7）。

调蓄泵站节能：调蓄池可以利用重力流蓄水至39.00m，所以在泵房与调蓄池之间设置拍门，使得调蓄水池里约40％的水可以通过重力流进入调蓄池，当调蓄池内水位高于39.00m时，后续来水再通过提升泵提升进入调蓄池。当调蓄池内水位为39.00m时，可蓄水量为1086m³，这一调蓄体积相当于10年一遇降雨。所以，这一设置可以有效节约调蓄泵站的电能消耗。

五、效果分析

本工程建成后，2017年8月2日，当地出现了小时雨量超过110mm的强降水，相当于50年一遇暴雨，道路两侧淹没深度达到30～40cm。新建工程经受住了强暴雨的考验，保证了高速公路的安全及正常运行（图8、图9）。本次设计的理念和创新的技术路线，对以后的类似工程设计起到了指导和借鉴作用。该工程的建设，是确保首都防汛安全，全面提升首都综合防灾减灾能力的体现。

图8 路堤加固竣工照片

图9 2017年8月2日暴雨后第二天现场照片

天府新区兴隆湖湖区水生态系统工程①

- 设计单位： 中国市政工程西南设计研究总院有限公司
- 主要设计人： 周艳莉　廖子清　赵　强
　　　　　　　宋智超　杨　雨　周　季
　　　　　　　顾华均　邱裕凯
- 本文执笔人： 周艳莉

作者简介：

周艳莉，高级工程师，中国市政工程西南设计研究总院有限公司。从事城市防洪排涝、水环境治理规划、设计工作。

一、工程概况

1. 总体概况

兴隆湖位于天府新区双流县兴隆镇南侧，天府大道百里中轴东侧，鹿溪河中下游，是天府新区"三纵一横一湖"的重大基础设施项目之一，位于天府新区中心位置，是区域的生态核心。兴隆湖湖面面积约 4300 亩（约 2.8km²），设计常水位 464.00m，对应库容 640 万 m³，工程等级为 Ⅳ 等工程，工程规模为小Ⅰ型水库；湖岸长约 11.7km；湖区水源为鹿溪河上游来水和湖区自然集雨，湖区水质目标为地表水 Ⅳ 类。

兴隆湖湖区水生态系统工程共分为 3 个子项：湖区场平工程；清水型水生态工程；湖区驳岸工程。工程竣工结算 157287 万元。

本项目设计周期为 2012 年 5 月～2014 年 12 月，建设周期为 2014 年 11 月～2015 年 12 月，于 2015 年 12 月 31 日正式竣工验收。

2. 水文地质条件

成都属亚热带季风气候，年平均气温 16℃，多年平均降雨量 976mm，降雨时空分布不均。天府新区境内水系主要有锦江、江安河和鹿溪河，均为过境河道，流域径流主要来源于降水，径流年际变化大，水资源矛盾较为突出。

鹿溪河为天然山溪河流，全长 77.9km，流域面积 675km²，平均比降 1.2‰。

天府新区地貌特征丰富，有山体、湖泊、丘陵、台地、平原等，形成了"三山四河两湖"的整体自然格局。区内高程在 350～1050m 之间，总体西北、西南较高，东南较低。

规划区内除沿江（河）广泛分布第四系地层外，基岩主要为侏罗系、白垩系和第三系地层。构造带以褶皱为主，断裂较少。地层岩性组成主要以砂卵石、泥质砂岩为主。

---

① 该工程设计主要工程图详见中国建筑工业出版社官方网站本书的配套资源。

项目所在区域为规划新建城市区域，周边道路路网同本项目同步建设。

二、面临的问题与需求分析

1. 湖区资源型缺水与防洪压力并存

成都用水主要依赖上游岷江，而岷江来水量在逐年减少，水资源形势日益严峻。兴隆湖所在水系鹿溪河是岷江二级支流，流域径流主要来源于降水，降雨时空分布不均，径流年际变化大，枯期生态用水需求大，雨季防洪压力大。经复核拟设坝址处多年平均流量 $3.31m^3/s$，100 年一遇洪峰流量 $1610m^3/s$，年平均输沙量为 1.64 万 t，泥沙淤积问题显著。

2. 湖区上游来水水质差

兴隆湖湖区选址位于流域中游，鹿溪河为兴隆湖主要水源，周边尚未开发，上游有一座小型污水处理厂，出厂水质一级 B 标，日处理能力 2 万 m^3/d；有磨盘山沟、七里沟和贾家沟等支流汇入，且流经区域大部分为农田区域，勘察期间发现有较多的农家乐、养殖场废水直接排入河道。

设计期间在鹿溪河兴隆湖出水闸坝以上流域设置 5 个采样点，2012 年 6 月～2013 年 5 月在磨盘山沟、七里沟分别设置 1 个采样点。水质分析指标包括水温、溶解氧、总氮、总磷、氨氮等物化指标。

根据 2012 年 6 月～2013 年 5 月水质取样调查，鹿溪河来水水质为劣 V 类，总氮浓度稍高，平均 9.59mg/L，总磷浓度平均 0.55mg/L，氨氮平均浓度 3.6mg/L。

根据 2012 年 11 月～2013 年 4 月七里沟和磨盘山沟的水质监测数据可知，七里沟水质为劣 V 类，总氮平均浓度为 9.28mg/L，氨氮平均浓度为 3.42mg/L，总磷平均浓度为 2.26mg/L。

磨盘山沟水质为劣 V 类，总氮浓度平均浓度为 6.72mg/L，氨氮平均浓度为 3.32mg/L；总磷平均浓度为 1.62mg/L。

3. 湖区内源污染重、本底条件差

兴隆湖湖区原地貌主要由农田、民房、河流、池塘、自然林地、果林、苗木林地等组成，水塘占 0.9%、河流沟渠占 6.3%、建筑占 9.4%、农田及其他区域占 83.4%（图 1）。

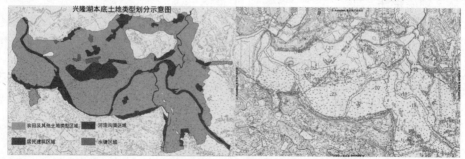

图 1　兴隆湖本底土地类型及采样点位示意图

2012 年 6 月 21 日～6 月 23 日，对兴隆湖区域内及周边各土地利用类型进行水质、土质及生物采样调查分析（图 2）。工程区域内主要有四种不同水体：鱼塘、藕塘、河流、沟

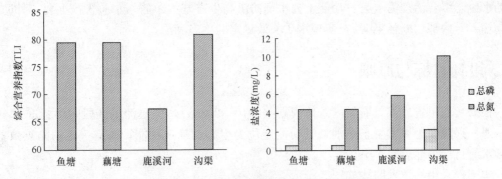

图2　不同水体的综合营养指数与营养盐浓度比较

渠。其中鱼塘和藕塘主要受施肥和养殖投饵的影响，污染主要为生活污水和农业施肥污染，沟渠的主要污染为农业废弃的秸秆腐烂所带来的污染，为劣V类水体。总氮平均含量10.04mg/L，总磷平均含量为2.15mg/L，为四种水体中最差。

通过兴隆湖7种不同环境条件下的土样进行分析，主要分析指标包括：总氮、总磷、有机质和农药残留。玉米地中的总氮含量最高，为0.55%；稻田中的总氮含量最低，为0.064%。土壤总磷含量波动幅度较小，有机碳含量也是相对偏高。对三种常用农药残留量进行检测，所有土样均未检出。

鹿溪河浮游植物群落结构为硅藻—蓝藻—裸藻型，硅藻的种类最多，浮游动物群落结构为轮虫—桡足类，轮虫种类较多，占有绝对优势。

4. 湖区水体潜在污染风险大

由项目建设区域流域背景资料、区域水质监测和基底生态环境现状调查分析可以得出，兴隆湖湖区建成后，水体潜在污染风险主要包括以下几方面：

（1）上游来水污染物输入性风险。鹿溪河水体悬浮物和营养盐含量均较高，直接流入兴隆湖，当湖区形态不规则、水体流动性和交换性较差时，易形成诸多死水区，最终可能引起兴隆湖水体浑浊与富营养化。

（2）洪水期间产生悬浮物引发水质恶化风险。兴隆湖过境洪水流量大，持续一定时间的高水位将导致水生植物大面积消亡，而洪水所带来的大量悬浮物都沉降在这些水域中，这些悬浮物所携带营养盐，特别是磷，随悬浮物而沉入湖底，沉积物将在风浪作用下大量悬浮，并带入营养物质到上覆水中，导致湖泊逐步趋于富营养化。

（3）浅水型湖泊内源污染物持续释放风险。拟建设区内源污染物本底条件相对较差，内部坑塘水系都是V类水体，农田区域由于常年使用化肥，总氮、总磷、有机质含量也相对较高。对于浅水湖泊而言，沉积物中污染物的释放主要受温度、pH、氧化还原电位、铁和锰含量以及风浪的影响。受风浪和水动力作用，沉积物中营养盐赋存、降解和释放等环节都有加快风险。

5. 湖区水生态综合治理需求

天府新区总体定位是以现代制造业为主、高端服务业集聚、宜业宜商宜居的国际现代新城区。但水资源和水环境形势严峻、矛盾突出，兴隆湖作为生态田园城市、公园城市建设的切入点，担负着生态核心区的首要任务。

通过对流域资料、区域水质监测和基底生态环境现状调查分析，结合总体规划，兴隆湖的水生态综合治理需求为：功能上要平衡防洪与生态基本矛盾，水质管控上要"外防污染物输入，内部切断污染源"，实现水质长效稳定的生态湖泊。

三、设计目标与原则

根据《四川省成都天府新区总体规划（2010—2030）》，鹿溪河城区段防洪标准为100年一遇。兴隆湖为城市生态湖泊，其功能定位为生态和景观功能，兼具一定的防洪效益，湖区水质目标为地表水Ⅳ类。

本工程采用的技术路线如图3所示。

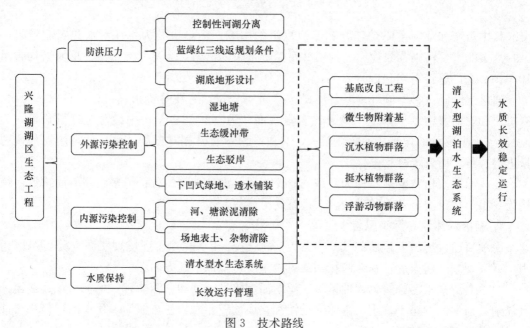

图 3　技术路线

四、工程主要创新及特点

1. 提出"控制性河湖分离"理念

设计提出"控制性河湖分离"理念，满足防洪安全与城市核心区景观、生态水功能双重需求。

为缓解水资源短缺的压力，设计提出的"先蓄后排"理念，"蓄住天上水，拦住过境水"，减少水资源流失，有利于生态良性循环。面临100年一遇的防洪压力，为了快速泄洪保障防洪安全，同时最大限度减小洪水对湖区水生态系统的冲击，保持环境的优雅与水质的清洁，提出了"控制性河湖分离"措施：在湖区北侧增加泄洪通道，洪水季节对闸群联控启闭，满足上游洪水快速泄洪需求，保证主湖区防洪安全；在兴隆湖东北处的鹿溪河太阳岛附近设置节制闸壅水，闸后为泄洪道和湿地景观，非洪水季节保持河湖连通，充分利用规划绿地，将绿地、林带、水景湿地融为一体，对上游来水逐级净化，同时提升湖区北面陆域景观品质；主湖区保留并拓宽原老河道，作为区间雨水排涝快速通道，湖区整体水下地形呈"V"形,即主河槽深 7～8m,两侧逐渐变浅至 1m 水深,湖区内水体流速主河槽快于两侧浅水区。

2. 优化"蓝、绿、红"三线,返规划条件

采用自然淹没和土方平衡计算推演湖区蓝线、确定湖区控制水位高程,给出城市开发建设生态防护绿地和用地红线控制返规划条件。

设计初选鹿溪河兴隆跑马埂段,现状地形平坦,可利用周边山地形成库岸,经勘查周边无大裂隙,适宜修建湖库,通过拟定湖区不同常水位高程,推演自然淹没线,比较自然淹没范围、土方挖填平衡以及距离道路红线防护绿地宽度的关系。对水位 465m、464m 和 462m 方案比选后,兴隆湖水位确定为 464m。其主要优点为:(1)土方开挖适中,挖方量 305 万 m³,用于天府新区同期建设项目填方区域,基本内部平衡;(2)淹没范围适中,自然淹没面积 3500 亩(约 2.33km²),蓝线面积基本符合规划红线要求,绿化防护绿地宽度 50～200m,兼顾公共绿地服务功能和生态防护绿地功能;(3)能达到最佳的湖面景观效果,湖面高程距离第一级滨水步道高程 0.5～1m。

调整水面形态后的天府新区兴隆湖水面面积 4300 亩(约 2.8km²),对天府新区水域面积率提升的贡献为 15%。

3. 基于流体力学,控制湖底形态

为了保证兴隆湖水功能,保持良好的水力流态和水体交换,为生物多样性提供必要条件,促进生态系统充分发挥作用,必须进行合理湖底形态的设计。采用 MIKE21 进行全湖流态模拟,保证湖区在不同运行状态下,各个湾区的水体能有效交换。经湖底形态设计后,保留老河道为主要洪水通道,水深 5～8m,其目的有两个:(1)利于主要水力流线的水体交换,浅水区构建水生态系统稳定提升水质;(2)有利于洪水宣泄期主河槽沉沙,减少湖区整体淤积依次向两岸变浅,向四周形成水力梯度,其中平均水深 1.5～2m 区域占比 55.6%,水深 2m 以上区域占比 46.3%(图 4)。

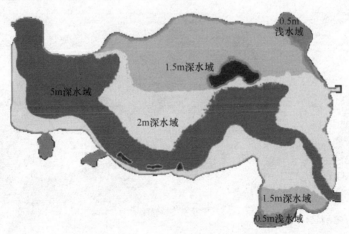

图 4　湖底水深云图分布

4. 通过水环境容量分析量化污染物削减指标

水环境容量是反映设计水文条件下水体满足规划水体功能水质目标时所能容纳的污染物负荷,是对水体自净能力的度量。通过水面率和水面形态设计,本工程库容总量确定后，水环境容量基底也基本确定。

根据水量平衡分析，湖区若要维持静态常水位不变，在考虑蒸发、渗漏以及湖区水生动植物耗水量后，一年需补水 120 万 m^3。若采用一次集中补水方式，每次 $0.5m^3/s$，连续不间断补水 1 个月，即可以实现。但受来水水质影响，须考虑补水营养盐输入量，湖区需构建相应的水环境容量才能确保水质稳定。兴隆湖属于滞留型水体，将会面临点源污染、面源污染、内源污染、大气沉降污染、补水污染等。此外，滞留型水体复氧速度慢，且藻类容易生长，导致水体易发生蓝藻水华现象，水体发绿，乃至水体黑臭。

本次 TN、TP 沉降系数参照国内外相关研究，TN 和 TP 为营养盐采用沃伦威德模型，经计算，在目标水质Ⅳ类的条件下，TN 环境容量为 21.81t/a，TP 环境容量为 3.45t/a，COD_{Cr} 环境容量为 440.79t/a。

5. 全湖构建清水型水生态系统

兴隆湖为新建湖泊，原土地利用类型主要有农田、果林、苗木林、河流、沟渠、池塘等，底泥是主要内源污染源，主要采取了以下措施：土地表面杂物全部清除；小沟渠、池塘、鱼塘中的水全部抽干，底部淤泥清除恢复至土壤原土质层；农田、果林中的表层 50cm 的土壤加以清除；硬质水泥路清除，并回填松软的土质。

兴隆湖清水型生态系统架构由挺水植物、浮叶植物、沉水植物、浮游动物、底栖动物、鱼类群落结构构建及微生物附着基组成。其中深水型沉水植物品种有：马来眼子菜、狐尾藻、篦齿眼子菜、梅花藻、海菜花；浅水型沉水植物品种有：苦草、石龙尾、金鱼藻、轮藻、黑藻、微齿眼子菜、大茨藻、水蕴草、伊乐藻；挺水植物品种有：梭鱼草、旱伞草、水菖蒲、千屈菜、芒草、花叶芦竹、茭草、芦苇、苔草等；浮游动物有：秀体溞属、盘肠溞属、网纹溞属、象鼻溞属及大型溞；大型底栖动物有：腹足类（梨形环棱螺、铜锈环棱螺）、瓣鳃类（包括皱纹冠蚌、三角帆蚌、无齿蚌、河蚬）、节肢类（包括青虾、罗氏沼虾、细足米虾）；鱼类品种有：鲢、鳙、匙吻鲟、鳜、乌鳢、鲈、黄颡鱼、鲟、鲴和大口鲶（图 5）。

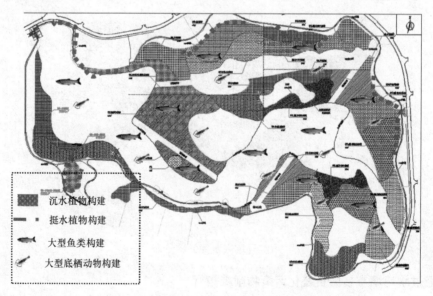

图 5　兴隆湖清水型水生态系统平面布置

湖体内在水深2m以内的区域构建清水型水生态系统，全湖构建面积55.6%。兴隆湖清水型生态系统架构的主体工程，保证了兴隆湖水质净化目标的初步实现。

通过MIKE21模拟清水型水生态系统构建完成后的营养盐变化情况可知：水生态构建完成后，进入稳定期内水质接近Ⅳ类（图6、表1）。

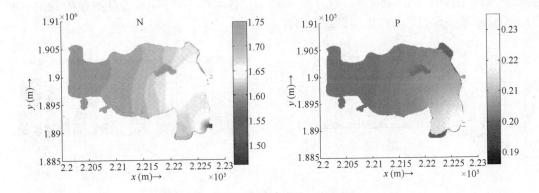

图6　清水型生态系统数值模拟（MIKE　21）

清水型水生态系统数值模拟计算结果表　　　　　　　　　　表1

项　　目	TN（mg/L）	TP（mg/L）
入湖水质 C_0	2.10	0.24
清水型生态系统净化后水质 C_n	1.68＞1.5（Ⅳ类）	0.196＜0.2（Ⅲ类）

6. 通过环湖生态驳岸带拦截面源污染

通过水位反演，结合规划，沿湖约11.7km布置20～200m宽驳岸体系，运用海绵城市理念，驳岸体系由水至岸主要设置：生态驳岸、湿地塘、生态缓冲带、下凹式绿地以及透水路面等工程措施。沿岸对市政雨水口共设置5处大型湿地净化塘，对污染物源头进行分散控制，降低水流的流动速度，延长水流时间，对降水径流进行拦截、消纳、渗透，避免污染物在降水径流的输送过程中进行溶解和扩散，减轻后续处理系统的污染处理负荷和负荷波动，对入湖的面源污染负荷起到了一定的削减作用。

在湖区周边坡地的下坡位置，与径流流向垂直布置不小于20m宽的生态缓冲带，结合景观需求种植根系发育的植物或灌木丛，如芦苇、香蒲、美人蕉等，分区控制水土流失，有效过滤、吸收泥沙及化学污染、稳定岸坡，拦截面源污染物。

驳岸工程根据地形随坡就势，高低错落，驳岸结构情况分成两种应用场景：对于水位以下部分采用雷诺护垫进行防护，坡比不陡于1：5，水位以上部分采用加筋麦克垫防护，坡比不陡于1：3。加筋麦克垫在为风浪作用不利因素下可以对边坡进行防护同时也能帮助尽快恢复植被，满足工程的景观绿化需求。

五、效果分析

为实时掌握入湖水质及湖区水质变化情况，全湖布置9个监测点位和4个监测断面。

2015 年 7 月～2017 年 8 月进行了监测点的长序列监测，通过对来水水质以及监测数据和监测断面数据变化规律的分析，发现 2017 年 1～8 月水生态进入稳定期后，从进水口到主湖区不同区域，水质逐级到净化。平水期，当入湖水体 TN 为 2.0mg/L 以上时，湖区各点位 TN 在 0.5～1.5mg/L，与模拟结果接近；当入湖水体 TP 为 0.05～0.2mg/L 时，各点位 TP 为 0.01～0.04mg/L，优于模拟结果；各点位 NH_3-N 的去除率较为稳定（图7）。总体水质稳定趋势与模拟结果较为吻合。

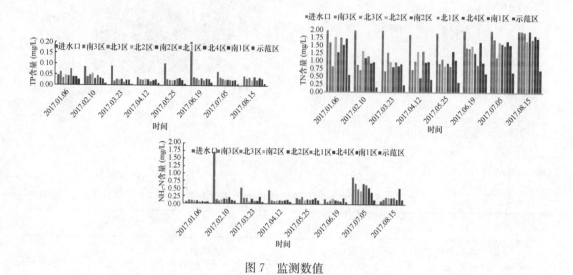

图 7　监测数值

项目竣工后，交由天府新区投资集团下属天投物业运维，运维工作内容为泄洪闸检修、洪水季节后漂浮物打捞和局部沉水植物和挺水植物的收割和补种，频次为 1 年 1 次。

兴隆湖竣工至今已稳定运行近 4 年，经历 3 个洪水期，水质常年稳定，为地表水 IV 类，生态多样性恢复良好。湖区生态工程在设计上系统地构建了"蓝、绿"结合的生态基础设施，具有较好的经济效益、生态效益和社会效益。

（1）经济效益：沿湖区域构建了良好的旅游、商业及居住环境，促进土地增值，产生了可观的土地增值效益。按土地增值面积辐射范围以兴隆湖为基准向外延伸 1km 计算，周边的土地面积为 1000 万 m^2，据测算土地增值超过 200 亿元。

（2）生态效益：湖区生态工程整体实施完毕后，湖区水质常年稳定为地表水 IV 类，宽阔的水域和丰富的食物，让兴隆湖成为候鸟迁徙途中栖息的胜地，其中有红嘴鸥、花脸鸭，还有全球仅存 500 只的极濒危鸟类青头潜鸭，省级重点保护野生动物红胸秋沙鸭、黑颈、凤头鸊鷉、小鸊鷉等。野鸭子 18 种，雁鸭类水鸟单次统计的最大数量为 3500 只以上，兴隆湖已然成为城市核心区生态湖泊。

（3）社会效益：兴隆湖创造出舒适、幽雅的水陆城市景观，提高了城市文化品位和形象，改善城市生态环境，改善居民生活条件和城市投资环境，增强天府新区的吸引力，加快城市建设步伐，并带动相关产业发展。

成都市第三污水处理厂扩能
提标改造工程①

- 设计单位： 中国市政工程西南设计
  研究总院有限公司
- 主要设计人： 聂福胜　刘　波　郭　韵
  廖竞萌　赵兴国　罗　璐
  贺思菱　童剑平
- 本文执笔人： 刘　波

作者简介：

刘波，注册公用设备（给水排水）工程师、教授级高级工程师，中国市政工程西南设计研究总院有限公司第二设计研究院执行总工程师。

主要从事城市自来水厂、污水处理厂、污泥处理厂、市政给水排水、建筑给水排水的设计工作。

一、工程概况

本工程包括厂内工程、配套污水进水管、配套尾水排放管三部分。其中厂内工程位于成都市第三污水处理厂厂内。

1. 纳污范围

本工程服务范围为第 7 排水分区。该排水分区区界：成华路东侧、南河、石牛堰、府河、绕城高速、东风渠、机场高速、成华公路西侧。该排水区域已基本形成，服务面积为 199km²。

2. 建设地点及占地面积

本工程厂址位于成都市高新区桂溪乡，污水处理厂总用地 5.54hm²（83.07 亩），地面设计高程 481.0～481.50m。厂外节流溢流井区域占地 0.09hm²（1.35 亩），地面设计高程 482.00m。

3. 建设规模

污水处理厂厂内工程设计规模 20 万 m³/d，包括污水处理、污泥处理、臭气处理及其他附属构（建）筑物。

新增配套污水进水管，设计规模 10 万 m³/d，全长约 0.41km。新增配套尾水排放管，设计规模 20 万 m³/d，全长约 0.053km。

4. 气象与水文地质条件

场地所处成都地区属亚热带季风型气候，其主要特点是：四季分明、气候温和、雨量充沛、夏无酷暑、冬少冰雪。主导风向为 NNE 向，常年平均风速为 1.2m/s，年平均降雨量为 900～1000mm。多年平均气温 16.2℃，极端最高气温 38.3℃，极端最低气温−5.9℃。

场地地下水主要为埋藏于第四系砂、卵石层中的孔隙潜水。河水、大气降水及区域地

---

① 该工程设计主要工程图详见中国建筑工业出版社官方网站本书的配套资源。

下水为其主要补给源。地下水对混凝土结构无腐蚀性,对钢筋及钢结构具有弱腐蚀。

场地内部分地段为原污水厂绿化场地,地面标高 481.0~481.50m,相对平整。地层从上至下依次为:第四系全新统人工填土层(Q₄ml);第四系全新统冲积层(Q₄al)和白垩系泥岩层(K₂g)。

场地抗震设防烈度 7 度,设计基本地震加速度值为 0.10g,设计地震分组为第三组。地基土类型属软弱~中硬土,场地土类别为Ⅱ类。

5. 场地基本条件

本工程场地东、南侧为锦江,西侧、北侧为孵化园和学校。除此之外,厂外节流溢流井位于污水处理厂北侧约 400m 处。

本工程需在原基础上进行改造。因此场地不允许新增用地,也不允许停产运行。污水处理厂仍选择在原地改建。场地较为平整,水、电、气等基本条件具备。

6. 排放水体

达标后的尾水排入锦江。

7. 已建污水处理厂概况

已建污水处理厂设计规模 10 万 m³/d,已于 2004 年投产运行,排放标准按《城镇污水处理厂污染物排放标准》GB 18918—2002 中的一级标准(B 标准)执行。污水处理采用曝气沉砂池+改良 A²/O+沉淀池+紫外消毒工艺;污泥处理采用转筛浓缩+离心脱水工艺;除臭采用生物除臭工艺。主要处理构筑物运行良好,但随着城市化进程的加快及排放标准的提高,污水处理能力不足及处理标准过低的问题日益突出,因此对已建污水厂的扩容提标改造显得十分必要。

已建污水处理厂平面布置如图1所示(从左到右依次为沉砂池、曝气池和二沉池)。

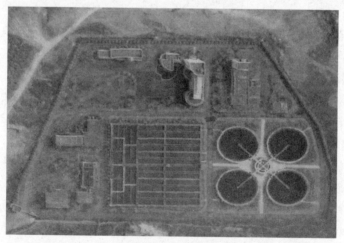

图1 第三污水处理厂布置图

8. 面临的问题及需求分析

成都市位于四川省西部,是国家中心城市,随着成都市经济和城市建设的高速发展,污水处理存在以下问题。

(1)污水处理能力不足。成都市中心城区现有 9 座污水处理厂,处理规模共计 134 万m³/d,截至 2014 年 6 月,实际处理污水量为 154.51 万 m³/d,同时污水管网及厂站存在较严重的未处理污水溢流问题，对城市水环境造成较大危害。

（2）城市污水存在南北配水不均现象。由于排水分区内地块建成程度较低，第六（龙潭）、第七（天回）污水处理厂均无法满足设计负荷，而其他各分区的 7 座污水处理厂均已满负荷运行。

（3）污水处理厂之间的污水调配能力较差。由于缺乏必要的污水调配设施，各污水处理厂之间的污水调配能力较差。

（4）下游污水主干管长期带压运行，导致部分排水户污水排放不畅，污水通过雨水连通管溢流下河。同时，污水厂粗格栅及提升泵房也长期处于高水位，设备难以正常运行。

（5）城区锦江及沙河水质受到污染。近年来，流经市区的府河在城区入境断面"罗家村"水质为Ⅲ类，达到划定水域标准。锦江（府河与南河汇合后称锦江）与沙河汇合后控制断面"永安大桥"部分水质指标为劣Ⅴ类，未达到划定水质标准，主要污染指标为氨氮、总氮和总磷。

（6）已建的污水处理厂还存在设计标准低、难以满足新标准的问题，具体如下：

1）处理水量已经达到并超过设计能力，出现超负荷运行。

2）进水水质 COD_{Cr}、BOD、SS 虽未达到原设计水质，但 T-N、T-P、NH_3-N 等指标已经超过原设计水质。

3）T-N 去除稳定性较差。

4）污水处理厂的出水指标仅能达到《城镇污水处理厂污染物排放标准》GB 18918—2002 的一级 B 标准，标准较低。

5）污水处理厂缺少深度处理设施，无法满足再生水用水需要。

因此，根据本工程存在的上述问题，提出以下需求：

（1）改造期间不能停产；

（2）污水处理厂在提标扩能中不能新增用地；

（3）污水处理厂处理能力由原来的 10 万 m^3/d 扩大到 20 万 m^3/d；

（4）出水水质标准由一级 B 标提标到地表水Ⅳ类（总氮除外）标准。

二、污水处理厂进出水水质及要求

1. 污水处理厂进出水水质

本工程的设计进水水质根据已建工程的设计进水水质及实测指标确定，出水水质按环保的要求，在《城镇污水处理厂污染物排放标准》GB 18918—2002 一级 A 的基础上，主要指标 COD_{Cr}、BOD_5、氨氮、总磷达到《地表水环境质量标准》GB 3838—2002 中Ⅳ类标准。具体如表 1 所示。

设计进出水水质表（单位：mg/L）　　　　　　　　　　　表 1

指标	BOD_5	COD_{Cr}	SS	TN	NH_3-N	TP
进水水质	200	400	240	50	40	4.5
出水水质	≤6	≤30	≤10	≤15	≤1.5	≤0.3

2. 水量及投资控制目标

在不停产、不新增用地的前提下，使污水处理能力由 10 万 m³/d 扩大到 20 万 m³/d。在保证水质达标、保证工程质量的情况下，尽量节约投资，能最大地发挥工程效益。

三、污水处理工艺

1. 工艺方案

在不停产、不新增用地的前提下，保证处理能力倍增、水质提标，本工程选择了以 MP-MBR（专利技术）工艺为主体的水处理技术。其中：

（1）污水处理采用以 MP-MBR 工艺为主体的处理工艺，并辅助化学除磷和补充碳源等措施；消毒采用紫外线消毒；再生水用于厂内生产和道路浇洒绿化；尾水最终排放入锦江。

（2）污泥处理采用机械浓缩脱水一体化工艺，脱水后污泥外运集中处置。

（3）厂外除臭采用 UV 高效光解除臭法，厂内除臭采用二级复合生物滤池法。

2. 工艺流程

工艺流程框图如图 2 所示。

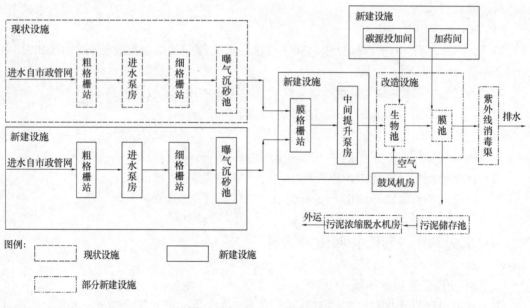

图 2　MP-MBR 工艺流程框图

四、污水处理厂设计

1. 总平面及主要设施

本工程在已建场地里进行改扩建。

厂外节流溢流井区域为一个独立的区域，形状为矩形，比较规整，土建工程量小，主要新增 3 号除臭装置和进水总管，新增除臭装置设置在场地西侧的空地上。

厂内区域形状接近于梯形，两面环江，一期已经按功能分为厂前生活管理区、污水处理区、污泥处理区。本次改造和新增的构、建筑物拟尽量在现状的功能分区里进行布置，避免对周边环境产生不利影响。

保留一期已建的预处理单元，新增的预处理单元（2号粗格栅、污水提升泵房及细格栅、2号曝气沉砂池、膜格栅及中间提升泵房）布置在已建预处理单元东侧的空地上。

对已建生化池进行改造，提高处理能力和出水标准；并将二沉池改造为膜池；另在膜池旁新增膜池配套设备间共4座。

新建2号鼓风机房布置于已建鼓风机房的东侧。

新建的加药间、仓库及2号变配电站布置于综合楼的北侧。

保留已建的紫外线消毒渠，新建2号紫外线消毒渠布置于已建消毒渠南侧，新建出水仪表间位于新建的脱水间内。

新建的2号污泥浓缩脱水间（含贮泥池、料仓）布置于已建脱水间南侧。

厂内新建2座生物除臭装置，1号生物除臭装置设于新建2号鼓风机房东侧、加药间、仓库及2号变配电站北侧的空地上；2号生物除臭装置设于4座膜池中间（设置在集配水井上部）。

2. 主要构筑物设计

本工程核心的处理构筑物是膜格栅、生化池、膜池及膜配套设备间等，分述如下：

（1）膜格栅

新建膜格栅1座，共6个渠道，总处理能力20万 m^3/d。采用内径流精细格栅，进水渠宽 $B_1=0.8m$，出水渠宽 $B_2=1.6m$，安装角度90°，栅隙 $b=1mm$。

（2）生化池

生化池在一期的基础上进行改造，生化池尺寸为 $L \times B \times H = 93.7m \times 89.0m \times 6.80m$，改造后的生化池设计规模20万 m^3/d。

主要改造内容包括增加缺氧池容积；新增膜池至好氧区、好氧区至缺氧区、缺氧区至厌氧区的污泥回流泵及管道；更换好氧池盘式曝气器；增设水下搅拌器等。

主要设计参数：理论水力停留时间 $T=7.79h$，其中，厌氧区0.787h，缺氧区2.95h，好氧区4.05h（含膜池好氧区和膜池）。混合液悬浮固体浓度：厌氧区：4.8g/L；缺氧区6.4g/L；好氧区8g/L。反硝化速率0.0594。膜池回流至好氧池回流比400%。好氧池回流至缺氧池回流比400%。缺氧池回流至厌氧池回流比300%。气水比：4.29：1（生化池），1.51：1（膜池好氧区）。

（3）膜池

本工程的核心是将现状的沉淀池改为膜池，设计规模20万 m^3/d。4座沉淀池分别改为4座膜池，各自处理水量为5万 m^3/d。膜池直径 $\Phi40m$，池边水深4.6m，总高5.1~5.9m。每座膜池包括好氧区，膜区（内分6格）、污泥回流区。其中好氧区停留时间约1.12h，膜区及污泥回流区停留时间0.87h。膜池混合液悬浮固体浓度10mg/L。

膜采用中孔纤维膜，膜通量为14.2L/($m^2 \cdot h$)，材料PVDF。膜运行时采用8min过滤，1min空气吹扫。

（4）膜池配套设备间

本工程新建4座膜池配套设备间。为膜池提供配套的产水系统、反洗系统、反洗排空系统、补水系统、空气系统、反洗加药、气动系统设备。

主要包括设备间和配电间，分2层，一层为设备间，二层为配电间，尺寸为41.8m×9.0m×(8.9～14.4) m，框架结构。主要设备包括产水泵、真空泵、反洗泵、清洗放空泵、膜池吹扫离心风机、鼓风曝气离心风机、空压机、冷干机、储气罐、NaClO加药系统、起重机、轴流风机等。

五、工程特点

1. 不新增用地、处理能力翻倍、标准由一级B提高到类Ⅳ水质标准的污水处理厂

本工程设计规模20万 m³/d，属于Ⅱ类（大型）污水处理厂，且排放标准在一级A的基础上，主要指标 COD_{Cr}、BOD_5、氨氮、总磷达到《地表水环境质量标准》GB 3838—2002中Ⅳ类标准。

在提标过程中，还需要处理水量翻倍，还不能新增占地，且在施工期间保证现有污水厂不停产、不减产，不降低排放标准，难度极大。

另外本工程是国内首座不新增用地、处理能力翻倍、标准由一级B提高到类Ⅳ水质标准的大型污水处理厂。

2. 需与已建构筑物结合，改造难度大

本工程在改扩建过程中，需与已建构筑物结合，如预处理需要利用一期的预处理设施，并修建二期的预处理设施，二者之间高程和布置要紧密集合，必须在有限的平面上进行布置；MBR生化池和膜池需在已建生化池和二沉池的基础上进行改建；其他构（建）筑物，如鼓风机房、脱水机房需要对现有设施进行分析，核实一期的能力后新增；因此无论从设计参数上，还是布置上都带来了极大的改造难度。

3. 处理构筑物齐全，出水水质要求高

本工程出水水质优于一级A，因此所采用的处理工艺先进可靠，采用的处理构筑物齐全。主要包括：提升单元、预处理单元（粗格栅、细格栅、曝气沉砂池、膜格栅）、生化处理单元、膜处理单元、污泥处理单元、臭气处理单元、再生水回用单元、辅助处理单元（外碳源投加设施、化学除磷加药间、膜处理单元加药间、变配电站、进出水仪表间）、生产管理单元等。

构（建）筑物形式繁多，如矩形的地下式污水提升泵房、矩形的地面式中间提升泵房和膜格栅间、现有生化池和二沉池改造的矩形MBR生化池和圆形的膜池、新建的矩形鼓风机房和污泥浓缩脱水间等。

4. 处理工艺先进可靠

本工程采用的MP-MBR工艺，能完全满足扩能提标的需要，与常规的二级处理＋深度处理技术相比，其最大的优点是节约用地、处理效果好，特别是对SS和大肠菌群的控制优势明显。

设计中对处理系统进行了优化，如：提高了曝气沉砂池的停留时间（5min以上）；膜格栅采用内径流格栅；生化池提高了污泥负荷和回流比；膜池利用现有的二沉池进行布置；脱水设备提高了设备的处理能力；中水系统进行了分区控制等。

实践证明，采用上述优化措施，确实保证了该污水处理厂的稳定达标排放。

5. 土建施工难度大

本工程需要在有限的场地范围内完成土建施工，面临施工空间狭小、施工工具难以进场的局面，且在施工过程中，对已建建构筑物会造成一定影响，需采取相应措施避免对周边的影响。土建施工难度较大。

在施工过程中，设计单位与业主和监理一起对施工方案进行了分析研究，并最终保证了施工的顺利实施。

6. 总平面管线布置难度大

本工程涉及的新建管线需要在已建的基础上布置，不仅要对已建管线进行查勘，必要时还需进行改建，且需在有限的空间进行新管线的布置。

在施工过程中，设计单位需要不断应对施工中随时发生的问题，及时修改设方案。因此，管线布置难度大。

7. 不停产及短时停水方案难度大

为保证在施工过程中污水处理厂不停产、不减产、不降低排放标准，在方案、初设及施工图阶段均考虑了不停产或短期停水施工预案，该方案考虑的因素多、难度大。因此，需要在不同的阶段进行优化、细化。

在本工程施工过程中根据需要和现场实际情况，对不停产施工方案又进行了细化，如：增加泵房至生化池的临时管道；膜格栅至生化池与已有管道的连接井调整；总进水管与已建管道连接井的调整等。事实证明，在方案及初步设计阶段确定的不停水或短期停水预案通过在施工图及施工期间细化后切实可行，能保证污水处理厂建设的顺利完成。

8. 电气设备标准高

本工程供电负荷等级为二级，除新增的工艺用电设备外，对一期的部分原有构筑物也进行了改造，增加用电设备，一期负荷仍由一期的1号变配电站供电，新增的负荷主要由新建的2号变配电站及NO.1～NO.4膜设备间变配电站供电。全厂设备均为低压（380/220V）负荷，最大单机设备功率为257kW鼓风机。

由于工艺控制要求的特殊性（MP-MBR工艺），一些工艺成套供货的电控箱的供电、控制相比常规电控箱更复杂，同时有些电控箱的安装位置也有特殊要求。

9. 四新技术应用广泛

（1）工艺

1）MP-MBR工艺。该工艺将MBR生化池和膜池结合到一起，生化池采用大比例回流，使生化池个区域的污泥浓度较常规生化池高很多，从而节约了容积和占地面积。后续通过膜池膜组件的过滤作用，能适应各种工况，稳定、安全、高效，达到要求的出水水质标准。

2）新型设备广泛采用。采用的具有过流量大、截污率高、清渣彻底、密封性好的内径流格栅（含压榨机），对纤维类、毛发类具有独特的优势，是目前MBR工艺预处理单元的关键设备；采用一体化浮渣分离机分离沉砂池浮渣，避免其返回进水中，影响处理效果；粗格栅采用的移动式抓斗格栅具有采用抓斗上下运行，无需导轨，无磨损，损耗小的优点，适合较深的池深，使用效果良好。

（2）结构

对于建筑物构件钢筋一般以强度控制为主，因此梁柱板及基础受力主筋选用强度较高的 HRB400 级钢筋，与 HRB335 级钢筋相比价格相差不大（约 5%），而强度设计值却相差 20%，因此建筑物构件采用 HRB400 级钢筋，减小了用钢量，节省工程投资。

（3）自控

全厂控制系统分为两个部分：中控室集中监控管理和现场控制站。中央控制室主要设备：中央监控服务器、操作员工作站、工程师站、工业数据服务器、WEB 服务器等。根据全厂工艺的改造、新建情况，同时依照工艺控制流程特点，对全厂控制站进行全新设置，并将原部分已建 PLC 控制站作为分布式 IO 方式接入全厂控制系统的等方式进行全厂控制系统的融合。工业控制网仍然采用成熟、可靠的环形以太网结构，以光纤作为传输介质，保证网络的可靠性、安全性，数据通信在确保的可预见时间内到达。

10. 环保、劳动保护措施完备

本工程总体布置以充分满足生产功能要求为前提，同时结合道路系统的组织、功能结构的划分、景观绿化的构建，形成一个生态型污水处理厂环境空间。对厂外截流溢流井、污水提升泵房、细格栅、沉砂池、膜格栅、MBR 生化池、膜池、脱水设施等进行了除臭设计，既保护了环境，也达到了员工劳动保护的目的。

交通组织上，根据已建的交通布置情况，尽可能增加交通通道，利于人员巡视参观，体现"以人为本"的精神。

六、主要经济指标

本项目 2015 年 3 月完成项目建议书的编制，2015 年 6 月完成该项目申请报告并获得核准。2015 年 7 月完成该项目初步设计，2015 年 9 月完成该项目施工图设计，2015 年 10 月开始施工，并于 2016 年 7 月完工，2017 年 10 月竣工验收。主要经济指标如表 2 所示。

主要经济指标表　　　　表 2

名　称	经济指标	备　注
工程投资（万元）	30216.23	
项目总投资（万元）	35690.68	项目决算 35400.79 万元
综合单位电耗指标（kWh/m³）	0.555	
污水处理电耗指标（kWh/m³）	0.474	低于 MBR 工艺平均电耗 0.73（kWh/m³）
GDP 综合能耗（kWh/m³）	0.381	低于"十二五"单位 GDP 综合能耗规划目标
单位制水成本（元/m³）	1.68	低于国内同类工程
单位经营成本（元/m³）	1.25	低于国内同类工程

2019 年二等奖

西郊砂石坑蓄洪工程

- 设计单位：北京市水利规划设计研究院
- 主要设计人：付云升 许士晨 冯 雁 刘向阳
- 本文执笔人：许士晨

作者简介：

许士晨，教授级高级工程师，现任职于北京市水利规划设计研究院。代表项目：凉水河干流综合整治工程、西郊砂石坑蓄洪工程等。

一、工程概况

西郊砂石坑蓄洪工程是为确保北京中心城的防洪安全，不让八大处沟流域及北八排沟、琅黄沟流域 27km² 的 100 年一遇洪水下泄入城，解决其洪水出路的工程，是北京"西蓄、东排、南北分洪"城市防洪体系中的重要组成部分。

本工程在永引渠杏石口节制闸上游右岸新建分洪闸，闸下新建分洪暗涵，将洪水一路就近接入西黄村砂石坑，一路沿永引渠南侧、西五环东侧绿化带接入阜石路砂石坑。新建

图 1 西郊砂石坑蓄洪工程位置示意图

永引渠分洪闸位于北京西五环路永引桥以西，阜石路分洪暗涵路由为沿永引渠南路南侧绿化带向东，穿过西五环路永引渠桥桥洞后转向南，沿西五环路东侧绿化带布置，穿过阜石路后入阜石路砂石坑。阜石路砂石坑位于阜石路与西五环路晋元桥的东南侧，西黄村砂石坑西五环路永引桥的西侧（图 1）。

2012 年在前期工作基础上再次开展西蓄的规划设计工作，2012 年 12 月《西郊砂石坑蓄洪工程规划方案》得到批复，2013 年 11 月《西郊砂石坑蓄洪工程项目建议书（代可行性研究报告）》得到批复。2014 年 2 月《西郊砂石坑蓄洪工程初步设计报告》得到批复。2014 年 2 月 22 日正式开工建设，2017 年 3 月工程通过竣工验收投入运行使用。

本工程等别为Ⅱ等，主要建筑物为 2 级，次要建筑物级别为 3 级。建筑物抗震设防烈度为 8 度，洪水标准按永引渠杏石口节制闸以上 100 年一遇洪水不下泄，分洪、蓄洪工程设计标准为 100 年一遇。

西郊砂石坑地区 20 年、100 年一遇设计洪水调蓄总量分别为 400 万 m³、700 万 m³。

二、面临问题与需求分析

2012年7月21日北京下了一场61年不遇的大暴雨，给北京这个现代化的国际大都市带来巨大损失。梳理北京中心城的防洪能力可以发现，作为"西蓄"主体工程的西郊砂石坑蓄洪工程当时还尚未实施。

西郊砂石坑蓄洪工程是"西蓄、东排、南北分洪"北京中心城防洪原则中的主体工程，北京中心城区的河道治理均是按照基于"西蓄"工程建成并发挥调蓄作用下的标准而治理的，并且已经实施完成，而"西蓄"工程未实施，就使得城区永引渠玉渊潭以上排洪压力加大，造成涝灾。

"7·21"暴雨促成了西蓄工程的开工建设，西蓄工程的实施有效控制了雨水径流，实现了自然积存、自然渗透、自然净化的雨洪管理方式，促进了城市与自然和谐发展，体现出规划引领、科学编制顶层设计的战略意义，这一设计理念契合国家海绵城市建设战略，西蓄工程成为北京最大的一块"海绵"。

三、设计目标与原则

在设计之初按照大视野多目标的原则，落实北京生态文明建设，体现尊重自然、顺应自然、保护自然的理念，建设美丽北京让人民快乐生活，对阜石路砂石坑建设提出了三大目标：蓄滞洪水，防洪减灾；回补地下水资源，实现可持续发展；主题公园建设，为群众提供休闲场所。工程设计完全符合北京城市总体规划。

四、工程主要创新及特点

1. 设计方案经济合理可实施性强

按照原规划方案，分洪暗涵为全线明挖施工，但是随着城市建设的发展以及西五环路的建成，城市地下管线有25条在暗涵上部垂直交叉，明挖施工投资巨大，协调难度大。因此本设计方案采用浅埋暗挖法施工隧道，经技术经济比较最终选用了浅埋暗挖施工隧道方案。

2. 丰富了阜石路砂石坑回补地下水的来源

改建东水西调工程退水口，使得南水北调工程调水可以在杏石口节制闸上游经过本工程分洪暗涵自流入阜石路砂石坑。因此，阜石路砂石坑回补地下水可以有3处水源：南水北调来水；永定河三家店水库上游雨洪水；本工程流域范围内雨洪水。

3. 景观效果良好

以"开放"为公园的设计思路，阜石路砂石坑坑坡坡度设计尽可能放缓，在保障蓄洪库容的前提下，做到景观效果最佳，坑底、坑顶、坑坡共有5圈步道，5圈步道之间设置多条横向连通步道，便于游人漫步（图2）。

阜石路砂石坑水位会随着雨季和旱季的交替有较大的变化，因此景观绿化方案需要在

图2　阜石路砂石坑缓坡

满足蓄洪和回灌等水利功能的前提下展开，以实现"水来人退、水退人还、以水带绿、花开遍地、自然怡人"的总体建设思路。

（1）西侧坑底——湖区设计。坑底湖面自西向东分成净湖、浣湖、濯湖、润湖、沁湖五个湖面，其中净湖吸纳雨水及周边雨水排放，基本保证常年有水；浣湖、濯湖、润湖、沁湖则满足丰水季蓄水、枯水季回补的功能，根据间歇性蓄水的特点，设计在这四湖中种植耐水淹、适应性强的湿生植物，保证湖区在盈水期和枯水期都有较好的植物景观效果（图3）。

（2）东侧坑底——谷底花田区设计。该区位于园区东侧，通过地形整理，塑造自东向西逐级降低的台地景观，每级台地种植波斯菊、黑心菊、桔梗、金鸡菊、果菊、射干、苋科等不同花期不同色彩的野花，形成层次丰富，色彩绚丽的谷底花田景观（图4）。

图3　阜石路砂石坑西侧

图4　阜石路砂石坑东侧

（3）对外开放需要的休闲设施

为满足工程作为公园对外开放需要，建设亭子、坐凳等休闲设施，打造成人、水、绿共融的防洪、回灌、景观、生态、休闲、科教等多功能的共享空间。

4. 水工建筑景观化设计

出口闸为2孔，每孔净宽4m，与暗涵衔接，为使整体环境优美，减少水工建筑物与公园的不协调感，将分洪暗涵的出口闸的闸室布置在地下，出口闸在地面52.00m高程以下为2座竖井，在52.00m地面以上将外露的启闭机室设计成观景台，观景台成了公园的一景。

5. 消除工业废物污染隐患

在进行环境影响评价过程中，发现在阜石路砂石坑的岸坡中存在以苯并（a）芘污染为主的第Ⅱ类一般工业固体废物约145m³，为消除其对工程周边环境及当地地下水的危害及影响，对其全部进行挖除及无害化处置，修复了生态环境。

6. 大库容设计

阜石路砂石坑设计库容680万m³。西黄村砂石坑设计库容20万m³，蓄洪库容合计700万m³，相当于一座小型水库。充分利用阜石路砂石坑的地形条件，集中管理洪水，使洪水成为资源，实现可持续发展。

7. 创新要点

（1）大型防洪工程隧洞。分洪暗涵是北京第一条用于防洪工程的大型隧洞阜石路砂石坑分洪暗涵为 2 孔 Φ4m（内径）隧洞长 2930m，采用浅埋暗挖法施工，是北京第一条用于防洪工程的大型隧洞。暗涵采用一、二衬复合衬砌结构。一衬施工在顶拱 180°范围内采用超前小导管注浆，全断面支护钢格栅并喷射 C25 混凝土，厚 300mm。二衬为现浇 C30 W6 F150 模注自密实钢筋混凝土结构，厚度 300mm。

（2）回补地下水设计。为实现可持续性发展，在阜石路砂石坑坑底设置 10 座渗池，渗池直径 4m，深 2.9m，在渗池底部向四周铺设 50m 长的渗水盲管增大渗水量，每个渗池的渗透量约为 $0.1m^3/s$，实现回补地下水的作用。渗池井壁高于常水位，初期雨水等受污染的水体在湖内沉淀净化，不会直接渗入到地下。

以往一般的回渗形式是先打几十米深的竖向井，在井内打横向支洞，该形式横向支洞受地质情况、施工工艺影响，支洞较短，长度一般在 12～15m，为加大渗水速度，需要打几层横向支洞，其理念是向竖向地层要空间。

阜石路砂石坑渗池的设计理念是向水平方向地层要空间。渗池辐射散水管布置在地表面，散水管长度根据需要设计确定，具有渗水面大、渗水量大、施工容易的优点。

五、效果分析

1. 防洪效益

工程实施后工程流域内西部山区洪水得到蓄滞，可以减轻其对中心城的防洪影响，提升城区的防洪保障力，减免城区遭受大洪水或特大洪水可能发生的毁灭性灾害，保障人民的生命财产安全、维持社会的稳定。

2. 涵养地下水源

本工程的建设为回补地下水创造了条件，可利用雨洪水、南水北调初期来水，实现回补涵养地下水源，改善北京多年来地下水长期超采的局面。自 2016 年汛期开始蓄水，累计蓄水量已经超过 1500 多万立方米，地下水回补效果明显，西蓄工程成为北京最大的一块"海绵"。

3. 改善环境

本工程新增水面 $10hm^2$，绿地 $51hm^2$，形成了生态景观，在满足蓄洪功能的同时，阜石路砂石坑具有生态、景观、娱乐等公园功能的性质，改善周边居民居住环境。通过绿化工程，完善区域景观，形成多层次的区系植物群落，对于调节周边小气候，改善空气质量，维护生物多样性等，具有重要作用。昔日堆满垃圾、恶臭扑面的砂石坑，现在已华丽变身，放眼望去是湖水清澈、碧草如茵。

4. 经济效益

工程实施后，提升了西郊周边区域整体形象，良好的宜居环境提升了土地的价值，带动房地产业的发展，满足城市发展规划要求，有效促进周边地区经济的可持续发展。

南水北调东线一期工程睢宁二站工程[①]

- 设 计 单 位： 徐州市水利建筑设计研究院
- 主要设计人： 陈亚军　白莉萍　李平夫
　　　　　　　姜成启　刘　伟　訾剑华
　　　　　　　耿　亮　陈方亮
- 本文执笔人： 陈亚军

作者简介：

陈亚军，高级工程师，全国注册土木工程师（岩土、水利水电-水工结构），现任徐州市水利建筑设计研究院院长助理，主要从事水工结构、桥梁工程、岩土工程等方面的设计工作。作为项目负责人负责的多个项目获得国家、省、市优秀工程设计奖，发表学术论文 24 篇，其中 EI 检索 3 篇，中文核心期刊 16 篇。

一、工程概况

南水北调东线工程从长江下游的扬州江都抽引长江水，利用京杭大运河及与其平行的河道逐级提水北送，并连接起调蓄作用的洪泽湖、骆马湖、南四湖、东平湖。出东平湖后分两路输水：一路向北，在位山附近经隧洞穿过黄河经小运河接七一、六五河自流到德州大屯水库；另一路向东，通过胶东地区输水干线经济南输水到烟台、威海。全线最高处东平湖水位与长江水位差约 40m，抽水总扬程 65m，工程利用江苏省江水北调工程现有 7 处 14 座泵站，新建 21 座泵站，分 13 个梯级抽提江水送入东平湖，出东平湖后自流。

睢宁站工程是南水北调东线工程中 13 座梯级泵站之一，与刘老涧站共同组成第五级泵站。睢宁站工程由睢宁一站和睢宁二站组成，位于江苏省徐州市睢宁县沙集镇境内的徐洪河线路上。

睢宁二站工程自 2008 年 5 月开始进行初步设计，至 2012 年 10 月最后一批施工图提交结束。该项目于 2013 年 1 月通过水下阶段验收，2014 年 6 月通过合同项目完成验收，2018 年 9 月通过项目完工验收。

睢宁二站工程区属于暖温带半湿润季风气候区，冷暖变化和旱涝灾害突出，平均降雨量 922.1mm，多年平均气温 14℃，历年最大风速 24.2m/s，多年平均风速 13.43m/s。

二、调水方案的确定

黄淮海东部平原和胶东地区人口密集、交通便利、经济较发达，在全国的经济社会发

---

① 该工程设计主要工程图详见中国建筑工业出版社官方网站本书的配套资源。

展中占有十分重要的地位。该地区水资源时空分布不均衡，水资源供需矛盾突出，导致部分地区出现了河道断流、河湖干涸、地下水严重超采以及水体污染等问题。长江下游水量丰沛、水质良好，在充分利用当地水资源、加强节水和治污的基础上，南水北调东线第一期工程调引长江水补充受水区城市生活、工业与环境用水，可缓解水资源供需矛盾，为该地区的经济社会可持续发展提供水资源保障；还可改善沿线地区的灌溉、航运、排涝条件，并具备向天津应急供水的能力，工程的社会、经济和环境效益显著。睢宁二站在该条调水线路上，因此，实施睢宁二站工程是十分必要的。

南水北调东线一期工程洪泽湖至骆马湖区间输水 $350\sim275\,m^3/s$，需在现状的基础上增加 $150\sim125\,m^3/s$ 调水规模，采用中运河、徐洪河双线输水方案，其中，中运河输水 $230\sim175\,m^3/s$，徐洪河输水 $120\sim100\,m^3/s$。洪泽湖至骆马湖区间运河线扩建泗阳站、刘老涧站和皂河站，规模分别为 $230\,m^3/s$、$230\,m^3/s$、$175\,m^3/s$；徐洪河线新建泗洪站，扩建睢宁枢纽和新建邳州站，规模分别为 $120\,m^3/s$、$110\,m^3/s$、$100\,m^3/s$。

目前睢宁枢纽由沙集站（即睢宁一站）、沙集船闸等建筑物组成，睢宁一站位于徐洪河上，抽水站安装 $1.8\,m$ 导叶式混流泵 5 台套，单机流量 $10\,m^3/s$，总设计流量为 $50\,m^3/s$。为满足南水北调东线一期工程规模，故需新建睢宁二站 $60\,m^3/s$。由于睢宁一站没有备机，因此在睢宁二站中考虑一、二站共用备用流量 $20\,m^3/s$，睢宁二站设备流量采用 $80\,m^3/s$。

根据南水北调东线第一期工程水量调节计算结果，南水北调出洪泽湖水量为 63.87 亿 m^3，入骆马湖水量为 43.98 亿 m^3。中运河输水线和徐洪河输水线各梯级泵站抽水量按出洪泽湖和入骆马湖的装机规模比例并且考虑区间用水进行计算。一期工程完成后，徐洪河线多年平均（42 年）抽水量为 21.9 亿（出洪）~15.99 亿 m^3（入骆），睢宁站多年平均抽水量为 18.95 亿 m^3，其中睢宁一站抽水量为 8.61 亿 m^3，睢宁二站抽水量为 10.34 亿 m^3。

三、设计目标与原则

睢宁泵站由睢宁一站和睢宁二站组成，工程的主要任务是与泗洪泵站、邳州泵站一起，通过徐洪河输水线向骆马湖输水 $100\,m^3/s$，与中运河共同满足向骆马湖调水 $275\,m^3/s$ 的目标。

本工程为南水北调工程中的第五级枢纽，具有供水、排涝、航运、挡洪等综合功能。睢宁泵站一期调水规模 $110\,m^3/s$。考虑南水北调工程一期工程规模、工程的重要性及工程现状，按照《水利水电工程等级划分及洪水标准》SL 252、《泵站设计规范》GB 50265 和《水闸设计规范》SL 265 的有关规定，结合《南水北调东线第一期工程可行性研究报告》的审查意见，确定睢宁二站工程等别为Ⅰ等，工程规模为大（Ⅰ）型。泵站及上、下游翼墙为 1 级建筑物。根据《泵站设计规范》，本站防洪标准为 100 年一遇设计，300 年一遇校核。

根据《中国地震动参数区划图》，场地地震动峰值加速度为 $0.30g$，相应的地震基本烈度为Ⅷ度，建筑物按抗震设防烈度 8 度设计。

睢宁二站引水渠、出水渠口特征水位见表 1，睢宁二站泵站工程水力特性见表 2。

睢宁二站河道特征水位表　　　　　　　　　　表1

特征水位		站上水位（m）（后池水位）	站下水位（m）（清污机桥南侧水位）
设计水位		21.60	13.50
最高水位		22.50	15.50
最低水位		19.73	12.50
平均水位		21.10	13.50
防洪最高水位	300年一遇	21.77	21.49
	100年一遇	21.61	21.33
	20年一遇	21.38	19.97
排涝水位	5年一遇		17.85

注：高程采用废黄河高程系，下同。

睢宁二站泵站工程水力特性表　　　　　　　　　　表2

项　目			单位	参　数		备　注
				站上	站下	
水位	调水	设计	m	21.60	13.30	站上按邳州站站下水位，通过设计流量190m³/s推算至睢宁站上
		最高	m	22.50	15.30	站上按徐洪河20年一遇设计防洪水位22.5m，站下按泗洪站上水位
		最低	m	19.73	12.30	上、下游为保证率95%最低通航水位
		平均	m	21.1	13.30	
	挡洪	100年一遇设计	m	21.61	21.33	
		300年一遇校核	m	21.77	21.49	
	稳定复核	完建期（1）	m	—	—	
		完建期（2）	m	6.00	8.00	
		设计调水（1）	m	21.60	13.30	设计调水水位
		设计调水（2）	m	19.73	12.30	上下游最低调水水位
		设计洪水	m	21.61	21.33	上下游百年一遇洪水水位
		检修期	m	21.60	13.30	泵站1台机组检修、流道抽空
		校核（1）	m	22.50	12.30	站上最高水位、站下最低水位
		校核（2）	m	21.77	21.49	上下游三百年一遇洪水水位
		地震期	m	21.60	13.30	调水期上下游设计水位遭遇地震
扬程（净）	设　计		m	8.3		
	最　大		m	10.2		
	最　小		m	4.43		
	平　均		m	7.8		
设计流量			m³/s	60		

注：表中水位站下水位为清污机后泵站进水前池水位位，考虑清污机桥拦污栅损失0.20m，站上水位为后池水。

四、工程设计

1. 工程总体布置

睢宁二站布置在一站西侧，两站中心相距约 262m，泵站顺水流方向为正南北方向，站下接徐沙河，与徐沙河相交 47°；站上接徐洪河，与徐洪河相交 30°。泵站共分站下引河段、主站身段、站上引河段 3 个部分，站下引河段共长 361.6m，中间设清污机桥一座，引河河底高程 8.5m，河底宽清污机桥下段 32.40m，清污机桥上段 29.4m；主站身段分为主泵房、检修间、控制室 3 个部分，其中主泵房布置居中，检修间位于主泵房西侧，控制间位于主泵房东侧；站上引河段共长 407m，河底高程 15.00m，河底宽 34.00m。

睢宁二站泵站主泵房采用堤身式布置，块基型结构，站内共安装 2600HDQ20-9 立式混流泵配 TL3000-40/3250 电机共计 4 台套，单机功率 3000kW，总装机容量 12000kW。泵站进水采用肘型流道，出水采用虹吸管出水，真空破坏阀断流。检修间、GIS 室布置在厂房西侧，控制室布置厂房的东侧，站内设 320/50kN 桥式吊车一台。站下设 6 孔清污机桥，安装 6 台套回转式皮带输送清污机。泵站主泵房、检修间、控制室、办公管理房、职工宿舍等建筑物建筑面积 5368.8m²。

睢宁二站管理所布置在一、二站站上引河之间，地面高程 24.0m。管理所道路两旁布置照明设施和种植花草树木。进口及办公区设置景观小品。

2. 泵站主站身

睢宁二站泵站由主站身、检修间和控制室等组成。其中，泵站主站身顺水流长度 33.50m，垂直水流长度 31.80m，4 台水泵机组安装于同一块底板上，机组间距 7.6m。主站身西侧布置检修间和 GIS 室，检修间基础采用空箱基础，与站身分开建设。检修间空箱主要为三层（冷凝机组局部为四层），检修层面高程 24.00m，辅机油系统油桶布置在高程 13.70m 处，油压装置布置在高程 20.20m 处，冷凝机组布置在高程 25.10m 处（其中水泵布置在高程 22.90m 处），高程 13.70m 以下空箱均填土。检修间与主厂房同宽，长 15.0m。控制室布置在主站身东侧，其基础为空箱基础，地上共计 3 层，在高程 20.20m 层空箱为电缆夹层，高程 13.70m 层空箱为局部电缆通道层（电缆至站下清污机桥），在高程 13.70m 以下空箱内均填土。控制室与主厂房同宽，长 18.6m（图 1）。

泵站设计采用站身直接挡水的堤身式块基型结构，肘型流道进水，虹吸式出水流道，真空破坏阀断流。4 台立式混流泵机组安装在一块底板上，机组中心距 7.6m。进水流道边墩厚为 1.2m，中墩厚为 1.0m，进水流道内小隔墩为 0.5m；出水侧边墩厚为 1.1m，中墩厚为 0.8m。泵站主体顺水流长度 33.50m，垂直水流长度 31.80m，水泵叶轮中心安装高程 9.80m。

主站身泵房布置内部自下而上为进水流道层、水泵层、出水流道层、检修层、联轴层和电机层。

进水流道层采用肘型流道，底板面自高程 7.00m 下降至 5.30m，呈倾斜状；流道进口断面顶高程 10.60m。上游侧空箱内设有泵房排水系统及宽 1.2m 的人行通道。

水泵层高程 8.75m，站下侧布置 1.0m 宽的检修通道，站上侧布置 4.0m 宽的叶轮运输通道。

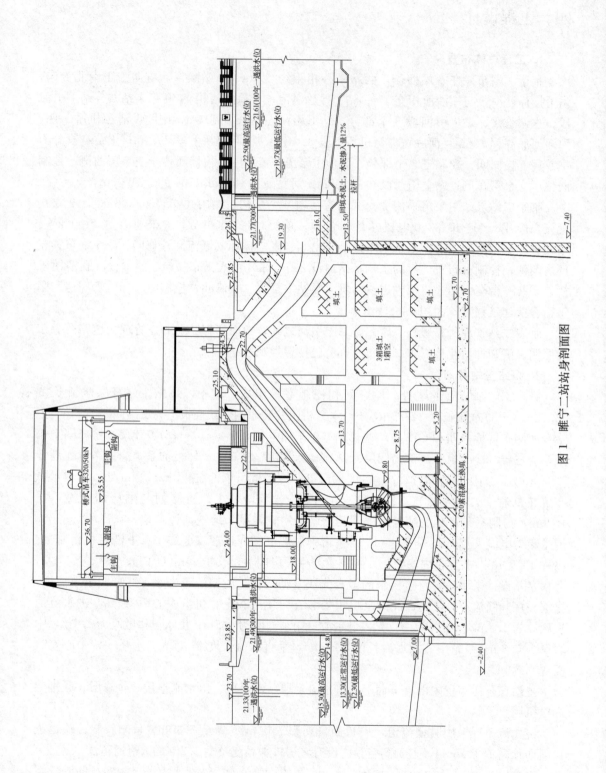

图 1 睢宁二站站身剖面图

出水流道采用虹吸式出流，真空破坏阀断流，流道分为上升段和出口驼峰下降段。站上最高水位 22.50m，虹吸管驼峰底部高程 22.70m，驼峰底比上游最高水位高 0.20m，驼峰断面高度 1.8m。驼峰顶部为真空破坏阀室，地坪高程 25.10m，流道出口断面 6.8m×3.2m。

检修层高程 12.60m，为方便观察水泵，设有观察孔，上游侧空箱内在平台高程为 13.70m 处布置油泵动力箱一台。

联轴层高程 18.00m，站下侧为检查通道，中间布置电机梁柱基础和水泵上盖板和密封等，站上游侧布置辅机管道和电缆通道。

电机层平面高程 22.50m，电机向站下侧强制排风。电机层主厂房长 31.8m，净宽 13.0m，总宽 15.4m，为框架填充墙结构。厂房屋盖采用现浇钢筋混凝土结构，行车梁底高程为 35.55m，设置 320kN/50kN 桥式起重机。

站身上游设有站上交通桥，桥面高程 23.85m，桥面净宽 7.0m。站身下游侧设有检修门槽（与拦污栅共槽），配 2 套 4 扇检修闸门和 8 套拦污栅，汽车吊启闭。

泵站进水池长 15m，宽度 29.4m，底板高程 8.50～7.00m 渐变。泵站出水池长 30m，宽度 29.4～34.00m 渐变，底板高程 16.10～15.00m 渐变。

3. 清污机桥设计

清污机桥布置于站下距水泵机组中心 165m 处，共 6 孔两块底板，每孔净宽 4.2m，底板顺水流向宽 12m，底板顶高程为 8.50m，桥顶高程为 18.00m，控制柜底高程为 19.85m。工程布置 HQ-4.2×9.5 型回转式清污机 6 台套，配套长度约为 40m 的 SPW 皮带输送机。清污机桥上交通桥宽 8.29m。

4. 站上拦污栅桥设计

站上拦污栅桥布置于泵站出口段，为钢筋混凝土结构，共 8 孔，除边孔跨径最小部分为 3.15m、最大部分为 3.87m 外，其余跨径均为 3.15m，布置拦污栅 8 套。拦污栅桥底板顶高程为 16.10m，桥顶高程 24.15m，桥面宽 2.0m，兼做检修和人行通道。

5. 进场交通桥设计

徐沙河进场交通桥位于徐沙河北支与徐洪河交汇口向西约 180m 处，该桥梁线形布置与徐沙河北支正交，桥梁布置根据徐沙河北支规划五级航道通航要求，确定通航净空高度为 5.0m，净宽 45.0m，最高通航水位为 22.50m。桥梁采用（28.5＋50＋28.5）m 三跨预应力变截面连续箱梁结构，桥面宽度为净－7＋2×0.5m，直线型桥梁，设计荷载标准为公路-Ⅱ级。

6. 管理设施设计

根据功能需要并结合场地地形，本工程办公管理区布置在泵站东则，交通桥北侧，给生产管理提供便捷；职工宿舍等文化生活设施布置在徐沙河以北，泵站南侧原办公生活区，形成安静、独立的职工生活区域，办公管理区和生活区总占地面积约为 4500m²；一站变电所布置在原一站西侧，原变电站场地旁。办公、生活、生产各区域间采用 7m 宽主干道连通。根据水土保持及景观要求结合后期发展，办公楼北侧三角区布置梨园，周边布置 4m 宽环形道路与主干道相通，办公区与生活区之间大片空地为绿化景观区，内部采用园路分隔。管理所道路两侧布置排水沟、照明设施和种植花草树木。

五、工程特点

1. 技术特色一：地震烈度最大

由于该泵站位于郯庐断裂带，本工程地震烈度 8 度，动峰值加速度 0.3g，为南水北调东线一期工程中地震烈度最大的泵站。根据《水工建筑物抗震设计规范》要求，该泵站设计需采用动力分析模型。我院与河海大学水工结构研究所合作进行了"南水北调东线一期工程睢宁二站泵房结构抗震分析研究"，根据各工况内力计算形成的内力包络图进行混凝土及钢筋混凝土结构设计，从而保证结构在各种工况（包括地震工况）下满足强度要求。另外，结构设计时在构造上满足抗震要求。通过对泵站主体结构采用二维结构力学计算与"ADINA"软件三维有限元软件计算，考虑水利工程项目有其不确定性，且泵站位于高烈度地震区，故对两者计算结果进行包络，在设计中取最不利组合进行结构配筋，有效确保了工程施工期安全和运行期安全。

本泵站设计采用导叶式混流泵，由于轴长相对较长，为减少轴长，设计时采用降低电机层的高程措施，有效降低了泵房高度，有利于工程抗震。泵站初步设计时，采用主站身两块底板方案，在招标设计时，对该方案进行了优化，将两块底板合并为一块底板，其平面尺寸为 33.5m×31.8m，超出规范要求 30m 分缝的规定，在泵站设计时，考虑泵站下部地基为 Q_3^{al+pl} 含砂姜黏土，地质条件相对较好，参照类似工程经验，故通过增大泵站的整体刚度等措施，解决了泵站结构分缝问题，既避免了不同体量建筑物之间的在地震作用下相互碰撞，方便了工程施工，也节省了工程投资。

此外，泵站基坑深 21m，泵站两侧检修间、控制室空箱基础侧向抗滑稳定安全系数 K 虽然超过 1.00，但是不满足规范要求的 1.35，设计根据《水闸设计规范》条文说明，采取检修间、控制室空箱基础与主站身之间在底板和墩墙等横向刚度大的部位采用对顶钢板支撑措施，从而使整体抗滑安全满足 8 度抗震要求。实践证明，泵站经过 5 年多的运行期间位移观测，泵站变形指标均在规范允许范围内，满足工程运行要求。

2. 技术特色二：基坑最深

本工程基坑是南水北调东线一期工程中泵站最深的基坑，基坑深度达 21m，在设计方案比选时，设计了方案一"拉锚式地连墙＋放坡"，方案二"土钉墙"，方案三"肋板式钢筋混凝土地下连续墙"三种设计方案。考虑本工程工期紧，施工周期长，且拉锚式地连墙施工经验成熟，在可控范围内，故最终采用"拉锚式地连墙＋放坡"的方案（图 2、图 3）。

图 2 基坑地连墙施工　　　　　图 3 拉锚式地连墙基坑支护施工

鉴于本工程深基坑在高程 13.50m 以上以砂壤土等土质为主，在高程 13.50m 以下以粉质壤土、粉砂、壤土、含砂姜黏土为主，且地下水位高，有两层承压水，最大承压水头 14m。考虑该基坑紧邻睢宁一站，为保障睢宁一站送水不受影响，根据地勘资料、地连墙支护挡土高度及施工等因素综合比选，最终确定在设计方案在高程 2.70m 至高程 13.50m 之间采用 80cm 厚地下连续墙＋Φ100cm 钢筋混凝土灌注桩的拉锚式地连墙结构，在高程 13.50m 至地面采用放坡方案。同时鉴于在高程 13.50m 以上以砂壤土为主，考虑水对其作用的影响，故在设计中在边坡坡顶设置截水沟，坡面做好彩条布防护措施，以降低雨期对边坡的影响。实践证明，该深基坑支护方案既经济、安全可靠，又方便施工，可以给其他类似工程起借鉴作用。

3. 技术特色三：扬程最高

考虑本泵站扬程范围为 4.43～10.2m，流量范围为 15.75～25.36m³/s，年运行 5000h 以上，是南水北调东线一期工程中扬程最高的泵站。

在招标设计阶段，我院委托扬州大学水利科学与工程学院对泵站的流道型线通过数模计算（CFD）进行了优化设计，并经装置模型试验验证。

在招标设计阶段，依据初设审查意见，对水力模型进行进一步优选。2011 年 3 月在天津中水北方勘测设计研究有限责任公司南水北调水力模型通用试验台上进行了水力性能试验，试验结果表明：在设计扬程 8.3m 下，效率 83.5%；平均扬程 7.8m 下，效率 83.6%；最大扬程 10.2m 下，效率 83.50%；加权平均效率达到效率 83.38%，设计流量 20m³/s，水泵装置模型水力和气蚀性能满足招标文件要求。通过原形水泵装置在最高、设计、最低和平均扬程下的试验换算数据，水泵可在 -2° 运行；在最低扬程时，水泵可在 -4° 运行，以获得高效率，水泵加权平均效率优于招投标文件的要求。

在工程试运行期间，建设单位委托江苏省骆运水利工程管理处采用河道 ADCP 方法进行了流量测验，测试结果表明：叶片角度 -2°、扬程 7.45m 时，单泵抽水流量 22.9m³/s，水泵装置效率 77%（图 4、图 5）。

图 4　站内电机层照　　　　　　　　　图 5　站内水泵层照

4. 技术特色四：建筑造型独特

建筑设计构思来源于对项目周边环境和设计任务深入全面的理解把握、对水利文化的考虑和对地域文化及建筑特征的思考和对传统文化思想的回应，遵循可持续原则、人性化原则和生态化原则。本项目考虑徐州是汉文化的发祥地，在泵房外观造型和颜色选用设计上，采用了汉代建筑文化元素，体现了徐州南秀北雄、楚风汉韵的风格，是南水北调东线泵站中唯一采用该题材的泵站（图6）。

5. 技术特色五：采用混凝土模板布措施

由于泵站流道的粗糙度等直接影响到运行效率，其他部位的混凝土外观直接影响工程外观形象。因此，在泵站施工时，在泵站流道、翼墙等外观部位采用敷贴模板布的措施（图7）。该工程措施能够减少混凝土外观上易出现的蜂窝麻面，同时提高混凝土表面平整度、混凝土强度、抗碳化和抗冲磨能力。经实践证明，混凝土强度能提高20%～40%，碳化深度明显减小，且随着时间的增加，速度减缓。

图6 站上泵房侧视照（汉文化元素）　　　　　图7 模板布敷设

六、效果分析

本工程批复总投资为25518万元，其中初设概算批复总投资为24085万元，核增价差投资为1433万元。本工程项目完工结算为24189.08万元。

南水北调第一期工程能解决黄淮海地区和山东半岛水资源短缺、实现水资源优化配置的重大举措，对受水地区经济发展、社会进步、人民生活水平提高和改善环境质量有直接和长远的效益。本工程的实施，将有力地支持黄淮海地区经济社会的可持续发展，生态环境不断恶化的状况将得到有效遏止，经济效益、社会效益和生态效益巨大。

睢宁二站作为南水北调东线一期工程中重要的泵站梯级，联合沿线其他泵站向江苏、山东等地完成了国家南水北调任务。自2013年5月运行以来，睢宁二站共执行6个年度调水运行任务，截至2018年5月31日，已累计安全运行25717.1台时，累计调水18.52亿m³，发挥了南水北调工程作为国家基础战略性工程的重大作用，完成了国家南水北调任务。此外，在航运效益方面，该泵站运行可使徐洪河的水位维持高位，为航运保证了必须的条件；在生态效益方面，本项目本着人与自然和谐的理念，将景观建设有机地融入水土保持工程中，在满足水土保持的前提下，兼顾经济、绿化、美化要求，充分发挥植物、生态效应，打造人、水和谐的现代生态水利管理区，区内四季常青、三季有花的睢宁二站已形成渠水清澈、鱼水欢腾、飞鸟翔集、岸绿林荫的生态景观。本项目的建设也给徐洪河上增添了一道亮丽的风景线，带动了地方经济发展。

河南省窄口水库除险加固工程^①

河南省窄口水库除险加固工程①

- 设计单位： 河南省水利勘测设计研究
  有限公司
- 主要设计人：张佩
- 本文执笔人：张佩

作者简介：

张佩，高级工程师，主要从事水利
设计工作，先后参与完成了窄口水库除
险加固工程、石山口水库除险加固工程、
南湾水库除险加固工程、宿鸭湖水库除
险加固工程、盘石头水库水电站施工图
设计，主持和负责河南省伊洛河重点河
段治理工程（偃师段、巩义段）等。

一、工程概况

窄口水库位于河南省灵宝市五亩乡南的弘农涧河上，弘农涧河为黄河支流，源于小秦岭山脉，主干河长88km，流经灵宝市6个乡（镇），横穿灵宝市区，蜿蜒东北流入黄河，流域面积2062km²。流域地势南高北低，地貌复杂多姿。窄口水库控制流域面积903km²，占全流域的43.79%，年径流量1.55亿m³。水库任务以防洪为主，兼顾灌溉，结合发电、养鱼、旅游、供水等综合利用，总库容1.85亿m³，灌溉面积2万hm²，水电站装机3×1600kW，年均发电1420万kWh。

窄口水库于1959年开工建设，1960年停工，1968年水库复工续建，1975年基本建成，水库原按100年一遇洪水设计，1000年一遇洪水校核。

1975年"75.8"特大洪水后，为提高水库抵御洪水的能力，于1975年冬至1983年对水库进行了初步除险加固处理，以解决水库标准偏低和工程存在质量问题。1987年5月经河南省水利厅组织验收，正式交付使用。水库校核防洪标准由1000年一遇提高到10000年一遇。死水位620.50m，相应库容0.37亿m³，兴利水位644.50m，相应库容1.195亿m³，汛限水位632.00m，相应库容1.08亿m³，百年一遇洪水位648.05m，相应库容1.416亿m³，5000年一遇洪水位656.25m，相应库容1.848亿m³。

水库主体工程有大坝、溢洪道、非常溢洪道、泄洪洞、灌溉（发电）洞、水库电站等。

本次窄口水库除险加固工程从2005年开始，至2012年11月工程竣工验收完成历经近7年，前后过程包括窄口大坝安全鉴定、初步设计、招标设计、施工详图设计等阶段，根据工作进程相应补充了溢洪道土建部分混凝土质量检测、溢洪道补充地质勘探、泄洪洞

---

① 该工程设计主要工程图详见中国建筑工业出版社官方网站本书的配套资源。

进口龙抬头地质勘探等工作。

针对水库工程现状和存在问题，窄口水库除险加固主要包括以下工程项目：

（1）水库除险加固防洪标准按100年一遇洪水设计，5000年一遇洪水校核。

（2）主坝：坝顶高程复核、坝体稳定复核，648.0m以上坝体开挖回填工程、坝体塑性混凝土防渗墙、左右坝基帷幕灌浆工程，观测设施重建和完善等。

（3）副坝：原来的自溃坝改建为副坝。

（4）溢洪道：闸室段安全复核、泄槽段挡墙结构安全复核，闸室控制段、闸前扭曲段及闸后泄槽段拆除重建，消能防冲段加固处理，进口滑坡体处理。

（5）泄洪洞：进口洞脸潜在滑坡体加固处理，进口段局部加固、洞身段凿除5cm，重新衬砌并对围岩固结灌浆、出口段增设闸室，原挑流消能改为底流消能。

（6）灌溉洞：进口塔架及其上部操纵室拆除重建，闸后明管更新等。

（7）有关机电、闸门金属结构改造更新处理。

（8）增置、更新部分管理设施，完成水库信息现代化建设，提高管理水平。

（9）水库防汛公路改建及进场主干道西沟桥拆除重建等。

水库除险加固后总库容为1.85亿 m³，工程等级为Ⅱ等，主要建筑为2级，次要建筑物为3级。水库设计洪水标准为100年一遇设计，相应水位为648.05m，校核洪水标准为5000年一遇校核，相应水位为656.25m，正常蓄水位为644.50m，汛限水位为642.00m，死水位为620.50m，水库加固后的调度运用方式为：汛期限制水位642.00m；当水位在642.00～644.00m时，只开启泄洪洞泄洪；当水位超过644.00m时，溢洪道和泄洪洞敞开泄洪。

窄口水库除险加固工程建设于2007年11月开工，2010年11月主体工程验收后投入使用，2012年11月16日完成竣工验收，目前工程各项指标良好，运行正常（图1、图2）。

图1　窄口水库主坝上游全景图　　　　图2　窄口水库主坝下游全景图

二、面临的问题与需求分析

窄口水库建成近五十年，已发挥较大的社会、经济、环境效益，但由于水库大坝、溢洪道、泄洪洞等建筑物存在问题，致使水库长期在限制水位运行，不能发挥水库应有功能，且对水库下游的防洪安全造成很大隐患。

本次除险加固面临的主要问题为：

（1）主坝坝体裂缝问题：由于主坝心墙和坝壳填筑质量差，坝体发生不均匀沉陷，心墙出现大范围裂缝，部分裂缝仍在发展，部分监测断面心墙内可能存在与库水位相通裂缝，今后水库高水位运行后仍有可能产生新的裂缝，严重威胁水库安全运行。

（2）主坝渗漏问题：左坝头 FI－15 号断层带、右坝头破碎三角体和 FI－5、FI－6、FI－7 等断层破碎带的渗漏问题严重；河床段坝体与基岩接触面处渗流场位势有升高的趋势，存在安全隐患。

（3）主坝观测设施自动化程度低，大部分观测设施损坏、失效，难以对水库运行进行有效监测，需重新更换、升级。

（4）溢洪道闸墩及底板裂缝极为严重，溢流面大面积剥落，空蚀严重，钢筋锈蚀；上游右岸塌滑体高差约 220m，岸坡多为大于 40°的陡坡，局部为陡崖和悬崖，边坡稳定直接影响到溢洪道泄水安全。

（5）泄洪洞受山体岩石破碎影响，洞轴线成倒 S 形弯曲，造成泄水流态恶化；在常水位泄流时洞身段存在明满流交替现象；洞身裂缝和气蚀比较严重，其中裂缝在渐变段、转弯处较为集中，且形成环状贯通裂缝，严重影响结构安全。

针对上述主要问题，本次除险加固的重点是解决危及水库"险""病"中的突出问题，同时对水库运行管理中存在的问题予以解决，改善水库运行管理条件，提升水库运行管理水平。

三、设计目标与原则

本次窄口水库除险加固工程不涉及水库规划任务调整问题，即水库仍以防洪为主，兼顾灌溉、发电、养殖、旅游和供水等综合利用，通过水库除险加固，重点解决水库"病""险"问题，恢复水库原规划功能。

水库除险加固工程方案主要遵循的原则：

（1）在维持现有兴利效益条件下，解决水库防洪安全问题，即保持原水库防洪限制水位 642.0m 不变，兴利水位 644.5m 不变。

（2）加固工程措施尽可能做到技术先进、经济合理、安全可靠，有利于工程运用管理。

（3）根据现有建筑物的原设计条件、工程质量及存在问题，具体分析，提出合理的除险加固方案。

（4）水库担负下游城市工农业供水任务，加固工程时要尽量做到不影响水库正常运行，汛期度汛时，要确保度汛、施工两安全。

四、工程主要创新及特点

1. 技术特色

（1）主坝

窄口水库主坝为黏土宽心墙堆石坝，坝顶高程 657.00m，全长 258m。本次除险加固采用坝体塑性混凝土防渗墙、两坝肩帷幕灌浆、坝顶 648.0m 以上坝体拆除重建的处理方案（图3）。

工程技术特色和先进性主要体现在以下方面：

1）采用刚塑结合混凝土防渗墙，成功解决了防渗墙与老坝体的协调变形问题。防渗墙最大深度 83.43m，为国内外最深的坝体开槽防渗墙。

2）宽大裂隙坝体成槽固壁堵漏新技术。针对灌浆槽孔出现同时漏浆的情况，处理方法为向槽内抛填黄土、锯末掺水泥，将抓斗斗体下至漏浆孔深段，并频繁开闭斗体搅拌，补充浆液至导墙顶面 0.5m 左右，静置 12h。由于处理及时，除个别槽次日再次出现漏浆轻微坍塌外，其余槽孔至浇筑期间未出现严重漏浆。

3）创造性地提出了膏状浆液进行断层破碎带宽裂隙基岩帷幕灌浆的新方法。针对大坝右坝肩断层交汇带基岩裂隙宽度大、压水试验透水性强、纯水泥浆吃浆量大等特点，提出采用纯水泥浆加膨润土、砂制成膏状浆液进行灌注的新方法，灌浆效果经检验满足规范及设计要求。该灌浆方式大大降低了灌浆材料用量，减少了重复灌浆次数，提高了钻工功效。

4）"深槽接头管法"是混凝土防渗墙施工接头处理的先进技术，接头质量可靠、施工效率高。"深槽接头管法"进行墙段连接，在国内外均属一项技术难题。本工程共划分了 37 个槽孔，共有 36 个接头管，接头管最大深度 82.71m，拔管成功率达到 100%。工程的顺利完成，将该项技术成功的向前推进了一大步。

5）根据工程自身特点提出三序法造孔成槽施工技术。窄口坝体防渗墙施工初期采用二序法进行成槽施工，泥浆渗透使黏土心墙处于饱和状态，造孔周期越长，槽孔壁在设备压力作用下越易发生失稳坍塌，甚至出现同序相邻槽段相互串浆、同时坍孔漏浆。为避免槽内泥浆瞬间自连通裂缝漏失的情况，将防渗墙槽孔调整为三序施工。先期浇筑的Ⅰ序槽可提高坝体稳定性，Ⅱ期槽浇筑后可阻断连环漏浆通道，降低塌槽风险。将成槽方法由二序法调整为三序法后，再未出现连环漏浆情况，提高了防渗墙成槽期间槽孔稳定性。

6）针对坝基两岸陡峭的特点，提出了平打法基岩接触段成槽法。由于左右岸坝肩分别有泄洪洞、灌溉发电洞穿过，对于陡峭基岩段只能用冲击钻凿除，如采用常规钻劈主副孔方法，钻基岩时钻头向低处溜滑，钻凿困难。在实际钻凿中由最浅接头孔向最深接头孔处按 40cm 一钻移动钻机钻凿，采用此方法可使钻头有效接触基岩面，还可避免底部残留小墙。该方法的提出，成功解决了陡峭基岩接触难以成槽的技术难题。

（2）泄洪洞

窄口水库原泄洪洞为半有压、半无压洞，洞长 481m。除险加固设计将进口由 588.4m 抬高至 620.5m，通过龙抬头段与原泄洪洞相接；洞身段凿除原衬砌混凝土 5cm，加衬 20cm 厚钢筋混凝土；出口设 2.8×2.5（m）弧形工作门，将原明满流交替的泄洪洞改建成压力式泄洪洞。

泄洪洞平面布置为折线形式，中段以后局部无围岩，施工时洞身塌方使部分洞身成 S 型弯道。进口改为龙抬头形式后，洞身呈三维布置。加上洞身喇叭形进口、竖井后的圆变方及出口闸前的方变圆，流道连续变化，体型特别复杂。泄洪洞最大水头 72m，洞内计算最大流速超过 20m/s，高速水流对洞身体型设计提出了严格要求。

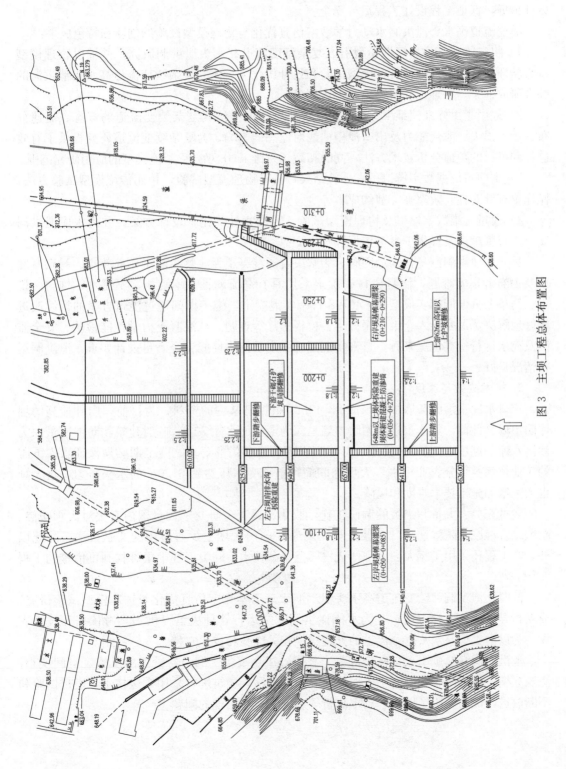

图 3 主坝工程总体布置图

河南省水利勘测设计研究有限公司联合天津大学水力学所针对改建的泄洪洞进行物理模型试验和数据仿真研究，提出了一个新的课题"续变流道高水头泄洪洞水动力学数字仿真优化与物理模型试验研究"，通过三维数值模拟及物模试验，为设计提供直观、量化的设计依据，保证工程设计工程运行安全。

续变流道高水头泄洪洞水动力学数字仿真优化与物理模型试验的创新和特色成果：

1）将三维数字仿真模拟模型引入复杂续变流道高水头泄洪洞研究，并辅以物理模型试验验证，构建了模拟计算、模型试验和设计优化为一体的复杂续变流道高水头泄洪洞的综合研究框架，在理论和研究思路上有创新。

2）提出了由标准三维 k－ε 双方程紊流模型模拟仿真复杂续变流道的流态、流速分布、水头损失、泄流能力及出口泄槽曲线对流态的影响，为复杂续变流道研究提供了有效途径和可行的数值分析技术方法，同时拓宽了三维 k－ε 双方程紊流模型的应用研究范围。

3）本项目依据数字模拟仿真计算结果，指导物理模型试验，相比传统模型试验方法，操作更有针对性、效率高、节约成本。

4）通过三维数字模拟及物理模型试验，成功指导优化了设计方案，并为水库泄洪洞安全运行管理决策提供了参考依据和技术支撑。

另外，泄洪洞洞身衬砌加固时，为解决普通混凝土无法解决的工作面狭小、衬砌厚度小及钢筋密集等难题，洞身段衬砌确定采用具有高流动性、不离析、不泌水、均匀、稳定、简单振捣便能密实成型的 C40W8 自密实混凝土，施工期间通过浇筑方案的持续改进较好地解决了混凝土入仓难、振捣难、模板上浮等难题。从混凝土力学性能检测、安全监测及充水运行检查情况来看，自密实混凝土强度及抗渗性能完全满足设计要求，泄洪洞运行情况良好。

2. 技术成效与深度

窄口水库主坝防渗墙最大墙深 83.43m。根据已掌握的资料，为目前国内外最高的坝体防渗墙（此前，坝体永建筑物防渗墙最深为澄碧河水库 72m，临时建筑物防渗墙最深为沙湾水库一期围堰 78m）。另外，考虑到水库管理部门的要求，施工期必须保证水库下游的工业供水及部分农业用水，大坝加固期坝前承受水压达到 61.0m 的水头压力，这无疑也大大增加施工技术难度和风险。

经过充分、大量和细致的调研工作，收集、调查、研究了大量国内有关对大坝防渗、刚塑结合混凝土防渗墙、膏状浆液帷幕灌浆在国内大坝上少有应用的文献报道。除此以外，本工程还采用了宽大裂隙坝体成槽固壁堵漏技术。同类工程中很难找到可借鉴的工程实例。

同时，泄洪洞"续变流道高水头泄洪洞水动力学数字仿真优化与物理模型试验研究"成功指导了优化设计方案，并为水库泄洪洞安全运行管理决策提供了参考依据和技术支撑，为以后类似高水头复杂流道的处理提供相关经验和技术支持。

泄洪洞洞身衬砌引入自密实混凝土技术，成功解决了洞身薄壁混凝土施工空间狭小，浇筑立模、振捣困难和混凝土表面蜂窝麻面等问题，浇筑进料采用泵送技术，通过试验和不断改进，成功解决了堵管、泌水离析等运输中容易出现的问题。

五、效果分析

窄口水库除险加固工程实际完成投资为 12583.18 万元。其中工程部分投资为 12391.13 万元，水保环保工程投资为 192.05 万元。水库除险加固工程的主坝、溢洪道、泄洪洞、灌溉（发电）洞等主体工程于 2010 年 11 月相继完工，经蓄水安全鉴定后，随即进行主体工程投入使用验收，验收通过后移交使用至今。工程投入运行后，经过汛期高水位考验，大坝监测结果一切正常，变形及渗流测值正常，符合一般大坝变形规律，没有发生明显突变现象，其他建筑物变化参数均在允许范围值内，各类建筑均处于正常状态。水库加固后已经过近 10 年汛期考验，未发现任何异常。

窄口水库除险加固后，水库面貌焕然一新，建立水库运行大事记制度，由工程管理技术科安排专人负责记载水库运行中的重大事项。

水库六大主体工程及有关设备的维护管理依据《水库大坝安全管理条例》《水库工程管理通则》和《河南省水库工程管理考核标准》等文件要求，结合水库实际情况，编制专项维修养护细则及操作规程。

水库大坝监测工作严格按照《土石坝安全监测技术规范》执行，分工程监测及巡视检查两部分：

（1）工程观测做到固定人员、固定仪器、固定时间、固定测次，在水位发生突升、突降和地震灾害等情况时，增加观测次数，做到随观测、随记录、随计算、随校核。月整理、年观测做到无缺测、无漏测、无不符精度、无违时。观测用报表月初报出，按照《土石坝观测资料整编办法》，采用微机整编，每两年整编刊印一次。

（2）巡视检查分为经常检查、定期检查及特殊情况检查。经常检查主要指每月对水库各主体工程进行一次巡回检查，了解工程有无异常现象；定期检查主要指汛前、汛后工程检查；特殊情况检查主要指高水位、暴风雨、地震或出现事故时的检查。

总之，窄口水库除险加固后，水库病险情况已经消除，经过汛期高水位考验，水库的安全、防渗、蓄水等各种功能显著提高。水库的汛限水位由原来的 632.00m 提高至 642.00m，相对除险加固前蓄水位抬高 10.0m，增加调蓄洪水 4000 万 m^3，不仅提高了水库的防洪安全标准，为保护下游人民生命财产安全提供更可靠的保障，而且增加了水库的灌溉供水发电能力，经济效益和社会效益显著。

绍兴市上虞区水处理发展有限责任公司污水分质处理提标改造工程[①]

- 设计单位： 中国市政工程中南设计研
      究总院有限公司
- 主要设计人： 陈才高 范毅雄 潘名宾
      周 兵 李 璐 胡 庆
      石 伟 蔡天航
- 本文执笔人： 潘名宾

作者简介：

潘名宾，现就职于中国市政工程中南设计研究总院有限公司，从事给水排水工程设计。作为项目负责人担负工程设计共计 60 余项，涉及净水厂、工业污水处理厂、水环境综合整治、管网、道路桥梁给水排水等各类型。

一、工程概况

1. 项目概况

项目厂址：浙江省杭州湾上虞工业园区纬三东路 5 号；项目设计时间：2014 年 12 月～2015 年 1 月；项目竣工验收时间：2015 年 11 月；项目规模：污水处理厂设计总规模为 20 万 m³/d，其中工业污水处理规模 10 万 m³/d，生活污水处理规模 10 万 m³/d；区域气象及水文情况：上虞位于浙江省东部、绍兴市东北部，钱塘江南岸，属于典型的江南水乡，区内水网密度，河湖众多，浙江省内第四大河流曹娥江穿城而过，向北排入钱塘江；平均年入境水量约 27.95 亿 m³。上虞地处北亚热带南缘，属东亚季风气候，季风显著，气候温和，四季分明，湿润多雨。年平均气温 16.4℃，一般年降雨量在 1400mm 上下。

2. 排水管网现状

（1）排水体系。上虞市区排水系统分为江东和江西两大系统。全区所有污水均进入本项目污水处理厂处理。江东老城区的排水系统为雨污合流制，合流污水经恒利泵站提升后进入污水处理厂。城北新区及上虞经济开发区实行雨污分流的排水体制，污水主要排入污水收集系统。

（2）污水处理现状。上虞区现有污水处理厂 1 座，即本项目污水处理厂，主要服务范围为上虞市区、道墟镇、东关街道及工业园区及长塘镇、丰惠镇、梁湖镇、小越镇、驿亭镇等周边乡镇的生活污水和工业污水。

二、面临的问题与需求分析

1. 面临的问题

本项目是上虞区内仅有的 1 座大型污水处理厂，服务范围不仅包括上虞城区，而且包

[①] 该工程设计主要工程图详见中国建筑工业出版社官方网站本书的配套资源。

括杭州湾工业园区等周边乡、镇工业区。浙江杭州湾上虞工业园区是上虞区经济的最重要支撑，其年产值约占全市总产值的 1/3，园区内以精细化工、生物医药、轻工纺织等产业体系为主，其中又以染料及染料中间体行业最具特色。园区内聚集了浙江龙盛、闰土股份等国内知名的分散染料制造厂，分散染料产能约占全球总产能的 1/3。园区内工业污水及城区生活污水全部进入污水处理厂。提标前工业污水与生活污水合并处理，出水统一执行《污水综合排放标准》GB 8978—1996 一级标准，污水处理工艺为：进水→调节池→水解酸化池→折板絮凝平流沉淀池→AO 生化池→二沉池→高效澄清池→尾水排放。根据相关要求，本次拟对污水处理厂进行工业污水和生活污水的分质提标。提标后工业污水执行《污水综合排放标准》GB 8978—1996 一级标准，其中 COD≤80mg/L，生活污水执行《城镇污水处理厂污染物排放标准》GB 18918—2002 一级 A 标准。

2. 需求分析

本项目提标改造需求是将工业污水和生活污水的分质处理、分质提标。外部管网分质收集不在本项目工程范围内，但工业区与城区距离较远，管网总体分开是可行的。生活污水的分质提标技术成熟可靠，难度不大。工业污水分质收集后，无论是进厂水质浓度，还是污水可生化性，都不利于处理，大大增加了处理难度，且出水标准中主要的 COD 指标需达到 80mg/L，提标改造难度极大。

三、设计目标与原则

1. 进、出水水质标准要求

本项目生活污水设计进、出水水质要求如表 1 所示。
本项目工业污水设计进、出水水质要求如表 2 所示。

生活污水设计进、出水水质（单位：mg/L）　　　　表 1

项目	COD_{Cr}	BOD_5	SS	TN	NH_3-N	TP	pH
进水	350	150	300	45	35	4~8	6~9
出水	50	10	10	15	5（8）	0.5	6~9
去除率	85.7%	93.3%	96.7%	66.7%	85.7%	91.6%	—

注：括号内数值为水温≤12℃时的控制值。

工业废水设计进出水水质（单位：mg/L）　　　　表 2

项目	COD_{Cr}	BOD_5	SS	NH_3-N	磷酸盐（以 P 计）
进水	500	85	400	44	10
出水	80	20	70	15	0.5
处理程度	84%	76.5%	82.5%	66.9%	94.5%

注：其他指标排放限值按《污水综合排放标准》GB 8978—1996 一级标准执行。

2. 技术措施

（1）设计前进行了长期的中试试验研究。设计前期，项目设计团队与污水处理厂技术团队联合进行了长达 1 年半的中试试验，中试试验主要围绕臭氧与芬顿（Fenton）展开。

（2）强化预处理及前物化处理。现状污水处理厂内处理构筑物分为 2 条并列的生产线，提标改造设计拟将现状调节池、水解酸化池、两组折板絮凝平流沉淀池全部用于工业污水处理，以强化工业污水的预处理及前物化处理效果。

（3）增加深度处理。工业污水处理的重点和难点是 COD_{Cr}，工业污水单独处理后，尽管前端预处理及前物化处理的负荷有所降低，但现状流程对纯工业污水的处理总效率是降低的。因此设计考虑在现状工业污水处理流程后增加深度处理单元。考虑增加的深度处理单元是 Fenton＋活性炭吸附，主要目的为强化 COD_{Cr} 及色度的去除。

3. 技术路线与流程

（1）生活污水处理技术路线：将现状工程中 1 座生活污水细格栅间及曝气沉砂池、1 组 A/O 生物处理池（共 2 座）、1 组二沉池（共 4 座）、1 组高密度澄清池（2 座）及 1 座紫外线消毒渠用于生活污水的处理。在曝气沉砂池后新建 1 座中间提升泵房；在高效澄清池及紫外线消毒渠之间新建 1 座深度处理提升泵房及纤维转盘滤池，保证出水水质稳定达到一级 A 标准。按上述确定的生活污水提标处理流程如下：进水→细格栅及曝气沉砂池→提升泵房（新建）→A/O 生物池→二沉池→高效澄清池→深度处理提升泵房及纤维转盘滤池（新建）→紫外线消毒渠→排海泵房→厂内高位井。

生活污水线污泥处理流程如下：高密度澄清池化学污泥→现状污泥浓缩池→深度脱水系统。

A/O 池剩余污泥→工业废水 A/O 池。

（2）工业污水处理技术路线：工业污水进水→调节池→折板絮凝沉淀池→厌氧水解池→A/O 生物池→二沉池→调节池及提升泵房→三相催化氧化 Fenton 反应塔→中和脱气沉淀池→活性焦吸附池→高效澄清池→排海泵房-高位井→排放。

4. 设施选择

（1）Fenton 反应设施的选择。常用的 Fenton 处理设施有 Fenton 反应池及 Fenton 反应塔，本项目设计采用 Fenton 反应塔，以强化 Fenton 处理效果，减少 Fenton 药剂投加量，降低 Fenton 处理成本（图 1）。

图 1　Fenton 反应塔现场图

（2）Fenton 沉淀池的选择。常用的 Fenton 沉淀池有辐流式沉淀池及高效沉淀池，本项目为厂区内现有用地提标改造，用地较为紧张，故设计采用了高效沉淀池池型（图 2）。

（3）活性焦吸附池的选择。普通活性焦吸附在污水处理中具有易饱和的缺点，一旦吸附饱和，即需要对活性焦进行更换及再生。本项目规模大，设计采用多斗式混凝土吸附池，具有自动布料、自动翻料反冲洗、自动换料的功能，先进、高效，在活性焦吸附饱和后，自动换炭系统可以实现吸附池内的活性焦自动提出、自动投加，从而大幅降低操作强

图 2　Fenton 沉淀池现场图

度和难度（图 3）。

图 3　活性焦吸附池现场图

5. 关键参数

（1）生活污水纤维转盘滤池：纤维转盘滤池分 2 格，每格内设盘片 20 片，共 40 片。单盘直径 $D=3.0$m。设计滤速 7.5m³/h·m²，每格设 1 台转盘驱动电机，功率 $N=0.75$kW。

（2）生活污水紫外线消毒渠。紫外线剂量为 24mJ/cm²。

（3）工业污水调节池、提升泵房及硫酸亚铁加药间：调节池分两格，单格容积 1180m³，设计调节时间 17min。调节池兼作提升泵房吸水井。提升泵房与调节池合建。提升泵房内共设泵位 8 台，近期安装 5 台，三用二备，单台参数 $Q=1400$m³/h，$H=20$m，$N=110$kW；调节池及提升泵房上部设计为工业废水深度处理部分的配电及控制室。加药间与调节池合建；硫酸亚铁设计采用两种投加方式：固体药剂；液体药剂，由厂外厂家通过管道输送至厂内；溶解池分 2 格，单格容积 46 m³，每格内设两台立式搅拌机，单台 $N=2.2$kW；储液池分两格，单格最大储液容积 275m³，成品溶液浓度按 15% 考虑，近期药剂最大储存时间 3d，远期储存时间 1.5d，每格储液池内安装潜水搅拌器 2 台，单台参数：$D=480$mm，$n=480$rpm，$N=4.0$kW；硫酸亚铁加药泵房内设化工加药泵 2 台，一用一备，单台参数 $Q=12$m³/h，$H=32$m，$N=5.5$kW。

（4）工业污水 Fenton 处理塔（三相催化氧化）：Fenton 处理塔（三相催化氧化）共设 3 级催化氧化反应塔。催化氧化塔 I 共设 6 个，塔高 12m，直径 3.5m，材质为 316L，内衬玻璃钢防腐；单塔处理能力 2 万 m³/d，塔内填充双催化氧化剂 A，进行第一阶段催化。

催化氧化塔Ⅱ共设 6 个，塔高 10m，直径 $\phi=3.5$m，材质为 316L，内衬玻璃钢防腐；单塔处理能力 2 万 m^3/d，塔内填充双催化氧化剂 B，进行第二阶段催化。催化氧化塔Ⅲ共设 3 个，塔高 9m，直径 $\phi=3.5$m，材质为 316L，内衬玻璃钢防腐；单塔处理能力 4 万 m^3/d，该塔进水管上投加硫酸亚铁及双氧水，进行 Fenton 氧化反应。

（5）工业污水 Fenton 沉淀池：共设 1 组，分 6 座，规模为 10 万 m^3/d，采用高效沉淀池池型。单座沉淀池分慢速搅拌反应区、推流区及沉淀区。其中慢速搅拌反应区容积 196m^3，停留时间 17min；推流区容积 307m^3，停留时间 26min，慢速搅拌反应区内设慢速搅拌器 1 台，功率 $N=7.5$kW；沉淀区内设刮泥机 1 台，直径 $D=15$m，$N=1.5$kW。

（6）活性焦吸附池：活性焦吸附池由 4 座活性焦吸附床组成，单床尺寸 62.0m×13.6m，$H=4.60$m。每座活性焦吸附床由 168 个小的活性焦吸附单元组成，单个活性焦吸附单元尺寸 2.0m×2.0m，内填充活性焦 5.3m^3，约 2.7t。4 座活性焦吸附池共装填活性焦 1800t。每个吸附单元内设翻料换料管，用于翻料换料。每座池配 1 套电动操作平台，用于翻料及换料时操作，操作平台尺寸宽 $B=1.0$m，跨度 $L_k=13.3$m。活性焦参数规格如下：比表面积＞750mg/L，碘吸附值＞500mg/L，粒径 0.5～8mm，亚甲基蓝吸附值 60～80mg/L。

（7）辅助设备间：石灰投加设备投加能力 $Q=771$kg/h，$N=23$kW，可部分或者全部替代氢氧化钠调碱。石灰投加系统设计采用全自动投加系统，含料仓、粉尘过滤系统、称重系统、空穴振打系统等。料仓设 1 个，位于辅助设备间外，容积 $V=100m^3$。石灰制成石灰乳后采用螺杆泵投加，螺杆泵设 6 台，三用三备，单台参数：$Q=5.1m^3/h$，$H=0.6$MPa，$N=4.0$kW。采用自动 PAM 制备投加一体化系统，设备制备能力 $Q=20$kg/h。投加采用螺杆泵，共设 3 台，2 用 1 备，单台参数 $Q=11m^3/h$，$H=0.2$MPa，$N=2.2$kW。

（8）Fenton 加药区：浓硫酸储罐近远期共用 1 个，储罐容积 $V=180m^3$；采用玻璃钢材质。储罐边设浓硫酸投加泵位 3 台，近期安装 2 台，一用一备，远期再增加 1 台。单台投加泵参数 $Q=10m^3/h$，$H=40$m，$N=5.5$kW。配套设置浓硫酸卸料泵 1 台，参数 $Q=20m^3/h$，$H=10$m，$N=2.2$kW。储罐外设围堰防火堤，堤高 1.5m，内用玻璃布及高分子涂料防腐。氢氧化钠储罐近期设 1 个，远期再增加 1 个，储罐容积 $V=180m^3$；采用玻璃钢材质。储罐边设氢氧化钠投加泵位 3 台，近期安装 2 台，一用一备，远期再增加一台。单台投加泵参数 $Q=12m^3/h$，$H=32$m，$N=5.5$kW。配套设置氢氧化钠卸料泵 1 台，参数 $Q=20m^3/h$，$H=10$m，$N=2.2$kW。储罐外设围堰防火堤，堤高 1.5m，内用玻璃布及高分子涂料防腐。双氧水储罐近期设 1 个，远期再增加 1 个，储罐容积 $V=180m^3$；采用玻璃钢材质。储罐边设双氧水投加泵位 3 台，近期安装 2 台，一用一备，远期再增加 1 台。单台投加泵参数 $Q=12m^3/h$，$H=32$m，$N=5.5$kW。配套设置双氧水卸料泵 1 台，参数 $Q=20m^3/h$，$H=10$m，$N=2.2$kW。储罐外设围堰防火堤，堤高 1.5m，内用玻璃布及高分子涂料防腐。

四、工程主要创新及特点

（1）项目前期进行了长期充分的中试试验研究。染料污水处理属于世界性难题。在项目建设前期，利用我院的科研力量，对工业污水提标工艺路线在 O_3＋BAF、普通 Fenton、催化氧化 Fenton、活性焦吸附等工艺中进行了长达 2 年的试验研究与比选，最终提出了催化氧化 Fenton＋活性焦吸附的工业污水提标工艺路线。

（2）大规模污水处理厂进行工业污水与生活污水分质处理，提高污水处理厂运行稳定性，提升出水标准。工业废水成分复杂、毒性大、波动性大，对污水处理厂冲击较大。分质处理可以根据工业废水特殊性质，采用相应处理工艺，可以提高污水处理厂运行稳定性及出水标准。

本项目按环保部门要求将进厂 20 万 m^3/d 污水分质处理，工业污水与生活污水各约 10 万 m^3/d，两者采用各自独立的流程与生产线，进行分质处理，分质提标，工业污水提标后 COD 参照《纺织染整工业水污染物排放标准》GB 4287—2012，按 80mg/L 执行，其余指标执行《污水综合排放标准》GB 8978—1996 中的一级标准，生活污水提标执行《城镇污水处理厂污染物排放标准》GB18918—2002 中的一级 A 标准。

（3）工业污水提标工艺先进高效，在国内首次采用 Fenton 催化氧化＋自动换料活性焦吸附联用工艺。工业污水提标采用 Fenton 催化氧化＋自动换料活性焦吸附联用工艺，该组合工艺在国内污水处理厂中属首次应用。整体工艺流程为：进水—调节池—水解酸化池—折板絮凝平流沉淀池—AO 生化池—二沉池—Fenton 催化氧化—活性焦吸附—尾水排放。

1）Fenton 系统：本项目 Fenton 系统催化采用目前最先进的三相催化氧化技术，由双催化与双氧化组成，具有氧化还原—催化氧化—催化缩合多重功能。采用不锈钢 Fenton 反应塔，相比传统 Fenton 池，占地小；塔内投加铁系催化填料，不堵塞，无结晶排出，药剂利用率高，降低了药剂消耗量，相比普通 Fenton，本系统 COD、色度的去除率提高 20％，运营成本约降低 30％。

2）活性焦吸附系统：活性焦的多孔结构对污水中的有机物具有很好的吸附作用，但普通活性焦吸附在污水处理中具有易饱和的缺点，一旦吸附饱和，即需要对活性焦进行更换及再生。本项目规模大，设计采用多斗式混凝土吸附池，具有实现自动布料、自动翻料反冲洗、自动换料的功能，先进、高效，在活性焦吸附饱和后，自动换炭系统可以实现吸附池内的活性焦自动提出、自动投加，从而大幅降低操作强度和难度。

（4）工艺选择时充分利用工业园内部协作条件，因地制宜。Fenton 氧化工艺的特点是药剂用量大，但是对于本项目而言，污水处理厂位于上虞化工园区，污水 Fenton 处理所需浓硫酸、双氧水、硫酸亚铁及液碱在园区内均有企业生产及供应，原料易得，运输成本低。在污水处理厂附近现有一家水泥厂，厂内设有水泥窑，污水处理厂更换下来的饱和活性焦全部运至水泥厂，利用水泥窑进行再生处理，解决了饱和活性焦的再生问题，降低了污水处理的成本。

（5）Fenton 处理工艺后的沉淀池采用高效沉淀池池型，沉淀效果好，用地省。常规 Fenton 处理工艺通常均采用辐流式沉淀池，占地大。本设计采用高效沉淀池，占地小。高效沉淀池取消了污泥内回流设计，实际运行效果表明，Fenton 反应最后调碱工艺段加入液碱后，形成新生态的氢氧化铁絮体，污泥沉降性能好，高效沉清池出水 SS 实际运行时一直稳定在 10mg/L 水平以下。

（6）充分挖潜现状系统，缩短生活污水处理流程，体现分质效益。充分结合现状及分质后生活污水的特点，将厂内原有的调节，水解酸化等单元全部用于工业污水处理，生活污水提标仅在现状高效池后增加纤维转盘滤池。提标后，生活污水部分流程为：进水→生化池→二沉池→高效澄清池→纤维转盘滤池→尾水排放。与提标前相比，缩短了生活污水的处理流程，出水标准由原《污水综合排放标准》GB 8978—1996 中的一级标准提高至《城镇污水处理厂污染物排放标准》GB 18918—2002 中的一级 A 标准。

五、效果分析

1. 工程造价

本项目工程直接费 2.036 亿元，其中工业废水提标部分 1.58 亿元，生活污水提标部分 1169 万元，厂区地基处理及电气自控等其他费用约 3401 万元。

2. 投资运行成本分析

本项目建设完成后，生活污水部分成本增加 0.08 元/m³，工业废水部分增加 3.48 元/m³，具体如表 3 所示。

项目运行成本分析　　　　　　　　　　　　　　　表 3

序号	费用名称	单位	费用	备注
1	外购原材料费	万元	10241.01	
2	外购燃料及动力费	万元	950.78	
3	自来水费	万元	14.99	
4	污泥脱水费	万元	456.25	
5	污泥干化费	万元	456.25	
6	职工薪酬	万元	81.60	
7	修理费	万元	503.46	修理费率2.00%
8	其他费用	万元	295.36	
9	经营成本（1+2+3+4+5+6+7+8）	万元	12999.70	
10	折旧额	万元	1208.32	折旧费率4.80%
11	摊销费	万元	10.18	
12	利息支出	万元	515.38	贷款利率为6.55%
	其中：国内贷款利息	万元	418.34	
	国外贷款利息	万元	0.00	
	流动资金贷款利息	万元	97.04	贷款利率为6.00%
13	总成本费用合计（9+10+11+12）	万元	14733.58	
	其中：可变成本	万元	12634.65	
	固定成本	万元	2098.92	

序号	费用名称	单位	费用	备注
14	全年处理水量（104m³/d）	104m³/d	3650.00	
15	单位处理总成本（元/m³）	元/m³	4.04	
16	单位处理经营成本（元/m³）	元/m³	3.56	
	其中生活污水	元/m³	0.08	
	工业污水	元/m³	3.48	

3. 工程技术成效

（1）解决了以染料废水为主的复杂工业污水进一步提标的难题。染料废水处理难度大，常规絮凝沉淀及生化法处理效率低，且经生化处理后，剩余污染物均为极难降解污染物，进一步提标处理难度大。设计采用 Fenton 催化氧化＋活性焦吸附联用的组合工艺，成功进行了工业污水提标处理，提标段工业污水 COD 由约 180mg/L 降低至 60～70mg/L。色度由进水的约 70 倍降低至约 30 倍，污染物减排量及出水感官指标均显著提高。

（2）采用 Fenton 催化氧化工艺，降低了药剂的投加量，减少了污泥的产生量，节约了运营成本。本项目采用先进的 Fenton 催化氧化技术，提高了药剂的利用率，中试阶段的试验研究表明，在达到同样处理目标的前提下，设计采用的 Fenton 催化氧化工艺比普通 Fenton 工艺节省药剂量约 30％，项目建成后，污水实际药剂投加量及效果基本与中试结论一致。Fenton 催化氧化工艺节省药剂费约 30％，同时污泥产生量较普通 Fenton 同步降低。

（3）解决了活性焦自动布料和吸附饱和后的自动更换问题。颗粒活性焦吸附是高效的污水处理工艺，但活性焦吸附因存在易吸附饱和且饱和后更换工作量大的问题，限制了其在污水处理中的应用。本项目设计采用了可自动换炭、自动投加的活性焦处理工艺，成功地解决了活性焦吸附饱和后的更换问题。并且，考虑利用厂外附近水泥厂转炉进行活性焦再生，实现了活性焦的循环再利用，降低了处理成本，比普通不再生活性炭系统节约 40％以上。

（4）解决了污水分质处理的问题。本项目在设计时，根据环保部门意见，借鉴"雨污分流"的思路，成功地将进厂工业污水与生活污水分质处理，分质提标，避免易处理的生活污水经长流程处理，从而降低了污水综合处理费用，并且提高出水标准。本项目为国内众多大型工业园区污水处理厂提标改造设计提供了新的思路。

4. 运行维护

本项目建成以来，总体运行正常，生活污水出水水质优于设计标准。运行维护方面，活性焦由于存在饱和后需要更换再生问题，虽然设计采用了自动换炭的装置，极大地减少了工作量，但是由于工程总投资及用地限制，项目无法设置再生系统，自动换下的饱和活性焦需要委托外部水泥窑厂再生，增加了二次运输打包及装运工作。建议后续采用类似工艺项目设计时，若条件允许，应优先考虑设置现场活性焦再生厂房。

深圳市南山污水处理厂
提标改造工程①

- 设计单位：　中国市政工程中南设计研
　　　　　　　究总院有限公司
- 主要设计人：谢益佳　戴仲怡　王　雪
　　　　　　　黎柳记　王　亮　杨　勇
　　　　　　　徐　林　周崇莉
- 本文执笔人：戴仲怡

作者简介：
　　戴仲怡，教授级高级工程师，注册设备工程师，先后主持大中型水厂、污水厂、水环境综合治理、给水排水专项规划设计等项目上百项，获得了国家及省部级奖十余项，在专业核心期刊发表论文多篇，已成功申请专利 3 项。

一、工程概况

南山污水处理厂厂区规划用地总控制面积为 42.55hm²，服务范围面积 103km²，涵盖福田区、南山区和前海合作区。污水处理厂厂址为深圳市南山区月亮湾大道 16 号，厂址位于前海开发区内，交通便利，供水供电方便，现状预留场地平坦，现状厂址标高在 4.8～6.8m 之间。本次建设内容均位于南山污水处理厂用地红线内，无征地拆迁工作，但由于位于前海开发区内，对片区景观影响较大。

深圳市处于北回归线以南，属亚热带海洋性季风气候，具有全年温和暖湿，夏长而不酷热，冬暖有阵寒，无霜期长，雨量充沛，干湿季节分明的特点。多年平均气温为 22℃，1 月为最冷月，月平均气温为 14.1℃，7 月为最热月，月平均气温为 28.7℃。最高气温为 38.2℃。常年盛行风向为东南偏东风和东北偏北风，其频率分别为 17％和 14％；其次为东北风和东风，频率皆为 12％。

降雨是河流水量的唯一来源，降雨量的多少直接影响到河流量的增减。降雨量随季节性变化比较明显，夏多冬少，干湿季节分明，每年 4～9 月为雨季，降雨量约占年降雨量的 85％，降雨量年际变化也较大。据深圳气象站观测资料，最大降雨年份为 2001 年，年降雨量为 2747.3mm，最小值为 1963 年，年降雨量仅 913mm，比值为 3∶1，差值较大。从降雨成因分析，由台风带来的降雨量中所占成分较大。

本工程在已建南山污水处理厂设计用地范围内，位于南山区月亮湾畔，月亮湾大道北西面，从深圳市南山区南山发电厂东北侧延伸到西北侧。原始地貌单元为海岸平原。地层由上而下依次为：人工填土（Qml）；第四系全新统海积层（Q4m）淤泥；第四系全新统海冲积层（Q4mc）粗砂（含有机质）；第四系上更新统冲洪积层（Q3al＋pl）：粉质黏土（地层编号⑥1）、粗砂；第四系中更新统残积层（Q2el）：粉质黏性土；加里东期混合花岗

① 该工程设计主要工程图详见中国建筑工业出版社官方网站本书的配套资源。

岩（Mγ3）：为全、强、中等风化层。

南山污水处理厂有 2 套预处理系统，一套预系统处理规模 35.2 万 m³/d，2 套预系统处理规模 38.4 万 m³/d。生化处理系统规模 56 万 m³/d，采用 MUCT 工艺，出水水质为一级 B 标准（图 1）。

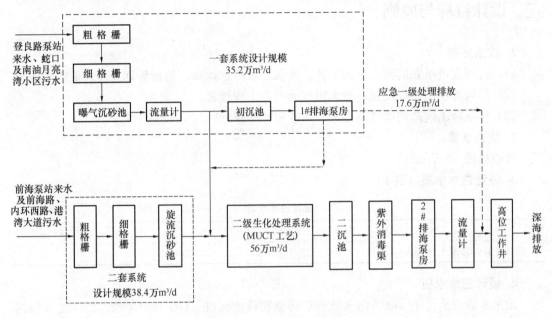

图 1　污水厂现状处理工艺流程

本工程设计开始于 2015 年 12 月，于 2016 年 7 月完成施工图设计，2018 年 1 月工程竣工验收。

二、面临的问题及需求分析

1. 水质标准

南山污水处理厂排水受纳海域海水中无机氮、活性磷酸盐超标，已无环境容量，且前海片区对水环境要求较高，本着增量不增污的原则，具体根据环评报告，出水标准应进行提升。

根据水质资料分析，污水处理厂运行基本稳定，能保证一级 B 出水标准。但随着前海片区的开发建设，现有出水标准已不能满足区域环境要求，因此需对污水处理厂进行提标升级改造，提标至优于一级 A 标准（其中 $COD_{Cr} \leqslant 40mg/L$、$TP \leqslant 0.4mg/L$）。对照污水处理厂提标升级改造出水标准要求，现状污水处理厂出水 COD_{Cr}、NH_3-N 和 BOD_5 达标率为 100%，TN 达标率为 80%，SS 达标率为 67.8%，TP 达标率为 68.2%。

2. 环境问题

由于前海片区对环境要求较高，需对污水处理厂景观进行进一步的提升，提高整个前海片区环境。

3. 实施问题

由于厂址位于前海核心区，用地非常紧张，新建设施用地很少，要求尽可能对现状构筑物进行挖潜改造。项目工期紧，要求一年时间完成提标改造；本项目为国家环保考核项目，水务主管部门要求提标改造期间"不停产、不减量、不降标"，大大增加了提标改造难度。

三、设计目标与原则

1. 改造原则

（1）选择先进可靠的污水处理工艺，确保出水稳定达标、运行管理方便、低碳节能。

（2）尽可能利用现有设施，最大限度地节省工程投资。

（3）保证施工改造期间"不停水、不减量、不降标"。

2. 改造规模

改造规模 56 万 m^3/d 。

3. 设计进水水质（表1）

设计进水水质　　　　　　　　　　　　　　　　　　　　　　　表1

项目	BOD_5(mg/L)	COD_{Cr}(mg/L)	SS(mg/L)	TN(mg/L)	NH_3-N(mg/L)	TP(mg/L)
设计进水水质	190	460	380	47	36	5.7

4. 设计出水水质

出水水质应该优于《城镇污水处理厂污染物排放标准》GB 18918—2002 一级 A 标准要求（表2）。

设计出水水质　　　　　　　　　　　　　　　　　　　　　　　表2

水质指标	BOD_5	COD_{Cr}	SS	TN	NH_3-N	TP
设计出水水质（mg/L）	≤10	≤40	≤10	≤15	≤5	≤0.4

5. 升级改造思路

经过对现状处理工艺及水质指标的全面分析，主要目的是提高对 NH_3-N、TN、SS、TP 的去除率，从而实现污水全面提标。

为实现升级改造目的，需要对现有生化池进行改造，以实现 NH_3-N、TN 出水达标，为了不增加池容，同时又满足硝化泥龄的需求，只能提高混合液浓度。而如果混合液浓度太高，二沉池又承受不了，为了解决这一矛盾，本改造设置污泥再生池，既增加了系统泥量，又不增加二沉池的负担。污泥再生池中增加的硝化细菌储量使得生化系统能够维持一个健康的自养硝化细菌的比例。另外，污泥再生池进行控制性曝气，也能够保持甚至提高硝化细菌及其他菌属的活性，提高系统反应效率。再次，污泥再生池增加了系统储泥量，延长了系统泥龄，也可以降低污泥产率，减少随剩余污泥排走的硝化细菌的量。

为实现 SS、TP 出水达标，在二沉池之后增设加砂高密度沉淀池。

6. 升级改造工艺及流程

结合本工程现状设施情况、进水水质特点和出水要求，并经综合比较后采用"预处理＋曝气缺氧多级 AO 生化池（改造）＋二沉池＋提升泵房（新建）＋加砂高密度沉淀池（新建）＋紫外线消毒（改造）"工艺（图2）；污泥处理利用现有污泥处理设施。

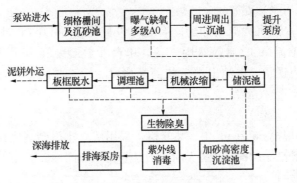

图 2　污水处理厂工程流程

7. 主要构筑物设计

建设内容主要包括新建中间提升泵房、加砂高密度沉淀池和加药间；改造生化池及紫外线消毒池等内容。

（1）生化池（改造）

现状 MUCT 生化池设计规模为 56 万 m³/d，共 3 座，每座分 2 格，每格可以单独运行（图 3）。

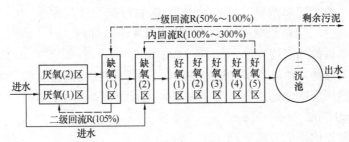

图 3　现状 MUCT 工艺框图

根据现状分析与水力计算，生化池改造的目的主要是使出水 NH_3-N、TN 达标，设计将现状传统 MUCT 工艺改造为"曝气缺氧＋多段 AO"生化处理工艺（图 4）。

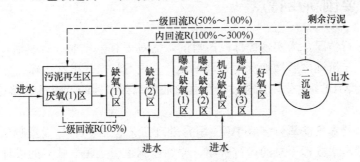

图 4　改造后"曝气缺氧—多级 AO"工艺框图

MUCT 生化池改造后停留时间 $t=14.70$h（其中厌氧段 $t_1=0.85$h，污泥再生池 $t_2=0.85$h，缺氧段 $t_3=3.60$h，曝气缺氧区 $t_4=5.64$h，机动缺氧区 $t_5=1.88$h，好氧区 $t_6=1.88$h）。

（2）中间提升泵房（新建）

中间提升泵房与高效沉淀池及加药间合建，设计规模 56 万 m^3/d，总变化系数 $K_z=$ 1.3。泵房选用潜水轴流泵 10 台，八用二备，单台参数 $Q=3800m^3/h$，$H=3.0m$，$P=$ 55kW，变频。为解决现状二沉池出水带状藻类多对后续工艺的影响，在泵房出水渠上增设拦藻人工格栅。

（3）高效沉淀池（新建）

高效沉淀池设计规模 56 万 m^3/d。共 6 格，采用威立雅微砂高密度沉淀池，沉淀池平均时上升流速 29.3$m^3/$（m^2·h），最大时上升流速 37.8$m^3/$（m^2·h）。

（4）加药间（新建）

加药间主要包括 PAC、PAM 投加以及次氯酸钠投加。

PAC 投加：本次设计采用液态碱式氯化铝，设原液池 2 座，有效容积为 630m^3，贮备时间约 10d。设计最大投加量为 115mg/L（10%），全厂设高效沉淀池投加点 6 个，生化池出口投加点 3 个。

PAM 投加：设 PAM 投加设备成套 2 套，单套制备系统 $Q=8000L/h$。投加量为 1mg/L，投加浓度为 0.5%。全厂在高效沉淀池每池一个投加点 6 个。

次氯酸钠投加：为保证污水处理厂出水细菌达标，在紫外消毒池前备用投加次氯酸钠，设计采用成品液态次氯酸钠溶液（10%）。次氯酸钠设计按原液 10% 浓度直接投加。设计投加量为 3mg/L，全厂设紫外线消毒池进水管 1 个投加点。

（5）紫外线消毒池（改造）

为解决现状紫外消毒池进水水位稳定性问题，增设紫外线消毒前池一座，废除现状紫外线消毒设备，启用现状全部 4 个廊道，出水粪大肠菌群控制目标小于 1000 个/L；设计紫外剂量≥27.5mJ/cm^2。

（6）备用碳源投加系统（改造）

本工程利用现状 $FeCl_3$ 备用储存间作碳源（乙酸钠）储存间，现状调药池以及投加设备作为碳源投加系统，设计乙酸钠最大投加量为 45mg/L。

四、工程主要创新及特点

根据实际运行情况，为实现提标改造目的，需对现有生化池进行改造，以实现 TN 出水达标，同时在二沉池之后增加深度处理单元，实现 SS、TP 出水达标。

1. 将现状"MUCT 生化"工艺改造为强化脱氮高效节能的"曝气缺氧-多级 AO"组合处理工艺

高效节能型"曝气缺氧—多级 AO"组合处理工艺包括：（1）设置曝气缺氧区及机动缺氧区，为降低污水处理厂总的运行费用，原好氧廊道引入曝气缺氧的设计理念。第 1、2 廊道设置为曝气缺氧廊道；第 3 廊道根据水质情况，可作为机动廊道或者后置缺氧廊道，该廊道安装潜水搅拌器；第 4 廊道为曝气缺氧廊道；第 5 廊道为好氧廊道。缺氧曝气使得该区域既有氧、碳源有机物、氨、硝化/反硝化等菌种，又在宏观上处于缺氧状态，在这种环境下既可以实现同时硝化反硝化，也会出现短程反硝化。曝气缺氧还有利于抑制污泥膨胀，有效降低污泥 SVI，改善沉降性能。（2）设多点进水多段 AO 工艺：多点进水对进水碳源进行合理分配，首先保证生物脱氮的碳源需要，有效利用进水中的碳源，最大限度降低运行成本。在保留现状厌氧（1）区、缺氧（2）区进水点的基础上，增设后置缺氧区（机动缺氧区）进水点，配套调节阀门，可根据原水水量、水质情况调整各进水点水量。（3）设污泥再生池：为了在不提高进入二沉池混合液浓度的前提下，延长泥龄，使生物处理系统的微生物数量最大化，实现可靠的硝化，确保出水水质。将现有一格厌氧池（厌氧池2）改造为污泥再生池，池底布设板式曝气器，二沉池的回流污泥回到污泥再生池，在再生池内进行控制性曝气，维持微生物活性，然后回流污泥再回到缺氧池。（4）设精确曝气系统：应用精确曝气控制技术，改变传统溶解氧控制方式、利用氨氮、硝态氮数据实现曝气的自动精确控制，在确保出水水质的前提下，大幅度提高曝气效益，降低能耗。

2. 高效节地的立体式组合结构形式

将"中间提升泵房＋磁粉高效澄清池＋加药间＋配电间"等构（建）筑物组合在一起形成整体构筑物，该多功能组合体结构紧凑、占地小、池顶平台能二次利用、维护检修方便，顶层覆土绿化作为对外开放的市政休闲公园。

3. 高效低碳节能的深度处理工艺

二沉池后设置加砂高效澄清池，占地小、负荷高，斜管区上升流速 $29.3m^3/（m^2 \cdot h）$，加砂高效澄清池加药量小，出水效果好，加砂澄清池与中间提升泵房、加药间以及配电间采用多层一体式组合布置。

4. 采用次氯酸钠与紫外线组合消毒，确保出水细菌指标稳定达标

为解决紫外线组合消毒效果不稳定的特点，采用次氯酸钠与紫外线组合消毒工艺，确保出水细菌指标稳定达标。

5. 采用高强预应力管桩、深层水泥搅拌桩复合地基及抛石挤淤等多种地基处理技术

构筑物和建筑物载荷较大、沉降要求高，同时下卧层的淤泥层较厚，为此采用高强预应力管桩；排放箱涵由于整体较好、适应变形能力较强，且承载要求不大，采用深层水泥搅拌桩复合地基；厂区生产管线采用钢管材料地基处理，采用抛石挤淤。

6. 基坑支护采用钢板桩支护、灌注桩＋旋喷桩联合基坑支护

厂区管线（包括排放箱涵）的基坑开挖宽度不大，有利于设置内支撑，采用钢板桩＋内支撑进行支护开挖；半地下构筑物和建筑物由于埋置较深，设置内支撑不利于钢筋混凝土结构施工和池体满水试验的需要，为此采用灌注桩＋旋喷桩进行基坑支护。

7. 智慧水务

利用先进的工业技术和信息化手段，实现信息化和工业化的深度融合，使得污水处理厂的运营更加高效化、生产更加智能化、管理更加精细化、决策更加科学化、服务更加个性化，从而实现智慧化。（1）实现无人值守运行；（2）实现污水处理厂精细化运营管理；（3）展示水务集团运营管理能力和良好的企业形象；（4）建立智慧污水处理厂设计、建设、运营管理标准。

8. 海绵城市

（1）充分结合原有地形地貌进行平面布置及竖向设计，减少土方平整以节约投资；（2）应用多项措施，实施项目内涝防治、径流污染控制，做到建筑、景观、交通、雨水等方面的完美融合；（3）通过"渗、滞、蓄、净、用、排"等多种海绵技术措施，满足低影响开发雨水系统、城镇雨水管渠系统和超标雨水径流排放系统。

9. 推广价值

"曝气缺氧—多级 AO"组合工艺具有处理效果好、能耗低、运行管理方便的特点,是城市污水处理领域的创新工艺,该工艺在高排放标准的污水处理厂提标改造和高排放标准的污水处理厂设计中具有广阔的应用前景。

10. 施工组织方案

通过合理设计与施工组织,实现了施工期间"不停产、不减量、不降标"的承诺。

五、效果分析

1. 工程投资

该提标改造工程实际投资 3.65 亿元,单位污水投资为 652 元/m³(扣除地基处理及基坑支护单位污水投资为 511 元/m³)。

2. 运行效果

本工程自 2018 年年底升级改造投产以来,进水水质基本稳定。出水水质远优于设计出水水质。在 2017 年 12 月以前采用传统 MUCT 工艺运行,2018 年 5 月全面采用新工艺运行,通过两种不同工艺对照分析,采用新工艺具有明显优势(表 3)。

出水水质对比 表 3

日期		BOD (mg/L)	COD (mg/L)	SS (mg/L)	TP (mg/L)	NH₃-N (mg/L)	TN (mg/L)
2018 年 5～8 月 组合 工艺	5 月	2.4	18.7	6	0.08	0.36	5.12
	6 月	2.4	20.1	5	0.13	0.48	5.05
	7 月	2.1	17	5	0.12	0.58	5.52
	8 月	2	14.6	5	0.25	0.48	5.25
	平均	2.23	17.60	5.25	0.15	0.47	5.24
2017 年 5～8 月 MUCT 工艺	5 月	2.5	27	6	0.37	0.32	11.51
	6 月	2.4	23.2	6	0.43	0.12	11.16
	7 月	2.3	24.5	5	0.26	0.16	10.83
	8 月	2.2	30.7	5	0.22	0.23	11.44
	平均	2.35	26.35	5.50	0.32	0.21	11.24

表中 NH₃-N 即 NH_3-N。

3. 成本分析

经过运行比较,采用"曝气缺氧—多段 AO"工艺的生物池曝气电耗平均值为 121kWh/km³,2017 年同期 MUCT 工艺的生物池曝气电耗平均值为 146kWh/km³,较 2017 年度下降 17.1%,曝气能耗大幅削减。

目前污水处理厂运行不需要外加碳源,出水优于地表水四类标准(总氮除外,平均为 5.24mg/L),污水处理电耗为 0.226kWh/m³ 污水,远低于同行业能耗指标。

苏州城北路（金政街—齐门外大街）综合管廊工程①

- 设计单位： 中国市政工程华北设计研究总院有限公司、中亿丰建设集团股份有限公司
- 主要设计人： 李山河　邱增强　白鹤瀛
　　　　　　　刘运妍　王　昱　包孔波
　　　　　　　张立明　颜　亮
- 本文执笔人： 邱增强

作者简介：

邱增强，高级工程师，注册电气工程师（供配电）中国市政工程华北设计研究总院有限公司电气组室主任。代表工程：青岛高新区综合管廊工程（全长40余km）、苏州城北路综合管廊、昆明市第三水质净化厂（老厂区）优化运行提升改造工程等。

一、工程概况

苏州城北路综合管廊工程位于苏州市城北路中段，总长度约8.1km。2015年7月～2016年4月设计，2018年3月22日竣工，并通过竣工验收。项目总投资约17亿元。

本工程是在苏州市成功申请国家综合管廊试点城市后启动的第一批综合管廊，是苏州市规模最大、入管线最多的地下管廊，近期主要收容的管线包括供水、排水、电力、燃气管线、通信和广播电视管线等市政公用管线，远期管廊预留中水、热力等管线。

二、设计内容简介及各专业设计要点

城北路综合管廊为干支混合型管廊，即管廊内同时收纳干线管网及支线管网，主线管网包括1根$DN1000$给水管线、2回220kV、6回110kV高压电缆；1根$DN500$加压污水管线；收纳的支线管线包括10kV电力电缆、通信管线（含军用光缆）、给水管线、中水管线、燃气管线、蒸汽管线共6种市政管线。该管廊采用5舱室现浇混凝土结构，并配置了消防、通风、监控报警等完善的附属设施（图1）。

1. 结构设计要点

在结构设计中对计算模型精细化，设计出合理的管廊结构，以满足结构的变形、内力等一系列规范要求，对于交叉口节点、配控站、通风口、投料口等复杂结构，由于构造外形的特殊性，结构受力比较复杂，覆土不均和结构异形造成管廊沉降不均，管廊有侧倾、开裂的趋势，设计采用了构造措施和设计措施，减少不均匀沉降及结构受力。

---

① 该工程设计主要工程图详见中国建筑工业出版社官方网站本书的配套资源。

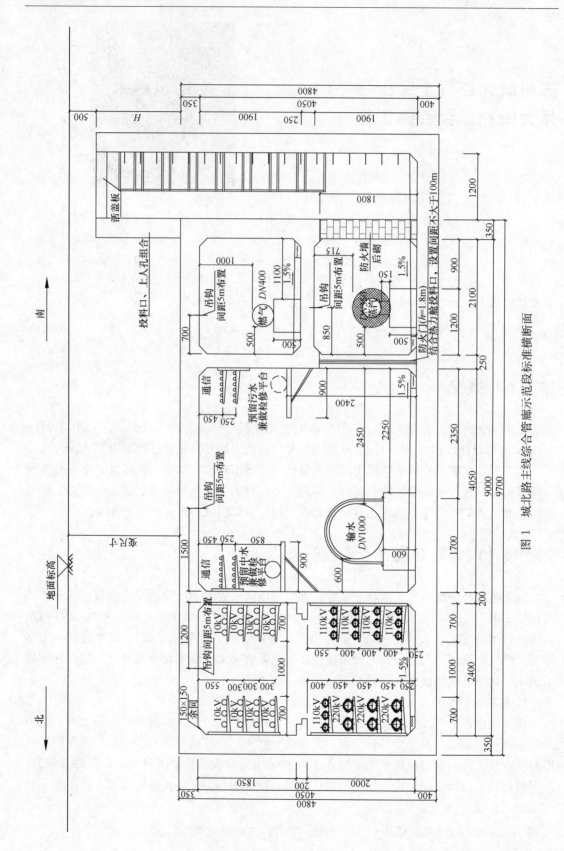

图 1 城北路主线综合管廊示范段标准横断面

（1）设计措施。1）建筑物的体形力求简单（减少 L 形、T 形、山形等）；2）增强结构的整体刚度，控制建筑的长高比，合理布置横纵墙，加强整体刚度；3）设置特殊沉降缝；4）调整设计高程，避免覆土过大或过小情况。

（2）构造措施。1）管廊设置圈梁增强整体刚度；2）选用合适的断面形式，如采用截面渐变以避免刚度巨变；3）减轻管廊顶板上建筑物高度，使得管廊顶板所受压力均衡；4）调整基底设计压力，改变基础底面覆土的抗力；5）减轻覆土厚度差异，可在管廊顶建筑物内进行填土。

（3）特殊措施。设置特殊沉降缝、局部改变基础底的土抗力、大板格构加劲。

2. 消防系统设计要点

本工程在电力舱采用超细干粉自动灭火系统，并辅以手提式灭火装置；其他舱仅采用手提式灭火装置。

火灾自动报警系统主要由区域火灾报警控制器、联动控制器、感烟探测器、感温光缆、光纤测温监控主机、防潮型手动报警按钮（带电话插孔）、中继器（模块）、警铃等设备构成。烟感探测器沿沟顶设置，感温光缆沿电缆桥架通长敷设。

3. 排水系统设计要点

本次综合管廊排水系统设计主要满足排出管廊的渗水、管道检修放空水的要求。本次设计设置自动排水系统。排水区间长度不大于 200m。在各舱内部沿线单侧设置排水边沟，利用排水边沟收集渗水及检修、漏水等并排至管廊低处的集水坑中。管廊内底横坡采用 1.5‰。将积水收入到管廊内的排水沟内。再利用管廊自身的纵坡将水汇集到集水井内。集水井内设排水泵，将水提升排至附近的雨水井或雨水口内。每一防火区间设置不少于一个的集水井。

4. 通风系统设计要点

燃气舱、示范段综合舱每个防火分区采用机械进风、机械排风的设计方案；其他舱每个防火分区采用自然进风、机械排风的设计方案。舱内每个防火分区分别布置进风口和排风口。机械通风系统正常情况下排除管舱内的废气、线缆散发的热量等；当舱内发生火灾，根据仪表控制系统信号，控制室电动关闭排烟阀、风机；熄火后，控制室电动开启排烟阀、风机，排风机兼作排烟风机进行消防排烟。

所有风口处均安装手动/电动排烟阀，平时常开，火灾时关闭。消防控制室控制排烟阀的电动开启、电动关闭。

5. 供配电及照明系统设计要点

综合管廊附属设备用电负荷运行安全的要求以及国家相关规范，管廊内的消防相关设备、照明、风机及排水泵等用电设备为二级负荷；检修插座箱为三级负荷；配控站用电除照明为二级负荷外，其余均为三级负荷。综合管廊附属设备用电的电源由控制中心变电站及管廊专用箱变提供。

管廊配电室、控制室等重要场所设置 100%备用照明，确保停电后人员安全疏散。综合管廊内设正常照明和疏散指示照明，供电电压等级为 220V。普通段照度不小于 30lx，人孔、投料口及防火分区门等处局部照度提高到 100lx。每段防火分区内的照明电源由该分区所在配控站内的照明配电箱提供，在人孔、防火分区门处设手动开关控制，并设监控系统遥控，照明状态信号反馈监控系统。

综合管廊内所有电缆支架均经通长接地线与主接地网相互连接。综合管廊接地网还应与各变电站接地系统可靠连接，组成分布式大接地系统，接地电阻应不大于 1Ω。10kV 及以上电缆支架另补充设置一套接地体，在电力电缆支架每隔 20m 双侧设置两根接地体，接地体为镀锌钢管，突出管廊外 3m。

6. 监控与报警系统设计要点

监控与报警系统主要包括：环境监测系统、设备监控系统、安防监控系统等。环境监测系统：在管廊每个舱室防火分区内各设置氧气、温度、湿度检测仪表。另外，燃气舱室增设硫化氢气体、甲烷气体检测仪表，污水舱室增设硫化氢气体检测仪表。设备监控系统：设备监控系统采用"分散控制、集中管理"的原则设置。由监控中心计算机系统及配控站组成，正常运行情况下可做到无人值守。

7. 安防监控系统设计要点

安防监控系统主要包括防入侵系统、视频监控系统和电子巡更系统。防入侵系统：管廊内的防入侵探测器主要采用双鉴探测器。视频监控系统：本工程视频监控设备主要采用网络视频摄像机，加装光电转换模块，传输介质为单模轻铠光纤。电子巡更系统：在每个防区每个舱室设有电子巡更点，记录工作人员到达巡更点的时间及状态信息。

8. 标识系统设计要点

标识系统包括指南标识、识别标识、导向标识、警告标识等，在综合管廊内起到传递信息，方便管理的作用（图 2）。

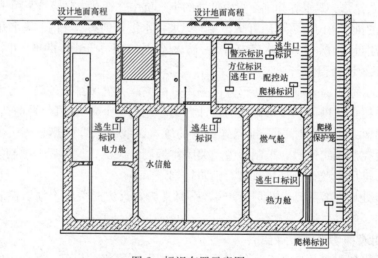

图 2　标识布置示意图

三、设计特点及创新点

1. 进沟管线齐全，管廊断面复杂

管廊内同时纳入高低压电缆、通信电缆、给水管线、中水管线、蒸汽管线、燃气管线，建设规模大，建设难度高。设计对管廊内的管线布置进行优化，之后根据安装与检修空间要求，确定最佳断面形式，以达到节省用地、减少埋深、缩减投资的目的。

2. 管廊穿越节点多

工程现场条件复杂，管廊沿线穿越西塘河，以及金阊新城、平江新城等建筑密集区域和金业街上穿预留的轨道交通 8 号线，同时穿越虎丘景区北门，需对历史文物遗迹进行保护，城北路亦将改造升级为快速路，设计时需要考虑道路实施改造的影响。

3. 管廊用地紧张，限制条件较多

本工程只能利用道路南侧 10m 宽规划绿带进行管廊建设。结合现场条件，管廊布置为部分双层舱室的断面形式。通过对下层管廊舱室的通风、排水、逃生、吊装等附属设施进行设计，在城市用地空间有限的条件下，使综合管廊建设方案更具有集约性和经济性。管廊基坑支护采用 SMW 工法桩结合钻孔灌注桩支护方式。

4. 精确化确定管理埋深与避让特殊节点方案

综合管廊的埋深直接影响到工程的整体投资，大埋深会直接导致工程造价的升高。过浅的埋深在路面荷载的作用下极易产生不均匀沉降，对路基造成破坏。同时考虑到规划区域内仍然会有直埋管线存在的可能性，为直埋管线预留出敷设空间，经过与本道路市政雨污水施工图的核对，选定综合管廊的一般路段覆土埋深为 2~2.5m。当排水管线的埋深超过 3.5m 时，则采用排水管网倒虹吸的方式通过管廊。

特殊段落管廊需增加覆土深度，避让其他设施。

（1）综合管廊与排水竖向：综合管廊（局部下沉或太高）避让排水管线使排水管网与综合管廊互不干扰，特别是排水管网位于管廊上方，对日后的管线维护创造了便利条件。

（2）综合管廊穿越河流：综合管廊从河道底部通过。在河床范围内，综合管廊顶部应保证有不少于 1.5m 的保护土层。

（3）管廊与地下构筑物相交：综合管廊在规划地铁 8 号线上部通过，保证竖向安全间距不对地铁线路造成影响；在保证一定的保护土层厚度下，在隧道及人行通道下部穿过。

5. 配控站设计发挥集约优势

配控站为全地下式，设计中利用综合管廊沟顶覆土将现场配控站设置于管廊上方两个防火分区之间，既可以借用两侧通风孔为配控站提供充足的氧气与通风，延长其内电气及控制设备的使用寿命，提高操作人员的安全程度。同时，将配控站与管廊内部和地面连通作为增设的人员逃生孔使用，维护人员逃生概率增大的同时还可利用配控站的手动控制功能，应急处理突发事故，降低事故发生时连带性破坏。

6. 创新采用集成智能控制系统

本工程采用集散型控制系统，控制系统主要包括：环境监测系统、设备监控系统、安防监控系统等。环境监测系统在管廊每个舱室防火分区内设置氧气、温度、湿度检测仪表。另外，燃气舱室增设硫化氢气体、甲烷气体检测仪表；污水舱室设硫化氢气体检测仪表。设备监控系统：风机、风阀、水泵及井盖等设备的状态监测等。安防监控系统包括防入侵系统和视频监控系统。设计一座综合管廊监控中心，监控中心控制室内设置设备监控工作站计算机、安防监控计算机、工业以太网光电交换机、各类数据服务器及相关输入输出设备。在监控中心可以监控综合管廊全部防火分区的运行。

7. 国内首次高压电缆、燃气管线、蒸汽管线、污水管线同时入廊

（1）高压电缆：电力管线根据电压的不同，分为高压线和低压线，高压线按电压等级分包括 10kV、35kV、110kV、220kV 等级别。对于电力专业，维修时对维护人员的维修素质要求高，事故发生时灾害破坏面积大，危险性高，社会影响面广。城北路沿线电力线路于综合管廊内敷设，并且电力电缆单独舱室布置，对其他管线的电磁辐射影响较小，比较安全。

（2）污水管线：污水管线为重力流管，管径较大，拐点及不同管径接口处均需设置检查井。同时，污水管网易产生有害气体，对本已深处地下的管廊内环境破坏严重。本工程设计入廊的为一根加压污水管线，无需考虑坡度、支管、检查井等重力流设计节点及构筑物，在管廊内布置气体检测系统，以随时监测管线运行信息。

（3）蒸汽管线：蒸汽管线管径大，布置不够灵活，运行阶段将产生排气及泄水过程。本次设计将一根 DN300 管线在管廊内敷设，单舱布置，并充分考虑其运行中的排气、泄水需求，预留空间，满足使用要求。

（4）燃气管线：燃气属于易挥发的易燃易爆气体，当空气中天然气浓度达到爆炸极限范围时，极易产生爆炸。当燃气管道进入综合管廊敷设时，除了具有一般综合管廊的火灾危险性外，其危险性主要来自燃气管道，火灾危险性更高。必须严格防止燃气泄漏的发生，因此要保证燃气管道具有足够的抗泄漏性能。燃气管线需单独设舱室敷设，每隔一定间距应设置可燃气体浓度探头，泄漏的天然气浓度一旦超限立刻声光报警，并与风机联动；燃气管道在管廊内不设置任何阀门及管道附件，分段阀在管廊外敷设。燃气管道进出管廊处及分段阀门井处的阀门均应采用可远程控制阀门，同时在阀门井设置放散管。管廊内燃气管道应由专人定期巡检，随时排除管道事故隐患。当出现管道泄露时，由可燃气体报警器报警，同时启动泄露处防火分区内的进、排风机。并且远程关断泄露处两端的分段阀门，同时分段阀门处放散管开启，待事故段管道内燃气放空，并且事故段管廊内可燃气体排出后，人员方可进入管廊抢修。

在通风口的设置上，燃气舱由于考虑到进、出风量的因素，尤其是安全方面的考虑，采地突出地面 1.2～1.5m 高度的构筑物，这种方式的优点是雨水不易倒灌、垃圾不易集结，便于后期管理维护，能够更好地保证通风系统的安全可靠运行。

8. 精细化分析确保结构安全

在结构设计中对计算模型进行三维精细化分析，设计出合理的管廊结构，以满足结构的变形、内力等一系列要求，对于交叉口节点、配控站、通风口、投料口等复杂结构，由于构造外形的特殊性，结构受力比较复杂，覆土不均和结构异形容易造成管廊沉降不均，管廊有侧倾、开裂的趋势，设计采用了构造措施和设计措施，减少不均匀沉降及结构受力，设计时同时考虑施工工序、运营工况及远期管廊上增设车道、燃气爆炸冲击、地震荷载等各种不利荷载下的结构安全。

四、实施效果分析

城北路综合管廊建成后，管线设施的维护可以在管廊内完成，这将有效改善城市道路反复开挖、电线杆林立、空中管线密布等问题。而且，综合管廊的建设还能节约土地资源，为城市今后的发展预留宝贵的地下空间。

2017 年一等奖

成都大源商业商务核心区地下空间建设工程

• 设计单位：　北京城建设计发展集团股份有限公司、成都市市政工程设计研究院
• 主要设计人：肖　燃　师文龙　王　彤　丁向京　尚德申　李　黎　魏乃永　李　靖
• 本文执笔人：师文龙

作者简介：
　　肖燃，教授级高级工程师、注册设备工程师（给水排水），北京城建设计发展集团股份有限公司副总工程师、地下空间及综合管廊中心主任，住房城乡建设部城市综合管廊专家。

作者简介：
　　师文龙，高级工程师，北京城建设计发展集团股份有限公司给排水室主任、北京市技术职称评审专家。一直从事民用建筑、市政工程、轨道交通、技术研究及技术管理工作。

一、工程概况

　　成都大源商业商务核心区地下空间建设工程位于成都高新技术产业开发区天府新城大源组团，北起新世纪新路，南至大源Ⅳ线，西起站华道，东至天府大道，规划总面积约1.17km²，总建筑面积约410万m²，区内含办公建筑、商业建筑和公寓住宅。

　　本项目在道路下设置，地下一层为环形车道，地下二层为综合管廊，在纬三东路道路下设置了地下商街在管廊和车道之间交叉而过，连接地铁一号线世纪城站。

　　地下二层为管廊，主管廊全长2800m，净高2.2m，分两个舱室：电力舱室，净宽2.0m；电信（9排托架）和水管线为一个水信综合舱室，净宽8.75m，含有两根DN800冷水、一根DN800给水管线并预留一根DN300中水管的空间。支管廊1983m，接市政管廊559m。

　　地下一层为地下环形车道，为单向三车道（其中一条为事故停车带），设计时速30km/h，主环道全长2800m，净宽11m，净高2.8m，为小汽车通道，与地块连接的分车道1919m，与地面的联络通道846m，出口共8处，四进四出。

　　局部三层为地下商街，位于大源商业商务核心区纬三东路主干道下，总建筑面积1.85

万 m^2。

项目设计于 2010 年 1 月开始进行，2010 年 12 月开工建设，至 2014 年 5 月工程竣工，并于 2014 年 6 月开始进行试运营，运营状态良好。

二、面临的问题与需求分析

1. 交通功能需求

地面交通组织方式南北向道路以单向交通为主，东西向双向通行，内环组织逆时针单向交通。地下交通组织逆时针单向交通。地面交通与地下交通相互呼应。通过对区域内人员、车流、物流的分析，地面以公共交通和慢行交通为主，体现慢行主导、公交优先的绿色交通理念。地下车道只允许小型车通行，且分车道接到楼座地下车库，交通便捷。

2. 市政管线布设需求

（1）综合管廊服务范围。天府新城位于成都的科技商务中轴线——天府大道两侧，包括高新区南部园区的站南组团和大源组团，总用地面积 37km²，本工程为大源组团部分，总用地面积 1km²。定位为新世纪、新都市中心的核心配套区。其开发密度高的区域有中央商务区、混合使用区、住宅区域。这些区域建筑密度高，公用管线多，车流、人流密集，道路开挖对环境和社会影响大，是设置综合管廊最佳区域。根据综合管廊的布置原则，大源组团设置综合管廊，服务范围为：服务区域面积约 1km² 的整个组团的建筑，为区内约 410 万 m² 的商业、公寓住宅及配套建筑提供能源和支撑保证系统。

（2）综合管廊根据道路规划的状况和条件，以及市政管线的规划要求及规划年限。由成都市规划委员会组织各种管线管理运营公司，提出规划要求，其中包括近期及远期规划要求，规划年限一般不小于 25 年。规划小区的综合管廊，根据其能源供应情况，作出管线规划，以指导综合管廊的设计。根据可研报告及规划设计的要求，本区域按近期 10 年设计管线、按远期 20 年预留增容空间，综合管廊结构使用年限 50 年。

（3）管廊收容管线原则。综合管廊收容管线的原则一般是：压力流管线优先考虑进入综合管廊，比如给水管线、冷热水管线、天然气管线、消防给水管线、中水管线、生活热水管线，电力电缆、电信电缆由于其良好的安装灵活性，也是优先考虑进入综合管廊敷设的。本项目综合管廊收集的管线种类为：电力电缆（设计 10 排 500mm 的托架）、电信电缆（设计 10 排 500mm 的托架）、给水管线 DN800 一根、区域集中供冷管线 DN800 两根。重力流管线，由于其管线断面较大，管线敷设坡度要求高，因此不纳入管廊空间。天然气管线进入综合管廊空间需设置独立小室、可燃气体浓度探测器、通风系统等设施，造价增加较多，因而此次设计选择直埋敷设方式。

本地区通过在中央环路上的综合管廊形成环状构架，并由此呈放射状与每个规划组团连接。根据交通影响分析，在组团内设置地下环形车道，车道有连接每个地块的联络车道，也呈放射性，因此管廊的联络线与车道共同布置，上下排布，延伸至每一个区域，以达到集约化理念、优化功能配置、节省投资节省用地的目的。

三、工程主要创新及特点

1. 综合管廊设计

（1）管廊断面

根据各市政管线公司规划，区域内需建设一根 DN800 给水管道、两根 DN800 冷水管道、预留一根 DN300 中水给水管、电信四大运营商管线、30 回 10kV 电力管线、污水管、雨水管、燃气管线。

有压力的给水管线、冷水管线、中水给水管线、电信管线、电力管线不受重力坡度的影响适宜入廊，雨水、污水管线为重力流管线，如入廊则埋深太深，还需用电将其提升，不符合国家节能、绿色环保的绿色建设理念，故雨水、污水管线不进入管廊。天然气管道根据其使用需求，也不适宜入廊，入廊管线确定为：给水管线、冷水管线、中水给水管线、电信管线、电力管线（图1）。

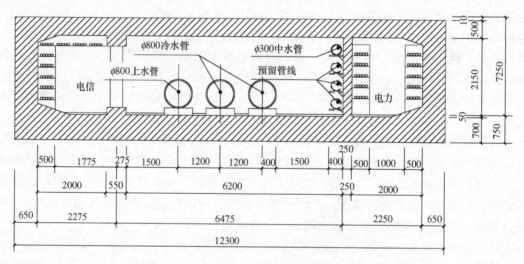

图 1 管廊标准横断面

根据规范要求，电力管线不宜与水的管线设置在一个舱室内，将电力设置在一个单独的舱室内，为电力舱；其余各管线均可布置在一个舱室内，为水信综合舱。采用两舱的分布方式，解决了电力电缆需要独立安全运行的安全保障问题，将通信、给水、冷水布置在一个空间，同时预留了中水的空间，在管线运输、安装、增容的过程中，更方便灵活。两舱断面在设备系统设置上只设置两套系统，节约投资，管理也简便。

地下交通环形车道为三车道，宽度为 12.3m，地下车道与管廊上下结构，为保证结构体系合理及结构稳定性，管廊宽度与地下车道等宽，也为 12.3m。给水及冷水管管线最大，根据其安装及维修等要求，管廊层高定为最小尺寸 2.2m，电力及电信管线布置在此高度下就能满足其容量要求。电力管线为单独舱室，两侧布置电力管线，中间为检修通道。根据结构设置需要设置一道剪力墙或结构柱，将电信管线沿最外侧布置，预留中水给水管以及其他预留管道布置在与电力一侧的墙上，给水、冷水管居中设置，为降低造价，在电信与给水管中间设置结构柱，减少结构墙体以及减少管廊必要的管廊附属设施。

（2）管廊纵段埋深

根据管线高程规划，尽量减小主体结构的埋深，经核实，确定主体结构埋深为1.4m，环形车道层高4.0m（图2）。

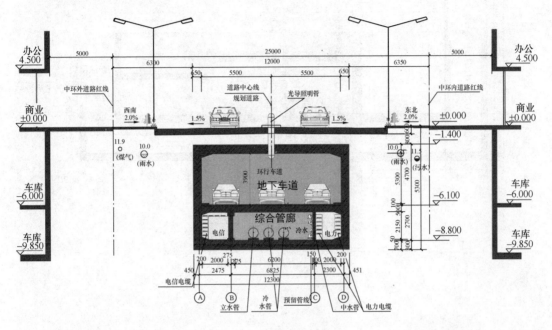

图2 主体结构剖面图

（3）支管廊节点

在节点设计上，采用局部下沉的方式，巧妙解决主干管线分支管线的交错，缆线下沉，检修人员设置台阶，让给水、冷水的大管线能水平通过，减少水阻，使管线输送更安全节能（图3）。

（4）吊装口节点

吊装口每间隔400m在下沉庭院内设置，藏于绿色环境之中，与景观协调，同时方便日常管线的吊装，不影响地面交通。还在地下道路的事故分隔带上预留了吊装口，方便检修车直接在管廊上方施作（图4）。

（5）进排风节点

进风口：综合管廊进风均为自然进风，设置出地面进风口（图5）；排风口：综合管廊排风均为机械排风，设置出地面排风口（图6）。

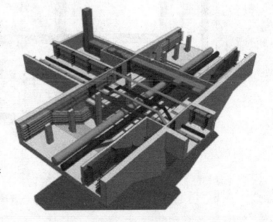

图3 支管廊节点

（6）逃生口设置

人员逃生口与进、排风口结合设置，直接至室外地面（图7）。

2.建筑设计

区域采用整体设计思路，充分利用市政用地地下空间，整合市政管线及区域内交通组

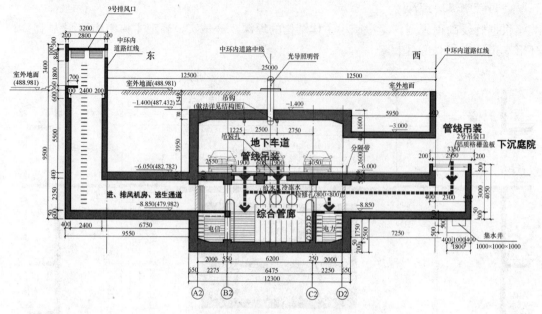

图 4　节点吊装口示意图

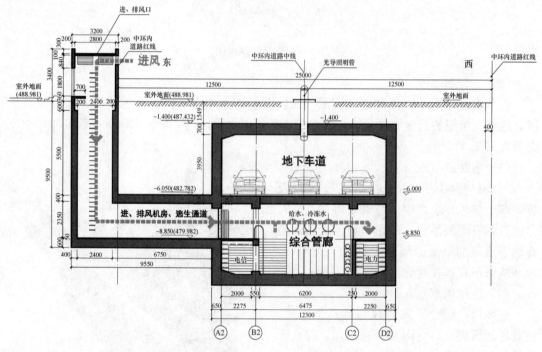

图 5　综合管廊进风示意图

织。与景观结合集中设置地下工程出地面建、构筑物。实现地下空间的综合利用。丰富地下空间，提高土地利用率。

（1）利用市政道路用地，采用地下环道、综合管廊、地下商业开发共构分层设计思路，实现了地下车道、各种能源管线与各地块的便捷连接，将地铁客流经地下商街便捷的

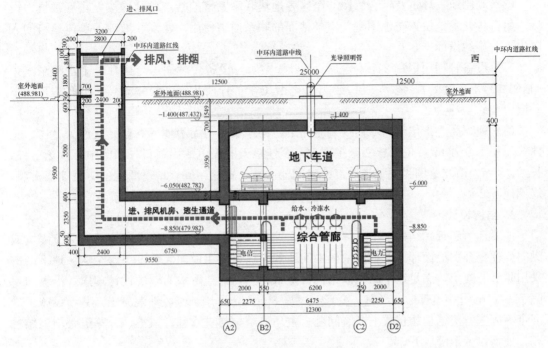

图 6　综合管廊排风示意图

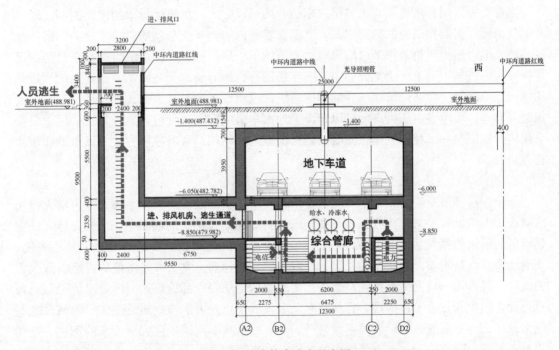

图 7　综合管廊逃生示意图

引入核心区及周边地下商业。

　　（2）结合道路景观、充分利用景观公园的下沉庭院。集中布置地下车道进风口、管廊吊装口、人员逃生口。达到安全、便捷、美观、实用的目的。

（3）利用地下环道及综合管廊与全区各地块联系紧密的特点，结构按人防五级抗力设计，用于各开发地块人防地下室与室外地面的联系通道使用，实现区域内各单体建筑的人防出入口集约设计。

（4）设备管理用房和2个变电所：1号变电所与设备管理用房合建，位于工程东南角（紧邻2号下沉庭院），地下一层。2号变电所位于工程西北侧（紧邻5号下沉庭院）地下一层。

（5）地下商业街位于区域内规划主路下，将地铁站与周边地下商业开发连为一体。总建筑面积1.8万 m^2，位于核心区东部，东至连接天府大道的出入口，西到中心广场东缘，长约350m，南北范围为规划道路红线之间的区域，宽约50m。地下商街主体为地下1层，局部地下2层。

3. 结构设计

地下环道和管廊结构上下一体化共构，综合管廊层舱室间采用纵向钢筋混凝土隔墙或纵向梁柱分开；上面环形车道层取消中间墙和梁柱，采用横向大跨度单跨结构。地下结构采用防水混凝土，满足地下结构以结构自防水为主，外包防水为辅的设计理念。沿纵向每隔70～80m设一道环形变形缝，变形缝宽度30mm，采用补偿收缩混凝土，并增设施工后浇带等措施解决结构超长收缩开裂问题；主环道结构与支管廊、风道、分车道等附属结构相接处均设变形缝脱开。

4. 通风设计

综合管廊采用自然进风与机械排风相结合的通风方式，风机运行采用定时控制、温度及氧气浓度探测器相结合的控制方式，既确保管廊内的空气质量品质，也使设备的运行比较经济。电力舱排风机兼作事故后风机，既节约了机房面积，又保证电力舱在事故后能迅速排除有害气体。地下车道充分利用下沉广场进行自然通风。无法满足自然通风的区域采用纵向机械排风、自然进风相结合的通风系统，风机设于地下车道的顶部排风道上，与通风竖井合建，不单独占用机房。排风口设于地面车道中间隔离带内，地下车道的风机启停采用定时控制与一氧化碳气体探测器、能见度检测控制相结合的控制方式，风机兼作事故排烟风机。

5. 给水排水及消防设计

地下一层环形车道为城市Ⅲ类隧道，根据规范要求需设置消火栓系统。室内消火栓用水量按20L/s计；室外消火栓用水量按30L/s计；消防按同一时间发生一次火灾计，火灾延续时间消火栓系统为2h。公路隧道作为一种特殊的建筑物，其结构复杂、环境密闭、交通量大、人员密集，存在车辆碰撞、车载易燃易爆物品、电气线路短路等可能引发火灾的威胁。隧道内一旦发生火灾，可燃物产生的浓烟将从起火部位迅速向四处对流扩散，极难排除，逃生和救援工作困难，容易引起众多人员伤亡并可能造成隧道主体、附属设施的巨大破坏。为更有效地保护人民生命财产安全，尽量减小因发生火灾所带来的灾害，经与当地有关部门研究决定，地下环形车道增设一套高压细水雾灭火系统。采用水基作为消防的基材也体现了绿色环保理念。地下二层综合管廊只设置干粉灭火器系统。水信综合舱火灾危险性为丁类，按轻危险级配置磷酸铵盐手提式干粉灭火器。电力舱为E类火灾场所，按中危险级配置磷酸铵盐手提式干粉灭火器。管廊排水需考虑管道维修放空、结构渗漏水和供水管道可能发生泄漏等情况，在管廊内设置排水泵自动排出廊体外。本工程有8处汽车坡道、7处下沉广场，均为敞口段，需设置雨水排水提升设施。暴雨重现期按照10年一遇暴雨强度计算，集流时间为5min计算确定。

6. 电气设计

结合地下车道、综合管廊工程线路长、负荷小的特点，布置了两座变电所。在地下一层环形车道采用光导管照明新技术，将室外的自然光线导入地下车道，在地下享受到自然光带来的舒适照明效果，避免了日间电力照明固有的能源浪费和照明电费，同时延长了正常照明灯具的使用寿命，节约人工维护和设备更新成本。

7. 智能化设计

根据功能规划及其后续市场开发定位，全面规划智能化系统，建立一个体系完善、功能强大、集成化的数字化地下空间，能够让地下空间各方自由高效地利用各种先进的信息、通信系统，给各方提供一个以人为本、安全、舒适的建筑环境和便捷、高效的地下空间环境，促进地下空间的发展。以增强建筑物的科技功能和提升建筑物的应用价值为目标，以建筑物的功能类别、管理需求及建设投资为依据，具有可扩展性、易维护性、开放性和灵活性。市政管廊内设置现代化智能化监控管理系统，采用以智能化固定监测与移动监测相结合为主、人工定期现场巡视为辅的多种高科技手段，确保"管廊"内全方位监测、运行信息反馈不间断和低成本、高效率维护管理效果。交通环廊内采用智能交通管理系统，将人、车、路三者紧密协调、和谐统一，达到实时、准确、高效。

8. 创新点

本项目在区域道路下布置，地下一层为环形车道，地下二层为综合管廊，在纬三东路道路下设置了地下商街，从综合管廊与地下环道中间穿过，连接成都地铁一号线世纪城站，同时在环道旁设置了6个下沉庭院，实现多层次多节点的地下空间利用，完善交通和城市基础功能；提升了区域整体价值，做到了交通便捷顺畅、管线集约高效、商业通达便利、景观环境友好。

综合管廊与多个功能的地下空间整合，在综合管廊内敷设管线，避免了道路的反复开挖、避免了土壤对管线的腐蚀，增加了管线的使用寿命、集约利用地下空间、对管线安全做到了预控预警，提高了管线的安全。具体表现在以下几个方面：

（1）采用地下环道、综合管廊、地下商业立体交叉集聚体设计思路，实现将地铁站与商业区无缝连通，既满足核心商业区与地铁站便捷的连接，又在人、车高密度区域内实现了人车分流。地下空间的综合利用，在满足各使用空间要求的前提下，丰富了空间层次，提高土地利用率（图8）。

（2）综合管廊设计，体现能源的集约化设计，功能优化配置，提升城市管线的建设和管理水平，延长管线使用寿命，避免城市道路的反复开挖，使管线与地块建筑的地下二层的空间衔接自如，使管线增容和更换变得方便和快捷（图9）。

采用电力独立成舱、其他管线成舱的两舱布置形式，使管线空间安装增容空间宽敞、操作方便，附属设备系统更集约高效。

在下沉庭院内设计管线吊装口、人员逃生口，减少对地面景观的影响，同时方便管线管理人员的出入。在下沉庭院的绿地下设置控制中心和变电所，充分利用地下空间、减少占用宝贵的土地资源。

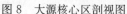

图 8　大源核心区剖视图　　　　　　　图 9　大源地下空间剖视图

设置了智能化系统，预留了与管线管理单位的口部，方便管廊空间控制系统与管线管理控制系统的对接，提高了管线的安全和预控预警能力。

采用在节点处局部下沉的手法，解决管线交叉的问题，同时在下沉节点处设置排风机、配电箱等附属设备，充分高效利用地下空间。

（3）地下交通：地面交通组织方式南北向道路以单向交通为主，东西向双向通行，内环组织逆时针单向交通。地下交通组织逆时针单向交通。地下车道只允许小型车通行，且分车道与楼座地下车库相连，交通便捷。

（4）地下环道及综合管廊结构考虑人防核五级抗力，按防倒塌结构设计；创造性提出地下环道及综合管廊作为整个大源片区战时临时人防疏散干支道，与周边地块所有人防地下室有机连接，形成一个完整、高效的人防疏散体系。战时在吊装口、疏散口、通风口设临时封堵，管廊层内部不考虑冲击波的影响。

（5）在车道顶部间隔 4m 设置了 423 个光导照明设施，将自然光引入地下，使人员感觉更加明朗舒适，同时节约能源。

（6）地下一层环形车道的照明分为 3 组在配电箱集中控制，可根据昼夜道路交通流量的不同以及白天室外自然光线强弱的不同分别控制开启 1/3 的照明。地下二层综合管廊的照明采用在配电箱集中控制与声控开关就地控制相结合的方式，可根据无人巡检、有人巡检、设备管线维修等不同的工况需求控制开启不同的灯具。通过上述技术措施实现了照明的节能。

（7）本项目设置设备管理系统，具有对管廊及交通环廊内的配套机电设备测量、监视和控制功能，确保各类设备系统运行稳定、安全、可靠和高效，并达到节能和环保的管理要求，监控对象包含：变配电系统、通风系统、排水系统、环境监测以及其他独立系统。另外，本工程还设置了能耗监测系统，对管廊及车道能耗进行分类、分项计量，并采用标准通信接口，纳入建筑设备管理系统统一管理，并能将数据送至上一级的能耗监测系统，为商务区提供能耗监测统计数据，提高节能运行管理水平。

四、效果及效益分析

本工程是探索建设地下空间的试点项目，项目总投资 11.38 亿元，是中西部地区第一个地下空间及综合管廊工程，代表了国内先进水平。项目的建设给成都大源商业商务核心区带来了巨大的商机和活力。

项目建设充分贯彻集约化城市公共资源共享的思想，以节能、环保、高效为核心，以复合配置为指导，以网络化、数字化信息系统的管理方法实现综合城市保障系统，体现可持续发展战略。采用地下环道、综合管廊、地下商业立体交叉集聚体设计思路，实现将地铁客流与商业区人流连通，满足核心商业区与地铁站便捷的连接，实现地下空间的综合利用，节约用地，提高土地利用率。

地下一层环形车道采用光导照明新技术，光导照明技术是当今国内外普遍推崇的一种绿色健康、节能环保的新型照明系统。安装光导照明系统不仅能够享受到自然光带来的舒适的照明效果，避免了日间电力照明固有的能源浪费和安全隐患，延长了灯具的使用寿命，同时还降低了人工维护和设备更新成本，带来了可观的经济效益。

综合管廊采用了高效的通风、照明、供电、排水、消防系统，保证了管廊的安全运行；综合管廊内设置智能化监控管理系统、环境监控系统、红外线入侵报警，系统采用以智能化固定监测与移动监测相结合为主、人工定期现场巡视为辅的多种高科技手段，确保管廊内全方位监测、运行信息反馈不间断和低成本、高效率维护管理效果。

永定河北京段生态修复工程①

- 设计单位： 北京市水利规划设计
  研究院
- 主要设计人：邓卓智　张敏秋　周志华
  张　浩　刘雪燕　蒋　奇
- 本文执笔人：张敏秋

作者简介：
张敏秋，教授级高级工程师，注册造价、咨询、一级建造、土木工程师。现任职于北京市水利规划设计研究院，从事水利规划设计工作。担任设计总负责人参与完成了永定河门城湖、莲石湖、晓月湖、宛平湖工程，通州区凉水河综合治理工程等项目。

一、工程概况

永定河是海河水系的一条主要河流，历史悠久，源远流长。永定河上源分南北两大支流，北支为洋河，南支以桑干河为主干，两河汇于河北怀来县朱官屯，入官厅山峡，至三家店出山，进入北京平原地区，从西北向东南穿京、冀，达天津入渤海。永定河全长680km，在北京市内长 170km，流经门头沟、石景山、丰台、大兴、房山五个区。几千年来，永定河一直在滋养着北京城，是北京的"母亲河"。

建设区位于门头沟、石景山、丰台三区县交界处的永定河河道范围，该区域属温带大陆性季风气候，夏季炎热多雨，冬季寒冷干燥，秋季多风少雨，冬夏两季气温变化较大。以门头沟区为例，多年平均气温为 11.7℃，年极端最高气温为 40.2℃，年极端最低气温为－22.9℃。每年 9 月～次年 5 月多为西北风，其他月份多为东南风。极端最大风速三家店地区为 24m/s，风力侵蚀是该地区主要的水土流失形式之一。降雨年内变化不均匀，主要集中在汛期 6～9 月，约占全年的 80%。降雨年际变化较大，丰枯水年份连续或交错出现。

主要分布地层为第四系全新统冲洪积卵砾石层，顶部部分地段覆盖薄层黏性土，部分河段其上分布有卵砾石填土、黏性土填土、粉细砂填土，部分地段分布有厚度较大的杂填土层，部分地段分布有粉煤灰层，场区总体渗透性强。在京原铁路与河道相交处河道右岸外出露有蓟县系雾迷山组灰色、浅灰色厚层状燧石条带白云岩。在整个河道地表均零星分布有建筑垃圾、生活垃圾，交通便利地段分布更为集中。

北京市水利规划设计研究院持续参与永定河的治理和修复工作，自 2003 年来，按照新时期水利建设思路，组建研究、规划、设计团队，针对永定河北京段的生态退化问题，

---

① 该工程设计主要工程图详见中国建筑工业出版社官方网站本书的配套资源。

编制完成了《永定河综合治理规划》《永定河绿色生态走廊建设规划》和《永定河绿色生态发展带综合规划》。在前述工作的基础上，2010～2014年，北京市水利规划设计研究院承担设计、参与建设完成了永定河北京城市段生态修复工程，实施范围为三家店至卢沟桥（简称卢三段）的平原城市段，2010年2月首批开工建设从三家店拦河闸至卢沟桥下游燕化管架桥总长14.2km河道的生态修复工程。其中门头沟区建设河道长5.24km的生态修复工程，由溪流串联湖泊和湿地，建设门城湖工程；石景山区建设河道长5.8km的生态修复工程，建设莲石湖工程；丰台区建设河道长3.16km的生态修复工程，建设晓月湖和宛平湖；同时建设20.2km循环管线及附属工程。2011年开工建设京原铁路桥至规划梅市口路4.2km河道的生态修复工程、园博园水源净化工程及清河再生水管线。截至2014年6月全部工程完成竣工验收。总投资21.83亿元。建成最大蓄水面积399.2万 m^2 生态湖泊水体、沙化滩地绿化351.5万 m^2；配套服务设施48.42万 m^2，堤防生态修复32.9km，管线32.7km，形成836.6万 m^2 生态水系公园，将永定河建成了幸福河湖，实现了规划的防洪标准，初步修复了永定河的水生态环境，唤醒了沉睡已久的北京"母亲河"。工程运用多年来，成为北京居民广阔的休闲活动空间，运行正常，在防洪、供水、治污、生态、文化、景观等多方面发挥了巨大作用，并经受2012年"7·21"特大暴雨的考验，社会效益、生态效益和经济效益十分显著。

二、面临的问题及需求分析

1. 面临的问题

永定河的早期工程建设多以防洪工程为主，直到20世纪90年代末期，治河理念发生了变化，从传统的工程水利向资源水利、生态水利逐步过渡。历经多年整治，永定河的防洪安全得到了很大提高，但还有防洪薄弱环节。

受气候及下垫面变化影响，水资源量呈明显衰减趋势，同时，随着经济社会的快速发展，地表水开发过量，浅层地下水实际开采总量接近上限；永定河流域生态用水被大量挤占，有限的水资源几乎全部用于北京西部工业建设，使三家店以下河道断流、干涸，下游平原河道1996年后完全断流，河道自然水文过程已完全消失，地下水位下降严重。

河道内历史上多种原因形成了许多大大小小的砂坑。由于坑壁陡峭，植物无法生长，河床逐渐沙化，冬春季节风沙弥漫。随着沿岸地区经济的发展，入河污水排入量逐年增多，污染河道。永定河河道生态严重退化，生物多样性丧失，水土流失加剧，荒漠化，水文调蓄能力下降，水生态日益退化，环境恶劣。

永定河平原城市段生态退化、环境污染等已经严重制约了北京西南区域的经济发展，沿河区域社会经济发展情况与快速发展的北京总体形象存在较大差距，永定河环境治理恰恰为发展环境的改善、发展空间的拓展提供了机遇。另外，永定河的水文化历史、乡土文化景观保护需要延续与重新构建。

2. 需求分析

永定河是全国四大重点防洪江河之一，是首都重要防洪安全屏障，也是北京市重要供水水源河道和水源保护区。北京城市总体规划将永定河定位为"京西绿色生态走廊与城市西南生态屏障"。防洪、供水、生态是永定河三个重要功能。

20 世纪 70 年代以来，由于把永定河主要作为行洪河道，一定程度忽视了其生态涵养和城市景观的作用，使得永定河及沿岸的生态环境逐步恶化，严重影响了其作为北京"母亲河"的形象。因此，永定河流域的综合治理及生态修复势在必行。作为联系西南区域的生态纽带和北京重要的生态廊道，永定河的治理不仅能极大地改善京西南地区的生态环境，提升区域经济价值，而且在落实北京城市总体规划、提高城市生态环境质量、加快京津冀协同发展有着重要的作用。

永定河治理的总体需求是以恢复河流的自然特性为重点，逐步实现河道功能，基本保障河道生态水量，改善河流水环境状况，提升河道的生态功能，完善防洪薄弱环节以及建立跨区域协同机制，带动沿河区域环境整体提升，最终为实现健康母亲河打下基础。

永定河是北京西部的绿色生态走廊，是城市与外界的绿色交流通道，同时，也是城市的绿色屏障。修复、改善永定河流域的生态环境，可以有效抵御来自西南的风沙对北京的侵袭，对改善北京的空气质量尤为重要。

三、设计目标及原则

1. 设计目标

（1）生态修复目标

基于河流生态修复多目标综合优化模型，分析了河流生态退化机理和生态服务价值的时空变换，确定了永定河的生态修复以增加水生态服务价值为目标。

基于河道总体防洪安全风险评估，提出满足防洪要求的生态工程安全标准，即"3 草、5 灌、10 乔"种植模式：在 3 年洪水位以下以草本、水生植物为主，3~5 年洪水位以花灌木为主，5~10 年洪水位以小乔木为主，10 年洪水位以上点缀乔木；景观设施的防洪标准为 3 年一遇洪水，过水后冲洗可继续使用。

（2）水资源配置目标

集约配置雨洪水、地表水、再生水，本着"立足本地水源，充分利用再生水和雨洪水、循环利用、节约高效"的原则，合理配置永定河生态用水水源。依据《永定河绿色生态走廊建设规划》，永定河生态用水水源主要包括再生水、雨洪水、官厅水和外调水，先期建成的永定河城市段河道水源以清河和卢沟桥再生水以及本区域雨洪水和再生水为主，官厅水库水作为补充、备用水源。控制蓄水区的渗漏量，补给地下。三家店拦河闸以下 18.4km 河道生态需水量包括全年水面蒸发渗漏损失量、维持水质的换水量以及绿化浇灌用水量为 1.3 亿 m^3，其中河道生态需水量 1.0 亿 m^3，绿化需水量 0.3 亿 m^3，永定河城市段生态用水水源主要为当地再生水。其中，北京城市段利用清河再生水厂再生水，年约 5000 万 m^3。

2. 设计原则

遵循相关法律、法规及现行标准规范，结合周边建设规划及相关文件要求，遵循以下原则开展设计工作：

（1）适宜的河道生态工程和景观工程防洪标准，实现生态、环境、景观与防洪等多目标之间的协调。

（2）采用生态水力模拟、"梯田式跌水"等技术，科学构建符合河流自然流势、流态及三向（纵向、横向、竖向）连通的缺水型河道的生态修复方法，符合健康河流构建的理论。

（3）通过"四治一蓄"（治砂坑、治污水、治垃圾、治违章、蓄雨洪），设计建设湖泊—溪流—湿地—滩地相连的全新生态环境空间，彻底遏制生态环境的退化。

（4）统筹防洪、生态、供水、文化、景观的多目标的生态文明治河思想和"以水带绿，量水治河"的地下、地表立体生态修复模式。

四、工程主要创新及特点

1. 主要创新

（1）研发和应用生态环保、经济实用的生态减渗材料，采用渗漏控制技术，统筹解决了严重缺水条件下满足高渗漏河床景观需水和地下水补给要求的技术难题。

（2）采用先进的隐蔽堤防的生态覆盖技术，生态修复硬质堤防，安全生态，形成堤防景观大道，实现复杂地质、地形条件下的100%岸线和岸坡植生防护等10余种生态治水技术。采用通孔砖植生护岸、陡坡植物固坡技术、植生雨淋沟，形成防护、净化、水保系统。通过生态调查，优选出适宜于干湿交替行洪河道生长、成活后无需灌溉、净水能力极强的植物品种。

（3）研发了堤防里刚外柔的硬质生态修复技术。通过柔性网格结构、蜂巢植生系统在既有硬质护砌上全面植绿，大规模进行硬质堤防的生态修复，使生物工程与既有刚性结构有机连接，实现"睡堤唤醒"。

2. 主要技术特点

（1）缺水型河道的生态修复模式。基于生态修复的数字和物理模型，首次提出满足防洪要求生态工程安全标准，过水后冲洗可继续使用。本工程经受2012年7月21日特大暴雨的考验，河道行洪后安然无恙。

（2）河道生态水力模拟技术。采用生态水力模拟技术，科学构建符合河流自然流势、流态及三向连通的缺水型河道的生态修复模式。采用生态水力模型，模拟了不同过流量条件下河道流势与流态的变化，分析了生态工程布局对水面线、流速分布等水力要素的影响，定量化确定了主河槽宽度、弯曲度、浅水湾、生态岛等工程布局，考虑河流纵向、横向和竖向水流交换和连通，很好地协调了水资源供给与生态景观需水、再生水利用与地下水水质安全、地表水对地下水补给三大矛盾。

（3）干湿交替行洪河道的植物配置技术。通过全流域生态调查，提出干湿交替行洪河道的河床、浅水湾、滩地、堤脚、堤坡和堤顶滨河带的立体植物配置技术，优化选育出基于低维护的139种，包括10组野花地被组合的植物种植、管护技术，种植面积达到600hm²，构筑具有生物多样性自然型河道景观。一河两岸，生机勃勃，水鸟纷飞，百花争艳。

（4）雨水调蓄和净化、河道高边坡水土保持技术。利用既有部分深坑，预留蓄洪空间，面积达到200hm²，可蓄滞雨水2000万m³。汛前湖泊和溪流降低水位运行，利用预留库容蓄滞雨水，水满则溢，自上而下流动并补充地下水。雨水利用塘设计为干湿交替的生物景观塘，净化雨水。针对最高达30m的河道行洪断面内高、陡边坡，利用自主研发的植草毯、蜂巢等柔性防护和植物固坡技术，并设置植草沟、植生雨淋沟，有组织地收集、渗滤、净化和利用雨水，形成稳定的水土保持生态系统。

五、工程效果

1. 统筹多功能、多目标开展河道治理，河道功能得到初步恢复

统筹协调防洪、生态、供水、文化、景观等多功能目标，消除了防洪薄弱环节，为永定河综合治理与生态修复提供充足的经验和技术支撑，是全国河道生态治理的大课堂，为大型型城市河道综合治理提供理论和技术支撑。

通过河床、滩地、堤防和堤外的滨河带生态修复，把永定河北京段打造为人水绿共享生态公园，形成融入流域文化的生态走廊，可同时满足4万人进行诸如河道马拉松、亲水、球类、健步、轮滑、摄影等休闲运动和文化体验的需要。

通过简单可靠的暴雨洪水预警系统和水资源保障措施，"水来人退，水退人还"，能够全天候地为市民服务的时间长达350d。

项目建设形成了总面积836.6万 m^2 的大型河道公园，其中：水面面积399.2万 m^2，蓄水1050万 m^3，绿化面积351.5万 m^2。项目的建成改变了永定河流域生态系统严重退化、生态环境严重恶化的问题，增加了河道蓄水，形成了湖泊、溪流、湿地和亲水景观，有效改善了生态环境。增加了包括水资源调蓄、水质净化、空气净化、气候调节、洪水调蓄的水生态调节服务价值9.19亿元。增加的河道水面、河滨带产生负离子增量总数为 10.62×10^{14} 个，月均增加吸收粉尘量61.8t，抑制风沙量增加18.5t，增加水面蒸发水量423.5万 m^3，相应水面蒸发吸收热量为 9.57×10^{12} J。回补地下水2800万 m^3，有效地改善生态环境，显著降低 $PM_{2.5}$ 浓度，提高首都空气质量。建成区盗采砂石、乱倒垃圾的行为已经杜绝。

2. 经济效果显著

本工程投资21.83亿元，实现了既定的多功能目标，包括防洪、水资源调蓄、水质净化、空气净化、气候调节、休闲娱乐、带动周边地产、沿河GDP增值等水生态服务价值年增值266亿元，社会、经济、生态效益显著。

伴随着环境的改善，项目建设对流域的经济发展也起到了较大的带动作用。通过和市、区相关部门座谈了解到，永定河治理项目的建设促进了区域经济的发展。2012年GDP增值112.36亿元，增速18.92%，明显快于全市平均水平。如：门头沟区90%的旅游资源集中在永定河流域，永定河治理项目的实施促进了该区域旅游业的发展。北京市地税局信息显示，永定河绿色发展带税收快速增加，2013年1～4月实现地税税收162.4亿元，同比增长30.56%，信息服务和软件业、租赁和商务服务业、金融业、文体娱乐业四大环境友好型产业发展良好，新增企业2436家，实现地税税收42.73亿元，增长69.43%。再如：根据2012年晓月新城、银海星月住宅小区成交价测算，永定河"五湖一线"建设带动周边房地产增值129.60亿元。改善投资环境，发展水岸经济，提升市民幸福指数。届时，永定河沿岸以现代服务业为主导的巨大发展潜能将得到挖掘，吸引包括文化创意产业、休闲旅游、高端科技园等优质发展要素的聚集，推动区域经济的向前发展。

3. 社会效益显著

项目建成后，不仅形成了亲水景观，还建成了慢行系统、绿色通道、足球场、篮球场等休闲运动设施，为市民提供了休闲、健身的场所。根据永定河管理处提供的数据，门城湖、莲石湖、宛平湖、晓月湖 2012 年"十一"期间日均游客约 13425 人，2013 年端午节期间日均游客约 9833 人。另外，通过对门头沟区和丰台区的问卷调查显示，项目满意度为 86.4%。核算永定河"五湖一线"旅游娱乐、休闲增加价值为 14.68 亿元。

观澜河流域综合治理方案

- 设计单位：　中国市政工程中南设计
　　　　　　　研究总院有限公司
- 主要设计人：李树苑　李瑞成　戴仲怡
　　　　　　　王雪
- 本文执笔人：李瑞成

作者简介：

李瑞成，高级工程师，主要从事市政工程、水环境治理、水处理、环境卫生工程的设计工作。先后主持参与了深圳市大空港片区、前海铁石片区、观澜河流域片区、茅洲河流域片区的水环境综合治理，负责完成了新桥河综合治理、老虎坑环境园垃圾填埋场工程、深圳市宝安区甲子塘水厂等多项大型项目的设计与施工建设管理。

一、工程概况

深圳市观澜河流域自 2003 年首座污水处理厂建成以来，干流观澜河经过大力治理，目前水质得到了一定的改善，但交接考核断面（观澜河企坪国考断面）仍距考核目标有较大差距，支流黑臭现象普遍，流域水环境现状不容乐观。根据国家、省、市的水环境治理要求，深圳市未来几年将全面推进治水提质攻坚战，力争"一年初见成效、三年消除黑涝、五年基本达标、八年让碧水和蓝天共同成为深圳亮丽的城市名片"。

为科学有序地推进观澜河流域的治理工作，根据流域现状，以目标为导向，深圳市于 2016 年初启动了观澜河流域综合治理方案的研究工作。

观澜河流域位于深圳市中北部，流域面积 247.3km²，属山区雨源型河流，是东江水系石马河的上游段，属南亚热带海洋性季风气候；流域内有观澜河干流、14 条一级支流及 5 条独立支流，有中小型水库 28 座，包括中型水库 1 座、小（1）型水库 14 座、小（2）型水库 13 座，是深圳市流域面积大于 100km² 的 6 大流域之一。

二、流域现状、存在问题及需求分析

1. 水安全

至 2015 年年底，流域河道防洪达标情况见表 1。可见流域内河道防洪尚未 100% 达标，存在暗涵（渠）率高、淤积严重、过流断面不足等问题。

流域河道防洪达标情况统计表　　　　　　表1

项目	防洪标准［重现期（年）］			小计
	100年	50年	20年	
河道总长（km）	13.66	49.5	65.86	129.02
防洪达标河道总长（km）	13.66	16.47	17.32	47.05
达标长度占比（%）	100	33.27	26.30	36.78

至2015年年底，流域内有内涝点88处，内涝高风险区2.32km²，中风险区1.15km²，低风险区0.45km²。已修建雨水管网（涵）总长度约610.9km，平均覆盖率3.4km/km²，按1年、1~3年、3年一遇标准建设的长度占比分别为61.0%、29.0%、10.0%。可见现有排水设施建设标准偏低，建设滞后。同时，城市的开发建设改变了下垫面条件，但对雨水径流的管控较弱，缺乏可持续的雨水综合管理方案。

2. 水环境

流域排水体制主要为合流制，污水干管系统初步形成但不完善，部分河道已建沿河截污系统；干流观澜河已实现全河段的截污，沿河排污口、支流（总口截流方式）及降雨量≤7mm的降水全部截流至沿河两岸大截排箱涵。根据监测，观澜河平均综合污染指数从2009年的0.999持续下降到了2015年的0.372，但企坪断面水质仍不达标；各支流水质较差，水体发黑发臭，底泥上浮，严重影响城市环境。

企坪断面不达标的主要原因是污水处理能力与现状收集污水量不匹配，流域现状实际污水处理规模70万~80万m³/d（部分设施运行不稳定），而据实测数据，观澜河大截排箱涵收集的现状合流污水量约为90万m³/d，污水处理能力不满足实际需要，截排箱涵在末端发生溢流，导致企坪断面水质恶化。同时观澜污水处理厂、河口调蓄池处理厂、观澜应急处理厂集中位于流域下游，与企坪断面距离较近，空间分布不合理，污水厂尾水水质直接影响企坪断面水质。

支流水体黑臭原因主要是大量污水直排，外源污染负荷高、底泥量大、内源污染严重。此外，流域水环境还存在以下突出问题：

（1）流域未实现雨污分流，现状污水主要依赖沿河截污系统截流收集及输送，暗涵出口及支流入干流出口处多采取总口截流；

（2）现状市政污水管淤积严重，存在断头、瓶颈管等问题，未织网成片，错接乱排严重；市政污水干管与沿河截污系统也未剥离实现分系统运行；

（3）沿河截污系统不完善，存在破损、漏排、溢流等问题。

3. 水资源

流域内河流均属雨源型河流，径流量依靠降雨补给，虽雨量丰富，但夏季多雨，冬春干旱，降雨量在时间上分布不均造成河流的径流量变化较大，雨洪资源利用率低，水资源短缺，河道急需生态补水。

4. 水生态

根据调查及取样分析，干流生态环境总体较好，中上游初步呈现出水清岸绿、物种丰富的特点，下游水深流缓，水生生物、浮游动物较多。支流水生态总体较差，河道渠化严重，形态结构固化，河道生态基流不足，生态功能基本丧失；相关工程对水生态恢复考虑不充分，缺乏全流域尺度的考虑，生态效果片段化。

5. 水文化

干流进行了景观提升工程，形成了滨河景观带，但支流均未规划生态景观工程，已完成整治河道也未充分考虑水文化、水景观元素，建设滞后。

三、治理目标及技术路线

1. 治理目标

加快实现国家"水十条"及省、市政府下达的各项考核指标，主要治理目标为：至2018年，干流观澜河等重点河流基本达到Ⅴ类水质，基本消除黑臭水体；至2020年，河道防洪达标，内涝防治重现期达50年；实现河道多水源生态补水，流域全河道水质基本达到Ⅴ类水质，完成黑臭水体治理目标并逐步恢复水生态；至2025年，让"碧水、蓝天"共同成为深圳亮丽的城市名片。

2. 技术路线

以保护水资源、保障水安全、提升水环境、修复水生态、彰显水文化为原则对观澜河流域治理进行顶层方案设计。以目标为导向，通过梳理和评估已建、在建与规划的项目及已有的治理路线，查找流域水系统存在问题、不足与短板，在此基础上通过优化整合在建及规划项目，引进前沿技术和新的治理思路，从技术层面、建设层面、管理层面制定前瞻性、科学性、整体性及可操作性的流域综合整治方案，为流域治理工作的开展提供纲领性指导。

四、综合治理方案

1. 总体方案

基于流域"全要素、全因子、全空间、全过程、全社会"的全局统筹思路及"治理目标的系统性、治理对象的系统性、治理措施的系统性"的系统治理路线，在现有的方案与思路的基础上，提出了"全面统筹、系统治理、五水共治、综合治理，两侧发力、八大方略"的治理方案。

"全要素、全因子"，是指对流域内污水、底泥、初雨水等水环境污染因子进行全面治理；"全空间"是指水环境问题表现在河内，根源在岸上，方案将流域治理划分为河道内水域、河道外陆域两侧，同步治理，同步发力；"全过程、全社会"是指全面统筹污染源的源头控制、过程阻隔、末端治理及原位提升的全过程治理方案，提出政府引导、社会参与、企业联动的策略，增强治水兴水合力，营造参与广泛、社会认同的良好氛围，确保方案的推进与实施。

治理方案转变传统单一治理模式为多管齐下、综合系统的流域统筹治理，分别提出河道内水域侧消除内源、截污控源、生态修复、生态补水，河道外陆域侧减源控源、集污纳管、海绵城市、末端治理的八大方略。

2. 构建立体综合防治体系，提升防洪排涝能力

遵循"源头控制、中途蓄滞、末端排放"的原则，通过河道整治、排水系统改造、排

涝泵站与调蓄湖库的建设等，着重贯彻落实海绵城市建设理念，构建了"体系完备，安全可靠"的三位一体的城市防洪排涝综合体系，全面提升城市防洪排涝能力。

（1）防洪安全保障工程方案

依照"以排为主、蓄泄兼筹、防治结合"的方针，形成以"排、蓄、分"为主的防洪安全保障工程体系。

排：通过河道堤岸的达标建设，河道清淤疏障及局部拓宽，阻水建筑物的清理等措施，恢复或增大河道行洪能力，确保河道行洪安全。

根据建立的流域一维河网 DHIMIKE11 河道水力学模型对河道防洪能力的复核，流域需治理一级支流约 58.7km、独立支流 22.8km，堤岸改造约 3.9km，护岸整治约 9.4km，河道拓宽约 8.5km，河道清淤约 24.8km，拆除阻水建筑物 60 处，暗涵改造约 5.6km。

蓄：对病险水库除险加固，充分利用现有水库的调洪能力或新建调蓄湖库，汛期削减洪峰、错峰泄流，保证下游河道洪水不超河道的安全泄量。

规划加固现状水库 5 座，规划新建 3 座调蓄湖，面积 24.19hm^2，调洪库容 60 万 m^3。调蓄湖雨季滞蓄洪，旱季对下游河道进行生态补水，并按浅水天然湿地或湿地公园模式建设。

分：对河道过流断面被严重侵占、拆迁拓挖难道较大河段，修建分流通道进行分流以满足河道行洪要求。

规划新建雨水行泄通道总长 11.58km，总设计流量 359.2m^3/s，共 12 处。

（2）排水防涝工程方案

按"渗、蓄、净、用、排"相结合的原则，实现排水防涝安全、雨水径流污染控制、雨水资源利用等目标，构建管控强可持续的城市排水防涝体系。

渗、净：规划流域雨水综合径流系数不大于 0.52，新建区域及旧城改造区推行低影响开发建设模式，规划龙华、福民、观澜、平湖等中心片区的城市更新区为低影响开发重点区域，分散净化雨水径流，削减面源污染。

蓄：充分利用绿地、公园、小微水体，建设雨水调蓄设施；规划新建雨水调蓄设施 12 处，总占地 21.37hm^2，总调蓄容积约 42.5 万 m^3。

用：结合区域水系的生态补水，开展现状非水源水库及新建调蓄设施的雨洪综合利用专项研究。

排：通过排水系统提标改造及新建、排涝泵站的建设，构建完善城市排水网络系统。利用 MIKEURBAN 水力模型对流域现状排水能力进行模拟评估，根据模型综合计算出流域内雨水管渠新建、改建及地块竖向调整方案。2020 年完成新建雨水管渠 72.72km，改扩建雨水管渠 15.11km；规划新建雨水泵站 4 座，总规模为 25.5m^3/s。2030 年前完成新建雨水管渠 427.23km，改扩建雨水管渠 42.78km。

3. 实施系统综合治理，提升水环境质量

（1）企坪考核断面水质达标关键影响因素的分析

旱季，干流观澜河两岸现状截流箱涵对两岸所有旱季污水及大部分支流的河道基流（总口截流）进行了截流，实测收集污水量约 92 万 m^3/d，干流河道完成底泥清除后，污染源只考虑外源。流域旱季污水收集处理情况见表 2。

现状观澜河旱季入河污染物排放量一览表

表2

名称	处理能力（万 m³/d）	处理量（万 m³/d）	排水标准
坂雪岗污水处理厂	4	4	一级 B
龙华污水处理厂	40	40	一级 A
观澜污水处理厂	6/20	26	一级 B/一级 A
河口调蓄池处理厂、观澜应急厂	40/20	10~15	一级强化处理
合计	130	80~85	

可见，由于河口调蓄池处理厂、观澜应急厂运行不稳定，干流现状旱季入河水体主要为污水处理厂尾水水质及溢流污水，河道水质受其控制，尤其是河口调蓄池处理厂、观澜应急处理厂的尾水水质。

至 2020 年，流域内市政旱季污水量约 90 万 m³/d，而按规划 2020 年流域污水处理能力将达 106 万 m³/d，流域雨污分流实现，总口拆除，旱季污水全处理，因此对干流企坪考核断面的关键影响因素仍是入河污水处理设施的尾水水质。

可见，对污水处理厂，尤其是应急厂、河口调蓄池处理厂进行提标改造是必需的。

（2）污染源头控制方案

工业污染源：对涉重污染企业集中入园，定点生产，污水集中控制及集中处理；同时，构建工业废水排放的大数据分析和监控平台，倒逼区域其他污染企业转型升级，使工业污染得到有效控制。

生活污染源：坚持源头治理，坚定不移推行雨污分流技术路线；紧盯污水源头，实施全覆盖的正本清源工程，推行排水管理进小区，以精细化管理，管好排水管网的"最后100m"。

面源：面源污染主要为城市面源污染，结合城市防洪排涝方案，实施城市低冲击开发，结合海绵城市建设理念进行城市建设、绿地改造等，在完善垃圾收集、中转设施的基础上，对菜市场、洗车场、垃圾收集设施进行初雨截流。

内源：打通水环境相关部门间的壁垒，推行流域全要素管控模式，城市联防联管，减少水土流失、增大植被覆盖度，杜绝垃圾、泥土入河，加强排污设施的管理与养护。

（3）污染过程阻隔方案

1）实施雨污分流管网工程，提高污水收集率。按市政污水干管、污水支管、小区正本清源的次序，分片区按计划全面推进雨污分流管网建设。

全面梳理现状污水管网系统，实施现状污水管的接驳完善工程，加强现状管的清淤疏通修复，尤其是现状干管的梳理与完善，确保片区管网织网成片，确保干管系统畅通。推进尚未开展的 870km 共 32 个片区的雨污分流管的建设，全面推进约 3000 个排水小区的正本清源工程，对建筑立管、小区排水系统进行雨污分流改造，最终形成彻底分流的用户—分流管网—末端处理设施的地下水路系统。

2）完善沿河截污系统，确保入河污水 100% 的截流与收集。加快推进待建的河道整治工程及其配套的沿河截污工程，对现状 1380 个排污口进行截流，确保入河污水 100% 截流。同步实施现状截污系统修复完善及清淤工程，消除干流总口截流以实现支流的清洁基流的剥离，减少干流大截排箱涵截流量及泥沙量，降低泥沙对污水处理厂运行的影响，提高污水处理厂进水浓度，提质增效。

在实施雨污分流的基础上，仍实施沿河截污系统，主要考虑：

① 彻底的雨污分流是一个较长期的过程，因此，结合河道整治工程，实施沿河截污系统在短时间内实现入河污水的收集截流；

② 考虑漏排污水的截流收集，确保旱季污水 100％ 的收集，形成污水收集的两道防线；

③ 待区域实现彻底分流后，沿河截污系统与市政污水干管的剥离，分系统运行，作为收集初雨水，控制区域面源污染的通道。

（4）污染末端治理方案

规划在流域上游民治街道片区新建民治污水处理厂，就近处理上游片区污水，污水处理厂尾水就近排入上游油松河对河道进行生态补水。同时对片区污水处理厂进行扩建、改造升级以确保厂网一体化，确保收集污水 100％ 处理。末端治理方案见表 3。

污水处理设施提标改造及扩建方案一览表　　　　　　　　　　表 3

名称	规划方案（2020 年）	
	处理能力（万 m³/d）	出水标准
坂雪岗污水处理厂	16	地表水 Ⅳ 类
龙华污水处理厂	40	地表水 Ⅳ 类
观澜污水处理厂	40	地表水 Ⅳ 类
民治河污水处理厂	12	地表水 Ⅳ 类
樟坑径生态处理工程	1.0	一级 A
观澜应急厂改造	20	一级 A
1～3 号调蓄池处理厂提标	20	一级 A
白花河、大浪河、龙华调蓄池新增一体化处理设施	2/2/2	一级 A
合计	155	

流域按 7.0mm 控制的初雨水量共约 64 万 m³，规划在上游油松河河口、中游岗头河河口各新增调蓄池一座，单座规模 10 万 m³，雨后调蓄池内的初雨水排入干流大截排箱涵，进入下游沿线污水处理厂进行处理。

2020 年流域旱季污水量约 90 万 m³，雨季 154 万 m³，提标扩建后污水处理总规模 155 万 m³，满足处理需要。

对河道进行环保清淤，同时雨后实施各河道的集中大流量补水或补水水库开闸放水进行冲淤，以尽快恢复雨后河道的水质。河道清淤量约 110 万 m³，规划在龙华污水处理厂新建区域河道底泥及污泥无害化处理处置中心，河道底泥推荐脱水固结处理后综合利用，污泥实施以"厂内深度脱水＋碳化为主""干化焚烧＋综合利用为辅"的处理处置策略。

（5）原位水质提升方案

1）在河道内规划设置低堰生态拦水坝、町步或堆石坝实现河道生态增容；在河道生态蓄水增容的基础上，利用人工复氧技术、碳素纤维生态基、河道专用复合微生物等措施进一步对河道水质进行原位提升。

2）结合水生植物的种植、河底结构形态多样化的构筑，加速河道自然生态的修复，提升河道的自净能力。

（6）一河一策规划方案

根据上述方案，对流域 27 条河道进行梳理，提出了一河一策的治理方案。

4. 实施多水源的生态补水，提升流域水资源利用率

聚焦水源保护及流域生态补水，方案基于流域水生态的需要，提出了多水源的流域生态补水方案即污水处理厂尾水补水为主，非水源水库补水为辅的河道补水方案。

河道生态环境需水量以四季流水、生态多样性、河流景观长存、水体洁净安全为目标，生态流量对应多年平均径流量的30%，采用水文Tennant推求法推求流域的生态需水量为40万 m^3/d。

至2020年，流域污水处理厂尾水约90万 m^3/d，水质为地表水准Ⅳ类标准，满足河道生态补水需求；流域共计22座非水源水库可作河道生态补水的辅助补水水源，可补水量6.0万 m^3/d，可作雨后集中冲淤最大补水量880万 m^3。

结合防洪排涝规划建设的蓄水池，构建污水处理厂尾水、水库群、调蓄池分类分区的多源补水系统，同时对临近水库群实施连通输配工程，水库群联合调蓄工程，提高水库调蓄能力，增加水库对雨洪资源的调控作用。

5. 注重水生态恢复，提升河道水体自净能力

水生态治理分两步实施：第一步生态治理，第二步生态恢复。

2020年，结合河道整治工程，恢复河流自然属性，包括水文属性、河道形态属性。通过生态补水，恢复旱季生态基流；通过横断面改造，恢复河道横向滩槽格局与河岸缓冲带；通过纵断面改造，恢复河道蜿蜒、深浅结合、缓急结合的纵向形态。具体措施包括：

（1）规划复明河道3.16km；

（2）实施库周面积31.5km² 的生态修复工程，加速水库污染监控系统建设；

（3）规划河流湿地7处，共39.5万 m^2；

（4）规划对部分河道进行平面、断面及纵断面的生态形态改造，共长8.2km。

2025年，在第一步生态治理基础上，人工强化或人工重建恢复河道生物种群，包括微生物、水生植物、水生动物等；恢复河道初级生产力，重建河道群落结构与食物链，恢复河道生态系统的物质循环与能量流动，实现河道生态系统的动态平衡与自我修复。

6. 着力打造多功能水景观水文化综合体系

通过爱水、保水、节水、享水来实现水文化体系塑造，形成水生态文明引领的社会价值观。

（1）以非水源水库为中心，在水源地建设及生态保护的基础上，重点在水库生态环周边布置湿地公园、森林公园，环库打造体现流域水文化特点的生态休闲活动空间。

（2）结合各河段实际地形与流域文化，实施多目标水景观模式，即一廊、三环、多节点的水文化水景观总体布局。

7. 构建智慧水务，提升水务综合管理效能

充分利用物联网、大数据、云计算、移动互联网等新一代信息技术，结合水文、水力和水质等专业模型，以"互联网＋水务"的新思维，构建精细的指标体系和高效的服务体系，建设一体化海绵城市智慧监控云平台，支撑"一张网、一中心、一张图、一平台"的智慧水务架构，实现对水务运维服务的监督考核、分析评估、预测预报、科学决策的全过程动态管理。

（1）规划建设城市内涝管理系统，提升内涝管理预警预测能力；

（2）实施水体水质智能监测系统，支撑治水提质行动；

（3）推进给水排水管理系统建设，实现水资源科学调度；

（4）建设水务云平台，加强信息整合。

8. 强化改革创新，构建新型治水提质建设、营运、管理模式

按照"全流域打包系统治理、大兵团联合作战、高强度持续投入"的工作思路，采取"设计采购施工总承包（EPC）"建设模式，实施流域综合治理工程，并深化水务管理改革，构建"法制健全，机制顺畅"的现代水务管理体系，增强现代水务综合管理能力。

9. 新增项目清单

针对流域现状、在建及拟建项目存在不足及达标需要，本规划方案新增项目 117 项，新增投资 76.3 亿元，具体详见表 4。

本规划方案流域新增项目统计表   表4

项目名称	实施时间	项目数量	工程投资（万元）
水安全	2018 年	16	14900
	2020 年	5	20500
水环境	2018 年	23	152800
	2020 年	15	197755
水资源	2018 年	0	0
	2020 年	28	93300
水生态、水文化	2020 年	4	2100
	2025 年	24	281880
智慧水务	2018 年	0	0
	2020 年	2	1500

五、治理效果

1. 目标可达性分析

根据流域规划综合治理方案，建立一维河网水环境数值模型，对水环境目标的可达性进行分析。

（1）旱季：由于旱季污水全收集全处理，处理标准提高至地表水准 IV 类、干流旱季没有其他污染负荷进入，因此干流全河段水质指标均能达到地表水 V 类的目标，模型预测企坪断面 COD 为 28.20mg/L，TN 浓度 1.44mg/L，TP 浓度 0.30mg/L。

（2）雨季：雨季降雨 7.0mm 时，市政污水、初雨水全收集全处理，但企坪断面不能达到地表水 V 类的目标，主要是 TN 超标，预测浓度 11.6mg/L。

2. 实际治理效果

流域治理按规范方案逐步推进，至 2019 年年底，完成了河道综合整治工程、雨污分流管网工程、80% 的正本清源工程，污水处理厂提标与扩建，河口调蓄池污水处理厂提标改造及分散式一体化处理设施等项目。根据深圳市生态环境局 2019 年 10 月连续 6 期检测数据，流域全面消除黑臭水体，干流观澜河企坪断面水质 2019 年均值达到地表水 IV 类标准，流域河道呈现水清岸绿、鱼翔浅底的美丽景象，成为城市新的风景线和市民休闲的好去处。

建筑水系统工程

2019 年一等奖

浙江大学国际联合学院
（海宁国际校区）①

- 设计单位： 浙江大学建筑设计研究院有
  限公司
- 主要设计人：易家松　龚增荣　杨华展
  王靖华　邵煜然　雍小龙
  黄正杰　周　欣
- 本文执笔人：易家松

作者简介：

易家松，正高级工程师，国家注册公用设备工程师（给水排水）。浙江大学建筑设计研究院有限公司技术总监。

2018年获得中国建筑学会建筑给水排水研究分会评选的"中国建筑给水排水百名未来之星"、2019年获得《给水排水》杂志社和中国勘察设计协会水系统工程与技术分会主办的"水业杰出青年"称号，2019年当选杭州市优秀青年公用设备工程师。

一、工程概况

项目位于浙江省海宁市，总用地面积 1484.3 亩（约 0.99km²），由浙江大学与海宁市人民政府合作建设。校园总建筑面积约 39.93 万 m²，地下建筑面积 5.25 万 m²，地上建筑 34.68 万 m²。在校生规模拟达到 8000 人。建筑单体包括：图书信息中心、基础教学中心、文理学院、学生配套服务综合体（含食堂、配套设施等）、理农医大楼、工信大楼、科研成果转移和交叉研究中心、基础实验楼、公共教学楼、行政中心、人文社科大楼、学术大讲堂、书院区（含宿舍、相关配套建筑）、体育中心、教师公寓、医院以及其他后勤配套用房。项目规模较大，功能多样。最高建筑为东区书院（宿舍），地上 10 层，地下 1 层，建筑高度 34.86m，其余均为多层建筑。最大体积的建筑为教学南区东侧组团（教学楼），约 22.7 万 m³。

本工程为全过程设计，涵盖了从方案、初步设计到施工图设计以及装修配合和后期实验室改造等各个阶段。项目系统复杂，涉及面广。建筑给排水除常规系统外，还包括管网叠压（罐式无负压）供水、空气源热泵热水（家用型和商用型均有）、太阳能热水、大空间智能灭火、泳池水循环处理及加热、试验废水处理、室内隔油提升、虹吸雨水、循环冷却水、直饮水等；室外给排水除常规的系统外还包括海绵城市、雨水回用及杂用水处理、景观给排水等。

学校建成后，无论从完成度、系统设计、运行效果等方面均得到了高度好评，学校于 2015 年 10 月获得办学批准，并已与多所世界名校达成合作方案，已成为与世界一流大学

---

① 该工程设计主要工程图详见中国建筑工业出版社官方网站本书的配套资源。

或领先学科无缝对接的高水平校区。

二、给水系统

本项目的水源采用市政自来水，供水压力为 0.25～0.28MPa。最高日用水量 2841.58m³/d，最高日最大时用水量 336.84m³/h。绿化及道路浇洒最高日用水量 712.8m³/d。生活用水量如表1所示。

生活用水量　　　　　　　　　　　　　　　表1

序号	名称	数量		平均日用水定额		最高日用水定额		时变化系数 K_h	用水时间 (h)	平均日用水量 (m³/d)	最高日用水量 (m³/d)	最大时用水量 (m³/h)	备注
1	书院	4200	人	130	L/(人·d)	200	L/(人·d)	3	24	546.00	840.00	105.00	
2	宿舍区食堂	1000	人	15	L/人次	25	L/人次	1.5	12	37.50	62.50	7.81	每人每天按2.5餐计
3	公共食堂	8000	人	15	L/人次	25	L/人次	1.5	12	300.00	500.00	62.50	每人每天按2.5餐计
4	学生活动用房	200	人	35	L/(人·d)	50	L/(人·d)	1.5	8	7.00	10.00	1.88	人数按30m²/人计
5	酒店式书院	380	人	220	L/(人·d)	250	L/(人·d)	2.5	24	83.60	95.00	9.90	
6	教师宿舍	450	人	130	L/(人·d)	200	L/(人·d)	3	24	58.50	90.00	11.25	
7	发展用地	2000	人	130	L/(人·d)	200	L/(人·d)	3	24	260.00	400.00	50.00	发展用地按宿舍计算
8	基础教学楼	700	人	35	L/(人·d)	50	L/(人·d)	1.5	8	24.5	35	6.56	
9	公共教学楼	500	人	35	L/(人·d)	50	L/(人·d)	1.5	8	17.5	25	4.69	人数按30m²/人计
10	基础实验楼及附属用房	900	人	35	L/(人·d)	50	L/(人·d)	1.5	8	31.5	45	8.44	
11	校医院	300	人	6	L/人次	10	L/人次	1.5	8	1.8	3	0.56	(服务人数×就诊次数)/270

续表

序号	名称	数量		平均日用水定额		最高日用水定额		时变化系数 K_h	用水时间 (h)	平均日用水量 (m³/d)	最大日用水量 (m³/d)	最大时用水量 (m³/h)	备注
12	后勤生活福利及附属用房	300	人	90	L/(人·d)	150	L/(人·d)	3.3	24	27	45	6.19	人数按 5m²/人计
13	工信大楼	900	人	35	L/(人·d)	50	L/(人·d)	1.5	8	31.5	45	8.44	人数按 30m²/人计
14	理农医大楼	850	人	35	L/(人·d)	50	L/(人·d)	1.5	8	29.75	42.5	7.97	
15	人文社科大楼	500	人	35	L/(人·d)	50	L/(人·d)	1.5	8	17.5	25	4.69	
16	文理学院	350	人	35	L/(人·d)	50	L/(人·d)	1.5	8	12.25	17.5	3.28	
17	科研成果转移和交叉研究中心	700	人	35	L/(人·d)	50	L/(人·d)	1.5	8	24.5	35	6.56	
18	图书信息中心	500	人	5	L/人次	10	L/人次	1.5	8	2.5	5	0.94	人数按 20m²/人计
19	学术大讲堂	8000	m²	3	L/(d·m²)	5	L/(d·m²)	1.5	8	24	40	7.50	
20	行政楼	100	人	25	L/(人·班)	50	L/(人·班)	1.5	8	2.5	5	0.94	人数按 30m²/人计
21	综合体育馆	2200	人	3	L/(人·场)	3	L/(人·场)	1.2	4	26.4	26.4	1.98	人数按 5m²/人计
	小计									1565.80	2391.90	283.53	宿舍和食堂建筑按最大时累计，其余区域按平均时累计
22	管网漏损水量									156.58	239.19	28.35	按1~21用水量之和的10%计
23	实验室用水量									137.79	210.49	24.95	按1~22用水量之和的8%计
24	校区给水管网总用水量									1860.17	2841.58	336.84	

　　从地块两侧市政管道各引入 $DN300$ 的供水管（共两路），形成环状供水。除了东区书院（学生宿舍）为高层建筑外，其余均为多层建筑。为了充分利用市政水压，考虑到后期管理和单独计量的要求，教师宿舍和酒店式书院单独设置生活给水系统（市政给水直供），其余多层建筑和高层建筑五层及以下部分生活给水采用市政给水直供与室外消防管网统一设置（图 1）。

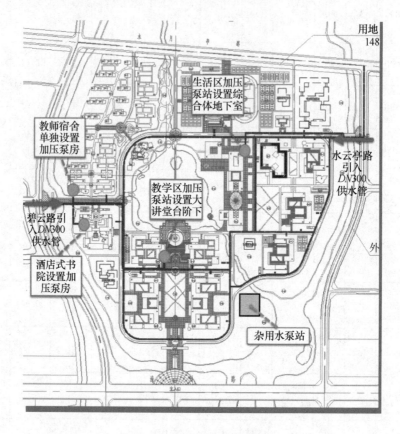

图 1　海宁国际校区市政给水示意图

　　考虑市政给水可能出现短期压力不足的情况，室外给水设置无负压（罐式）供水设备，平时采用市政直供，当入口压力低于控制水压时，启动无负压加压供水。

　　整个校区加压生活给水分为 4 个区域，分别集中设置无负压供水设备，高层五层以上部分增设不锈钢水箱和变频泵加压供水。加压泵房参数如下：教学区加压泵房，设备总参数 $Q=132\text{m}^3/\text{h}$，$H=32\text{m}$，给水泵 3 台，两用一备，$N=5.5\text{kW}/$台；湖东综合体加压泵房，设备总参数 $Q=255\text{m}^3/\text{h}$，$H=32\text{m}$，给水泵 4 台，三用一备，$N=11\text{kW}/$台；高层书院加压泵房，不锈钢水箱 2 只，每只有效容积 25m^3，变频泵两用一备，单台泵 $Q=18\text{m}^3/\text{h}$，$H=75\text{m}$，$N=5.5\text{kW}$；西区书院泵房，无负压供水设备，设备总参数 $Q=40\text{m}^3/\text{h}$，$H=23\text{m}$，给水泵 3 台，两用一备，$N=2.2\text{kW}/$台；教室公寓泵房，无负压供水设备，设备总参数 $Q=24\text{m}^3/\text{h}$，$H=23\text{m}$，给水泵 3 台，两用一备，$N=2.2\text{kW}/$台。

　　给水子系统原理图如图 2～图 4 所示。

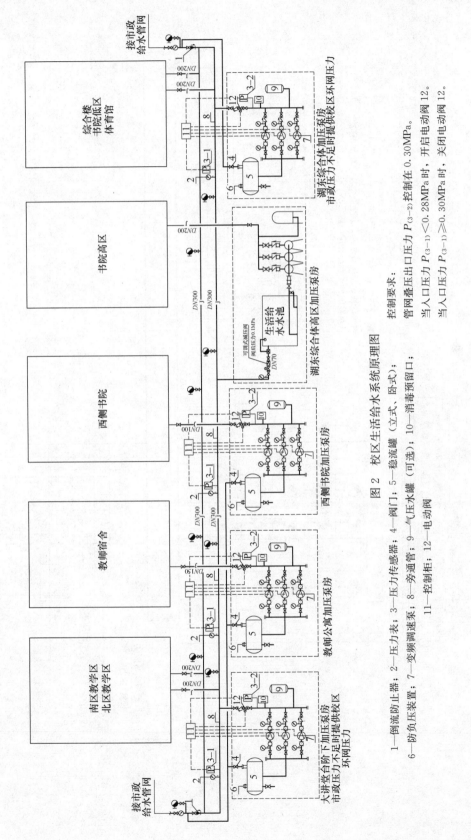

图 2 校区生活给水系统原理图

1—倒流防止器；2—压力表；3—压力传感器；4—阀门；5—稳流罐（立式、卧式）；
6—防负压装置；7—变频调速泵；8—旁通管；9—气压水罐（可选）；10—消毒预留口；
11—控制柜；12—电动阀；

控制要求：
管网叠压出口压力 $P_{(3-2)}$ 控制在 0.30MPa。
当入口压力 $P_{(3-1)}<0.28MPa$ 时，开启电动阀 12。
当入口压力 $P_{(3-1)} \geqslant 0.30MPa$ 时，关闭电动阀 12。

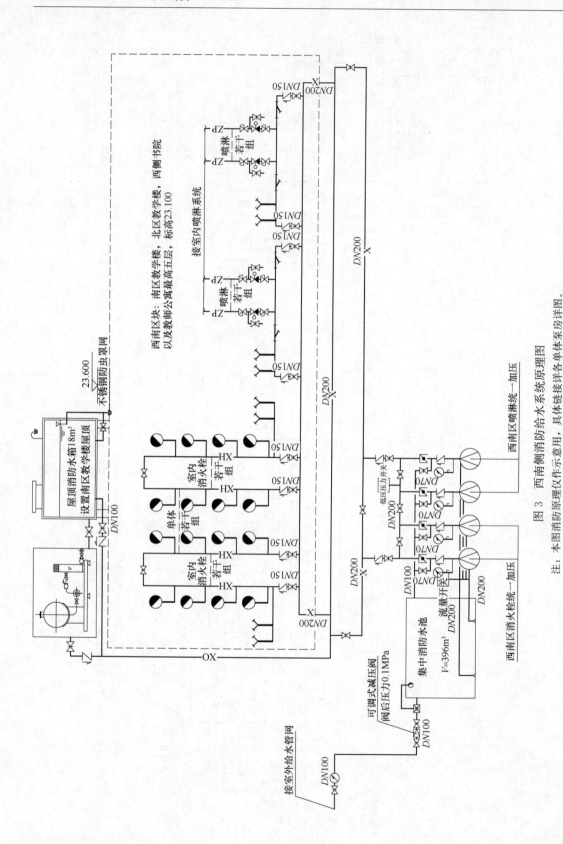

图 3　西南侧消防给水系统原理图

注：本图消防原理仅作示意用，具体链接详各单体泵房详图。

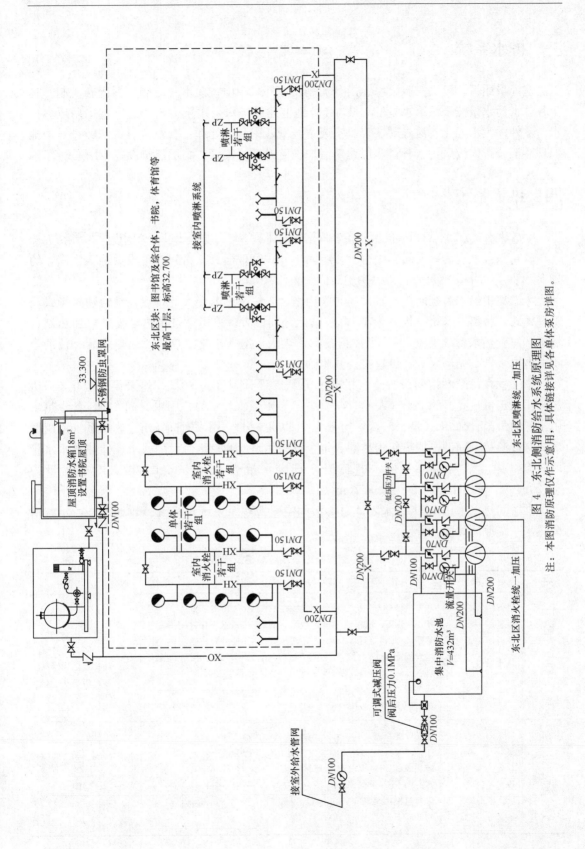

图 4　东北区消防给水系统原理图

注：本图消防原理仅作示意用，具体链接详见各单体泵房详图。

三、排水系统

室内采用污、废、实验废水、雨分流制。室外采用雨、污水分流制，污废合流制。本工程排水污水量按生活给水量的 100％计，地上建筑排水采用重力流，地下室采用压力排水。室外污废水经化粪池处理、实验室废水经酸碱中和池处理、食堂含有废水经过隔油池处理后汇合排入校区污水管。多层建筑考虑设置升顶通气管，高层建筑设置专用通气管。

四、热水系统

生活热水充分利用可再生能源制备，根据不同建筑特点和功能要求，分别设置热水系统。

（1）东区书院为单人间学生宿舍，组团单元式管理模式。房间内不设单独卫生间，约 12 间合并为一个住宿单元，设一个卫生间、淋浴用房。

考虑集中热水系统能耗比较大同时学生宿舍入住率逐渐变大的特点，结合建筑形式及管理模式，将热水系统"化大为小"，按单元分别设置。采用空气源热泵辅助电加热制备热水，每套热水系统供应 2～3 个住宿单元，热水机组（空气源热泵、储热水罐、辅助容积式电热水器、循环泵等）设置在公共晾晒平台。

本工程在每层淋浴间设独立式的热水系统，设计温度为 60℃，热泵供水温度 55℃，热水用水定额最高日为 70L/（人·d），平均日为 40L/（人·d），用水时间 24h。食堂热水用水定额最高日为 8L/（人·d），平均日为 7L/（人·d），用水时间 16h。热水系统采用循环式空气源热泵辅助电加热作为热源。每个淋浴间附近的晾晒台设闭式承压储热热水水箱两只、一组空气源热泵机组。书院最高日热水量为 361.75m³/d，最大时热水量为 71.29m³/h，平均日热水量为 209.75m³/d。

淋浴间热水采用 IC 卡热水表计量淋浴间空气源热泵系统规格及参数如表 2 所示。宿舍热水系统原理如图 5 所示。

淋浴间空气源热泵系统规格及参数　　　　　　　　　　　　　　表 2

序号	名称	规格及参数	单位	数量	备注
1	空气源热泵热水系统一	空气源热泵一台，输入功率 4.2kW，制热功率不低于 10.5kW；承压储热水罐两只，直径 750mm，有效容积 455L，直径 650mm，有效容积 300L 各一只；热水保温循环泵两台，每台 $Q=0.6$L/s，$H=10$m，$n=2800$r/min，$N=0.55$kW，一用一备；热泵集热循环泵两台，每台 $Q=2$m³/h，$H=15$m，$n=1450$r/min，$N=0.75$kW，一用一备	套	17	宿舍淋浴间，其中有 1 套用于厨房热水
2	空气源热泵热水系统二	空气源热泵一台，输入功率 2.8kW，制热功率不低于 7kW；承压储热水罐两只，每只直径 650mm，有效容积 300L；热水保温循环泵两台，每台 $Q=0.6$L/s，$H=10$，$n=2800$r/min，$N=0.55$kW，一用一备；热泵集热循环泵两台，每台 $Q=2$m³/h，$H=15$m，$n=1450$r/min，$N=0.75$kW，一用一备	套	18	宿舍淋浴间

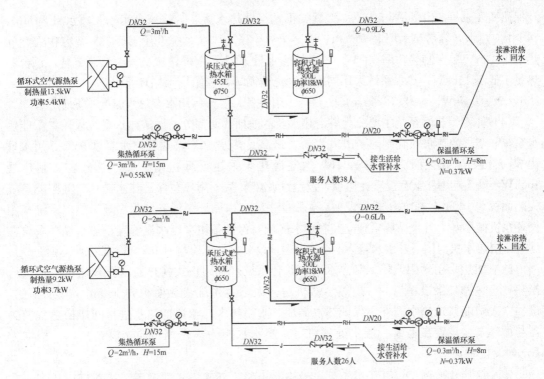

图 5　宿舍热水系统原理图

（2）湖东综合体内学生食堂热水采用空气源热泵辅助锅炉加热供应，食堂屋顶设置空气源热泵系统和承压式贮热水箱。为保证食堂在冬天极端恶劣气候条件下的正常使用，本项目空气源热泵热水供水系统另设一套锅炉辅助加热系统。相较于传统电加热热水供水系统，可充分利用空气热资源，大大降低系统运行能耗，并保证系统在较冷月份的高效、稳定运行。

本工程最高日热水量为 140.8m³/d，最大时热水量为 13.2m³/h，平均日热水量为 123m³/d。厨房空气源热泵规格及参数如表 3 所示。

厨房空气源热泵规格及参数　　　　　　　　　　　　　表 3

名称	规格及参数	单位	数量
空气源热泵	选用 FM(H)-40Q(R) 型模块化热泵机组，每组制热量 166kW，电功率 50kW	套	4

（3）西区书院（宾馆）采用集中热水系统供水，由设置于下沉式庭院的空气源热泵热水机组、承压式热水水罐（燃气热水器辅助加热）供应热水。热水系统的设计温度 60℃，热泵供水温度 55℃，均采用承压式的闭式系统，机械循环。

本项目客房卫生间及餐饮设集中式热水系统。根据规范要求，书院客房热水用水量标准为 140L/（床·d），餐饮部热水 20L/（人次·d）。酒吧、咖啡厅、茶座等用水 4L/（人次·d）。根据计算，最高日生活用水量约为 51.84m³/d，最大小时用水量为 5.99m³/h。热水系统采用循环式空气源热泵辅助容积式燃气热水器加热作为热源。

地下一层热水机房内设有容积式燃气热水器，生活热水储水罐、膨胀水箱、集热循环泵及保温循环泵等。设 SGW-5.0-0.6 型立式不锈钢储热水罐 2 台，每台实际贮热水量为 5m³，24h 供应热水，客房热水用量按 140L/(床·d) 计算。热水系统选用 BTR338 型容积式燃气热水炉 4 台，单台制热功率 99kW，每台储热水量 322L；室外设置空气源热泵 2 台，每台制热量不低于 166kW；热水系统采用同程回水机械循环，选用热水循环泵（$Q=10m³/h$，$H=10m$，$N=1.0kW$，$n=2910r/min$）两台，一用一备，保证各用水点热水温度不低于 45℃。

（4）体育馆热水系统主要分为淋浴热水及泳池加热两部分。淋浴热水系统采用太阳能热水系统和空气源热泵联合制热的开式系统，最高日热水 60℃，热泵供水温度 55℃，用水量为 33.73m³/d，最大时为 4.585m³/h。空气源热泵采用循环机组 2 套，单台名义制热量 166kW，输入功率 44kW 设置在屋顶，设空气源热泵系统循环泵保证热水循环。太阳能系统集热面积共 160m²，非承压式，设独立太阳能系统热水循环泵保证热水循环。热水系统采用循环泵机械循环。各个循环泵独立控制用水区域，保证各用水点水温稳定，热水循环泵设在地下一层热水机房内。热水水箱为不锈钢材质，设 2 只，容积均为 4m³，设在屋顶（见图6）。

泳池加热采用太阳能热水和热水锅炉联合系统。利用板式换热器与开式热水水箱进行换热，换热循环泵设在地下一层热水器机房。太阳能系统集热面积共 160m²，非承压式，设独立太阳能系统热水循环泵保证热水循环。水箱热水与泳池加热水进行间接换热。换热器与循环泵均设置在地下一层水处理机房。热水水箱为不锈钢材质，设 2 只，容积均为 4m³，设在屋顶。

（5）教师公寓按户设置热水系统。采用家用型空气源热泵辅助电热水器供应热水。部分户型由于热泵室外机安装位置紧张，选用室内型的热泵热水系统，运行效果良好。

五、中水系统

室外工程采用生态排水设施，综合运用透水路面和铺装、生物滞留带、植草浅沟、雨水花园、雨水湿塘等，充分发挥校区内绿地、路面、水系等对雨水的吸纳、蓄渗和缓释作用，使开发建设后的水文特征接近开发前，径流控制率超过 90%，有效缓解校区内涝、削减径流污染负荷。本项目利用校区中心湖湖水，经过混凝反应，多介质过滤器过滤以及消毒后，供校区室外绿化及道路浇洒和教学北区室内大小便器冲厕。

海宁国际校区设计杂用水系统，在校区水域补水泵站位置设置杂用水处理站，杂用水处理站原水采用校区南侧河道水。杂用水用水量包括南侧教学区和东侧生活区的全部绿化浇灌用水量，如表 4 所示。杂用水处理流程如图 7 所示。

杂用水水量估算表　表4

用水项目	平均日用水量（m³/d）	最高日用水量（m³/d）
绿化及道路浇洒用水量	237.6	712.8

海宁校区道路绿化浇灌给水管线沿校区主要道路布置 DN200 给水管，道路两侧绿化均从上述给水管设支管引出，绿化浇灌采用自微灌方式。杂用水管网走向同校区生活直供给水管网。杂用水管网严禁与生活饮用水给水管道连接，管道应按有关标准的规定涂色和标志，公共场所及绿化的取水口应设带锁装置以及明显标识，防止误接、误用、误饮。管道材料建议采用球墨铸铁管或 PE 管，金属管材需采取防腐措施。

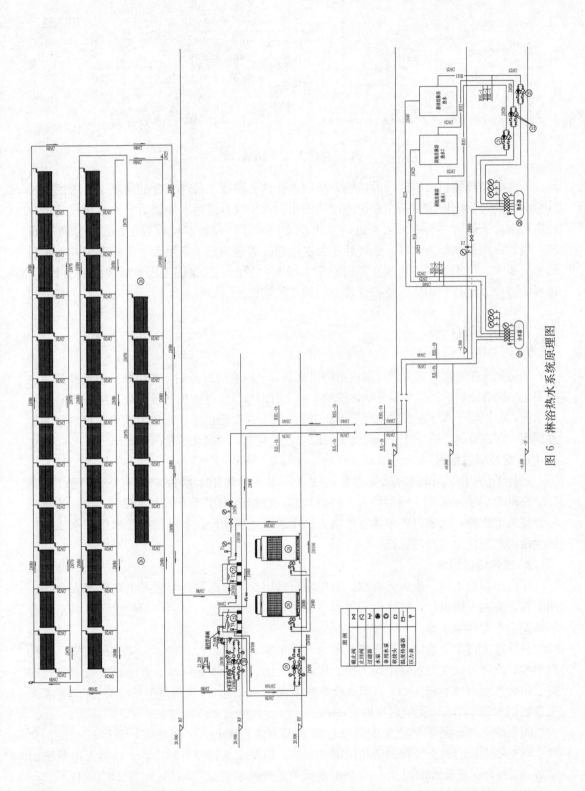

图 6 淋浴热水系统原理图

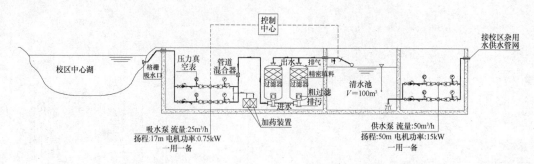

图 7　杂用水处理工艺流程

为配合学校绿色校园建设的需要，杂用水在认证和技术条件充分的前提下，考虑在部分教学楼的公共厕所采用杂用水作为冲洗用水。由于现有杂用水处理站出水水质仅按绿化浇灌要求，若作为冲厕用水需经进一步处理方可使用。在教学楼附近设小型中水处理设施，以校区河道水作为水源，处理后相关水质指标需达到城市杂用水水质标准中冲厕项目的水质要求。中水处理工艺的选择应根据水源水质情况，在保证出水水质要求的条件下，选择投资少、运行费用低、维护管理方便的工艺流程。

六、消防系统

消防给水按一次火灾考虑，室内消防给水系统采用临时高压制，考虑服务半径及消防供水安全，结合地块的河道水系分隔，按两个独立管网系统设计，校区设两处集中的消防水池水泵房，分别位于教学区大讲堂台阶下和书院（综合楼）地下室。室内消火栓和喷淋环网合并设置，在报警阀之后分开，既满足了消防规范的要求，又简化了管网系统。

1. 室外消防给水

室外消防用水量按同时火灾次数一次计，室外消防用水量为 40L/s，火灾延续时间 2h。室外消防给水采用生活消防合一的低压制，在校区内主要干道以不超过 120m 的间距布置室外消火栓，组团内各单体室外消火栓由组团单独设计，室外消火栓水量和水压由校区生活市政直供给水管网保证。

2. 室内消防给水

室内消防给水按一次火灾考虑，采用临时高压制，考虑服务半径及消防供水安全，按两个独立管网系统设计，校区设两处集中的消防水池水泵房，分别位于教学区大讲堂台阶下和湖东综合体地下室。

教学区大讲堂下消防泵房服务对象为北区学术大讲堂、行政楼、人文社科大楼、公共教学楼、南区基础实验室、工信大楼、理农医大楼、科研中心区域、教工公寓、酒店式书院。消防水池有效容积 432m³。消火栓系统用水量 40L/s，火灾延续时间 2h，自动喷水灭火系统用水量 40L/s，火灾延续时间 1h。

湖东综合体地下室消防泵房服务对象为图书信息中心、文理学院、基础教学楼、食堂、学生商业配套内街、社团活动用房、书院。消防水池有效容积 396m³。消火栓系统用水量 40L/s，火灾延续时间 2h，自动喷水灭火系统用水量 30L/s，火灾延续时间 1h。

集中消防泵房和消防水池按区块分别设置于教学区和综合楼的地下室，综合楼消防水泵房设消火栓泵两台（一用一备），单台参数 $Q=40\text{L/s}$，$H=110\text{m}$，$n=2970\text{r/min}$，$N=75\text{kW}$。喷淋水泵两台（一用一备），单台参数 $Q=40\text{L/s}$，$H=110\text{m}$，$n=2970\text{r/min}$，$N=75\text{kW}$。教学区消防水泵房设消火栓泵两台（一用一备），单台参数 $Q=40\text{L/s}$，$H=100\text{m}$，$n=2970\text{r/min}$，$N=75\text{kW}$。和喷淋水泵两台（一用一备）单台参数 $Q=40\text{L/s}$，$H=100\text{m}$，$n=2970\text{r/min}$，$N=75\text{kW}$。

消防稳压系统仅在两个区块最高点设 18m^3 消防水箱一只，供初期火灾用水。消防泵后压力给水管管径为 $DN200$，在校区主干道下布置消防给水管，管网走向同校区生活直供给水管网。

（1）室内消火栓给水系统。根据规范要求，在各建筑物内设室内消火栓给水系统，室内消火栓布置间距不大于 30m，消火栓的布置保证建筑物内任何一点都有两股水柱可以同时到达。各栋建筑设独立的水泵结合器。

（2）自动喷淋灭火系统。根据规范要求，在设有空气调节系统的各建筑物内及地下汽车库均设闭式自动喷水灭火系统。闭式自动喷水灭火系统按中危险级设计。自喷用水量为 40L/s，火灾延时 1h。自喷系统按全保护方式设计（室内不宜用水扑救的部位除外）。地下室汽车库按中危险级 Ⅱ 级设置喷头，办公大楼按中危险级 Ⅰ 级设置喷头，厨房喷头启爆温度为 93℃，其余自喷喷头启爆温度均为 68℃。每个防火分区设带有启闭信号的监控阀和水流指示器及放水阀。每组湿式报警阀控制的喷头数不超过 800 只。各栋建筑设独立的水泵结合器。

七、管材选择

1. 室内管道
（1）冷水：钢塑复合管（镀锌钢管内衬 PE），连接方式：管径 $DN\leqslant100$，且工作压力 $\leqslant1.0\text{MPa}$，螺纹连接；管径 $DN>100$，或工作压力 $>1.0\text{MPa}$，法兰或沟槽式连接。泵房内管道采用法兰连接。

（2）生活热水：薄壁不锈钢管（S30408）；连接方式：管径 $DN\leqslant100$，且工作压力 $\leqslant1.0\text{MPa}$，环压式连接；管径 $DN>100$，或工作压力 $>1.0\text{MPa}$，法兰连接。

（3）排水（生活污、废水）管：聚丙烯静音排水管，橡胶密封圈连接。

（4）重力雨水管（多层）：硬聚氯乙烯（PVC-U）实壁排水管（户外安装须防紫外线），承插粘接。

（5）重力雨水管（高层）：高密度聚乙烯（HDPE）排水管，热熔连接。

（6）压力雨水管：高密度聚乙烯（HDPE）排水管，热熔连接。

（7）试验酸碱废水管：聚丙烯静音排水管，橡胶密封圈连接。

（8）厨房含油废水管：柔性接口法兰承插式排水铸铁管或聚丙烯静音排水管（$\leqslant70℃$），橡胶密封圈连接。

（9）地下室压力排水管：镀锌钢管，管径 $DN\leqslant80$，丝扣连接；管径 $DN>80$，法兰或沟槽式连接。

（10）消防给水管：当系统压力 $\leqslant1.0\text{MPa}$ 时，采用热浸镀锌钢管普通钢管；当系统压力大于 1.0MPa 且小于 1.6MPa 时，采用热浸镀锌钢管加厚钢管；当系统压力

≥1.6MPa 时，采用热浸镀锌无缝钢管。连接方式：$DN \leq 80$，且系统压力≤1.6MPa，采用丝扣连接；管径＞80mm 或系统压力＞1.6MPa 时，采用沟槽或法兰连接。

2. 室外管道

（1）室外排水管：硬聚氯乙烯（PVC-U）双壁波纹管，橡胶圈连接。

（2）试验废水：聚丙烯静音排水管，橡胶密封圈连接。

（3）室外雨水管：硬聚氯乙烯（PVC-U）双壁波纹管，橡胶圈连接。

（4）室外生活给水、消防给水管：$DN \leq 80$，钢塑复合管（镀锌钢管内衬 PE，管道外防腐），工作压力≤1.0MPa，丝扣连接，工作压力＞1.0MPa，法兰连接。$DN \geq 100$，给水钢丝网骨架塑料（聚乙烯）复合管管道，电熔连接。

八、工程主要创新及特点

1. 校区室外生活及消防合用管网

本项目位于海宁市，当地水务公司在设计阶段要求室外生活与消防管网分开设置，保证抄表计费明确。但由于项目面积较大，分开设置存在管路翻倍、造价上涨、漏损风险增加等问题。经多次沟通后，与水务公司达成一致，室外生活与消防合用管网，火灾期间所有水费均按消防用水计费。此方法既能满足水务公司计费要求，也能减少室外管线工程量。

2. 室外管网设置无负压（罐式）设备加压，确保低压时的供水安全

生活供水采用管网叠压设备与恒压变频设备相结合的供水方案。低区在市政压力充足时利用市政压力直供，市政压力不足时采用管网叠压设备加压供水，充分利用市政压力，节省了一次性投资及后续运行成本。

3. 室内消火栓与喷淋合用管网

由于本项目地块面积大，室内消火栓与喷淋管网位于室外按环状供水需设置 4 根，对市政道路管线综合以及检修带来巨大影响。故设计中将室内消火栓与喷淋位于室外管网合并设置。消防泵房内设置 4 台消防泵，流量扬程一致，泵后连接，仅设 2 根管线接至室外供各区块室内消火栓与喷淋供水。火灾期间起泵均由低压压力开关与流量检测装置控制起泵。既符合规范"在报警阀前分开"的要求，又简化了管路系统，节省了造价。

4. 层高受限，极端优化走廊管线布置以提升使用品质

东区书院（学生宿舍）标准层层高为 3.00m，主梁梁下净高不足 2.5m，在净宽1.56m 的走廊中设置自动喷淋主管、支管、消火栓管、热水供回水管、强弱电桥架，设计采用管道综合与吊顶共用支架的形式。最终在完整、整齐排布了所有设备专业管线后，自梁下 250mm 处做完吊顶完成面，最大限度地提升了走廊的最终观感。

西区书院酒店地下室层高较低，层高最低处仅 3.8m，管线排布较为复杂，经过各专业协作和优化，保证了地下室的净高要求。

5. 根据不同建筑特点和功能要求，选择不同的热水系统

本项目通过对类似工程的经验总结和对使用与管理的考察调研，在设计中采用安全可靠和经济合理的热水方案：

（1）东区书院结合建筑形式及管理模式，热水设计采用分散式空气源热泵热水系统。

热水机组分散布置，宿舍管理可根据寒暑假、入住学生人数及情况灵活调整设备启闭，做到"精确至个位数床位数"的热水用水量供应。每套设备均设置了远传水表，用水的各项数据可直接采集分析，学校可以在统一平台上直接监控学生宿舍的热水能耗。解决了高校宿舍在寒暑假期间经常出现入住率极低，但还需要运转整套大型集中热水系统的难题。

（2）学生食堂厨房热水采用空气源热泵辅助锅炉加热供应热水，相较于传统电加热热水器，在保证热水充足的前提下，充分利用了空气热能，大大降低了运行使用能耗。

（3）体育馆热水系统充分考虑运行的实际情况，分系统设置热水系统。空气源热泵、太阳能热水系统及真空热水锅炉多热源及不同的组合方式，既保证了用水的可靠性，又极大地利用了可再生能源，节能环保。

（4）教师公寓室内型空气源热泵的使用表明，夏天环境温度高，空气源热泵制热效果强，兼具降低室内温度的作用，冬天室内温度也高于室外温度，空气源热泵使用效率较室外型高，同时热水器兼具电加热功能，对室内无明显不良影响。考虑教师为杭州、海宁两地教学，教师公寓实际利用率没有其他传统项目高，故采用分散式热水系统，分散式热水热水出水速度快，控制灵活，无需人员值守。

6. 结合海绵城市的要求因地制宜解决雨水收纳排放

本项目南侧的鹃湖湿地公园为水源保护地，校区内雨水均不能直接排入外围河道，如何有效地解决整个海宁校区的雨水收纳是个棘手的问题。在多次分析和论证的基础上，最终在校园中心设计 6.87hm² 的景观湖，再通过最南端的拦水坝加配水泵站和北侧的可倾闸使之成为相对独立的系统，其中心湖设计常水位为 2.7m。雨洪时段，通过抬高北侧可倾闸，校区径流雨水均流入中心湖，蓄存雨洪时段校区径流雨水。过程不影响外部河道正常运行，保证外部河道及市政管线排水能力。雨洪结束，外部河道恢复常水位标高时，降低可倾闸高度，使内部河道恢复到设计水位。错峰排放径流，从而缓解市政河道的排水压力。外排雨水至学校以北徐志摩湿地公园前，在校内水系的最北侧设置人工湿地进一步净化雨水水质，削减径流污染，以减少对外围水体的水质污染。

港珠澳大桥澳门口岸管理区——旅检大楼、境内外车库及总体工程①

- 设计单位：　华东建筑设计研究总院
- 主要设计人：管平平　徐　扬　王学良
　　　　　　　孙　武　钱　多　陈正严
- 本文执笔人：管平平

作者简介：
管平平，高级工程师，国家注册公用设备工程师（给水排水）。现就职于华东建筑设计研究总院第二机电设计院。曾经设计项目：石家庄勒泰商业广场、盐城南洋机场 T2 航站楼及配套工程、上海浦东国际机场三期扩建项目配套工程、上海平高广场、上海张江集团中区 C-5-2 项目、中美信托金融大厦、锦州宝地太阳广场等。

一、工程概况

港珠澳大桥澳门口岸是港珠澳大桥人工岛的重要组成部分，更是澳门融入粤港澳大湾区规划的重要基础设施。港珠澳大桥人工岛按其功能分为南北两部分。北部为珠海公路口岸，用地面积 107.3 万 m^2，总建筑面积约 52 万 m^2；主要包括旅检大楼 A 区、旅检大楼 B 区及出入境随车人员验放厅、珠海侧交通中心、货检区、交通连廊等。南部为项目所在的澳门公路口岸，用地面积 71.61 万 m^2，总建筑面积约 62 万 m^2，属于澳门管辖范围。

港珠澳大桥人工岛口岸首创"粤港澳"三地通关模式，澳门特区与珠海口岸采取"一地两检"的背靠背联检模式，这在国际上也属于创新的做法，是一个真正意义上以综合交通枢纽的交通理念和开发理念建设的新生代口岸。项目本身的种种特殊性，设计团队和业主、施工方积极沟通、激荡智慧、勇于创新，在设计和建造过程中实践了许多的"第一次"。

本项目的给水排水及消防系统的设计，原则上均遵循澳门特区当地的规定。所以在各个系统的设计中，极具当地的特色，与内地的系统设置及做法上有着很大的不同。

二、给水系统

1. 水源

旅检大楼、境内外车库及总体工程给水系统的供水均由澳门自来水公司提供，室外管网压力不小于 0.25MPa。

2. 供水方式

本项目生活给水系统主要供给各大楼内的洗手盆、淋浴、洗涤盆、机房补水及停车场地面冲洗。根据各大楼的高度、占地面积、房间布局及该区供水管网的压力，供水给所需

① 该工程设计主要工程图详见中国建筑工业出版社官方网站本书的配套资源。

要的各不同职能部门的厕所、厨房、铺位等，按如下方式进行：

（1）旅检大楼：一层及以上的供水由大楼地面层总供水水表供水至地库层生活水池，然后由泵将生活用水提升至屋顶的生活水池，再由屋顶的生活水池供水至一层及以上楼层的用水单位。由于屋顶水箱供水范围内的用水单位设备压力不足，在屋顶生活水泵房内设置给水变频加压泵组加压供水。另外，鉴于不同职能部门之用水量需独立计量，屋顶层设立水表房，安装各个部门的给水水表，包括治安警察局、海关、卫生局、司法警察局、特首办、大楼管理中心、机场办公室及公众水表等，以独立供水管道供给各自用水单位。地面层及地面层夹层的厕所、厨房、餐厅及铺位的供水将利用市政压力直接供水。

（2）境内外车库：二层及以上的供水由车库地面层总供水水表供水至地库层生活水池，再利用变频水泵加压供水至二层及以上楼层，并保证足够的压力。一层、地面层及地库层的厕所、车库供水利用市政压力直接供水。在地面层设立水表房安装各个部门的给水水表，包括厕所、餐饮、水池补水及公众水表等将以独立供水管道供给各自用水单位。

（3）总体工程：总体配套工程包括消防行动站、船舶交通管理中心、治安警察局、出入境货物扣押仓、交通监控中心等，消防行动站二层及以上的楼层供水由各楼地面层总供水水表供水至屋顶的生活水池，再由屋顶生活水泵房内设置的给水变频加压泵组加压供水至二层及以上楼层的用水单位。地面层及一层或者市政压力可以满足需要的楼层及其他大楼利用市政压力直接供水。

3. 增压设施（表1）

给水增压设施规格参数   表1

大楼	名称	参数	单位	数量	备注
旅检大楼	给水提升泵组	$Q=162m^3/h$，$H=50m$	台	3	两用一备（地库）
旅检大楼	给水变频泵组	$Q=108m^3/h$，$H=40m$	台	3	两用一备（屋顶）
旅检大楼	冷却塔补水变频泵组	$Q=30m^3/h$，$H=15m$	台	2	一用一备（屋顶）
境内车库	给水变频泵组	$Q=20m^3/h$，$H=45m$	台	2	一用一备（地库）
境外车库	给水变频泵组	$Q=20m^3/h$，$H=45m$	台	2	一用一备（地库）
消防行动站	给水变频泵组	$Q=6m^3/h$，$H=20m$	台	2	一用一备（屋顶）

4. 生活水池（表2）

生活水池规格参数   表2

大楼	名称	参数	单位	数量	备注
旅检大楼	地库生活水池	有效容积 $10m^3$	座	1	分两格
旅检大楼	屋顶生活水池	有效容积 $60m^3$	座	1	分两格
旅检大楼	冷却塔补水水池	有效容积 $75m^3$	座	1	
境内车库	地库生活水池	有效容积 $6m^3$	座	1	
境外车库	地库生活水池	有效容积 $6m^3$	座	1	
消防行动站	屋顶生活水池	有效容积 $10m^3$	座	1	分两格

三、排水系统

本项目室内为清、污分流排水系统。其中厕所及电梯基坑的排水视为污水，其余机房排水及场地排水视为清水。设置主通气立管及器具通气管。室内地面层及以上清、污水重力自流排入地面层的沙井，由沙井分区域汇集后排入室外雨、污水管网。地库层也排入在地库层设置的沙井，将清、污水在一定范围内由沙井汇流，电梯井及地下室的清、污水用潜水排污泵加压提升至就近的地面层清、污水沙井。清水排入室外雨水管网，污水排入室外污水管网。

雨水排水系统主要排放屋顶、露台及地面逃生平台的雨水至地面层的沙井，然后由重力接驳至室外雨水管网。本项目屋面雨水采用重力雨水排放系统，屋面雨水、车库坡道、室外场地的雨水设计重现期均采用澳门特区当地 30 年重现期及 5min 降雨历时设计。暴雨强度为 259.7mm/h。地面层及以上楼层的雨水重力自留排入地面层的清水沙井，汽车坡道及落入地库天井的雨水采用潜水排污泵加压提升至就近的地面层清水沙井。地面层沙井分区域汇集后排入室外雨水管网。

厨房的含油废水单独排入各大楼地库层的隔油池，经隔油处理后，排入就近的室内污水沙井。

四、热水系统

本项目生活热水的供应范围为旅检大楼，设置集中热水系统，屋面设置空气源热泵主机，辅助容积式电热水器供应热水。主要供应一层、二层治安警察局及海关的淋浴室。其余浴室较为分散，采用独立的电热水器供应热水。停车库及其他总体工程配套建筑均不设置集中热水系统，在分散的淋浴室设置独立的电热水器供应热水。

旅检大楼生活热水主要设备如表 3 所示。

旅检大楼生活热水主要设备　　　　　表 3

大楼	名称	参数	单位	数量	备注
旅检大楼	空气源热泵	制热量：89.6kW	台	2	
旅检大楼	容积式电热水器	$V=3000L$，SS316L，75kW	台	2	
旅检大楼	热水循环泵	$Q=15.48m^3/h$，$H=20m$，$N=2.2kW$	台	2	一用一备
旅检大楼	热水回水泵	$Q=7.2m^3/h$，$H=30m$，$N=1.5kW$	台	2	一用一备，热水膨胀罐 $V=1000L$

五、再生水系统

1. 水源

本项目再生水系统的水源由澳门特区的再生水厂提供，室外管网压力不小于 0.25MPa。其水质满足澳门特区再生水的水质需求，并由再生水厂保证其水质。为了避免在施工及使用过程中的误接，澳门特区规定再生水系统的管道必须为紫色。

2. 供水方式

本项目再生水主要供给坐厕、小便器。根据各个大楼的高度、占地面积、房间布局及室外再生水管网的供水压力、供水给所需要的各不同职能部门的厕所，铺位等，按如下方式进行：

（1）旅检大楼：一、二层厕所采用二次供水方式，其供水方式与生活给水系统一致。一层及以上的供水由大楼地面层总供水水表供水至地库层再生水水池，然后由泵将再生水提升至屋顶的再生水水池，再由屋顶的再生水水池供水至一层及以上楼层用水单位的厕所。

由于屋顶再生水水箱供水范围内的用水单位设备压力不足，在屋顶再生水水泵房内设置变频加压泵组加压供水。另外，鉴于不同职能部门的用水量需独立计数，屋顶层将设立再生水水表房，安装各个部门的水表，包括特区治安警察局、海关、卫生局、司法警察局、特首办、大楼管理中心、机场办公室及公众水表将以独立再生水管道供给各自用水单位。地面层及地面层夹层的厕所再生水水等，利用市政压力直接供水。

（2）境内外车库：五层厕所的再生水由车库地面层总再生水水表供水至地库层再生水水池，再利用变频水泵加压供水至五楼，并保证足够的压力。一层及地库层的厕所再生水利用市政压力直接供水。在地面层设立水表房安装各个部门的再生水公众水表以独立供水管道供给。

（3）总体工程：总体配套工程包括消防行动站、船舶交通管理中心、治安警察局、出入境货物扣押仓、交通监控中心等，消防行动站二层及以上的楼层，其再生水由各楼地面层总再生水水表供水至屋顶的再生水水池，再由屋顶再生水泵房内设置的变频加压泵组加压供水至二层及以上楼层的厕所。地面层及一层或者市政压力可以满足需要的楼层及其他大楼将利用市政压力直接供水。

3. 增压设施（表4）

再生水增压设施规格参数　　　　　表4

大楼	名称	参数	单位	数量	备注
旅检大楼	再生水提升泵组	$Q=180m^3/h$, $H=50m$	台	3	两用一备（地库）
旅检大楼	再生水变频泵组	$Q=119m^3/h$, $H=40m$	台	3	两用一备（屋顶）
境内车库	再生水变频泵组	$Q=10m^3/h$, $H=45m$	台	2	一用一备（地库）
消防行动站	再生水变频泵组	$Q=6m^3/h$, $H=20m$	台	2	一用一备（屋顶）

4. 再生水水池（表5）

再生水水池规格参数　　　　　表5

大楼	名称	参数	单位	数量	备注
旅检大楼	地库再生水水池	有效容积 10m³	座	1	分两格
旅检大楼	屋顶再生水水池	有效容积 60m³	座	1	分两格
境内车库	地库再生水水池	有效容积 6m³	座	1	
消防行动站	屋顶再生水水池	有效容积 5m³	座	1	分两格

六、消防系统

1. 消防灭火设施配置

本项目消防灭火设施配置均遵守澳门特区防火安全规定，设置有室内消火栓及灭火喉辘（消防卷盘）系统、室外消防喉系统、自动喷淋系统、气体灭火系统、手提式灭火器。其中旅检大楼地库层按区域设置 3 座 12m³ 消防水池，屋顶设置一座 60m³ 屋顶消火栓水池、一座 125m³ 自动喷淋水池。本项目中各大楼的消火栓及灭火喉辘系统、自动喷淋系统均不分区。室内消火栓及灭火喉辘系统由室内消火栓及灭火喉辘边的玻璃按钮启动消防泵，自动喷淋由水流指示器信号启动喷淋泵。

2. 室内消火栓及灭火喉辘系统

（1）旅检大楼：设置一个消火栓及灭火喉辘系统。地库层按区域设置 3 座消火栓系统及自动喷淋系统共用的消防水池及相应的消防提升泵组向屋顶的消火栓水池供水，再由屋顶消防泵房内的消火栓加压泵组加压后供至大楼各个部分的消火栓及灭火喉辘系统。根据澳门特区防火安全的规定，消防加压主泵的设计流量为 1350L/min，消火栓的栓口压力保持在 400～700kPa。

（2）境内外车库：各设置一个消火栓及灭火喉辘系统，地库层设置一座 12m³ 消防水池及相应的消防提升泵组向屋顶的 60m³ 消火栓水池供水，再由屋顶消防泵房内的消火栓加压泵组加压后供至大楼各个部分的消火栓及灭火喉辘（消防卷盘）系统。根据澳门特区防火安全的规定，消防加压主泵的设计流量为 1350L/min，消火栓的栓口压力保持在 400～700kPa。

（3）总体工程：总体配套工程中各自设置独立的消火栓及灭火喉辘系统，其中消防行动站、船舶交通管理中心均在屋顶设置独立的消火栓水池，再由屋顶消防泵房内的消火栓加压泵组加压后供至大楼各个部分的消火栓及灭火喉辘（消防卷盘）系统。水池的补水由生活给水系统提供。其他总体配套工程的消火栓及灭火喉辘系统均由市政给水管网直接供水。根据防火安全的规定，消防加压主泵的设计流量为 900L/min，消火栓的栓口压力保持在 400～700kPa。

本项目每楼层均设置消火栓及灭火喉辘系统，其中消火栓设置于每层每间楼梯间内，灭火喉辘在楼内设置于易于取用的地点，从一点取用最近灭火喉辘所经过的长度不超过 30m。

3. 室外消防喉系统

根据澳门特区防火安全的规定，本项目室外消防喉系统在每一段外墙每 40m 设置一个室外消防喉（消防栓），而剩余部分不足 40m 超过 20m 的，亦设置一个室外消防喉。消防喉的安装高度为路面以上 0.6～1m，室外消防喉将直接连接室外给水管网，市政压力 0.25MPa。

4. 自动喷淋系统

（1）旅检大楼：按区域设置 3 个独立的自动喷淋系统，由三座消火栓系统及自动喷淋系统共用的消防水池及相应的消防提升泵组向屋顶的自动喷淋水池供水，再由屋顶消防泵房内的自动喷淋加压泵组加压后供至大楼内各个部分的自动喷淋系统作灭火用途。根据澳门特区防火安全的规定，消防加压主泵的设计流量为 1000L/min，最不利点的喷头压力始终保持不小于 100kPa。

（2）境内外车库：各设置一个自动喷淋系统，地库层设置一座 12m³ 消防水池及相应的消防提升泵组向屋顶的 125m³ 自动喷淋水池供水，再由屋顶消防泵房内的自动喷淋加压泵组加压后供至大楼内各个部分的自动喷淋系统。根据澳门特区防火安全的规定，消防加压主泵的设计流量为 1000L/min，最不利点的喷头压力始终保持不小于 100kPa。

（3）总体工程：总体配套工程中各自设置独立的自动喷淋系统，其中消防行动站在屋顶设置独立的自动喷淋水池，出入境货物查验区设置独立的地下自动喷淋水池。再由消防泵房内的自动喷淋加压泵组加压后供至大楼内各个部分的自动喷淋系统。水池的补水由生活给水系统提供。根据澳门特区防火安全的规定，消防加压主泵的设计流量为 1000L/min，消火栓的栓口压力保持在 400～700kPa。

5. 气体灭火系统

本项目的后备发电机房、电制房等强弱电房设置 FM-200 气体自动灭火系统，其安装标准符合澳门特区防火安全的要求，均为无管网预制式。

6. 手提式灭火器

本项目于停车场易取用的通道上设置 9L 泡沫灭火器，并于每个泡沫灭火器旁设置两个砂桶；公用通道上设置 4.5kg ABC 干粉灭火器；电梯机房、消防水泵房、后备发电机房及低压制房设置 6.8kg 的二氧化碳灭火器。从一点取用最近灭火器所经过的长度不超过 15m。

七、工程主要创新及特点

（1）给水系统、再生水系统及热水系统中，根据各大楼内的不同用水部门集中设置水表房，水表房内分不同的使用该单位分设水表计量，便于抄表及运营管理（图 1）。各不同单位表后专管供水，检修改造也不对其他用水部门造成影响。

（2）室内地面层设置沙井，分区域将室内的排水管线汇集后排至室外雨污水管网。旅检大楼的地库层及地面层的排水，均分为 6 个区域对排入地库层及地面层的清水、污水经由沙井（检查井）汇集，地库层汇集后由潜水泵提升至就近的地面层沙井。地面层汇集后排入室外的雨、污水管网。

（3）由于本项目地处人工岛，我国的填海工程水平无论在质量和速度上均处于世界领先，但是建成后的地面沉降不可避免。自然沉降影响大，管线敷设要考虑避免由于不均匀沉降引起的管线破坏。由于建筑物的结构均设有桩基，设计允许沉降量仅为几毫米，室外地坪设计允许沉降量为 220mm。室内外接驳的给排水管线通常管径为 $DN50\sim DN600$ 不等。两百多毫米的沉降对于这些管线具有较强的破坏性。

经过对一些类似项目的调研，也参考国外相关条件项目的经验，最终选择了一种可应对地震的可伸缩软接（图 2）。排水管采用橡胶软接头，给水等金属管道采用不锈钢金属软管外包防腐材料。相比其他的防沉降处理措施，此类软接具有允许拉伸和扭曲的角度大，允许直埋等特点。排水管敷设至今近 3 年，未有管线破坏的情况发生。

（4）澳门特区的消火栓系统设计均参照当地的防火安全规定，该规定大量借鉴了英国 BS 的消防标准，同时也参考了 NFPA 的一些要求。在系统设置形式上主要有如下特点：1）消火栓设置于建筑物内楼梯间，因为楼梯间内的消火栓主要考虑是给消防队员赶到时使用（图 3）；2）同一楼层室内消火栓的最大间距为 60m；3）消火栓栓口处的动压为 400~700kPa；4）各层平面内设置灭火喉辘（消防卷盘）系统，灭火喉辘的保护距离为 30m，确保各楼层内任何一点能有一只灭火喉辘可保护即可。灭火喉辘是能供未经训练的人员使用，这些人员在发现火情时可能就在邻近的区域里。这样能在火灾发生初期更迅速地采取行动，有效灭火。在澳门特区防火安全规定中未有两股水柱同时保护的概念（图 4）。5）澳门特区防火安全规定中对于消火栓系统的干管无必须设置成环的要求，且干管上不允许设置阀门以避免误操作造成的系统失效。6）每根楼梯间内消火栓立管，在地面层均须设置水泵接合器，该水泵接合器必须设置在外墙，消防车可与之接驳的位置。

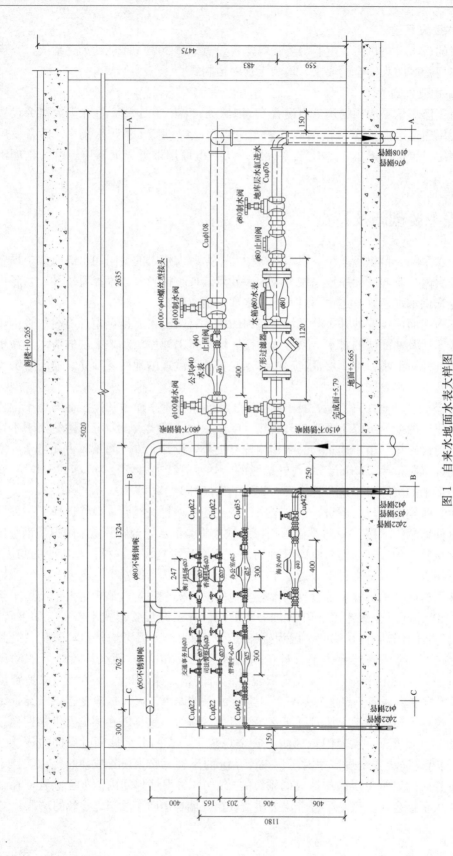

图 1　自来水地面水表大样图

图 2　可伸缩软接

图 3　室内消火栓

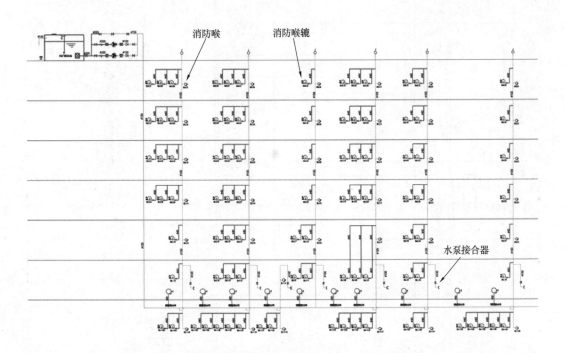

图 4　旅检大楼室内消火栓及灭火喉辘系统（局部）

　　（5）自动喷淋系统的设置与内地也有些不同之处：1）系统干管不要求成环，且干管上不允许设置阀门，以避免误操作造成的系统失效。2）湿式报警阀间必须尽可能集中设置于地面层，且需对外立面开门，便于消防管理部门日常的维护。同时警铃也设置于外墙，每处湿式报警阀间必须设置水泵接合器（图 5）。3）每个湿式报警阀控制的喷头不超过 1000 只（所有上下喷喷头均计入）。4）不须设置末端试水装置。

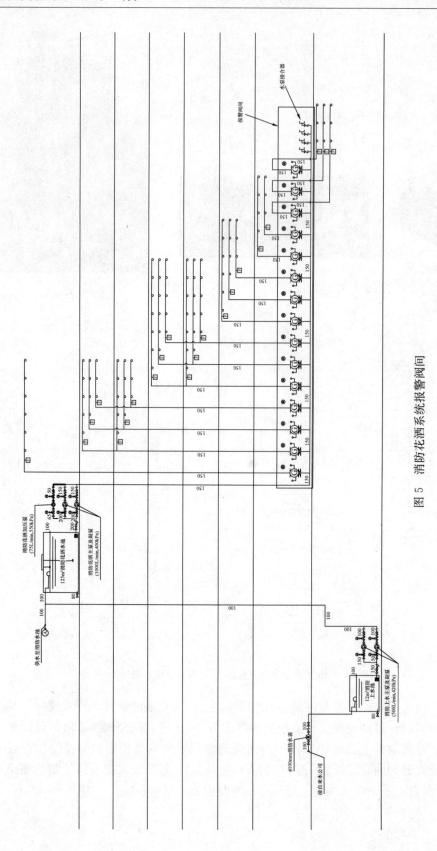

图 5 消防花洒系统报警阀间

博尔塔拉蒙古自治州全民健身中心、文化艺术中心①

- 设计单位： 中信建筑设计研究总院
有限公司
- 主要设计人： 刘　斌　刘晋豪　王　进
曹　峰　杨建宇　李传志
- 本文执笔人：刘　斌

作者简介：

刘斌，高级工程师、国家注册公用设备（给水排水）工程师。现任中信建筑设计研究总院有限公司机电三院总工程师。主要工程业绩：武汉长江航运中心、武汉天河机场交通中心、武汉新世界光谷中心项目 A 地块、湖北省广播电视总台新闻中心、演播中心、辛亥革命博物馆等。

一、工程概况

本工程位于博尔塔拉蒙古自治州首府博乐市，总用地面积 12.2hm²，总建筑面积 7.6 万 m²。项目集篮球馆（3408 座）、羽毛球馆、乒乓球馆、游泳馆、网球馆、剧场（1066 座）、电影院、青少年宫、文化馆、老年人活动中心、图书馆、美术馆、科技馆、党史馆和方志馆于一体，是博州地区规模最大、功能最全、设施最先进的大型现代化综合文体建筑。其中健身中心建筑基底面积 15637.63m²，总建筑面积 28096.43m²，建筑主体 1 层，局部 3 层，建筑高度 23.9m；文化艺术中心建筑基底面积 14635.98m²，总建筑面积 46590.97m²，建筑层数剧院部分 4 层，图书馆部分 5 层，建筑高度 31.9m。

本工程室内空间功能复杂多变，配套的给水排水及消防水系统多样，设有给水系统、热水系统、污废水系统、雨水系统、室内外消火栓给水系统、自动喷水灭火系统、消防水炮系统、水喷雾系统、雨淋灭火系统、水幕灭火系统、气体灭火系统、建筑灭火器等。

二、给水系统

本工程生活水源来自市政给水管网。从市政道路给水管网引两路 *DN200* 给水管进入项目基地，形成环状供水管网，市政供水压力约 0.30MPa。全民健身中心最高日用水量 282.66m³/d，最大小时用水量 30m³/h。文化艺术中心最高日用水量 497.91m³/d，最大小时用水量 64.71m³/h。全民健身中心均由市政给水管网直供，文化艺术中心一～二层由市政管网直接供水，三层及以上楼层由设置在游泳馆地下一层的生活水箱＋变频调速泵组加

---

① 该工程设计主要工程图详见中国建筑工业出版社官方网站本书的配套资源。

压供水。生活水箱为不锈钢材质，有效容积 20m³。泵房内设置加压生活给水变频调速泵组一套，配泵 4 台，三用一备，加压供水系统设计流量 36.5L/s，扬程 65m，配 800L 气压罐。由远传压力表将管网压力信号反馈至变频柜控制水泵的运行。

三、排水系统

1. 生活污废水系统

本工程室内污、废水采用合流制。室内±0.000 以上生活污废水重力自流排入室外污水管，消防试水、管井排水等无有机污染废水间接或通过水封井排入雨水系统，地下室污废水采用潜水排污泵提升至室外污水管。项目最高日排水量为 702.5m³/d。污水经化粪池处理后，排入市政污水管，健身中心和文化艺术中心各设置一座有效容积为 100m³ 的钢筋混凝土化粪池。所有卫生间排水管按照需要设置专用通气立管和环形通气管。

2. 雨水系统

屋面雨水量参照临近城市暴雨强度公式计算，屋面雨水设计重现期取 10 年，降雨历时 5min，与溢流设施的总排水能力不小于 50 年重现期的雨水量。屋面雨水均采用虹吸式雨水系统，天沟内设置虹吸雨水斗，雨水由雨水斗收集后经管道排至室外雨水井。场地雨水设计重现期取 2 年，雨水量 2.02m³/s，道路及广场设置雨水口或雨水沟收集场地雨水，共设两个雨水排出管排入市政雨水管道系统。

在屋面天沟及雨水斗集水井内设置电伴热融雪。融雪采用自调控伴热线满敷，型号为 GM-2X。采用自调控伴热线融雪的管道包括敷设在非供暖空间的所有雨水管线。屋面雨水斗采用电伴热防冻，伴热线型号为 GM-2X。当雨水立管敷设在室内时，伴热线伸入雨水管 2m。如靠近外墙，则全程电伴热防冻。

四、热水系统

游泳馆和篮球馆公共浴室设置集中热水供应系统，集中生活热水的热媒来自自备锅炉，提供 90℃高温热水。集中热水系统采用全日制机械循环。游泳馆生活热水用水耗热量约为 861kW，生活系统最大小时用水量为 10.4m³/h（60℃），配置 2 台立式半容积式换热器，热水产量 12.7m³/h。热水循环泵流量 5.4m³/h，扬程 20m，一用一备。篮球馆生活热水用水耗热量约 206kW，生活系统最大小时用水量为 3.3m³/h（60℃），配置 2 台立式半容积式换热器，热水产量 6.6m³/h。热水循环泵流量 11m³/h，扬程 30m，一用一备。

泳池池水（包括标准泳池、中温按摩池、VIP 池及儿童戏水池）初次加热总耗热量为 1823kW，游泳池的平时耗热量为 682.6kW。标准泳池配置两台不锈钢水水板式换热器，单台换热功率 555kW，循环泵流量 90m³/h，扬程 5m。中温按摩池配置一台不锈钢水水板式换热器，单台换热功率 64kW，循环泵流量 90m³/h，扬程 5m。VIP 池及儿童戏水池配置两台不锈钢水水板式换热器，单台换热功率 325kW，循环泵流量 60m³/h，扬程 5m。

文化艺术中心卫生间洗脸盆处设置容积式电热水器供应卫生热水，3 个洗脸龙头共享一个热水器，储水容积为 60L，功率为 2kW。

五、游泳池水处理系统

泳池初次充水、重新换水及正常使用过程中的补充水均采用市政自来水。池水水质：泳池、戏水池、中温按摩池的池水水质均须达到《游泳池水质标准》CJ/T 244—2016 的相关规定。室内恒温标准泳池、VIP泳池、儿童戏水池、按摩池水处理循环方式均采用逆流式循环。VIP泳池及儿童戏水池共用一套水处理设备，2个按摩池合用一套水处理设备。3套水处理设备均采用不锈钢烛式可再生硅藻土过滤器进行过滤。烛式可再生硅藻土过滤器的过滤速度小于 5m³/ (m²·h)。设备反冲洗强度3L/(s·m²)，反冲洗时间 2min，反冲洗由 PLC 自动控制执行亦可手动操作。过滤器进出口设压力传感器上传信号至 PLC，由 PLC 自动控制气动阀组切换实现过滤器的反洗、硅藻土预涂、过滤、落土等处理流程，流程转换条件及执行时间厂家按需设定。

池水消毒：均采用分流量全程式臭氧消毒为主，氯消毒为辅；均设臭氧发生器及配套的集成一体式混气处理单元各一台，臭氧发生器采用氧气法制臭氧负压投加，产生臭氧浓度≥80mg/L；均设臭氧反应罐1台，有效容积满足 CT 值≥1.6。

加热方式：采用板式换热器间接加热。均设不锈钢水—水板式换热器及加热增压泵、恒温自控装置。热源按 85℃/60℃考虑，由 PLC 自动控制加热增压泵及二通调节阀实现泳池水恒温维持。

六、消防系统

本项目全民健身中心设置室内消火栓系统、自动喷水灭火系统、水喷雾灭火系统、消防水炮灭火系统；文化艺术中心设置室内消火栓系统、自动喷水灭火系统、水喷雾灭火系统、消防水炮灭火系统、雨淋系统、水幕系统。整个项目消防系统统一设计，消防水池和消防泵房集中设置在游泳馆地下室。消防用水量标准及一次灭火用水量如表1所示。

消防用水量标准及一次灭火用水量   表1

系统	流量（L/s）	火灾延续时间（h）	消防水量（m³）	水源
室外消火栓	30	2	210	市政管网
室内消火栓	20	2	144	消防水池
自动喷水系统	40	1	144	消防水池
消防水炮	40	1	144	消防水池
水喷雾	30	0.5	92	消防水池
水幕	93	1	334.8	消防水池
雨淋	140	1	504	消防水池

本工程考虑水喷雾与喷淋系统不同时使用，同时使用的消防系统有雨淋＋水幕＋喷淋＋水炮＋消火栓。在游泳馆地下室设置消防贮水池，室内消防水源为有效水容积为 1340m³ 的消防水池。内贮存火灾延续时间内的室内消火栓系统用水、自动喷水灭火系统、消防炮系统、水幕和雨淋系统共 1270m³。多余水量为空调补水，空调补水泵直接由消防

水池吸水，从而避免消防存水成为死水，同时，采取措施保证消防用水不被动用。文化艺术中心屋面水箱间内设有室内消火栓系统消防水箱（有效容积 18m³）和自动喷水灭火系统消防水箱（有效容积 18m³）各一座，并设消火栓系统、自动喷水灭火系统（包括水幕、水喷雾、雨淋、消防水炮）增压稳压设备各一套，提供整个室内消火栓系统、自动喷水灭火系统（包括水幕、水喷雾、雨淋、消防水炮）初期灭火用水及维持管网平时所需压力。

1. 消火栓系统

本工程消防系统按多层剧院、多层体育馆、图书会展设计，室外消防水量 30L/s，室内消火栓用水量 20L/s，火灾延续时间为 2h。室外消防给水采用生活与室外消防合用管网，从市政给水管道上引入两路 DN200 给水管，经过两座水表井后，分别与 DN200 的室外生活消防合用环状给水管相连接。环状管网上设置若干个地下式室外消火栓，室外消火栓间距不大于 120m，距建筑不小于 5m，距路边不超过 1m，距消防水泵接合器距离 15～40m。

室内消火栓系统采用临时高压给水系统，消火栓加压给水泵与消防水池设在游泳馆地下一层，设两台消火栓给水加压泵，一用一备，单泵流量 20L/s，扬程 80m。文化艺术中心屋面水箱间内设有消火栓系统消防水箱一座（有效容积 18m³）及增压稳压设备（配泵 $Q=3.33L/s$，$H=45m$，$N=3.0kW$）一套，提供整个室内消火栓系统初期灭火用水及维持管网平时所需压力。

室内消火栓竖向不分区，栓口压力超过 0.50MPa 时设减压稳压消火栓，减压后栓口压力为 0.30MPa，室内消火栓管网呈环状布置，并用阀门分成若干个独立段，便于检修。消火栓箱体采用薄型带灭火器箱组合式消防柜，消火栓箱内设 SN65 消火栓，配置 Φ19mm 口径水枪及 DN65、25m 长衬胶水龙带，同时设置消防软管卷盘一套，栓口直径 25mm、胶带内径 19mm、喷嘴口径 6mm、软管长度 25m，手提式磷酸铵盐干粉灭火器（MF/ABC5）型两具，并设报警及消火栓水泵启动按钮，消防按钮和指示灯各一个。

消火栓系统控制：火灾时，启动消火栓箱内消防紧急按钮，信号传送至消防控制中心（显示火灾位置）及泵房内消火栓加压泵控制箱，启动消火栓加压泵，并反馈信号至消防控制中心及消火栓箱（指示灯亮），消火栓加压泵还可在消防控制中心遥控启动和在水泵房手动启动，火灾时按动消火栓箱内的消防按钮及水泵房处启泵按钮均可启动消防泵并报警。

各单体室外设置 2 套 DN100 地下式消防水泵接合器，与室内消火栓给谁管网相连。

2. 自动喷水灭火系统

除不宜用水扑灭的用房以及面积小于 5m² 的卫生间、超过 12m 的高大净空场所外，其余各层均设置自动喷水装置。净空高度 8～12m 区域按高大空间场所设计，喷水强度 20L/(min·m²)，作用面积 120m²，系统流量 40L/s，火灾延续时间 1h，喷头处水压不少于 0.1MPa；书库、舞台（葡萄架除外）危险等级为中危险 Ⅱ 级，设计喷水强度 8L/(min·m²)，作用面积 160m²，自动喷水灭火系统用水量为 30L/s，火灾延续时间为 1h，喷头处水压不少于 0.1MPa。其余场所按照中危险 Ⅰ 级设计，水强度 6L/(min·m²)，作用面积 160m²，系统流量 30L/s，火灾延续时间 1h，喷头处水压不少于 0.1MPa。

自动喷水灭火系统不分区，消防泵房设置 2 台自喷水泵，一用一备，水泵参数：流量 40L/s，扬程 100m。文化艺术中心屋面水箱间内设有自喷系统（包括水幕、水喷雾、雨淋、消防水炮）消防水箱一座（有效容积 18m³）及增压稳压设备（配泵 $Q=1.0L/s$，$H=35m$，$N=1.5kW$）一套，提供整个自动喷水灭火系统（包括水幕、水喷雾、雨淋、消防水炮）初期灭火用水及维持管网平时所需压力。

自动喷水灭火系统报警阀各单体分散设置，保证自动喷水灭火系统配水管道的工作压力不大于 1.2MPa，每个报警阀控制喷头数不超过 800 个。净空高度 8~12m 的区域采用快速响应喷头，流量系数 K 为 115，喷头温度为 68℃。其他公共娱乐场所和中庭环廊采用快速响应喷头，流量系数 K 为 80，喷头温度为 68℃。其余区域采用玻璃球喷头，流量系数 K 为 80，喷头温度为 68℃。封闭吊顶的房间采用下垂型喷头，无吊顶房间采用直立型喷头。闷顶内净空高度大于 800mm 且有可燃物时，应加装 ZSTZ15/68 喷头，喷头位置与朝下安装的喷头位置相同。

湿式自动喷水灭火系统火灾时喷头动作，由报警阀压力开关、水流指示器将火灾信号传至消防控制中心（显示火灾位置）及泵房内自喷加压泵控制箱，启动自喷加压泵，并反馈信号至消防控制中心。自喷加压泵也可在消防控制中心遥控启动和在水泵房内手动启动。室外设置地下式消防水泵接合器与自喷系统环管相接。

3. 固定消防水炮系统

超过 12m 的高大净空场所设置消防水炮，设计用水量为 40L/s，火灾延续时间为 1h。主台、侧台、后台、观众厅消防水炮采用 ZDMS0.8/20S-LA552 型，工作压力 0.8MPa，射程 50m，单台流量 20/s。门厅消防水炮采用 ZDMS0.6/5S-LA231 型，工作压力 0.6MPa，射程 25m，单台流量 5L/s。消防水泵房内设置水炮泵两台，一用一备，水泵参数：流量 40L/s，扬程 130m。自动消防炮应具有消防控制室自动、手动和现场应急手动控制三种启动方式。

4. 水喷雾系统

本工程在柴油发电机房设置水喷雾灭火系统，设计喷雾强度 20L/(min·m²)，持续喷雾时间 0.5h；在燃气锅炉房设计喷雾强度为 10L/(min·m²)，持续喷雾时间 30min，灭火响应时间不应大于 45s。水喷雾系统与闭式自动喷水灭火系统不同时使用。

喷头围绕柴油发电机和锅炉四周立体布置，柴油发电机房喷头型号：ZSTWB-26.5-120，公称压力 0.35MPa，雾化角 120°，特性系数 26.5。锅炉房喷头型号 ZSTWB-16-120，公称压力 0.35MPa，雾化角 120°，特性系数 16；同时考虑爆膜片和燃烧器的局部喷雾，每个点的喷雾强度为 150L/min，喷头型号为 ZSTWB-80-30。

5. 雨淋灭火系统

本工程在文化艺术中心剧院的主台葡萄架下设置雨淋灭火系统，舞台葡萄架下按两个区同时使用考虑，每个报警阀的作用面积按 235m² 计算，喷头压力为 0.1MPa，每个分区同时使用喷头数为 56 个，设计用水量 150L/s，持续灭火时间 1h。雨淋喷头采用开式下垂型喷头，喷头流量系数 $K=160$。

雨淋系统为开式系统，雨淋阀后管网为空管。消防泵房内设置 3 台雨淋泵，两用一备，单泵参数：77.8L/s，扬程 120m。舞台下共设两组雨淋报警阀，雨淋阀控制腔的入口管上设止回阀。雨淋阀平时在阀前水压的作用下维持关闭状态。各雨淋阀控制的管网充水时间不大于 2min。室外设置 10 套地下式水泵接合器与室内雨淋系统管网相连。

6. 水幕灭火系统

本工程在文化艺术中心剧院舞台开口部位设置防护冷却水幕，采用 K80 开式喷头，单排布置，喷水强度为 1.0L/(s·m)，喷头工作压力 0.1MPa；在主台到侧台的开口处设置防火分隔水幕，采用 K80 开式喷头，双排布置，喷水强度为 2L/(s·m)，喷头工作压力 0.1MPa；主台到后台的开口处设置防火分隔水幕，采用 K80 开式喷头，双排布置，喷水强度为 2L/(s·m)，喷头工作压力 0.1MPa，水幕系统用水总量为 112L/s，持续灭火时间 1h。

水幕系统为开式系统，雨淋阀后管网为空管。消防泵房内设置 3 台水幕泵，两用一备，单泵参数：60L/s，扬程 82m。舞台下设 1 组雨淋报警阀，雨淋阀控制腔的入口管上设止回阀。雨淋阀平时在阀前水压的作用下维持关闭状态。雨淋阀控制的管网充水时间不大于 2min。室外设置 8 套地下式水泵接合器与室内水幕系统管网相连。

7. 气体灭火系统

全民健身中心保护区为变配电所、计时控制室、控制室、数据处理室、篮球馆配电间。根据建筑本身的特点及要求，采用 S 型 DKL 气溶胶全淹没灭火系统。灭火剂设计浓度 150g/m³，喷放时间 120s，喷口温度 180℃。灭火装置由气溶胶发生剂、发生器、冷却装置、反馈元件、壳体等组成。单台热气溶胶预制灭火系统装置的保护容积不应大于 160m³，设置多台装置时，其相互间的距离不得大于 10m。

文化艺术中心保护区为一区中心变配电所、柴油发电机房、音乐厅控制室，二区变配电所、主机房、藏品储存、藏品保护。根据建筑本身的特点及要求，采用七氟丙烷无管网全淹没系统。灭火剂设计浓度：藏品储存和保护场所 10%，主机房和控制室等通信电子计算机机房 8%，变配电所和发电机房 9%；设计喷放时间：除机房和控制室取 8s 外，其他防护区取 10s；灭火抑制时间藏品储存和保护场所取 20min，主机房和控制室取 5min，其他防护区取 10min。七氟丙烷贮存钢瓶规格为 120L 和 180L，储存压力 2.5MPa。为保证灭火的可靠性，在灭火系统释放灭火剂前或同时，应保证必要的联动操作，即灭火系统在发出灭火指令时，由控制系统发出联动指令，切断电源、关闭或停止一切影响灭火效果的设备。

8. 建筑灭火器

全民健身中心、文化艺术中心按照严重危险级配置建筑灭火器。除在每个消火栓处设 5kg 装的手提式 MF/ABC5 灭火器 2 具外，在消火栓之间的适当位置补充设置 2 具 MF/ABC5 灭火器，保证灭火器的最大保护距离不大于 15m。另外，在变配电所、发电机房、锅炉房配置 20kg 推车式磷酸铵盐干粉灭火器 2 台。

七、管材选择

室内冷热水管材均采用圆锥管螺纹接口薄壁不锈钢管，材质为 SUS304，执行标准《流体输送用不锈钢焊接钢管》GB/T 12771。

室内重力排水管及通气管采用离心柔性铸铁排水管，排水横干管、首层出户管宜采用 A 型管，法兰承插式柔性接口；排水立管及排水支管宜采用 W 型管，不锈钢管箍连接。埋地敷设的排水铸铁管应采用法兰承插式柔性接口，并采取加强级防腐。与潜水排污泵连接的管道，采用热镀锌钢管，丝扣连接。溢、泄水管采用镀锌钢管，丝口或法兰连接。

虹吸雨水系统所有管材、管件材料均采用 HDPE（高密度聚乙烯管道），承压能力应满足系统静水压力压力，管材、管件的抗环变形外压力应大于 0.15MPa。

室内消火栓系统给水管、自喷系统减压阀后给水管采用热浸镀锌焊接普通钢管，其他消防系统采用热浸镀锌无缝钢管。$DN \leqslant 80$ 时，丝扣连接；$DN \geqslant 100$ 时，卡箍连接。

八、工程主要创新及特点

为保证所有给水排水、消防系统的运行稳定、安全可靠、经济合理、控制精准，设计将各个系统分别独立设置，合理规划各系统管线路由，减少外网损失和管网施工工程量；生活给水系统充分利用市政水压直供，局部加压；热水系统设计根据不同用水点的使用需求选用不同的供热方式，健身中心相对集中的淋浴间采用集中热水系统，文化艺术中心中洗手盆等分散的热水供应点采用就近设置电热水器分散供热形式；室内排水管均设置专用通气立管和环形通气管，提高排水能力的同时，保护水封及室内环境；大屋面均采用虹吸雨水系统，大幅减少室内雨水立管数量，同时结合当地气候特点采用了电伴热天沟融雪技术，根据环境温度自动控制系统启停，保障雨水系统安全有效运行；游泳池水处理系统采用目前国内最先进的处理工艺，池水水质均须达到《游泳池水质标准》CJ/T 244 的相关规定，同时根据不同泳池的特点采用了各自独立的水处理系统；消防系统设计中，结合一次火灾需同时开启的系统形式配置情况，在确保灭火性能前提下，通过合理划分作用面积，优化管网布置形式控制消防系统流量，避免因系统设计水量过大带来的消防设施选型不合理，提高各个消防系统的安全性及经济性。

上海中心大厦^①

- 设计单位：　同济大学建筑设计研究院（集团）有限公司、GENSLER、THORNTON TOMASETTI、COSENTINIASSOCIATES，INC
- 主要设计人：归谈纯　杨　民　龚海宁　张晓燕　李意德　秦立为　苏昶明　李学良
- 本文执笔人：杨　民　归谈纯

作者简介：

杨民，同济大学建筑设计研究院（集团）有限公司设计二院设备所所长、给水排水主任工程师、注册公用设备工程师（给水排水）、入选"中国建筑给水排水百名未来之星"。代表工程：上海中心大厦、上海自然博物馆、绿地中央广场等。

作者简介：

归谈纯，同济大学建筑设计研究院（集团）有限公司集团副总工程师、教授级高级工程师、注册公用设备工程师（给水排水）、同济大学硕士生导师。长期从事超限高层建筑的灭火技术研究及设计、消防系统的风险评估与水安全、建筑排水系统、雨水排水系统的设计、消能技术及系统测试技术研究等工作。

一、工程概况

上海中心大厦地处上海市浦东新区陆家嘴金融贸易中心核心地块，银城南路以北、银城中路以东、花园石桥路以南、东泰路以西。紧邻金茂大厦和上海环球金融中心。基地面积约 3 万 m²，总建筑面积约 57 万 m²。建筑高度 580m，塔冠最高点为 632m。地下 5 层、地上 128 层。由下至上竖向分成 10 个区，包括 5 层地下室、1 个裙房商业区、5 个办公区、2 个酒店及精品办公区、1 个观光区。除地下室外，每个区被两层完整的设备、避难层分开。

---

① 该工程设计主要工程图详见中国建筑工业出版社官方网站本书的配套资源。

二、给水系统

1. 水源

周边市政道路上有市政给水管网可以利用。基地由花园石桥路、东泰路的市政给水管上分别引入一路 DN300 给水管,供给基地内的室内外消防、生活用水。

2. 用水量

主要建筑功能用水定额如表 1 所示。

主要建筑功能用水定额选用表   表 1

用水名称	最高日用水定额	单位	用水时间(h)
商业	6	L/(m² 营业面积·d)	12
餐饮	40	L/(顾客·次)	12
员工餐饮	20	L/(顾客·次)	12
咖啡厅、茶室	10	L/(顾客·次)	8
自助餐厅	20	L/(顾客·次)	12
办公	50	L/(班·d)	8
会议	6	L/人次	8
酒店客房	450	L/(顾客·d)	24
酒店员工	120(含员工淋浴)	L/(班·d)	10
后勤员工	50	L/(班·d)	8
健身	40	L/(人·d)	12
教育中心	40	L/(人·d)	8
观光区游客	3	L/人次	4
洗衣房	40	L/kg 干衣	8
绿化浇灌	3	L/(m²·d)	4
酒店 SPA、美容	150	L/(顾客·次)	12
冷却塔补水	1.0%	循环水量	办公 12h、酒店 24h
游泳池补水	10%	泳池池水容积	12

上海中心大厦生活给水系统的最大日用水量 5260.4m³/d(其中市政自来水 4227.2m³/d、非传统水 1033m³/d);最大日最大小时用水量 551.9m³/h(其中市政自来水 508.9m³/h、非传统水 43m³/h)。

3. 供水方式

本项目采用生活、消防合用的供水方式。地下贮水池和地上的转输水箱,为生活、消防合用水池和水箱,地上其余的高位水箱为生活水箱。生活给水系统采用高位水箱(包括生活和消防合用的转输水箱、生活水箱)采用重力供水+分区减压阀减压的供水方式,高位水箱重力供水压力不足的楼层采用变频泵组加压供水方式。生活和消防合用的转输水箱由生活、消防合用水泵逐级转输供给,生活高位水箱由生活水泵供给。转输供水系统见图 1,分区供水情况见表 2。

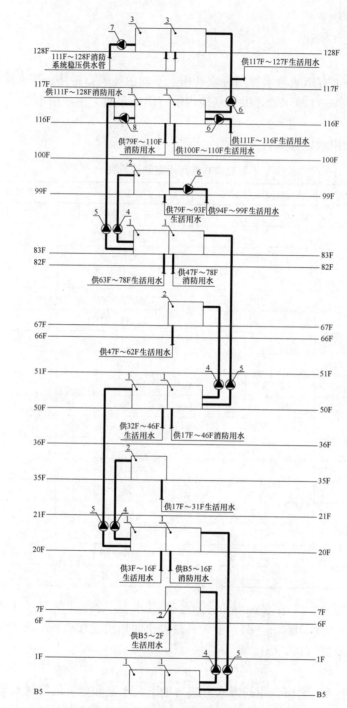

图 1 生活、消防合用转输供水系统

1—生活、消防合用水箱；2—生活水箱；3—屋顶消防水箱；4—生活水箱转
输泵组；5—生活、消防合用水箱转输泵组；6—生活给水变频泵组；7—临
时高压消防系统增压稳压泵组；8—临时高压消防系统供水泵组

水箱和水池均为不锈钢装配式水箱。

供水水泵的启闭由对应高位水箱的水位控制，多台水泵的启闭由对应高位水箱的多级水位分别控制。水泵控制柜能根据水泵运行时间自动调节水泵工况，保证每台泵的正常性能。

市政自来水经设于地下五层的过滤设备过滤并添加长效消毒剂后，贮存在地下五层生活、消防合用贮水池。自来水过滤所需水压由市政自来水水压提供。为保证生活给水系统供水安全，按照上海市卫生部门要求，本项目生活、消防合用水箱的储水周期不应大于24h，考虑大楼内用水的不确定性、周期性，所有生活给水系统的水箱，均设置水箱消毒器，酒店区域供水系统上另外设置紫外线消毒装置。

给水系统竖向分区表　　　　　　　　　　　　　　　　表 2

分区名称	水箱类型	水箱设置楼层	水箱生活用水容积（m³）	水泵配置	供水楼层	供水方式
	生活、消防合用水池	地下五层	554	生活消防转输泵（4用1备）、生活水泵（1用1备）		
地下室、Ⅰ区裙房	生活水箱	7F	150		B5～2F	重力供水，减压阀减压
Ⅱ区办公	生活、消防合用水箱	20F	114	生活消防转输泵（4用1备）、生活水泵（1用1备）	3F～16F	重力供水，减压阀减压
Ⅲ区办公	生活水箱	35F	45		17F～31F	重力供水，减压阀减压
Ⅳ区办公	生活、消防合用水箱	50F	62	生活消防转输泵（3用1备）、生活水泵（1用1备）	32F～46F	重力供水，减压阀减压
Ⅴ区办公	生活水箱	67F	35		47F～62F	重力供水，减压阀减压
Ⅵ区办公	生活、消防合用水箱	83F	54	生活消防转输泵（3用1备）、生活水泵（1用1备）生活变频泵（2用1备）	63F～78F	重力供水，减压阀减压
Ⅶ区酒店	生活水箱	99F	108	生活变频泵1（2用1备）	79F～93F	重力供水，减压阀减压
					94F～99F	变频供水
Ⅷ区酒店	生活、消防合用水箱	116F	101	生活变频泵1（2用1备）、生活变频泵2（2用1备）	100F～110F	重力供水，减压阀减压
Ⅸ区精品办公					111F～116F	变频供水
Ⅹ区观光					117F～124F	变频供水

三、排水系统

1. 污、废水排水系统

项目采用室外雨污分流、室内污废分流的排水方式，基地排水经市政监测井后排入市政排水管网。周边市政道路上均有污水管可以接入，基地设有4根排出管，管径DN300～DN450。

室内污水直接排至室外排水系统，生活废水收集处理，作为中水水源，其中，八十四层及以上楼层废水，排至六十六层中水处理机房处理，八十一层及以下废水排至地下五层中水处理机房处理。

塔楼厨房废水由就近设备层的隔油机房预处理，再汇总至地下五层总隔油机房处理后排放；地下室及裙楼的厨房废水汇总至地下五层总隔油机房处理后排放。隔油设施均采用成品隔油器，处理量为5～15L/s。

地上部分采用重力排放，地下室排水为压力提升，其中，生活废水（除用作中水水源外）由集水井和潜水泵压力排放，生活污水采用密闭提升器压力排放，隔油器处理后的废水也由密闭提升器压力排放。

酒店、办公等不同功能分区的排水系统，以及生活排水、厨房排水、机房排水等不同水质的排水系统，均设置独立的排水立管承接楼层支管排水。污、废水排水系统分区见表3。

除酒店外，卫生间均采用同层排水系统，采用设置衬墙沿墙排水的方式。

系统设置专用通气管，伸顶通气。所有卫生间排水均设有器具通气管、环形通气管。排水立管与通气立管每层通过结合通气管连接。

污水排放量：$2270m^3/d$。

污、废水排水系统分区表　　　　　　　　　　　　　　　　　表3

分区名称	排水楼层	排水形式
Ⅷ区酒店、Ⅸ区精品办公、Ⅹ区观光	111F～124F	污、废分流重力排水
Ⅶ区酒店	101F～110F	污、废分流重力排水
Ⅷ区酒店	84F～98F	污、废分流重力排水 八十四层以上废水重力排至六十六层中水机房
Ⅳ～Ⅵ区办公	37F～81F	污、废分流重力排水
Ⅱ～Ⅲ区办公	8F～34F	污、废分流重力排水
Ⅰ区裙房	1F～5F	污、废分流重力排水
地下室	B1～B5	八十一层以下废水重力排至地下五层中水机房； 污水由密闭提升器提升至室外

2. 雨水排水系统

塔楼屋面雨水系统采用87型斗排水系统，设计重现期20年，排水系统与溢流的合计重现期为100年，溢流形式为溢流口。塔楼雨水系统在六十六层设有减压水箱，减压水箱兼做雨水回用系统的收集水箱。当六十六层雨水收集、回用系统的雨水收集水箱满水时，雨水通过六十六层雨水溢流槽、溢流管等排至室外雨水系统，雨水溢流槽内设 87 型斗雨水系统排水。

裙房屋面雨水系统采用虹吸式屋面雨水系统，设计重现期 50 年，排水系统与溢流的合计重现期为 100 年，溢流形式为溢流管道系统以及局部设置溢流口。溢流管道系统也采用虹吸式雨水系统。裙房屋面雨水排至地下五层雨水机房处理回用。通过 BA 控制系统控制雨水管路上电动阀的启闭，或手动控制，切换雨水系统的排水走向，可关闭雨水收集水箱进水，通过排放管路引导雨水排至室外。

为防止雨水排水系统所带动能对室外雨水排水系统的破坏，有效排除雨水系统内的空气，沿建筑四周在地下一层共设 5 座雨水消能、排气池，用于消除雨水的动能和排气。采用 CFD 计算机模拟方法，模拟、校核雨水消能、排气池的消能、排气工况，设置合适的容积、形状以及配套设施。

室外场地雨水以及雨水收集系统中多余的雨水、雨水溢流等由室外雨水管道排至周边市政雨水管。基地设 6 根雨水主排出管，管径 $DN600 \sim DN800$。

雨水排放量：470L/s。

四、热水系统

1. 热源

公共卫生间、小型厨房、租户区等采用容积式电热水器提供热水。

酒店客房、酒店后勤、物业后勤的生活热水采用集中供水方式，热源为锅炉房提供的蒸汽，塔楼酒店部分另由大楼热回收系统提供冷水预热的热源。

2. 热水用量

酒店、精品办公部分最大日热水用水量 152.1m³/d，最大小时热水用水量 27.1m³/h。

3. 供水方式

酒店客房、精品办公等采用集中生活热水系统，机械循环，其系统竖向分区与给水系统相同，压力分区内分别设置容积式热交换器、循环水泵。

酒店后勤、物业后勤在地下室，由对应的容积式热交换器提供热水，机械循环。热水分区及供热机组布置见表 4。

热水机组配置

表 4

分区	供水方式	热水机组	设置楼层	回水泵配置
84F～88F	重力供水	导流型热交换器 RV-04-3.0，2 台	83F	回水泵，一用一备
89F～93F	重力供水	导流型热交换器 RV-04-4.0，2 台	83F	回水泵，一用一备
94F～98F	变频供水	导流型热交换器 RV-04-4.0，2 台	99F	回水泵，一用一备
101F～105F	重力供水	导流型热交换器 RV-04-4.5，2 台	99F	回水泵，一用一备

续表

分区	供水方式	热水机组	设置楼层	回水泵配置
106F~110F	重力供水	导流型热交换器 RV-04-2.5，2 台	99F	回水泵，一用一备
111F~115F	变频供水	导流型热交换器 RV-04-2.0，2 台	99F	回水泵，一用一备

五、中水系统

1. 中水水源

上海中心大厦收集了屋面雨水和生活废水作为中水水源，二类不同水质的原水由各自的处理设施分别处理。

2. 中水用水量

最大日中水用水量 $1033.2 m^3/d$；最大日最大小时用水量 $43 m^3/h$。

3. 中水平衡表（图 2）

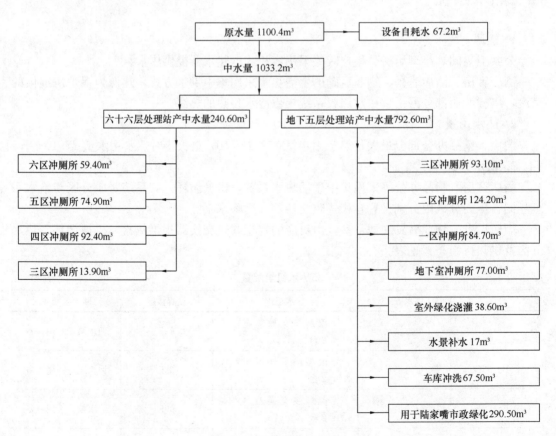

图 2　非传统水水量平衡

4. 水处理工艺

生活废水处理工艺：生活废水→格栅井→原水池→MBR 膜生物反应器→消毒→中水清水池→用户。

雨水处理工艺：雨水→消能→原水池→盘式过滤器→消毒→中水清水池→用户。

水质标准采用《城市污水再生利用　景观环境用水水质》GB/T 18921—2019、《城市污水再生利用　城市杂用水水质》GB/T 18920—2002。

5. 中水供水系统

为充分利用水的势能，在六十六层设有雨水及废水处理机房，分别收集、处理塔楼屋面雨水和八十四层及以上楼层的生活废水，处理后的中水供给三十二～八十一层使用。在地下五层设有一座废水处理机房和 3 座雨水处理机房，分别收集、处理八十一层以下楼层生活废水和裙房屋面雨水，处理后的中水供大楼地下五～三十一层使用，具体见表5。

中水供水设施配置　　　　　　　　　　　　　　表 5

供水区域	中水机房设置楼层	处理量	供水方式	压力分区
32F～81F	66F	35m³/h	变频供水	79F～81F
			重力供水	63F～78F
			重力供水	47F～62F
			重力供水	32F～46F
B5F～31F	B5F	70m³/h	重力供水	17F～31F
			重力供水	3F～16F
			重力供水	B5F～2F

六、消防系统设计介绍

1. 消防灭火设施配置

上海中心大厦项目设有室外消防给水系统、室内消火栓给水系统、自动喷水灭火系统、幕墙玻璃冷却系统、水喷雾灭火系统、自动扫描射水高空水炮灭火装置、大空间智能灭火装置、IG-541 气体灭火系统、高压细水雾灭火系统、压缩空气泡沫系统等灭火设施。各类场所消防设施配置见表 6，水灭火系统主要设计参数见表 7。整个建筑按同时出现 1 次火灾设计。

消防灭火设施配置表　　　　　　　　　　　　　表 6

灭火系统名称	设置场所
室外消防给水系统	室外
室内消火栓给水系统	室内所有场所
自动喷水灭火系统	除游泳池、使用面积小于 5m² 的卫生间及不宜用水扑救的设备用房外，净空高度不大于 12m 的所有场所、楼层强弱电间
自动扫描射水高空水炮灭火装置	净空高度大于 12m 的大堂
大空间智能灭火装置	空中休闲层中庭（装置设在灯架上）

灭火系统名称	设置场所
幕墙玻璃冷却系统	保护各区中庭内幕墙，喷头设于内幕墙内侧
水喷雾灭火系统	三联供机房、燃气锅炉房、柴油发电机房
高压细水雾灭火系统	客梯和消防电梯机房、总控中心的设备机房等
IG-541 气体灭火系统	高低压配电室、变压器室、开关室、通信机房、后备电源机房、通信机房、有线运营商机房
建筑灭火器	室内所有场所
压缩空气泡沫系统	室内所有场所

水灭火系统主要设计参数表　　　　　　表 7

系统名称	设计流量 （L/s）	火灾延续时间 （h）	一次灭火水量 （m³）	备注
室外消防给水系统	30	3	324	由市政管网直接供水
室内消火栓灭火系统	40	3	432	
自动喷水灭火系统	70	1	252	含大空间灭火装置
水喷雾灭火系统	30	0.5	54	
幕墙玻璃冷却系统	16.5	1	60	
高压细水雾灭火系统	6.4	0.5	12	仅用于电梯机房、总控设备机房
一次灭火最大合计用水量			1008	

2. 消防供水系统

上海中心大厦水灭火系统采用带转输泵转输的生活、消防合用的高压供水系统。各分区消防用水由各区的高位水箱重力供水，塔冠区为临高压系统，由消防主泵供水。

在地下五层设有 1238m³ 生活、消防合用水池（含一次灭火全部室内消防用水量 684m³）；在二十层、五十层、八十三层和一百一十六层设生活、消防合用水箱各一座（分成 2 格），含消防用水 200m³；一百二十八层设 140m³ 屋顶消防水箱。

转输泵采用逐级转输方式，转输泵组为生活、消防合用（图 1），转输泵根据生活、消防转输流量不同，采用三用一备或四用一备。在联动控制上分为平时与消防两种工况。平时工况下，所有转输泵被视作具有生活转输泵功能，水泵的开启数量由上一级水箱的液位控制，转输泵根据液位高低逐台开启。同时，水泵控制箱能自动控制水泵开启时间，轮流启闭，确保每台水泵均能正常运行，也为消防工况做好准备。当生活、消防合用水箱的水位低于消防警戒水位而可能动用消防储水时，向控制中心报警，系统转为消防工况。在消防工况下，所有转输泵均被视作消防转输泵，但转输泵的开闭及开启数量仍由上一级生活、消防合用水箱的液位控制。转输泵根据水箱液位高低逐台开启。如果火势得到控制，消防用水小于转输泵的转输水量，当水箱达到满水位时，允许本级的转输泵自动关闭。为保证液位控制的安全可靠，每个水箱的液位控制都采用 2 套不同工作原理的液位控制系统，且 2 套控制系统互为备用，控制中心能手动切换并监控。所有转输泵均按消防泵的技术要求选型，供电也按消防供电要求配备。

生活、消防合用水箱的出水管按生活、消防功能独立设置，消防出水管上设倒流防止器。

高压供水系统的消防箱内按钮和自动喷水灭火系统报警阀组上的压力开关用作判断消防工况的依据，临高压系统的消防箱内按钮和自动喷水灭火系统报警阀组上的压力开关，可以直接启动消防泵和喷淋泵。

由于上海中心大厦建筑高度高，需要多级消防转输，采用生活、消防合用供水的常高压供水，并允许转输泵根据水箱液位启闭的生活、消防联动供水技术，极大地简化了消防联动控制，体现了简单即可靠的法则，有效提高了系统的安全度。

3. 消火栓给水系统

消火栓系统在一百一十层以下采用高位水箱高压供水，一百一十层以上采用临时高压供水，详细分区见表 5。每个大分区中，当管网系统压力大于 1.0MPa，采用减压阀减压细分成 2 个子分区。具体分区见表 8。

室内消火栓给水系统竖向分区表　　　　　　　　　　　　　　　表 8

分区编号	分区楼层	减压阀减压后子分区数量	供水水箱设置楼层	供水水箱消防贮水量（m³）	供水方式
Ⅰ区	B5F～13F	2	20F	200	常高压供水
Ⅱ区	14F～43F	3	50F	200	常高压供水
Ⅲ区	44F～75F	3	83F	200	常高压供水
Ⅳ区	76F～110F	3	116F	200	常高压供水
Ⅴ区	111F～128F	2	屋顶消防水箱，128F	140	临时高压供水

消防箱内内置 DN65 栓口、25m 衬胶水带、d19 水枪以及消防软管卷盘、消防报警按钮、消防箱下部配置磷酸铵盐干粉灭火器若干。

竖向分区内，消火栓栓口静压超过 0.50MPa 时，增设减压孔板减压。

室内设置一根消火栓试验管，供各压力分区消火栓试验排水用。

4. 自动喷水灭火系统

自动喷水灭火系统设置于除游泳池、使用面积小于 5m² 的卫生间及不宜用水扑救的设备用房外，净空高度不大于 12m 的所有场所。三联供、锅炉房、柴发机房等机房区域采用预作用喷淋系统，其他场所均采用湿式系统。净空超过 12m 的场所，采用大空间智能灭火系统。

喷淋系统分区见表 9。

自动喷水灭火系统系统竖向分区表　　　　　　　　　　　　　　表 9

分区编号	分区楼层	供水水箱设置楼层	供水水箱消防贮水量（m³）	供水方式
Ⅰ区	B5F～9F	20F	200	常高压供水
Ⅱ区	10F～38F	50F	200	常高压供水
Ⅲ区	39F～70F	83F	200	常高压供水
Ⅳ区	71F～104F	116F	200	常高压供水
Ⅴ区	105F～127F	屋顶消防水箱，128F	140	临时高压供水

楼层配水管压力超过 0.4MPa 处，设置减压孔板减压。

报警阀分散设置在楼层的报警阀室内，配置试验管路、排水系统。

5. 水喷雾灭火系统

水喷雾灭火系统设于三联供机房、燃气锅炉房、柴油发电机房，其中柴油发电机房内设有多台柴油发电机，水喷雾灭火系统对每台柴油发电机设置局部保护系统，每台机组配置一套预雨淋阀，由烟感、温感探测器触发打开。

设计参数：按可燃液体灭火设计，设计喷水强度 $20L/(min \cdot m^2)$，作用面积为机组保护面积，持续喷雾时间 0.5h，喷头最低工作压力 0.35MPa。

由于机组之间无防火隔断，为防止流淌火引发大面积的燃烧，控制过火面积，在此部分机房内另外设置了预作用自动喷水灭火系统，该系统按中危险Ⅱ级喷水强度设计，以确保机房的控火效果。

6. 气体灭火系统

高低压配电房、变电间、运营商有特殊要求的通信机房、后备电源间等，采用 IG541 气体灭火系统。

系统最小设计灭火浓度为 37.5%，灭火时间 1min，采用全淹没、组合分配式系统。

系统具有自动、手动及机械应急启动的三种控制方式。

7. 高压细水雾系统

面积大于 $50m^2$ 的电信类设备机房、总控设备机房、UPS 机房、电梯机房等，采用高压细水雾系统保护。采用开式系统，各保护单元采用全淹没系统或局部应用系统，由专用泵组加压供水。

系统喷雾强度 $1.0L/(min \cdot m^2)$，系统喷雾时间 30min，细水雾粒径 $Dv_{0.99} < 400\mu m$，$Dv_{0.5} < 200\mu m$。最不利点喷头工作压力不小于 10MPa，泵组出口压力不大于 14MPa。

系统竖向分为 3 个压力分区：地下五～三十一层、三十六～八十二层、八十五～一百二十五层，分别在二十层、六十六层、一百一十六层设 3 套泵组供水。系统具有自动控制、手动控制和应急操作 3 种方式。

8. 消防应急供水措施

消防应急供水措施包括建筑外部消防应急供水和消防水箱应急供水措施。

建筑外部消防应急供水措施：上海中心大厦在每层的核心筒设有 2 根 DN100 专用消防供水立管（平时为空管），并在每层设消火栓（不配水龙带和水枪），由消防车通过专用水泵接合器向专用消防管输送泡沫混合液。在强调超高层建筑的消防扑救立足于室内自救的同时，力图提高外部消防支援能力（图 3）。

消防水箱应急供水措施：上海中心大厦除地下五层设有 1 个生活、消防合用水池（储存一次灭火所需全部室内消防用水量）外，楼层内共设有 4 个生活、消防合用水箱和 1 个消防水箱，每个水箱均储有 30min 消防用水储水量，且不小于 $200m^3$。火灾扑救时，为提高这些消防储水的使用效率，高位生活、消防水箱之间设有重力供水的连通管，这些连通管上设有可在消防控制中心远程启闭的电动阀门和现场手动阀门。在消防控制中心认为必要时，可远程或手动将高一级水箱内的消防储水向低一级的水箱供水，该方案起到"类第二水源"的功能。

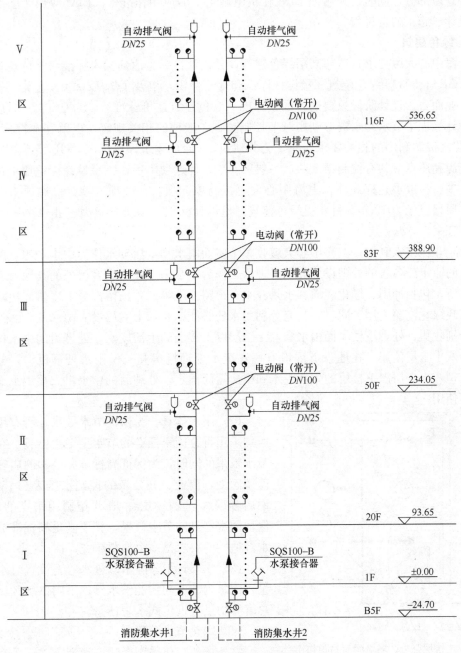

图 3 外部应急供水管系统

七、工程主要创新及特点

1. BIM 在项目中的应用

建筑、结构工种从初步设计阶段开始建模，机电工种从施工图阶段开始建模工作。建筑给水排水设计中的 BIM 应用主要包括协同设计、管线综合和碰撞检测，使用范围包括室内外管道部分，同时也为后期 BIM 在机电施工上的应用作准备。BIM 应用于上海中心大厦设计、施工的全过程。

2. 绿色建筑

上海中心大厦力求打造超高层绿色建筑，其设计目标是达到国家标准《绿色建筑评价标准》GB/T 50378 绿色建筑三星设计标识和运营标识，以及美国 Leed-CS 金奖。就给水排水专业而言，设计阶段只要达到国家标准《绿色建筑评价标准》GB/T 50378 绿色建筑三星设计标识中节水与水资源利用章节控制项、一般项的相关规定，也就基本符合 Leed-CS 金奖水资源利用的相关要求。对于公共建筑，《绿色建筑评价标准》GB/T 50378 节水与水资源利用章节共有控制项 5 项、一般项 6 项、优选项 1 项，三星设计标识要求控制项达标 5 项、一般项达标 5 项，上海中心大厦控制项 5 项、一般项 6 项、优选项 1 项均达标。本项目已于 2012 年 7 月获得绿色建筑三星设计标识，2010 年 5 月获得 Leed-CS 金奖预认证证书。

(1) 非传统水利用。上海中心大厦收集了屋面雨水和生活废水作为中水水源，两类不同水质的原水经各自的处理设施分别处理后，作为中水用于除酒店客房外的其他所有中水用水场所，包括冲厕、绿化浇灌、水景补水、道路冲洗等，并预留部分中水供周边陆家嘴地区市政绿化浇灌之用。同时，为充分利用水的势能，在六十六层设有雨水及废水处理机房，分别收集、处理塔楼屋面雨水和八十二层以上楼层的生活废水，处理后的中水供给三十二～八十二层使用。在地下五层设有一座废水处理机房和三座雨水处理机房，分别收集、处理八十二层以下楼层的生活废水和裙房屋面雨水，处理后的中水供大楼地下五～三十一层使用。

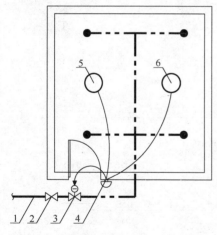

图 4 楼层强电、弱电间简易预作用
喷淋系统图

1—普通喷淋供水管；2—检修球阀；3—电磁阀；
4—紧急启动电磁阀按钮；5—烟感；6—温感

(2) 用水器具。为保证节水效果，所有用水场所均采用符合国家标准的节水型卫生器具。在保证节水效果的同时，为保证高标准办公和酒店客房的使用感受，商业、办公区的控制水压为 0.15MPa、酒店客房为 0.275MPa。既要控制用水点的水压，保证用水器具的节水效果，又要满足高标准酒店用水舒适性的要求是一个值得研究、探讨的课题。

(3) 水表计量。除市政进水管上设置总水表计量，建筑内部不同功能供水管、不同供水区域供水总管等均设置远传式水表计量。

(4) 绿化节水灌溉

室外场地绿化采用微喷、滴灌方式，垂直绿化墙采用滴灌方式，水源均为中水。

3. 消防系统特别应用

(1) 楼层强弱电间采用简化的预作用喷淋系统
(图 4)。

(2) 中庭幕墙冷却系统。每个建筑功能分区（约 15 层）有一个 60～70m 净空高度的空中休闲层，该空中休闲层由内、外 2 层玻璃幕墙分隔而成，并形成独立的防火分区。为防止内幕墙内侧的办公、酒店区火灾蔓延至空中休闲层，在内幕墙的内侧四层及以上的各楼层设有幕墙玻璃冷却系统。该系统由独立的报警阀供水，喷头采用特制的玻璃冷却专用闭式喷头（图5）。该系统的性能及相关幕墙体系整体防火性能见《窗喷头在上海中心大厦防火分隔中的应用》（该文章发表于《给水排水》杂志，2015，41(4)：82~86）。

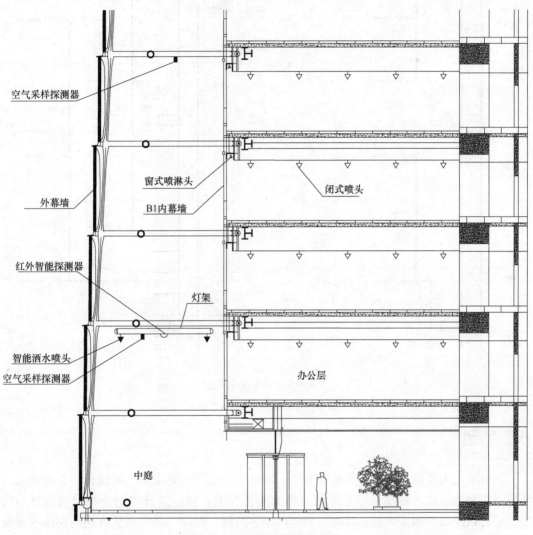

图5 中庭幕墙玻璃冷却系统

（3）喷淋加强措施。由于喷淋系统报警阀及阀后管道都为枝状管网，为提高报警阀组及阀后管道的供水可靠性，有两种比较简单可行的方法：一是从喷淋供水主管接出2组报警阀，每个防火分区分别从这2组报警阀后管道引出一路供水，并在该防火分区形成环状管网；二是每组报警阀隔层供水，即一组报警阀向奇数楼层供水，另一组报警阀向偶数楼层供水，当为失火楼层供水的报警阀失效时，其上、下相邻楼层的喷淋依然有效，为相邻楼层人员的疏散提供安全保证。前者更为安全、可靠，但报警阀和水流指示器成倍增加，成本高；后者在几乎不提高成本的前提下，可适度提高系统的安全度，上海中心大厦标准层的喷淋系统采用后者供水方案（图6）。

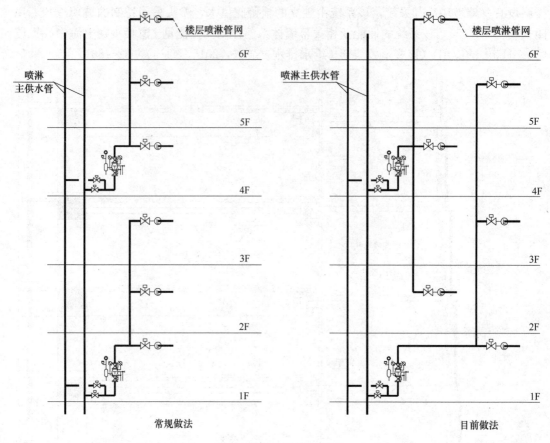

图 6 喷淋错层供水系统

八、结语

上海中心大厦的设计，需要兼顾安全、绿色、功能性的要求，同时设计、科研团队又面临系统复杂、技术难度大、无现成工程案例可参考、缺少设计规范支撑、边设计边施工、设计周期短等诸多难题和挑战。为解决诸多难题，设计、研究团队在超高层雨水系统消能技术、消防供水可靠性技术、生活消防合用系统联动控制技术等500m以上超限高层关键技术进行研究，完成上海市科委研究课题："超高层绿色建筑雨水收集与处理技术研究""上海中心大厦消防供水技术可靠性研究"。为应对上海中心项目在机电安装施工中材料及设备垂直运输量大、施工作业面狭窄、机电管线复杂的特点，提高机电设备安装工厂化、模块化率，BIM技术在上海中心大厦项目给水排水设计上作了大量的研究、应用与工程实践。

总之，希望上海中心大厦的设计、研究，能为我国500m以上的超限高层建筑的建设带来一些经验，供业内同行参考。

北京绿地中心^①

- 设计单位：　中国建筑设计研究院有限公司
- 主要设计人：王耀堂　王世豪　张燕平　陈　宁
- 本文执笔人：王耀堂

作者简介：

王耀堂，教授级高级工程师，注册设备工程师，中国建筑设计研究院有限公司总工程师，工程三院副院长。工程设计业绩：用友软件园、广州亚运城、广州金融城等；工程设计：华都中心、绿地望京超高层、龙湖大兴时代天街等。

一、工程概况

本工程位于北京市朝阳区大望京商务区总体规划中的 627 号地块，基地四周市政道路为望京三号路、望京四号路、望京二号路及望京中环。总建筑面积：173079.35m²，其中地下部分 54230m²，地上部分 118849.35m²。红线内规划建设总用地面积 19882.579m²。建筑高度：260m，地下深 21.8m。地下 5 层，地上 55 层。机动车泊位数：813 辆，自行车数：2862 辆。

本工程主要包括 1 幢超高层塔楼、1 幢零售裙房建筑及地下室。地下 5 层，其中地下五层、四层为人防、车库及设备用房，地下三层为车库及设备用房（部分为立体车库）；地下二层为商业、餐饮、设备及后勤用房；地下一层为自行车库、后勤用房等。超高层塔楼 55 层，首层为办公及服务式公寓大堂，二层为办公及会议室；裙房为商业、餐饮等用房；三～四十一层为办公、四十四～五十五层为公寓。十四、十五、二十八、四十二、四十三、五十六层为设备避难层。

容积率 8.1。顶层为直升机停机坪。建筑类别：超高层公共建筑；耐火等级：一级；设计使用年限：3 类 50 年；抗震设防烈度：8 度。结构类型：混合结构（桩基础、钢筋混凝土框架结构、钢结构）。人防工程：抗力等级六级，防化丁级物质库、防化丙级人员掩蔽。

---

① 该工程设计主要工程图详见中国建筑工业出版社官方网站本书的配套资源。

二、给水系统

1. 水源

本工程供水水源为城市自来水。依据甲方提供的市政资料，拟从用地两侧路的市政给水各接出 DN200 的给水管，经总水表后接入用地红线，在红线内以 DN200 的管道呈环状供水管网。管道供水压力为 0.20MPa，水质应符合《生活饮用水卫生标准》GB 5749 的要求。

（1）本建筑最高日自来水生活用水量为 1768.57m³/d，最大小时用水量为 167.81m³/h。

（2）根据建筑高度、水源条件、防二次污染、节能和供水安全原则，管网系统竖向分区的压力控制参数为：各区最不利点的出水压力不小于 0.10MPa，最低用水点最大静水压力（0 流量状态）不大于 0.45MPa。压力大于 0.2MPa 时采用支管减压。

2. 系统竖向分区，供水方式及给水加压设备

给水管网竖向分为 4 个压力区（图 1）：

（1）二层及以下为 1 区，生活给水由城市自来水水压直接供水。

（2）主楼三～十四层为 2 区，由在地下四层的给水变频调速泵组供水。地下四层设有供办公用水的转输泵，供水至四十二层办公给水箱。

（3）十五～四十二层为 3 区。三十九～四十一层由设在四十二层的给水变频调速泵组供水。三十一～三十八层由办公给水箱重力供水。十五～三十层由办公给水箱重力出水管经减压供水。当管道供水压力大于 0.2MPa 时采用支管减压供水。

（4）四十四～五十五层为公寓 4 区，其供水为由在地下四层的公寓给水转输泵输水至四十二层公寓给水箱，再由公寓变频调速泵组供水。

（5）在地下三层给水泵房内还设有裙房给水变频调速泵组供裙房三～四层用水。

（6）设在地下四层的办公、公寓转输泵均为 2 台，一用一备，均为工频泵。

（7）办公给水箱及办公变频调速泵设于地下四层和四十二层、裙房给水箱及裙房变频调速泵设于地下三层。地下三层、四层、四十二层裙房，办公给水变频调速泵组均由 2 台主泵（一用一备）、一台气压罐及变频器、控制部分组成。两台主泵均为变频泵，晚间小流量时，由气压罐供水。变频泵组的运行由设在给水干管上的电节点压力开关控制。

（8）设在四十二层的公寓变频调速泵组。地下四层、四十二层办公给水变频调速泵组由两台主泵（一用一备）、一台小泵、一台气压罐及变频器、控制部分组成。两台主泵均为变频泵。晚间小流量时，由小泵和气压罐供水

3. 管材

干管采用中壁不锈钢管，支管采用薄壁不锈钢管。管径≤65mm 时采用双卡压连接或焊接，管径≥80mm 时采用焊接。干管公称压力 2.5MPa。支管公称压力为 1.6MPa。

三、热水系统

1. 热源

本工程公寓为全日制供应生活热水，最高日生活热水用水量（60℃）为 39.60m³/d，

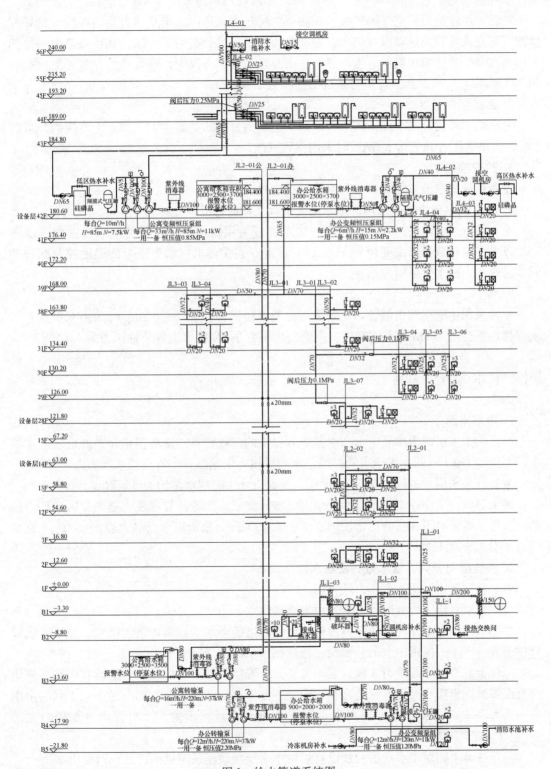

图1　给水管道系统图

设计小时生活热水量（60℃）为 5.70m³/h，小时耗热量为 331.50kW。

热源：市政热力＋空气源热泵。在四十二层热水机房内以市政热力为热媒设 4 台导流型波节管立式容积换热器供应热水。每 2 台为 1 组。供公寓的 2 个区。在市政热力检修期采用四台空气源热泵机组供应生活热水。市政热水由甲方提供。市政热力为 130℃（供水）和 70℃（回水）高温热水。热力系统工作压力 1.6MPa。

2. 系统竖向分区

公寓热水系统分两个区：四十五～四十九层为公寓的 1 区，五十～五十五层为公寓的 2 区。当供水压力大于 0.20MPa 时采用支管减压。

3. 热交换器

设 4 台导流型波节管立式容积换热器供应热水。

4. 冷、热水压力平衡措施、热水温度的保证措施等

热水与冷水管道采用统一压力源。热水管道采用机械循环，保持配水管网内温度在 50℃以上。循环泵启停温度为 50℃及 55℃，由安装在热水回水管道上的温度控制阀自动调节。热水、回水管道同程布置。

5. 管材

干管采用中壁不锈钢钢管，支管采用薄壁不锈钢管。管径≤65mm 时采用双卡压连接或焊接，管径≥80mm 时采用焊接。干管公称压力 2.5MPa。支管公称压力为 1.6MPa。

四、中水系统

1. 中水水源

小区的中水水源为市政中水。根据甲方提供的市政资料，拟从望京路上的市政中水给水管上接出 DN150 的中水给水管，经总水表后接入用地红线。管道供水压力取 0.2MPa。

最高日中水用水量约为 315.15m³/d，最大设计小时用水量约为 33.52m³/h。

供水部位：室内冲厕、车库冲洗地面、室外浇灌绿地等。管网系统竖向分区的压力控制参数为：各区最不利点的出水压力不小于 0.10MPa，最低用水点最大静水压力（0 流量状态）不大于 0.45MPa。

2. 系统竖向分区、供水方式及给水加压设备

中水管网竖向分为 4 个压力区（图 2）。

（1）二层及以下为低区，由城市中水直接供水。

（2）主楼三～十四层为 2 区，由设在地下五层的中水变频调速泵组供水。地下五层设有供十五～五十五层用中水的转输泵，转输供水至四十二层中水箱。

（3）十五～三十八层为 3 区、三十九～五十五层为 4 区。在四十二层设有中水变频调速泵组供给四十四～五十五层公寓和三十九～四十一层办公用水。三十一～三十八层由中水箱重力供水。十五～三十层由中水箱重力出水管经减压供水。当管道供水压力大于 0.20MPa 时采用支管减压。

（4）在地下四层中水泵房内还设有裙房中水变频调速泵组供裙房三～四层用水。

（5）设在地下四层和四十二层、主楼中水变频调速泵组和裙房中水变频调速泵组均由两台主泵（一用一备）、一台气压罐及变频器、控制部分组成。两台主泵均为变频泵，

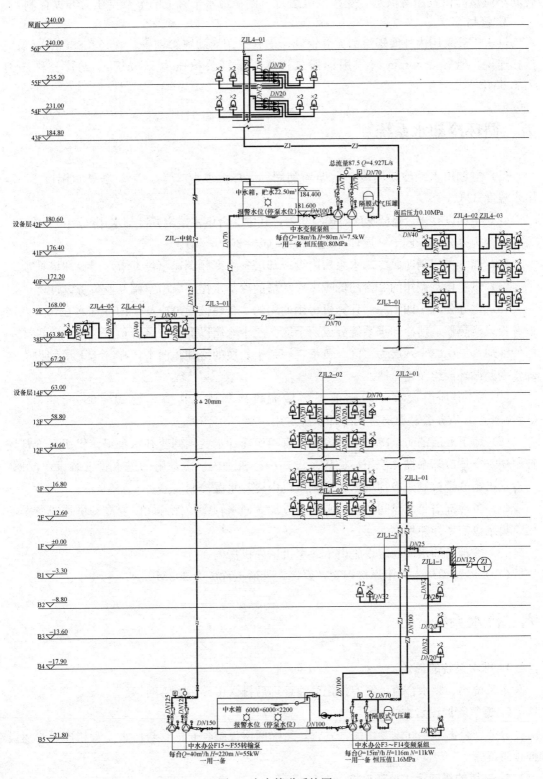

图 2　中水管道系统图

晚间小流量时由气压罐供水。变频泵组运行由设在给水干管上的电节点压力开关控制。

3. 管材

供水干管采用内外涂塑涂塑无缝钢管，支管采用涂塑镀锌钢管，管径≤65mm 时采用丝扣连接，管径≥80mm 时采用沟槽式连接。干管公称压力 2.5MPa。支管公称压力为 1.6MPa。

五、循环冷却水系统

（1）空调用水经冷却塔冷却后循环利用。湿球温度取 27℃，冷却塔进水温度 37℃，出水温度 32℃。

（2）主楼设有 4 台超低噪声闭式冷却塔，其中 2 台供主楼空调冷却水用（$Q=400\text{m}^3/\text{h}$），另外 2 台为办公二～四十一层计算机房预留（$Q=300\text{m}^3/\text{h}$）。

（3）四十二层消防、冷却水泵房内设冷却塔补水变频调速泵供五十六层冷却塔补水。

（4）供主楼空调用的 2 台超低噪声冷却塔的冷却水循环泵由空调专业负责设计。

（5）供办公二～四十一层计算机房用的用的 2 台超低噪声冷却塔的冷却水在二十八层设有板式换热器，使冷却水系统分成两个区。二十八层以上为一区，负责二十九～四十一层的冷却；二～二十八层为二区，负责二～二十八层的冷却。两个区在二十七层均设有冷却水变频循环泵组及定压罐。

（6）裙房顶层设有 4 台超低噪声横流式冷却塔。其中 3 台 $Q=680\text{m}^3/\text{h}$，1 台 $Q=400\text{m}^3/\text{h}$ 供办公、裙房空调冷却水补水用。

（7）地下五层消防、冷却泵房内还设有裙房冷却水变频调速补水泵组，供裙房冷却塔补水用，空调冷却水循环使用，循环泵设在冷冻机房内。冷却塔的进水管上装设电动阀，与冷水机组联锁控制。冷却塔采用变频风机由冷却水温控制启停。

（8）各冷却塔集水盘间的水位平衡通过加大回水管管径保持。以上冷却塔均需冬季使用，集水盘需要伴热保温。

（9）冷却塔的水质稳定设施设于冷水机房内机房内。

（10）冷却循环水采用焊接钢管，焊接。管道工称压力 2.5MPa。

六、排水系统

1. 排水系统的形式

本系统污、废水合流，经室外化粪池处理后排入市政污水管网。

2. 透气管的设置方式

办公、公寓卫生间设专用透气立管，每隔两层设结合通气管与污水立管相连，厨房设伸顶透气管。

3. 采用的局部污水处理设施

厨房排水经厨房设备自带的隔油设备隔油外，还需经过设在地下一、地下三层的油脂分离器隔油后才能排放。

4. 管材

污水、废水管、通气管≥50mm 采用铸铁管，法兰连接，采用密封性能好的双 45°橡胶密封。与污废雨水泵连接的管段均采用焊接钢管，法兰连接。地下室外墙以外的埋地管采用给水铸铁管，水泥捻口（转换接头在室内）。雨水管采用镀锌钢管，沟槽连接。

七、消防系统

1. 消火栓系统

消防水量：室外消火栓水量 30L/s，室内消火栓水量 40L/s，火灾延续时间 3h。自动喷水灭火水量 40L/s，火灾延续时间 1h。

（1）消防水池容积

地下五层消防、冷却塔补水水池容积 483.06m³，其中消防水量 432m³，有消防水量不被动用措施。四十二层消防、冷却塔补水水池容积 140m³，其中消防水量为 120m³，有消防水量不被动用措施。五十六层消防水池容积 150m³。

（2）室内消火栓系统

1）四十三层至顶层为临时高压系统，平时压力由屋顶消防水箱间的稳压设备提供。消防时启动四十二层室内消火栓泵组，提供消防所需的水压。四十二层及以下为常高压系统，由屋顶 150m³ 消防水箱提供消防水压及水量。

2）地下五层消防冷却塔补水泵房内，设有 483.06m³ 消防、冷却塔补水水池及 2 台消火栓转输泵（一用一备），消火栓转输泵供水至四十二层消防、冷却塔补水水池。四十二层消防、冷却塔补水泵房内设有 2 台消火栓加压泵（一用一备）供四十三～五十六层消火栓，并经减压后供二十九～四十二层消火栓。

3）十五～二十八层、一～十四层（主楼）均由四十二层消防水池出水管减压供给，以上减压阀后压力为 0.25MPa。地下一～地下五层由一～十四层消火栓管道减压供给，减压阀后的压力为 0.50MPa。

4）消火栓设计出口压力控制在 0.25～0.5MPa，超过 0.5MPa，采用减压稳压消火栓。地下五层～八层、十五～二十一层、二十四～二十九层、四十三～四十九层采用减压稳压消火栓。

5）室内设专用消火栓管道。消火栓采用单栓消火栓箱，消火栓箱内配 D65 消火栓 1 个，D65、L=25m 麻质衬胶水带 1 条，D65×19mm 直流水枪 1 支，消防水喉一套（汽车库、消防梯前室消火栓不带水喉）。所有消火栓处均配带指示灯和常开触点的启泵按钮一个。

6）在顶层设有有效容积为 150m³ 的高位消防水池和消火栓增压泵组，以保证灭火初期的消防用水。水箱设置高度 240m，消火栓系统竖向分 5 个区。

7）消火栓栓口高度为地面上 1.1m。

8）室外设有 6 组消火栓水泵接合器，3 组在地下一层与低区消火栓管连接。另外 3 组接入地下五层消防水池。

9）消火栓管道采用无缝钢管，焊接。机房内的管道及与阀门相接的管段采用法兰连接。干管道公称压力 3.50MPa。支管管道公称压力 1.6MPa。

（3）消火栓主要设备

消火栓转输泵，$Q=40L/s$，$H=220m$，$N=200kW$，$n=2900r/min$，位于地下五层消防泵房；消火栓加压泵，$Q=40L/s$，$H=100m$，$N=90kW$，$n=2900r/min$，位于四十二层消防泵房；消火栓增压设备，消防压力 0.38～0.50MPa，型号为 25GW3-10×8，位于五十六层消防泵房。

2. 自动喷水灭火系统

本工程地下车库、商业自动喷水灭火系统按中危险II级考虑，设计喷水强度 8L/(min·m²)，作用面积 160m²。其他部位均按中危险I级考虑，设计喷水强度 6L/(min·m²)，作用面积 160m²。灭火用水量为 30L/s，火灾延续时间 1h。

本工程除了地下一层自行车库处采用预作用空管系统外，其他部位均为湿式系统（图3）。

（1）自动喷水系统：四十三至顶层，为临时高压系统，平时压力由屋顶消防水箱间的稳压设备提供。消防时启动四十二层自喷泵组，提供消防所需的水压。四十二层及其以下，为常高压系统，由屋顶 150m³ 消防水箱提供消防时水压及水量。

四十二层设有 2 台自动喷水加压泵（1用1备）供给四十三～五十六层自动喷水系统用水。四十三～五十六层的喷头由设在 42 层的 4 组报警阀组负担。

二十八层设有 4 组湿式报警阀组负责二十八～四十一层喷头。由设在五十六层消防水池出水管供水。

十四层设有 4 组湿式报警阀组负责十四～二十七层喷头。由设在五十六层消防水池出水管减压供水。

地下二层设有 10 组湿式报警阀组，负责地下二～十三层及裙房喷头。地下三～地下五层各设有 2 组报警阀组由设在五十六层消防水池出水管再次减压供水。

在五十六顶层设有有效容积为 150m³ 的高位消防水池和自动喷水增压泵组，以保证灭火初期的自动喷水用水。水箱设置高度 240m。

（2）喷头设置范围：除下列部位不设喷头外，其余均设喷头保护：面积小于 5m² 的卫生间以及变配电室、消防控制中心、电梯机房等。

本工程主楼办公、公寓、裙房均需要进行二次装修设计，喷头布置以二次设计为准。

所有防火卷帘采用耐火时间≥3h（以背火面判定）的复合式防火卷帘，因此在其两侧不设喷头保护。

（3）喷头选用：

1）吊顶下为吊顶型喷头，吊顶内喷头为吊顶型喷头，车库、无吊顶的房间喷头为直立型喷头，公寓的卧室采用边墙型扩展覆盖喷头。裙房四层走道无法设吊支架，走道内喷头均采用侧墙喷头。当喷头设置的层超过室外水泵结合器扑救灭火的高度时，采用快速响应喷头。其余采用普通玻璃球喷头。

2）喷头动作温度：厨房热交换间等高温区为 93℃，其他为 68℃。

3）喷头的备用量不应少于建筑物喷头总数的 1%，各种类型、各种温级的喷头备用量不得少于 10 个。

4）喷头布置：喷头间距如与其他工种发生矛盾或装修中需调整喷头位置时，喷头布置必须满足规范要求，且喷头距灯和风口间距不宜小于 0.3m。

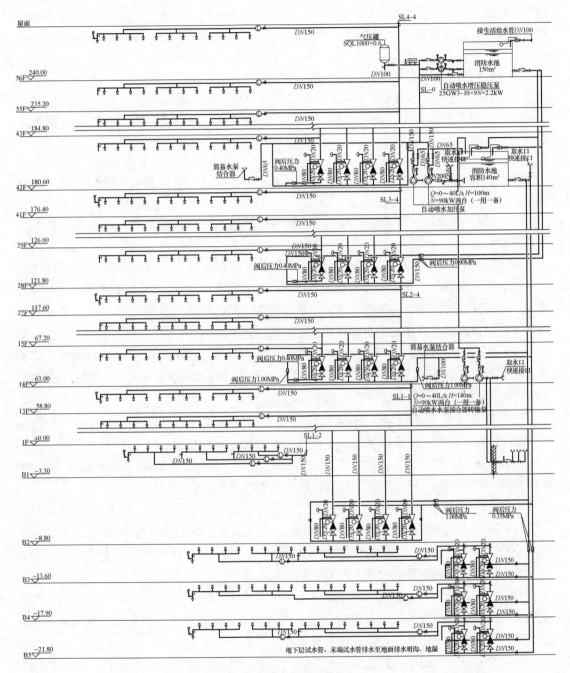

图 3　自动喷水管道系统图

（4）每个防火分区的水管上设信号阀与水流指示器，每个报警阀组控制的最不利点喷头处，设末端试水装置，其他防火分区、楼层的最不利点喷头处，均设 $DN25$ 的试水阀。信号阀与水流指示器之间的距离不宜小于 300mm。

（5）湿式自动喷水系统的控制：

1) 自动控制：高区平时管网的压力由稳压泵保持；当管网压力下降至 0.26MPa 时，稳压泵启动，压力升至 0.31MPa 后稳压泵停泵。当管网压力降至 0.23MPa 时，自动喷水加压泵启动，稳压泵停止。灭火后手动停加压泵。自动喷水加压泵均应保证在火警后 30s 内启动。

2) 喷头动作后，压力开关直接连锁自动启动自动喷水泵。

3) 消防中心和泵房内工作人员亦可就地手动开启自动喷水加压泵。

（6）十四层设有 2 台自动喷水水泵结合器转输泵（一用一备）供水至四十二层消防水池。

（7）预作用自动喷水系统。

1) 地下一层自行车库对系统和喷头无特殊要求，故采用空管系统。水泵与湿式系统共用。

2) 地下一层自行车库采用防冻玻璃泡喷头，楼板下采用直立型喷头，风道下采干式下垂型喷头。

3) 预作用自动喷水系统的控制：预作用报警阀的开启由电气自动报警系统控制，当自动报警系统报警后，预作用报警阀的电磁阀打开，阀上压力开关启动自动喷水灭火系统水泵，快速排气阀排气，向管网充水，系统转变为湿式。报警阀为单连锁控制，仅有喷头开启不能使报警阀动作和启动自动喷水泵。

（8）采用加厚内外热镀锌钢管，$DN \leqslant 70mm$ 者丝扣连接，$DN \geqslant 80mm$ 者沟槽式连接。机房内管道及与阀门等相接的管段采用法兰连接。喷头与管道采用锥形管螺纹连接。干管公称压力 3.5MPa。支管管道公称压力 1.6MPa。

（9）自动喷水主要设备。自动喷水加压泵，$Q = 40L/s$，$H = 100m$，$N = 90kW$，$n = 2900r/min$，四十二层消防泵房；自动喷水水泵接合器转输泵，$Q = 40L/s$，$H = 140m$，$N = 90kW$，$n = 2900r/min$，十四层消防泵房；自动喷水增压设备，消防压力 0.50～0.65MPa，25GW3-10×9，$N = 2.2kW$，位于五十六层消防泵房。

3. 自动扫描射水智能喷水灭火系统

（1）裙房中庭采用自动扫描射水智能喷水灭火系统。单个喷头标准喷水流量 5L/s，中庭三层顶设 4 组自动扫描射水智能喷头，设计流量 20L/s。与自动喷水系统共用加压泵。

（2）自动扫描射水智能喷水系统有三种控制方式：

自动控制：消防控制室无人值守时或人为使系统处于自动状态下，当报警信号在控制室被主机确认后，控制室主机向控制盘发出灭火指令，灭火装置按设定程序搜索着火点，直至搜到着火点并锁定目标，再启动电磁阀和消防泵进行灭火。

消防控制室手动控制：控制设备在手动状态下，当系统报警信号被工作人员通过控制室显示器或现场确认后，控制室通过消灭火装置控制盘按键驱动灭火装置瞄准着火点，启动电磁阀和消防泵进行灭火。消防泵和灭火装置的工作状态在控制室显示。

现场紧急手动：工作人员发现火灾后，通过设在现场的手动控制盘按键驱动灭火装置，瞄准灭火点，启动电动阀和消防泵进行灭火。

4. 取水口和简易水泵结合器

高层建筑内设取水口和简易水泵结合器。高层建筑内为保证高区的消火栓系统在偶遇停电的特殊情况下仍有供水能力，在四十二层消火栓加压泵的吸水管上设供消防手台泵用的吸水口，在消火栓加压泵的压水管上设简易水泵结合器。

高层建筑内为保证高区的自动喷水系统在偶遇停电的特殊情况下仍有供水能力，在十四层的水泵结合器加压泵的吸水管上设取水口，在十四层报警阀组的供水环管上设简易水泵结合器。并在四十二层自动喷水加压泵的吸水管上设供消防手台泵用的吸水口，在自动喷水加压泵的压水管上设简易水泵结合器。

5. 气体灭火系统

为降低火灾危险性，在电气用房的电气设备（高压配电柜、低压配电柜、变压器）内设置七氟丙烷固定式全淹没灭火系统。设计参数：灭火设计浓度 8%，设计喷放时间 8s，灭火浸渍时间 5min。

气体灭火系统待设备招投标后，由中标人负责深化设计。深化设计严格按照本设计的基本技术条件和《气体灭火系统设计规范》GB 50370—2005 进行。施工安装应符合《气体灭火系统施工及验收规范》GB 50263—2007 的规定，并参见国标图《气体消防系统选用、安装与建筑灭火器配置》07S207。

八、工程主要创新及特点

北京绿地中心位于机场高速五元桥边上、望京商务区的中心位置。外幕墙以中国锦的概念为出发点，塔楼造型呈现出编织交错的机理，富有地标性。其建筑高度 260m，地上 55 层，以避难层为分界，竖向划分为 4 个分区，地下深 21.8m，地下 5 层，顶层为直升机停机坪。

地下给水机房内设置给水箱及给水泵，避难层四十二层机房内设置公寓、办公给水箱及给水泵组。此模式可减少中间转换水箱数量，有效减少下部避难层内管道，节省机房面积，方便物业管理公司集中管理。四十二层水箱起承上启下作用，满足二区、三区办公及四区公寓的供水需求。中水系统设置模式同给水系统。

消防系统中，地下室消防水池储存消防水量 432m³，四十二层消防水箱消防水量 120m³，屋顶消防水箱容积 150m³，满足本项目全部消防水量要求。屋顶消防水箱高 7.4m，采用焊接折弯钢板水箱，并增设加强筋与固定件，提高水箱稳定性。屋顶水箱储存本项目全部自喷用水量，四十二层消防水箱与屋顶层消防水池相互备用，提高消防安全性。在主要设备间及水箱间设置简易消防水泵接合器，便于险情时消防队员紧急取水。

公寓供应生活热水，供暖季采用市政热力供热。非供暖季时，在保证机房有效通风换气的前提下，使用空气源热泵机组制备生活热水，运行成本低廉，节能环保，具有良好的社会效益。

塔楼办公区的计算机房提供 24h 循环冷却水。其系统竖向分为两区，低区热量通过二十八层板式换热器换到高区，由高区管路置换到屋顶冷却塔。塔楼屋面设置 2 台超低噪声冷却塔，为全楼数据机房提供冷源。

塔楼屋顶作为区域建筑制高点，按消防要求设置直升机停机坪。停机坪直径 25m，可以停靠最大型直升机，为消防和急救提供条件。停机坪采用泡沫消火栓系统。

　　针对管线复杂部位，采用 SU 三维模型对土建和机电管线三维建模，排布管线高度和平面位置，预排布提前发现机电管综问题，为下一步深化设计提供依据。

　　本项目设计体现绿色建筑理念，满足 LEED 银级认证各项指标。该项目销售入住良好，各项指标均满足设计和施工要求达到的指标，具有明显经济、社会、环境效益。

珠海长隆海洋王国①

设计单位： 广州市设计院
主要设计人：丰汉军　赖海灵　贺宇飞
　　　　　　万明亮　何志毅　姚玉玲
　　　　　　周　甦　孔　红
本文执笔人：赖海灵

作者简介：
　　赖海灵，教授级高级工程师，注册公用设备工程师（给水排水）现任广州市设计院副总工程师。主持完成的代表项目：毛泽东遗物馆、太古汇、清远国际酒店、南海区博物馆、珠海长隆海洋王国等。

一、工程概况

　　珠海长隆海洋王国位于珠海市横琴新区富祥湾，用地范围三面环山，东面临海，用地现状主要是地势较平缓的荒草地、果园、菜地、鱼塘等，具有优良的自然生态环境。地块周边的市政规划路有 $DN500$ 的市政给水管、$DN500 \sim DN800$ 的污水管、$2m \times (2.6 \sim 3.4)m$ 雨水渠箱，给水排水条件优越。珠海长隆海洋王国是亚洲最大的以海洋为主题的休闲娱乐公园，公园由一个中心湖区和八个各具异域海洋风情特色的分区组成。整个园区共分为：海豚区、鲨鱼区、海洋奇观区、极地区、家庭娱乐群岛区、海狮/海象、游乐园入口区、后勤区、中心湖及公共区 9 个区域，总占地面积约 55 万 m^2，总建筑面积约 15 万 m^2（图 1）。

图 1　园区总鸟瞰图

---

① 该工程设计主要工程图详见中国建筑工业出版社官方网站本书的配套资源。

本项目由美国 PGAV 建筑事务所、美国 TJP 维生系统工程公司、香港 X-nth 机电顾问公司、广州普邦园林股份有限公司、广州市设计院合作完成。本项目海洋动物维生系统由美国 TJP 维生系统工程公司主持设计，广州市设计院配合设计，其余给水排水系统均由广州市设计院设计。

二、给水系统

1. 用水量（表 1）

用水量

表 1

用水名称	用水定额	数量	用水时间 (h)	平均时用水量 (m³/h)	时变化系数	最大时用水量 (m³/h)	最高日用水量 (m³/d)
员工	50L/(人·班)	1700 人班	13	6.5	2.5	16.4	85
游客	20L/(人·次)	57500 人次	13	88.5	1.5	132.7	1150
餐厅	40L/(人·班)	45000 人次	8	225.0	1.5	337.5	1800
空调			24	125.0	1.0	125.0	3000
维生系统			24	94.4		358.0	2265
海水配制			24	10.8		26.0	260
机动游戏水池	9.32mm/(m²·d)	10000m²	24	3.9	1.5	5.8	93.2
中心湖	9.32mm/(m²·d)	24500m²	24	9.5	1.5	14.3	228.3
水景	9.32mm/(m²·d)	9000m²	24	3.5	1.5	5.2	83.9
道路广场	3L/(m²·次)	170000m²	4	127.5	1.0	127.5	510.0
绿化	3L/(m²·次)	285000m²	6	142.5	1.0	142.5	855.0
未预见	10%			83.7		129.1	1033.0
总　计				920.8		1420	11363.4
不可停用水合计				554.1		1001.4	8653.2

2. 分质供水

本项目可利用的水源有市政高质水和水库水，根据水质分析，高质水水质满足《生活饮用水卫生标准》GB 5749—2006，水库水满足《地表水环境质量标准》GB 3838—2002 中水域功能和标准分类标准中的第Ⅳ类。水库的容量约 6 万～8 万 m³，可作公园的水源之一。

整个园区设两路 DN500 市政进水，给水管在园区成环，用于生活盥洗、淋浴、餐饮、空调补水、消防水池补水、维生系统用水等。中心湖、水景、道路广场、绿化、考虑采用水库水。园区供水管布置如图 2 所示。

3. 供水方式

本项目建筑绝大部分为 3 层以下，设计地面标高 6～8m，横琴岛规划水压为 0.24MPa，可以满足生活用水的压力要求，故建筑物的生活用水均由市政压力直接供给。

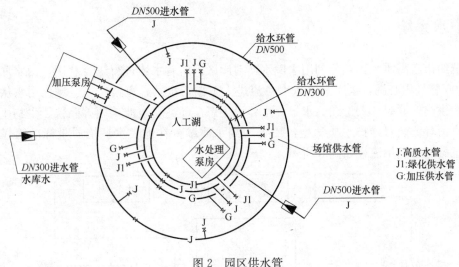

图2　园区供水管

维生系统需要补充市政高质水，作用为：系统反冲洗、海水调配、淡水池补水和机房地面冲洗等。维生系统反冲洗的最低压力要求为 0.20MPa，加上倒流防止器和管路损失的压力，最小供水压力要求为 0.30 MPa，市政压力不能满足要求。且本项目在市政供水管网的末端，高峰用水时水压波动较大，水压不稳定，故考虑对维生系统用水进行加压。

4. 加压泵房

本项目周围规划有 DN600 给水环管，可满足公园的用水量要求。给水管线远期规划是成环的，但近期是枝状，不能保证公园营运不停水的要求。故在园区内设一个泵房、水池以保证公园营运供水安全，储水量按公园营运最高日用水量的 50% 考虑，水池容积 4000m³，设 $Q=1000$m³/h，$H=40$m 变频供水设备一套。平时生活用水由市政压力直供，维生系统用水加压供给；市政发生停水事故时则由全部由泵房加压供水。

5. 防污染措施

供水防污染措施非常重要，海洋动物携带着大量的细菌，通过饮水传播是一条重要的途径，故把生活用水、维生系统用水从系统上分开，各自独立成环。生活泵房、水池设于后勤区，远离动物，以防细菌通过空气传播。泵房内设紫外线消毒杀菌设备，对水池水进行循环消毒杀菌。各建筑单体进水管均设减压型倒流防止器以防回流污染，各冲洗龙头前均设真空破坏器。

三、生活热水系统

海洋公园各场馆的后勤区设有少量淋浴间，后勤综合楼设有 56 个淋浴间，均需要供应热水。公园各场馆淋浴间位置分散，用热量不大，采用分散设置蓄热式电热水器供应热水；后勤综合楼用热量大，采用热泵供热，设 3 台 5m³ 的热水储罐，6 台发热量 64kW 的热泵，热水罐与热泵、热水罐与管网分别设热水循环泵。

四、中水系统

为节约市政高质水，充分利用水库水，对园区内所有水体进行综合利用。由水库引一根 $DN300$ 管到中心湖，水库水由重力自流进人工湖，水景、道路广场、绿化用水从人工湖加压后供给。同时，人工湖、水景等水体设生态浮岛、超声波杀菌灭藻仪、生物生态净化基及水力环流装置维护水质稳定，使人工湖水质维持在地表水环境质量标准第Ⅳ类以上。人工湖综合利用流程如图 3 所示。

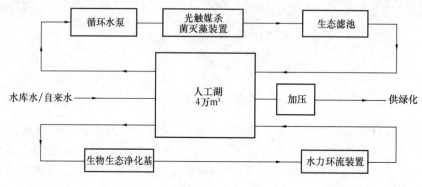

图 3 人工湖综合利用流程

五、排水系统

1. 排水体制

海洋公园采用雨水与污水完全分流排水体制。公园的南面、东面均规划有（2～3）m ×1.5m 市政雨水排水暗渠，北面也规划有排水明渠，公园的南、西、北三面均规划有 $DN500 \sim DN800$ 市政污水管网。经与市政设计单位协商，市政排水管可满足本项目排水要求。

2. 雨水系统

屋面雨水设计重现期为 10 年，暴雨强度公式：$q=1338.3005/(t+1.5471)^{0.4062}$ [L/(s·hm²)]，并按 50 年一遇设溢流口。室外雨水设计重现期为 3 年，暴雨强度公式：$q=1750.6978/(t+5.6218)^{0.5068}$ [L/(s·hm²)]。雨水管渠设计流量计算公式：

$$Q=\psi qF。$$

式中，ψ——综合径流系数，根据各地块用地性质加权计算，取综合径流系数 0.6；q——设计暴雨强度，L/(s·hm²)；F——汇水面积，(hm²)；t——降雨历时，min，其中 $t=t_1+mt_2$，取 $t_1=7$min，$m=2$。

园区内各建筑物地上部分雨水采用重力自流排出，地下部分设潜水泵抽升排放。室外以"一心二环九区"的规划布局为基础，结合地势的变化划分成不同的排水区域，雨水分片区由管道收集后，以最短的路径放射状地向园区外围排出，最终排入市政雨水排水渠。

3. 污水系统

园区内生活污水量按扣除蒸发、绿化后用水量的 100% 计算，最高日排水量为

$6070m^3/d$，最大时排水量为 $998.1m^3/h$。

园区内各建筑物地上部分污水采用重力自流排出，地下部分设液下泵抽升排放。室外根据"一心二环九区"的规划布局，结合竖向规划、道路坡向划分成不同的排水区域，按管线短、埋深小的原则布置污水管道。园区内的生活污水经化粪池处理，餐厅及厨房废水经隔油池处理，海洋生物养殖废水经区内的维生系统处理，处理后的污水分区域排到市政污水排水管。

维生系统由外方设计单位负责，典型的水处理流程如图 4 所示。

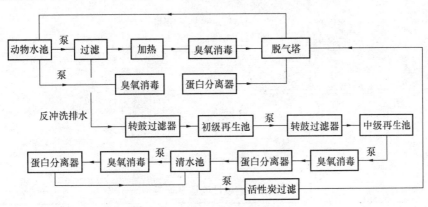

图 4　维生系统流程

六、消防概述

本项目建筑功能可分为：展览馆、表演场、游戏设备、商场、餐饮、综合办公、仓储、后勤用房等，设有室内外消火栓系统、自动喷水灭火系统、大空间主动喷水灭火系统、水幕系统和热气溶胶自动灭火系统，以及建筑灭火器配置。本项目由国家消防工程技术研究中心出具消防性能化设计报告。

公园每天游客设计人数达 57500 人次，按同一时间发生火灾 2 次考虑，一次消防用水量如表 2 所示。

一次消防用水量　　　　　　　　　　　　　　表 2

序号	系统名称	用水量标准 (L/s)	火灾延续时间 (h)	一次消防用水量 (m^3)	备注
1	室外消火栓系统	30	3	324	由市政给水管网供水
2	室内消火栓系统	30	3	324	
3	自动喷水灭火系统	60	1	216	按会展高大净空设计
4	大空间主动喷水灭火系统	30	1	108	
5	防护冷却水幕系统	40	1	144	根据消防性能化报告确定
	合计			1116	其中室内：792 m^3

整个园区设两个集中消防泵房，分别位于第 8 区和第 6 区，每个消防泵房各服务半个

园区，二次火灾时可互为备用。每个消防水池有效容积为 792m³（分为两格）。在园区两栋最高建筑物分别设置一个 18m³ 高位消防水箱，位于第 8 区和第 3 区。园区消防环管布置如图 5 所示，设计流量及管径如表 3 所示。

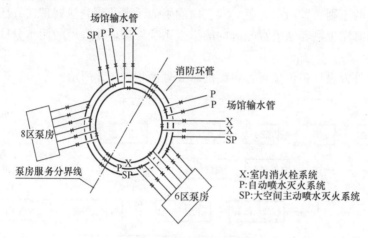

场馆输水管
SP P P X X

消防环管

P 场馆输水管
P

X 室内消火栓系统
X
SP

8区泵房

泵房服务分界线

P X
SP

6区泵房

X:室内消火栓系统
P:自动喷水灭火系统
SP:大空间主动喷水灭火系统

图 5 园区消防供水管

消防系统设计流量及管径   表 3

序号	系统名称	用水量标准（L/s）	火灾延续时间（h）	火灾次数	环管设计流量（L/s）	环管管径
1	室内消火栓系统	30	3	2	60	DN200
2	自动喷水灭火系统	60 30	1～2	2	90	DN250
3	大空间主动喷水灭火系统	30	1	2	60	DN200
	合计	120		2		

1. 室外消火栓系统

本项目设两路 DN500 市政进水，给水管在园区成环，在园区内按不大于 120m 间距为原则设置室外消火栓。市政高质水规划水压为 0.24MPa，室外消火栓直接由市政压力供水。

2. 室内消火栓系统

（1）消火栓箱。室内消火栓按间距不大于 50m 布置。水枪充实水柱不小于 13m，保证任一点有两股水柱扑救。采用带灭火器组合式消火栓箱，内置 DN65 消火栓、当量喷嘴直径 19mm 水枪、25m 衬胶水带、消防卷盘各 1 个，同时配置建筑灭火器 2 个、防烟面罩 2 个。

（2）系统设置及竖向分区。本系统竖向不分区，管网竖向、水平形成环网，由消防水泵房内的消火栓泵组向管网双路供水。各单体进水管处设闸阀及止回阀，各单体分别设水泵接合器。

（3）消火栓泵组。泵房内设 $Q=30L/s$，$H=80m$ 的全自动消防气压给水设备一套，各消火栓箱旁均设有碎玻按钮，可远距离直接启动水泵，管网平时由稳压泵补压，稳压泵由压力开关控制启停，各台水泵的启、停、故障，均有信号在消防控制中心显示。

3. 自动喷水灭火系统

（1）系统设计参数。海洋公园自动喷水灭火系统用水量最大的为 8～12m 展览大厅，按会展中心设计，设计喷水强度 12L/(min·m²)，作用面积为 300m²，设计流量为 60L/s。

（2）系统设置及竖向分区。本系统竖向不分区，由消防水泵房内的喷淋泵组向管网双路供水。各单体进水管处设闸阀及止回阀，各单体分别设报警阀及水泵接合器。

（3）喷淋泵组。泵房内设 $Q=60L/s$，$H=80m$ 的全自动消防气压给水设备一套，发生火灾时，报警阀发出信号，可远距离启动水泵，管网平时由稳压泵补压，稳压泵由压力开关控制启停，各台水泵的启、停、故障，均有信号在消防控制中心显示。

4. 大空间智能型主动灭火系统

（1）系统设计参数。海洋公园部分建筑净高超过 12m，采用大空间智能型主动喷水灭火系统，系统选用自动扫描射水高空水炮灭火装置。系统设计按最不利情况有 6 只喷头同时启动，每个喷头的流量为 5L/s，灭火持续时间为 1h，设计流量为 30L/s。

（2）系统设置及竖向分区。本系统竖向不分区，由消防水泵房内的大空间泵组向管网双路供水。各单体进水管处设闸阀及止回阀，各单体分别设水泵接合器。建筑单体内设高空水炮装置、电磁阀、水流指示器、信号闸阀、末端试水装置和红外线探测等组件，全天候自动监视保护范围内的一切火情，一旦发生火灾，红外线探测组件向消防控制中心的火灾报警控制器发出火警信号，启动声光报警装置报警，报告发生火灾的准确位置，并能将灭火装置对准火源，打开电磁阀，喷水扑灭火灾。火灾扑灭后，系统可以自动关闭电磁阀停止喷水。

（3）大空间泵组。泵房内设 $Q=30L/s$，$H=100m$ 的全自动消防气压给水设备一套，发生火灾时，高空水炮装置发出信号，可远距离启动水泵，管网平时由稳压泵补压，稳压泵由压力开关控制启停，各台水泵的启、停、故障，均有信号在消防控制中心显示。

5. 水幕系统

本项目展览大厅有 2 万 m³ 的海水池，观众可透过亚克力玻璃窗观赏海洋动物，玻璃窗面积达 40m×8m，需要设置防火水幕保护。系统由消防水源、水幕泵组、感温雨淋阀组、水幕喷头和管路组成，当感温探测器探测到火灾信号后，开启雨淋阀和水幕泵组，水幕喷头洒水，形成水幕，从而起到防火保护作用。系统设计最不利情况长度 40m，用水量按 1L/(s·m) 计，设计流量为 40L/s，灭火持续时间为 1h，泵房内设 $Q=40L/s$，$H=40m$ 的全自动消防气压给水设备一套。

6. 热气溶胶自动灭火系统

本项目设备房虽然为单层建筑，但设备房内的设备控制整个园区的电气、空调设备，影响面大，属重要的设备房。故考虑变压器房，高、低压配电房、空调强电配电房、发电机房设气体灭火；表演控制室、音响机房、灯光机房及通信网络机房等弱电机房也设气体灭火。气体灭火系统采用 S 型预制式热气溶胶自动灭火系统，防护区采用全淹没灭火方式。

七、设备材料

1. 室外给水排水管材

室外消防管及高质水管均采用孔网钢带骨架增强复合塑料管，电热熔连接。中水系统采用 PVC-U 给水塑料管，胶粘连接。

室外排水管 $DN<800mm$ 时采用 HDPE 双壁波纹管，承插式密封橡胶圈连接；$DN\geqslant$ 800mm 时采用钢带增强聚乙烯（HDPE）螺旋波纹管，承插式电热熔连接。

2. 室内给水排水管材

冷水给水管采用 CPVC 冷水给水管，胶粘连接。热水给水管采用 CPVC 热水给水管，胶粘连接。室内雨、污排水系统采用 PVC-U 塑料管，胶粘连接。消火栓及喷淋给水管道采用热镀锌钢管，$DN100$ 以下采用丝扣连接，$DN100$ 及以上采用沟槽式连接。

八、工程主要创新及特点

防污染措施：海洋动物携带着大量的细菌，通过饮水传播是一条重要的途径。故把生活用水、维生系统用水从系统上分开，各自独立成环。各建筑单体进水管均设减压型倒流防止器以防回流污染，各冲洗龙头前均设真空破坏器。

防冻措施：建筑物内有模拟北极和南极气候的区域，给水排水管线要尽量避开该区域设置，必须经过该区域给排水管线要考虑防冻措施，故给水排水管道采用空管、电伴热加泡沫橡塑管壳保温措施。

防海水腐蚀措施：维生系统使用大量的海水，给水排水的设备材料要考虑防海水腐蚀措施，故给水排水管均采用塑料管，与海水接触的阀门均采用内衬氟塑料的铸铁阀门，与海水接触的排水泵均采用氟塑料合金液下泵，输送海水的给水泵均采用氟塑料合金离心泵（图6）。

消防方面：在超过 12m 的展厅设有大空间智能型主动灭火系统，在大型的亚克力玻璃窗设水幕系统（图7）。

图6　耐腐蚀设备

图7　亚克力玻璃窗

中国国学中心①

- 设计单位： 东南大学建筑设计研究院
有限公司
- 主要设计人：程　洁　赵晋伟　刘　俊
鲍迎春
- 文本执笔人：程　洁

作者简介：
程洁，高级工程师。主要设计项目：中国国学中心、青岛市民健身中心、招商银行南京分行招银大厦、桥北体育中心等。

一、工程概况

中国国学中心位于北京市奥林匹克公园中心区，与国家体育场（鸟巢）相距约400m。项目规划建设用地面积35721m²，总建筑面积103531m²。建筑总高度56.00m（室外地面至檐口），最高68.00m（室外地面至屋面凸出部分），其中主楼地上8层、裙房地上4层，地下2层。属于一类高层建筑。功能组成包括国学展陈、国学教育、国学研究、文化交流以及配套设施等五大板块。

二、给水系统

1. 水源

本工程生活水源取自城市自来水管网，2路进水，分别从基地西侧湖景东路DN400城市给水管上和基地北侧规划六路道路上DN300城市给水管上接入（考虑室外消防用水量），引入管管径均为DN200，市政给水接入处的最低水压0.18MPa。

2. 用水量

卫生间盥洗、厨房用水采用城市自来水，最高日自来水用水量约为392.7m³/d，最大小时生活用水量约为60.43m³/h。

3. 给水系统分区

根据城市自来水管网的水压和建筑高度，给水系统共分为3个区，地下二层至主楼一层为一区，设计秒流量6.75L/s，由市政给水供水管网直接供给；主楼二、三层（裙楼二、三、四层）为二区，设计秒流量6.70L/s；主楼四层至主楼八层（主楼标高从23.00m至屋顶）为三区，设计秒流量4.92L/s。均采用下行上给供水方式，二、三区给水分别由地下二层生活泵房内的生活贮水池及变频调速给水设备供给。每区最低用水器具

---

① 该工程设计主要工程图详见中国建筑工业出版社官方网站本书的配套资源。

的静水压力不超过 0.45MPa，配水点静水压力超过 0.20MPa 的支管设支管减压阀。

4. 变频调速给水设备

二区生活给水变频调速恒压变量供水设备：共 3 台水泵，二用一备，单台参数 $Q=20\mathrm{m^3/h}$，$H=60\mathrm{m}$，$N=5.5\mathrm{kW}$。

三区生活给水变频调速恒压变量供水设备：共 3 台水泵，二用一备，单台参数 $Q=21\mathrm{m^3/h}$，$H=95\mathrm{m}$，$N=11\mathrm{kW}$。

5. 生活水池

在地下二层设置 9000mm×3500mm×3000mm（h）高的生活水池，有效容积 80m³，分设成 2 格，池体采用不锈钢板。

三、排水系统

1. 污水排水系统

室内采用分流制排水系统，即雨水和污水分开排放。最高日污水排水量约 486.72m³/d。室内污水排水系统采用伸顶透气、环形透气或专用通气立管双立管排水系统。室外排水采用雨污分流制。污水经化粪池处理后，厨房废水经成品隔油器处理后排入市政污水管网。

2. 雨水排水系统

屋面雨水采用 87 型雨水斗的重力流雨水系统。屋面雨水经室内雨水立管排至室外雨水管，室外硬场地的雨水通过雨水口或带缝隙的雨水沟有组织收集，排至室外雨水管网，最终排入市政雨水管网。

北京市雨水暴雨强度公式为 $q=[1378\times(1+1.047\lg P)]/(t+8)^{0.642}$。高层屋面、下沉广场、坡道排水暴雨设计重现期 P 取 50 年。室外雨水管网暴雨设计重现期 P 按 10 年设计，室外综合径流系数：$\psi_z=0.50$。外排雨水峰值流量 $Q=\psi_z\cdot q\cdot F=0.5\times5.85\times35721/100=1045.0\mathrm{L/s}$。

3. 厨房隔油池、化粪池和小型污水处理构筑物的选型

厨房排水通过排水系统收集后，经地下二层设备间成品隔油设备（处理流量 10L/s，带加热功能）处理后，排至室外污水管网；地下一层卫生间排水经全自动污水排放设备提升后排至室外污水管网。室外污水经建筑西侧及东南角 2 个化粪池处理后，排入市政污水管网。

四、热水系统

1. 热水供水区域及分区

地下一层厨房、国学研究区（二～四层裙房）、国际交流区（七层）采用集中热水供应系统。热水系统分区同冷水系统。每区最低用水器具的静水压力不超过 0.45MPa，配水点静水压力超过 0.20MPa 的支管设支管减压阀。

2. 热源

国学交流区（七层）热水系统热源采用太阳能热媒高温水和辅助电加热；国学研究区、厨房热水系统热源采用城市热力管网和太阳能热媒高温水。没有淋浴的公共卫生间仅有少量洗手盆需要热水，不设置集中热水系统，仅在各层设置分散式小型电热水器，供应

热水。电热水器应选用自带安全装置的热水器。

3. 生活用热水用水量

最高日热水用水量约为 $36.96\text{m}^3/\text{d}$，最大小时热水用水量约为 $7.26\text{m}^3/\text{h}$。其中，厨房（含管理）设计小时用水量 $q_h = 2.1\text{m}^3/\text{h}$，$Q_h = q_h \cdot c \cdot (t_r - t_l) \cdot \rho_r / 3.6 = 2.1 \cdot 4.187 \cdot (60 - 4) \cdot 0.9832 / 3.6 = 134.4\text{kW}$；

国学研究区设计小时用水量 $q_h = 3.51\text{m}^3/\text{h}$，$Q_h = q_h \cdot c \cdot (t_r - t_l) \cdot \rho_r / 3.6 = 3.51 \cdot 4.187 \cdot (60 - 4) \cdot 0.9832 / 3.6 = 224.64\text{kW}$；国学交流区设计小时用水量 $q_h = 1.5\text{m}^3/\text{h}$，$Q_h = q_h \cdot c \cdot (t_r - t_l) \cdot \rho_r / 3.6 = 1.5 \cdot 4.187 \cdot (60 - 4) \cdot 0.9832 / 3.6 = 96\text{kW}$。

4. 热水系统设计

国学交流区热水系统：太阳能集热器横排平铺在屋顶上，太阳能热媒经分散的换热器换热成热水供应，太阳能热媒不足时采用电热水器辅助加热。热交换分散设置在各用水点附近。

厨房、国学研究区热水系统：太阳能集热器横排平铺在屋顶上，太阳能热媒经换热器换热成厨房、国学研究区热水系统，太阳能集热器横排平铺在屋顶上。太阳能热媒经换热器换热成热水供应，太阳能热媒不足时采用城市热力管网辅助加热。热交换设置在地下二层的热力站内。

太阳能热媒及热水系统均采用机械循环（图1）。

5. 太阳能集热面积计算

设计气象参数：北京地区处纬度 $39°48'$，经度 $116°28'$，海拔高度 31.3m，属于太阳能资源较丰富区，水平面年平均日辐照量 H_{ha} 为 $15.252\text{MJ}/(\text{m}^2 \cdot \text{d})$，水平面年总辐照量 H_{ht} 为 $5566.98\text{MJ}/(\text{m}^2 \cdot \text{a})$，年总日照小时数 S_t 为 2755.56h，年太阳能保证率 f 为 50%，冷水温度 $4℃$，热水温度 $60℃$，集热器年平均集热效率 $\eta = 0.50$，管路及水箱热损失 $\eta = 0.20$，水的定压比热容 $C = 4.187\text{kJ}/(\text{kg} \cdot ℃)$。国学交流区日热水用量为 $6.0\text{m}^3/\text{d}$，采用太阳能集中集热分散贮热电辅助加热供水系统，需太阳能集热器面积约 127m^2。厨房（含管理）、国学研究区（含会议）日热水用量为 $27.6\text{m}^3/\text{d}$，采用太阳能间接供热和城市热力管网高温水辅助加热供水系统，需太阳能集热器面积约 580m^2。合计需太阳能集热器面积为 707m^2，实际全部太阳能集热器面积 510m^2。太阳能满足率约为 72%。

五、中水系统

1. 水源

中水水源取自城市中水管网，从基地南侧体育场北路道路上 $DN200$ 城市中水管上接入，引入管管径均为 $DN100$，市政中水接入处的最低水压 0.12MPa。

2. 用水量

最高日中水用水量约为 $220.12\text{m}^3/\text{d}$，最大小时生活用水量约为 $60.86\text{m}^3/\text{h}$。

3. 中水系统分区

根据城市中水管网的水压，中水系统共分为 3 个区，地下二层至地下一层为一区，设计秒流量 6.18L/s，由市政中水管网直接供给；主楼一、二、三层（裙楼一、二、三、四层）为二区，设计秒流量 6.70L/s；主楼四层至主楼八层（主楼标高从 23.00m 至屋顶）为三区，设计秒流量 4.35L/s。均采用下行上给供水方式。二、三区中水分别由地下二层

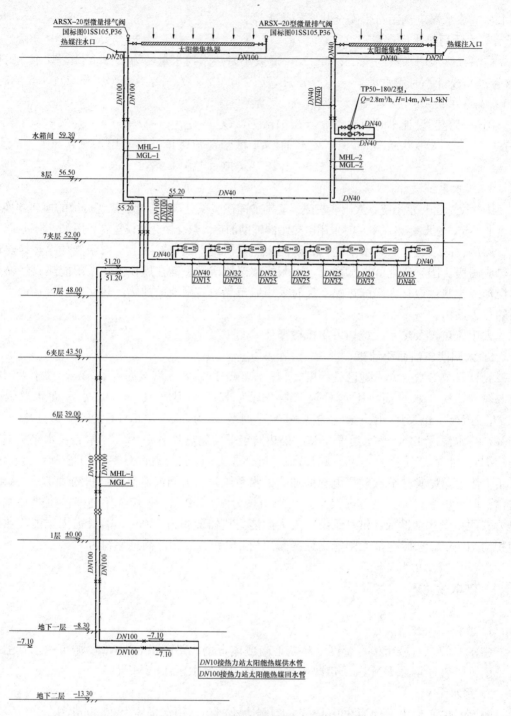

图1　太阳能热媒系统展开图

注：热交换设置在地下二层的热力站内，大阳能热煤及热水系统均采用机械循环，循环泵、热交换器、膨胀罐等
　　所有配套设备均由热力公司设计，本设计仅包含热力站外所有供、回水管线。

中水机房内的中水贮水池及变频调速给水设备供水。每区最低用水器具的静水压力不超过
0.45MPa，配水点静水压力超过0.20MPa的支管设支管减压阀。

4. 变频调速给水设备

二区中水变频调速恒压变量供水设备：共 3 台水泵，二用一备，单台参数 $Q=20m^3/h$，$H=60m$，$N=5.5kW$。三区中水变频调速恒压变量供水设备：共 3 台水泵，二用一备，单台参数 $Q=15m^3/h$，$H=93m$，$N=7.5kW$。

5. 中水水池

在地下二层设置 7000mm×3000mm×3000mm（高）的生活水池，有效容积 52.5m³，分设成 2 格，池体采用不锈钢板。

六、冷却塔补水系统和灌溉冲洗给水系统

通过北京市历年每月降雨量测算，在降雨量较大的 6～9，雨水回用提供冷却塔补充水源，空调冷却水设冷却塔循环使用，冷却水循环使用率为 98.5%。冷却塔补充水由地下二层雨水回用机房供水设备供水，不足部分利用消防泵房内的冷却塔补水泵补水，同时加强消防水池的流动性。空调冷却水变频调速恒压变量供水设备参数：$Q=24m^3/h$，$H=44m$（一用一备）。

6～9 月，灌溉冲洗给水系统由市政中水系统供给；在其他时间，灌溉冲洗给水系统由雨水回用系统供给，不足部分由中水给水系统供给。绿化用水采用微灌及滴灌相结合的方式。灌溉变频调速恒压变量供水设备参数：$Q=15m^3/h$，$H=48m$（一用一备）。冲洗变频调速恒压变量供水设备参数：$Q=20m^3/h$，$H=30m$，$N=4.0kW$（一用一备）。

七、消防给水系统

1. 消防灭火设施

本工程建筑为一类高层建筑，需设室内、外消火栓消防给水系统、自动喷水灭火系统、舞台水幕系统、舞台雨淋系统、大空间智能型主动灭火系统、气体灭火系统。

2. 水源

采用城市自来水，采用市政 2 路进水方式。

3. 消防用水量

消火栓系统室内：40L/s；室外：30L/s；自动喷洒系统：80L/s；大空间灭火系统：20L/s；雨淋灭火系统：100L/s；水幕灭火系统：20L/s；水喷雾灭火系统：20L/s。

4. 消防水池、消防泵房和消防水箱

本建筑四周市政自来水管网为环状，有来自不同市政自来水管段的两路 DN200 进水管，能满足室外消防用水量的需要。仅需设置室内消防水池。本建筑室内消防最不利处为地下一层国际学术交流厅，水池贮存室内消火栓系统、舞台雨淋系统、舞台水幕系统、舞台侧台自喷系统和自动消防炮灭火系统用水量，水池容积为 1152m³，分为两格，设于地下二层。消防泵房设于地下二层，内设消火栓泵、自喷泵、雨淋泵、水幕泵、自动消防炮泵。消防水箱容积为 24m³，由于建筑造型需要，消防水箱分为 6 个 4m³ 小水箱串联供水，并设有增压设施和稳压设施。

5. 室外消火栓给水系统

室外消防给水管网和生活管网合用，在基地内成环状布置，在环状管网上设地上式室外消火栓，保证室外消火栓间距不大于 120m。

6. 室内消火栓给水系统

室内消火栓给水系统采用临时高压消防给水系统，不分区。室内消火栓给水系统管网立体成环，消火栓布置间距小于 30m，布置在建筑内门厅、走道等明显易于取用的地点，保证同层任何部位有两只消火栓水枪的充实水柱同时到达，水枪充实水柱不小于 10m，消防组合柜内配 Φ19mm 水枪，25m 长 DN65 麻质衬胶水龙带，DN25 消防卷盘一套。该系统由设置在地下二层消防泵房内的 2 台（一用一备）室内消火栓水泵（$Q=0\sim40$L/s，$H=110$m）供水。消火栓泵启动由设在消火栓箱内的手动启动按钮启动，也可由消防控制中心启动。标高 59.80m 有效容积 24m³ 消防水箱和标高 52.0m 增压稳压设施，满足火灾初期消防用水的需要。设 2 台增压泵，1 用 1 备，$Q=18$m³/h，$H=20$m，配囊式气压罐，有效调节容积大于 300L。供水压力大于 0.5MPa 的楼层采用减压稳压消火栓。

7. 自动喷水灭火系统

自动喷水灭火系统采用临时高压消防给水系统，不分区。除不宜用水扑救的部位外，净空小于 12m 的展览厅、办公室、走道、休息室、会议厅等处均设置自动喷水灭火系统。自动喷水灭火系统参数见表 1。

自动喷水灭火系统参数　　　　　　　　　　　　　　　　表 1

自动喷水消防设置地点	系统类型	危险等级	喷水强度	作用区域	设计流量	灭火时间
展览厅（<8m）办公会议	湿式	中危险Ⅰ级	6L/（min·m²）	160m²	30L/s	1h
展览厅（8~12m）	湿式	高大净空场所	12L/（min·m²）	300m²	80L/s	1h
展品库房、普通书库（储物高度<4.5m）	湿式	仓库危险Ⅱ级	12L/（min·m²）	200m²	52L/s	2h
车库	预作用式	中危险Ⅱ级	8L/（min·m²）	160m²	40L/s	1h
舞台葡萄架	雨淋	严重危险Ⅱ级	16L/（min·m²）	300 m²	100L/s	1h
舞台台口	水幕	—	1L/（s·m）	13.5m	20L/s	3h
柴油发电机房	水喷雾	—	20L/（min·m²）	—	20L/s	0.5h

该系统由设置在地下二层消防泵房内的 3 台（二用一备）自喷泵（$Q=0\sim40$L/s，$H=120$m）供水。自喷泵由设在地下二层、一层报警阀组的压力开关启动，也可由消防控制中心启动。标高 59.80m 有效容积 24m³ 消防水箱和标高 52.0m 增压稳压设施，满足火灾初期消防用水的需要。设 2 台增压泵（一用一备，$Q=3.6$m³/h，$H=30$m），配囊式气压罐，有效调节容积大于 150L。

8. 雨淋灭火系统采用临时高压消防给水系统，不分区

在地下一层国际学术交流厅舞台上空设置雨淋灭火系统。该系统由设置在地下二层消防泵房内的 3 台（二用一备）雨淋泵（$Q=0\sim50$L/s，$H=60$m）供水。雨淋泵启动由两组探测组件报警信号自动启动，也可由消防控制中心启动。标高 59.80m 有效容积为 24m³ 消防水箱满足火灾初期消防用水的需要。

9. 水幕系统采用临时高压消防给水系统，不分区

在地下一层国际学术交流厅舞台台口设置水幕系统。该系统由设置在地下二层消防泵房内的 2 台（一用一备）水幕泵（$Q=0\sim20L/s$，$H=50m$）供水。水幕泵启动由两组探测组件报警信号自动启动，也可由消防控制中心启动。标高 59.80m 有效容积为 24m³ 消防水箱满足火灾初期消防用水的需要。

10. 大空间智能型主动喷水灭火系统

国际学术交流厅、门厅、国学堂、国际文化交流厅等净空高度大于 12m 的上空，采用大空间智能型主动喷水灭火系统。大空间智能型主动喷水灭火系统由设置在地下二层消防泵房内的 2 台（一用一备）高空水炮泵（$Q=0\sim20L/s$，$H=160m$）供水，由智能型探测组件自动启动，也可由消防控制中心启动。标高 59.80m 有效容积 24m³ 消防水箱和标高 52.0m 增压稳压设施，满足火灾初期消防用水的需要。设 2 台增压泵，一用一备，（$Q=18m^3/h$，$H=70m$，$N=7.5kW$），配囊式气压罐，有效调节容积大于 150L。

11. 水喷雾灭火系统

柴油发电机房采用水喷雾灭火系统。水喷雾灭火系统由设置在地下二层的自动喷淋泵供水，由智能型探测组件自动启动，也可由消防控制中心启动。设计参数：设计喷雾强度 20L/（min·m²），持续喷雾时间 0.5h，设计流量 20L/s，设计喷嘴压力 0.35MPa，水喷雾喷头采用 ZSTW/SL-S211-80-120 型水雾喷头，工作压力 0.35MPa，特性系数 42.8，水雾喷头的雾化角 $\theta=120°$。

12. 建筑物灭火器

建筑物内灭火器采用磷酸铵盐干粉灭火器。根据《建筑灭火器配置设计规范》，本建筑灭火器配置要求。

灭火器配置设置在消火栓箱内，在距离不满足要求时单独设置灭火器箱，以满足规范中对其保护距离的要求。灭火器类型均采用磷酸铵盐干粉灭火器。

13. 气体灭火系统

本建筑物地下一层高低压配电房、网络机房、电信接入间、电源室、珍品库房、缮本珍藏库等场所采用气体灭火系统。

珍品库房、缮本珍藏库等防护区，设计灭火浓度采用 10%；高低压配电房等防护区，设计灭火浓度采用 9%；网络机房、电信接入间、电源室等防护区，设计灭火浓度采用 8%。

14. 室内、外消火栓

在建筑物四周设置室外消火栓或利用城市已有的市政消火栓，作为室外消防给水或水泵接合器的供水接口装置。在室内消火栓给水系统上设置 3 个水泵接合器；在自动喷水灭火系统上设置 6 个水泵接合器；在雨淋灭火系统上设置 7 个水泵接合器；在水幕系统上设置 2 个水泵接合器；在大空间智能型主动喷水灭火系统上设置 2 个水泵接合器。

八、管材选择

（1）室内冷、热水管采用建筑用薄壁不锈钢管；中水管（包括冷却塔补水管、绿化冲洗水管）采用衬塑钢管。

（2）室外给水管、中水管道（包括冷却塔补水管、绿化冲洗管）采用钢丝网骨架聚乙烯复合管。

（3）室内消防给水管采用内、外热浸锌焊接钢管。

（4）室内排水管采用机制排水铸铁管。与潜水排水泵连接的管道均采用镀锌焊接钢管。室内雨水管、空调排水管采用热镀锌焊接钢管。

（5）室外雨污水排水管的采用 HDPE 双壁波纹塑料排水管，承插接口弹性密封圈连接。

九、工程主要创新及特点

1. 可再生能源利用

餐饮厨房、国学研究区、国际交流区需要热水供应，餐饮厨房、国学研究区为日常热水供应，国际交流区为定期定时供应，考虑热水供应区域的供水特点，太阳能供热系统采用如下供应方式：餐饮厨房、国学研究区采用太阳能间接供热和城市热力管网高温水辅助加热供水系统；国学交流区采用太阳能集中集热分散贮热电辅助加热供水系统。

两套太阳能供热系统最大限度利用太阳能，屋面满铺太阳能集热板，保证屋面布置美观，采用横排式向心敷设布置，同时采用太阳能集热器标准模块，提高了施工的效率。

太阳能集热系统采用间接换热，其系统加注防冻液，加强系统在冬季的抗冻性能，保证太阳能集热系统冬季的集热效果。

国学交流区采用太阳能集中集热分散贮热电辅助加热供水系统，其系统可根据用户的使用人数确定系统开启的数量，体现使用的灵活性。

太阳能供热系统采用太阳能集热优先控制方式，减少对城市热网的需求量，加大可再生能源的利用。以本项目生活热水年耗热量 4010.68×10^6 kJ 计算，其中 70% 采用太阳能，则每年约节省标准煤约 96.3t。

2. 雨水资源控制与利用

（1）雨水控制。根据设计要求与相关规范制定本建筑雨水控制与利用方案，目的是削减外排雨水峰值流量和径流总量，实现低影响开发及雨水的资源化利用。本项目建设用地属于已建成城区，根据《雨水控制与利用工程设计规范》DB 11685—2013 的设计标准，本项目满足建设区域的外排水量不大于开发前的水平，且外排雨水流量径流系数不大于 0.5。

（2）雨水利用系统。根据北京市历年月平均降雨量、可收集雨水量和雨水利用用水量，经分析比较，确定雨水系统设计参数（表 2、表 3）。

北京市历年月平均降雨量及可收集雨水量表　　　　　表 2

月份	1 月	2 月	3 月	4 月	5 月	6 月
降雨天数	0.7	1.5	2.0	3.0	3.9	5.9
月降雨量	2.2mm	4.9mm	8.7mm	20.0mm	32.5mm	76.8mm
可收集面积 16500m² 收集雨水量	0.0m³	31.35m³	94.05m³	280.5m³	486.75m³	1217.7m³
月份	7 月	8 月	9 月	10 月	11 月	12 月
降雨天数	10.3	9.4	4.4	2.8	1.3	0.7
月降雨量	196.5mm	162.2mm	51.3mm	21.2mm	6.4mm	2.0mm
可收集面积 16500m² 收集雨水量	3192.8m³	2626.8m³	796.95m³	300.3m³	56.1m³	0.0m³

注：表中收集雨水量按扣除 3mm 初期雨水量计算的可收集量。

雨水利用用水量表

表3

名　　称	用水量标准	数量	最高日用水量 (m³/d)	用水时间 (h)	时变化系数	最大时用水量 (m³/h)
空调补水	1.5%	1200m³/h	180.0	10	1	18.00
车库及地面冲洗	3L/m²	10100m²	30.3	4	1.5	11.25
绿化灌溉	2L/m²	9700m²	19.4	4	1.5	7.13
室外道路地面冲洗	3L/m²	13772m²	41.32	4	1.5	15.37
擦洗汽车	10L/(辆·次)	100辆·次	1.0	8	1.5	0.19
小　计			272.02			51.94
未预见用水量	占总用水量10%		27.2			5.2
总　计			299.22			57.14

1）雨水收集回用面积 $F_h = 16500\text{m}^2$。

2）雨水收集回用部分径流量 $W_h = \Psi_z \cdot h_y \cdot F_h = 0.5 \times 81 \times 16500/1000 = 668.25\text{m}^3$，其中设计降雨量 $h_y = 81\text{mm}$。

3）雨水收集回用部分弃流量 $W_i = \delta \cdot F_h = 3 \times 16500/1000 = 49.5\text{m}^3$，其中初期弃流厚度 $\delta = 3\text{mm}$。

4）雨水收集回用部分可回用水量：$668.25 \times 0.9 - 49.5 = 551.925\text{m}^3$。

5）雨水回用系统最高日设计用水量 299.0m^3，达到雨水回用部分径流量的44.7%。

雨水是适用于冷却塔补给水的非传统性水源。根据相关数据，7～8月是北京市全年降雨集中地时段，故应充分收集雨水用于补充6～9月的冷却塔补给水需求。雨水收集池容积按7～8月降水量之和减去7～8月冷却塔补给水水量，设计为1000m³，可收集全年的屋面雨水。通过测算，雨水收集池容积按1000m³设计，对雨水进行最大化收集与利用，保证全年雨水收集量与雨水利用量基本平衡。

在6月和9月，雨水利用水不能完全满足冷却塔补给水的需要，根据北京市的做法采用城市自来水补给。

在6～9月，景观补水、擦洗汽车、道路冲洗、车库地面冲洗和绿地等用水由城市中水管网供给；在其他月份，其用水量根据情况由雨水利用系统和城市中水管网联合供给。

（3）雨水处理。雨水经过初期雨弃流—混凝—曝气沉淀—过滤—超滤—消毒等物理化学方法处理达标后，作为冷却塔全部补给水、擦洗汽车、道路冲洗、车库地面冲洗和绿地等用水。

（4）雨水处理设备的处理后的出水质要求。应同时达到《工业循环冷却水处理设计规范》GB 50050中"间冷开式系统循环冷却水水质标准"；《城市污水再利用　城市杂用水水质》GB/T 18920中"城市杂用水水质标准"；《城市污水再利用　景观环境用水水质》GB/T 18921中"景观环境用水水质标准"。

（5）验收要求：应符合《给水排水构筑物工程施工及验收规范》GB 50141等相关规范要求。

绿地·中央广场南（北）地块①

- 设计单位： 同济大学建筑设计研究院（集团）有限公司、GMP
- 主要设计人：杨 民 杨 玲 秦立为 周志芳 归谈纯
- 本文执笔人：杨 民

作者简介：

杨民，给水排水主任工程师、注册公用设备工程师（给水排水），同济大学建筑设计研究院（集团）有限公司设计二院设备所所长。代表性项目：上海中心大厦、上海自然博物馆、绿地中央广场、援非盟会议中心等。

一、工程概况

本项目包括南、北两个地块，由两幢超高层塔楼及商业配楼组成双塔综合体建筑，高度为283.915m，用地面积南地块为22325.03m²、北地块为19831.48m²，总建筑面积南地块为352134.57m²、北地块为329948.25m²，地上63层，地下4层。

本项目立足高起点、高品位、高标准，定位为集高端办公、商业为一体的城市综合体，建成后不仅是综合交通枢纽区的核心建筑群，更成为郑州的地标建筑，是郑州晋升为区域性中心城市的时代标志。

南北地块系统独立设置且基本类似，本文主要介绍南地块设计内容。

二、给水系统

1. 水源

本工程结合周边市政条件，从市政给水管道上分别接2根DN200的引入管、一根DN300的引入管，在基地内连成DN300环管，供室内外生活、消防用水。

2. 用水量（表1）

南地块生活用水量 表1

功能区域	用水单位	用水单位	用水标准	时变化系数	用水量（m³）		
					最高日	平均时	最高时
塔楼	办公	11131人	50L/（人·d）	1.2	556.6	55.7	66.8
	商业	2030m²	8L/（m²·d）	1.2	16.2	1.4	1.6
	精品办公	72人	300L/（人·d）	2.0	21.6	0.9	1.8

---

① 该工程设计主要工程图详见中国建筑工业出版社官方网站本书的配套资源。

续表

功能区域	用水单位	用水单位	用水标准	时变化系数	用水量（m³）		
					最高日	平均时	最高时
塔楼	企业办公	80人	320L/（人·d）	2.0	25.6	1.1	2.1
	餐饮	12972人	60L/人次	1.2	778.3	64.9	77.8
	水疗淋浴	14个	300L/h	1.2	50.4	4.2	5.0
	泳池补水	270m³	7%	1.2	18.9	1.6	1.9
	冷却塔补水	8000m³/h	1%	1.0	960	80	80
配楼	商业	14030m²	8L/（m²·d）	1.2	112.2	9.4	11.2
	餐饮	10085人	60L/人次	1.2	605.1	50.4	60.5
	影院	12306人	3L/人次	1.2	36.9	3.1	3.7
	冷却塔补水	4000m³/h	1%	1.0	480	40	40
地下室及室外	绿化道路浇洒	11832m²	2L/（m²·d）	1.0	23.7	3.9	3.9
	车库地坪冲洗	40900m²	2L/（m²·d）	1.0	81.8	13.6	13.6
	车库洗车	143辆	20L/车次	1.0	2.9	0.2	0.2
	员工餐厅	656人	25L/人次	1.2	16.4	1.4	1.6
	未预见水量	10%			377.0	33.2	37.9
	总和				4147.2	365.0	417.0

生活用水量：最高日用水量为 4147.2m³，最大小时用水量为 417.0m³。

3. 供水方式

系统市政压力 0.25MPa，地下室至地面二层由市政压力直接供水，地面三层及以上楼层，塔楼部分采用转输水泵＋转输水箱竖向接力供水，高低区办公区分系统设置；分区重力供水、减压阀减压供水，局部重力水箱供水压力不够的区域，采用变频供水；裙楼采用变频泵供水。分区供水情况见表2，低区办公系统图见图1、高区办公（精品办公、企业办公）系统图见图2。分区压力不大于 0.4MPa，楼层配水管超过 0.2MPa 的，设置可调式减压阀。水池、水箱等配置水箱消毒器。

给水系统竖向分区表　　　　　　　　　　　　　　　　　表2

分区名称	水箱设置楼层	水箱生活用水容积（m³）	水泵配置	供水楼层	供水方式
办公1区	十一层	40	生活转输泵（一用一备）	三～七层	重力供水
办公2区	二十五层	48	生活转输泵（一用一备）	八～二十一层	重力供水
办公3区	三十九层	44	生活转输泵（一用一备）	二十二～三十五层	重力供水
办公4区	五十三层	40	生活转输泵（一用一备）	三十六～四十九层	重力供水
高区办公	五十三层	50	生活变频泵（二用一备）	五十～五十三层	加压供水
			生活转输泵（一用一备）		B2层、25层设置转输泵接力供水
			生活变频泵（二用一备）	五十四～五十六层	加压供水
			生活变频泵（二用一备）	五十七～六十三层	加压供水

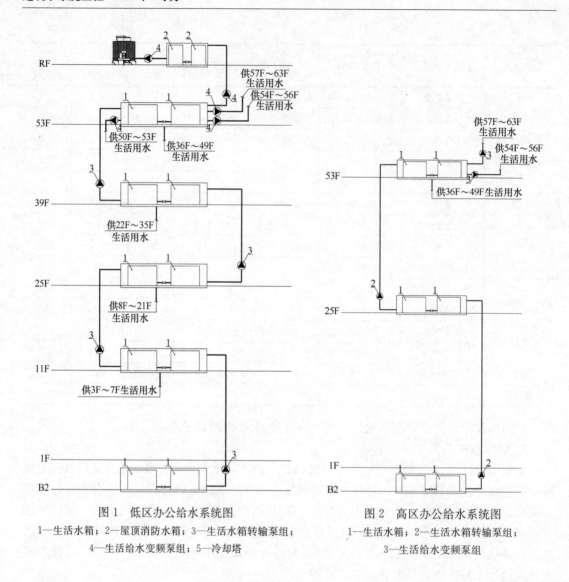

图1 低区办公给水系统图

1—生活水箱；2—屋顶消防水箱；3—生活水箱转输泵组；
4—生活给水变频泵组；5—冷却塔

图2 高区办公给水系统图

1—生活水箱；2—生活水箱转输泵组；
3—生活给水变频泵组

4. 计量

除基地进水管上设总表外，其余按不同使用功能及管理要求设置分级水表。

三、热水系统

1. 热源

公共卫生间、裙楼商业厨房采用容积式电加热器提供洗手盆热水，塔楼高区办公采用锅炉提供的85℃高温水作为热媒制备热水，集中供热。

2. 热水用水量

最高日热水用量：49m³/d，最大时热水用量：7m³/h（60℃）

3. 供水方式

集中供热水系统，由高温水提供热媒，导流浮动盘管型热交换器制备热水、机械循环、自动温控。

公共卫生间在吊顶内设置容积式电热水器提供洗手盆热水。

4. 供热设备

公共卫生间配置容积电热水器（$V=100L$，$N=1.5kW$）提供热水。

南楼高区办公下方的设备层设置热水机房，配置 2 台导流型容积式热水器（RV-02-2.0，低区）、2 台导流型容积式热水器（RV-02-5.0，高区）、循环泵组分别配置（一用一备）。

5. 冷热水压力平衡措施、热水温度的保证措施

热水系统均由同一分区冷水系统管路提供冷水补水。热水管均采用保温措施。热水机组均在用水点附近设置，减少管路热量损耗，保证热水出水的温度及时间。

四、排水系统

1. 排水系统形式

室内高区精品办公和企业办公区域采用污、废水分流，室内区域部分为污、废水合流，室外雨、污水分流。地上部分重力排放，配置通气管，并伸顶通气。地下室部分采用压力排放，其中污水采用密闭提升器提升，并设置透气管，减少废气污染，密闭提升器配置双泵，保证排水正常运行；废水采用集水坑＋潜水泵提升排放。

基地排水有 3 路 $DN300$ 排出管经化粪池预处理后，排至市政排水管网。

通气管的设置方式：排水系统设置主通气管，与排水主立管由结合通气管连接，排水主立管伸顶通气；卫生间设器具通气管、环形通气管；集水坑、化粪池等设有专用通气管。

厨房废水经地下室隔油装置处理达标后提升排放。

基地污水排放量：$2264.7\text{m}^3/\text{d}$。

2. 雨水系统

裙楼屋面主要采用虹吸雨水系统，局部小屋面采用重力雨水系统，屋面结合幕墙系统设置溢流口，作为超重现期的雨水溢流排放出路。

塔楼屋面采用半有压流雨水排水系统，由 87 型雨水斗收集经雨水管道排至室外雨水井，雨水管间隔采取消能措施，屋面设置溢流设施。

地下室车库入口雨水、地面开口区域等，由雨水坑收集、潜水泵提升排放。

塔楼四周设明沟收集外幕墙雨水。

雨水设计重现期屋面为 10 年，结合溢流系统不小于 50 年；室外为 2 年。

室外地面的部分雨水经绿地下渗，其余雨水收集至市政雨污合流管网。基地设 4 路 $DN500$ 雨水排出管。

基地雨水排放量：862L/s。

五、消防系统

1. 消防供水方式

由市政给水管提供 3 路进水管（2 路 $DN200$、1 路 $DN300$），在基地内连成环管，供室内外消防用水，水压0.25MPa。

本工程为超高层建筑，消防系统包括室外消火栓、室内消火栓系统、自动喷淋系统、高压细水雾、气体灭火系统、大空间智能灭火系统、建筑灭火器等。

2. 消防用水量（表3）

消防用水量　　　　　　　　　　　　　　　　　　　　　　　　　　　表3

用途	设计秒流量 （L/s）	火灾延续时间 （h）	一次灭火用水量 （m³）
室外消防系统	30	3	324
室内消防系统	40	3	432
自动喷淋系统	40	1	144
高压细水雾系统	10	0.3	12
大空间智能灭火系统	10	1	36
同时使用水量	110		900

消防水池有效容积：576m³。

3. 室外消防系统

室外消防采用低压制给水系统，由城市自来水直接供水。室外设有7套室外消火栓，其间距不超过120m，距道路边不大于2.0m，距建筑物外墙不小于5.0m。室外设置消火栓灭火系统、自动喷水灭火系统的消防水泵接合器，分高低区设置。

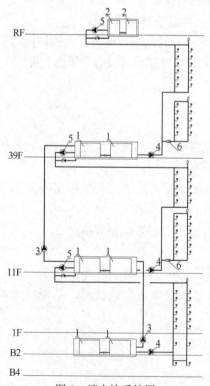

图3　消火栓系统图

1—消防水箱；2—屋顶消防水箱；3—消防转输泵组；4—消防泵组；5—稳压泵组；6—减压阀组

4. 室内消火栓系统

采用转输水箱+消火栓转输泵的接力供水方式，分区由高位水箱（转输水箱）和消防泵联合供水的临高压系统，转输水箱有效容积144m³（存储30min消防水量），屋顶消防水池165m³（有效容积150m³）。塔楼最高区域，采用临高压系统，由消防泵供水、稳压泵稳压。消火栓系统见图3。

动压超过0.5MPa的消火栓采用减压稳压消火栓。室内消火栓布置保证室内同层任何部位有两支水枪的充实水柱同时到达。消防箱内将同时配置消火栓、水龙带、水枪、消防卷盘、手提式灭火器以及报警按钮。

各压力分区最高处设试验消火栓，并单独设置消防试验排水管。消火栓系统分高低区设置水泵接合器。

5. 自动喷水灭火系统

除电气设备用房等不宜用水扑救的场所以及面积小于5m²的卫生间外，均设置自动喷水灭火系统保护。

地下室按中危险Ⅱ级设计，喷水强度8L/(min·m²)，作用面积160m²；其余按中危险Ⅰ级设计，喷水强度6L/(min·m²)，作用面积160m²；超过8m的中庭，采用自动扫描射水高空水炮；裙楼影院按照高大净空场所设计，喷水强度6L/(min·m²)，作用面积260m²。

喷头均采用快速响应型喷头，公共区域采用吊顶型喷头，无吊顶区域采用直立型喷头。

采用转输水箱＋喷淋转输泵的接力供水方式，分区由高位水箱（转输水箱）和喷淋泵联合供水的临高压系统，转输水箱有效容积144m³（存储30min消防水量），屋顶消防水池165m³。塔楼最高区域，采用临高压系统，由喷淋泵供水、稳压泵稳压。喷淋系统图见图4。

除避难层、设备层采用干式系统外，其余采用湿式系统。

报警阀在地下室分散设置、在塔楼设备层集中设置。

自动喷水灭火系统每个防火分区或每层均设信号阀和水流指示器。各配水管入口压力大于0.4MPa处，设孔板减压。每个报警阀组的最不利喷头处设末端试水装置，其他防火分区和各楼层的最不利喷头处，均设DN25试水阀。

喷淋系统分高低区设置消防水泵接合器。

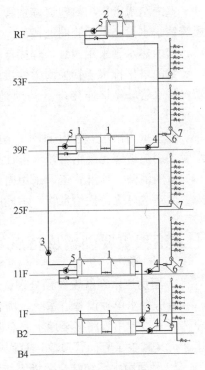

图4　喷淋系统图

1—消防水箱；2—屋顶消防水箱；3—喷淋转输泵组；4—喷淋泵组；5—稳压泵组；6—减压阀组；7—报警阀组

6. 气体灭火系统

地下室变配电室、开闭站、消防控制中心设备间、设备层变电所等采用IG-541气体灭火系统。采用组合分配管网系统，全淹没保护。防护区设置泄压口，喷放灭火剂前，防护区除泄压口外应能自行关闭。

设计浓度36.6%，设计喷放时间不大于60s，火灾浸渍时间10min。

系统具有自动控制、手动控制、机械应急启动方式。

7. 高压细水雾系统

地下室3组柴油发电机房、柴发机组及日用油箱间，总面积1000m²，采用高压细水雾系统，为泵组式组合分配式开式系统，机房采用湿式保护方式，机组采用局部开式保护方式，储油间采用全淹没保护方式。

喷雾强度不小于1.5L/(min·m²)；持续喷雾时间30min。

系统为一个压力分区，由一套泵组加压供水（主泵四用一备，稳压泵一用一备）。系统由火灾报警探测开启区域控制阀，联动主泵启动。

8. 灭火器设置

按严重危险级设置磷酸铵盐干粉灭火器。变配电间、发电机房、弱电机房、电信机房等按E类设计；锅炉房按C类设计；车库按A+B类设计；其余按A类设计。除消防箱内配置外灭火器外，其余根据规范要求另行增设灭火器箱。变配电室等设置推车式灭火器。

六、管材选择

室内给水管采用衬塑镀锌钢管，卡箍或丝扣连接；室外埋地给水管采用内壁涂塑的球墨铸铁给水管，承插胶圈连接。

室内热水管采用铜管，焊接连接。

室内塔楼排水干管采用柔性接口铸铁排水管，胶圈法兰连接；配楼排水管采用 UPVC 塑料排水管，粘接连接；室外埋地排水管，采用双平壁钢塑复合 HDPE 排水管，承插连接。

配楼重力雨水立管为 HDPE 塑料排水管，虹吸雨水管为 HDPE 塑料排水管；塔楼雨水管采用热镀锌无缝钢管，卡箍连接。

室内消防、喷淋管道，采用内外壁热镀锌钢管，卡箍连接；室外埋地消防给水管采用内壁涂塑的球墨铸铁给水管，承插胶圈连接。

七、工程主要创新及特点

1. 厨房废水系统设置预处理，避免管道堵塞

厨房废水单独设管道系统，塔楼厨房含油废水，先排至邻近设备层的隔油机房预处理，再通过专用管路接至地下室总隔油机房集中处理后排至室外污水管网。既保证了水质达标，又减少了竖向管道输送过程中油脂凝结堵塞管道，特别是在室内气温较低的工况。

2. 屋面雨水系统结合幕墙系统设置溢流口

商业配楼屋面较大，为减少立管数量，采用虹吸雨水系统。为保证系统安全，对超设计重现期的雨水量，与建筑专业、幕墙公司协商，在外幕墙设置溢流口。设计中，为减少对外幕墙的立面影响，溢流开口处尽量设置在阴角处、背立面处；溢流口的位置要避免雨水溢流对地面人员的危害；溢流口的设置节点，还要让溢流雨水沿着建筑外幕墙流淌，避免直接冲击室外。

军博展览大楼加固改造工程（扩建建筑）①

- 设计单位： 中南建筑设计院股份有限公司
- 主要设计人： 栗心国　涂正纯　危　忠　莫孝翠
- 本文执笔人： 危　忠

作者简介：

危忠，中南建筑设计院股份有限公司第一机电院给水排水设计室室主任，兼任湖北省土木建筑学会建筑给水排水专委会秘书长。主要从事建筑给排水工程设计与咨询，参加工作近十年来，完成了80余项工程设计，获得省部级奖项10余项，参编国家标准图集2项，地方标准2项，实用新型专利1项，发表论文6篇。

一、工程概况

军博展览大楼位于北京西长安街沿线复兴路的北侧，地理位置显著，周边市政配套齐全。总建筑面积为15.3万 m^2，其中建筑改造建筑面积为3.3万 m^2，扩建建筑面积约为12万 m^2。扩建建筑地上层数为4层，地下2层，扩建建筑建筑高度38.25m（女儿墙）。总建筑高度54.85m。

本次设计范围为军博扩建建筑部分，包括扩建部分的单体及室外总平面设计。本项目施工图出图时间为2012年12月，于2013年4月、5月分别完成施工图审查和消防审查。

二、给水系统

本工程全部用水均取自市政给水管网，从地块北侧和南侧的市政给水干管引两条DN200引入管在本区内形成环状管道，生活和消防合用给水管道，按生活、绿化分别设置水表计量。

本工程的生活日用水量 $1271.2m^3/d$（含循环冷却水 $792m^3/d$），最大时用水量为 $113.9m^3/h$。生活给水系统分为两个区，地下二层至地面一层，由市政管网直供；二层以上由变频加压泵组供水。

生活水箱有效容积按最高日的25%确定，总储存容积为 $84m^3$，水箱分为两个，每个有效容积 $42m^3$。生活水箱内设置水箱自洁消毒器，保证水质。

生活给水加压泵采用成套变频供水设备，配用水泵3台，采用一对一变频器，确保水泵运转于高效区，单台功率11kW，配有隔膜式气压罐100L，承压1.0MPa。设备参数：

---

① 该工程设计主要工程图详见中国建筑工业出版社官方网站本书的配套资源。

$Q=48\text{m}^3/\text{h}$，$H=90\text{m}$（图 1）。

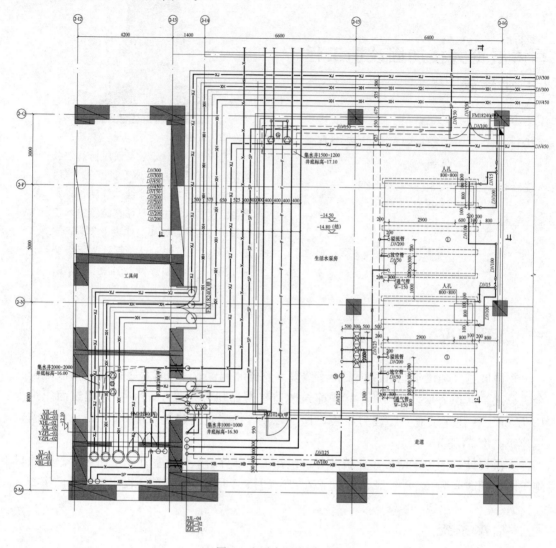

图 1　生活水泵房平面图

三、排水系统

室内采用污、废水合流制，室外采用雨、污水分流制。

1. 污废水排水系统

本工程每日污水排出量约为 $300\text{m}^3/\text{d}$（不含冷却循环水排污）。

卫生间的污水设置环形通气管，通过污水立管收集后，下至一层出户。

生活污废水经管道收集后，进入室外三格化粪池，经处理后进入中水处理站或排入城市污水管网。

地下室卫生间污水经过污水提升设备提升后，进入室外三格化粪池，经处理后进入中水处理站或排入城市污水管网。

地下室设废水集水坑，接纳水泵房和车库的积水，用潜水排污泵抽排至室外雨水管网。

2. 雨水排水系统

本工程中央兵器大厅钢结构屋面、环廊屋顶内外侧屋面设计重现期选用 100 年，采用虹吸压力流雨水排放系统，屋面雨水由虹吸式雨水斗收集，经水平干管及立管排至室外。其余屋面设计重现期选用 50 年，采用虹吸压力流雨水排放系统或重力流排水系统，并沿女儿墙每隔 8m 贴屋面开 200（宽）×100（高）的溢流口。本建筑屋面总汇水面积 35000m²，屋面雨水排放流量为 2419.2L/s。

室外场地雨水排放设计重现期选用 5 年，雨水排放流量为 3600L/s。

3. 设备及构筑物

本工程污废水排水系统所需的设备及构筑物主要包括潜水排污泵、集水坑及化粪池、一体化污水提升设备。

（1）集水坑：在消防电梯底部及地下水泵房中，集水坑的有效容积不小于 2m³，满足排水泵 5min 的出水量。

（2）潜水排污泵：水泵房、中水机房、车道入口、消防电梯基坑、制冷机房、换热间集水坑的潜水泵，选用 80WQ45-22-5.5（$Q=45m^3/h$，$H=22m$，$N=5.5kW$），均一用一备，其他集水坑的潜水泵选用 50WQ15-22-2.2（$Q=15m^3/h$，$H=22m$，$N=2.2kW$）。潜水泵排污泵的电源使用双电源。

（3）化粪池：根据实际使用人数，在室外设置钢筋混凝土化粪池，按有地下水、地面可过汽车、池顶覆土、污水停留时间 12h、化粪池清掏周期 90d，选用一座有效容积为 75m³ 的化粪池，型号：G12a-75SQF。

（4）一体化污水提升设备：地下室卫生间排水设备选用一体化污水提升装置，设备参数：流量 15m³/h，扬程 22m，功率 2×2.2kW，双泵耦合式安装，装置带浮球。

四、热水系统

本工程卫生间的洗脸盆供应生活热水，最高日热水用水量 81.8m³/d，最大时热水用水量 15.5m³/h。

热水供应选用储水式电热水器，单台额定容量 80L，额定功率 3.0kW，安装于卫生间吊顶内，电热水器必须采用带有保证安全使用装置。

五、直饮水系统

本工程最高日直饮水量 15.0m³/d，最大小时饮用水量 2.0m³/h。在公共卫生间的饮水间设置一体化直饮水机，带过滤、加热和水温调节功能，每台功率 $N=9.0kW$，产水量 80L/h。

六、冷却循环水系统

本工程选用 6 台离心式冷水机组，冷却水进/出水温度 37℃/32℃，总循环水量

2300m³/h。本项目设计为一台冷却水泵，对应一台冷却塔。冷却塔进水阀、循环水泵、电子水处理仪均与冷水机组联动。风机和阀门的启停要求能满足与冷水机组的各种对应关系。

冷却塔补水储存于消防水池，采用成套变频补水设备供水，消防水池设置保证消防用水不被动用的措施。

七、中水系统

本工程最高日回用水用水量为207m³/d，最大时用水量38.4m³/h，平均日回用水用水量为138m³/d。原水水质参照办公楼水质指标：BOD_5＝195～260mg/L，COD_{Cr}＝260～340mg/L，SS＝195～260mg/L。

本工程中水处理后用于冲厕，执行《城市杂用水水质标准》GB/T 18920—2002中的冲厕标准。

经过化粪池的生活污水，重力流进入地下二层的中水处理站，工艺流程如图2所示。

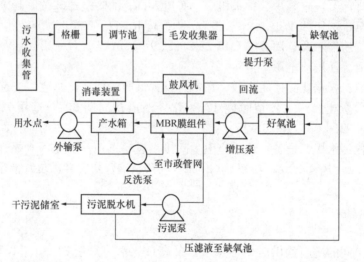

图2　工艺流程

本工程设计处理量为200m³/d。整个污水处理系统采用一体化设备。主要集成的设备有格栅、调节池、缺氧池、MBR膜生物反应器、抽吸泵、消毒装置、鼓风机、产水缓冲罐、外输泵、管道等（表1）。其中外输泵将MBR产水缓存池的产品水输送至用水点，选用变频供水成套设备，配用水泵3台，采用一对一变频器，单台功率7.5kW，隔膜式气压罐100L，承压1.0MPa。设备参数：Q＝36m³/h，H＝86m。

主要构筑物选型　　　　　　　　　　　　　　　　　　　　　表1

序号	构筑物名称	有效尺寸	结构形式	水深
1	格栅井	1.0m×1.0m×1.5m	碳钢防腐	
2	调节池	5.0m×5.0m×4.0m	碳钢防腐	3.5m
3	缺氧池	3.0m×4.0m×4.0m	碳钢防腐	3.5m

序号	构筑物名称	有效尺寸	结构形式	水深
4	好氧池	5.0m×5.0m×4.0m	碳钢防腐	3.5m
5	中水回用水箱	3.0m×3.0m×4.0m	碳钢防腐	3.5m
6	控制室，加药间	6.0m×3.0m×4.0m	碳钢防腐	

八、消防系统

1. 消防灭火设施配置

本工程全楼设置消火栓系统、自动喷淋系统和建筑灭火器，对中央兵器大厅环廊等净空高度超过 12m 的区域设置自动扫描炮灭火系统。根据消防性能化报告，中央兵器大厅及地下室武器大厅不设置自动灭火系统。本建筑设计对藏品库房（武器库房除外）和珍品库设计气体灭火系统，对武器库房和展厅（武器展厅除外）设计自动喷水预作用灭火系统。在地下室藏品库区，消火栓系统采用空管系统，系统起端设置电动阀，与消防控制中心连接。

本工程定位为一类高层综合楼，室内消火栓用水量为 40L/s，室外消火栓用水量为 30L/s，火灾延续时间 3h。消防水池内储存有室内消火栓用水量 432m³；自喷按照 8~12m 净高的空间按非仓库类高大净空场所考虑，根据装修布置复核自喷用水量为 45L/s，火灾延续时间 1h，消防水池内储存有自喷水量为 162m³；自动扫描射水高空水炮灭火装置系统水量为 20L/s，火灾延续时间 1h，消防水池内储存 1h 自动扫描射水高空水炮灭火装置的水量 72m³。

本工程的消防用水量主要包括室内消火栓用水量、自喷水量、自动扫描射水高空水炮水量。地下消防水池有效容积为 824.4m³（含循环冷却补水量），分为基本相等的两格。室外管网消防期间补充室外消防用水量。

室外消防从用地红线范围外市政给水管道接入两根 DN200 自来水管，管网在用地红线范围内形成环，室外消火栓全部由市政管网供水。室外消火栓间距按不超过 120m 布置。

2. 消火栓系统

本工程室内消火栓给水系统为临时高压系统。在地下二层消防水泵房内设有消火栓给水加压泵（每台 $Q=40L/s$，$H=100m$，$N=75kW$）2 台，一用一备，向消火栓系统供水。在室外设 3 套 SQA-150 型消防水泵接合器与室内消火栓管网相连。消火栓给水加压泵选用恒压切线泵。

消火栓给水系统分为一个区。管网为环状，并用阀门分成若干独立段，以利检修。控制消火栓静压在 0.80MPa 以内，消火栓出水压力超过 0.50MPa 时设减压消火栓。

最高的夹层水箱间内设有效水容积为 18m³ 的不锈钢消防水箱一座和屋顶消火栓给水自喷合用的增压设备，可提供消火栓给水系统初期灭火用水及维持消火栓灭火系统给水管网平时所需压力。消防增压稳压设备型号 ZW（L）-Ⅰ-XZ-10，配用水泵 25LGW3-10×4，立式隔膜式气压罐 SQL1000×0.6。

本工程按同层任何部位均有两股消火栓的水枪充实水柱可同时到达的原则布置室内消火栓。消火栓（单栓）型号为 SG18D65Z-J 型，消火栓箱内设有 DN65 室内消火栓一个（或两个）、φ19 水枪一支（或两支）、DN65 消防水龙带 25m 一条（或两条）及消防紧急按钮、指示灯各一个。消火栓内设置消防软管卷盘。首层中央兵器大厅和地下一层武器大厅均为大开间建筑，采用双龙带加无后座力水枪的方式，选用快捷式 QWET-E 型可调式无后座力多功能消防水枪。性能参数：栓前水压 0.3MPa，流量 5.25L/s，有效射程直流状态 23m，喷雾状态 18m。

火灾时启动消火栓箱内消防紧急按钮，信号传送至消防控制中心（显示火灾位置）及泵房内消火栓加压泵控制箱，启动消火栓加压泵，并反馈信号至消防控制中心及消火栓箱（指示灯亮），消火栓加压泵还可在消防控制中心遥控启动和在水泵房手动启动。

3. 自动喷水灭火系统

本工程除不能用水灭火的部位外均设自动喷水灭火系统。博物馆取中危险 I 级，设计喷水强度 6.0L/（min·m²），作用面积为 160m²；地下车库取中危险 II 级，设计喷水强度 8.0L/（min·m²），作用面积为 160m²；8～12m 净高的空间按非仓库类高大净空场所考虑，设自动喷水灭火系统，设计喷水强度 6.0L/（min·m²），作用面积为 260m²。自喷系统火灾延续时间 1h，系统最不利点处喷头的工作压力不应低于 0.10MPa，考虑最不利点作用面积喷头实际流量，一次火灾的自动喷淋水量为 162m³。

除大型武器库和轻武器库藏品库、展厅设置自动喷水预作用灭火系统外，其他用房设置自动喷水灭火系统。

本工程自喷给水系统为临时高压系统。在地下二层消防水泵房内设有自喷给水加压泵（每台 Q=45L/s，H=110m，N=75kW）2 台，一用一备，向自喷系统供水。并在室外设 3 套 SQA-150 型消防水泵接合器与室内自喷管网相连。自喷给水加压泵选用恒压切线泵。

本工程湿式自喷给水系统报警阀按每个控制喷头数不超过 800 个设置，喷头动作温度为 68℃，水流指示器每层每个防火分区均设置一个；各层配水管入口处压力大于 0.40MPa 时，设减压孔板进行减压；每个报警阀供水的最高与最低喷头高程差不大于 50m；配水管道的工作压力不大于 1.20MPa。

本工程展厅（武器展厅除外）采用预作用系统。其控制方式采用电气连锁系统，探测装置动作时就允许水进入到预作用阀后的管道系统中。系统设计控制配水管道充水时间不大于 2min，每个预作用阀控制配水管道的容积在 1900L 以内。系统对喷头的安装有严格的要求，向上安装时可采用直立型喷头，向下安装时应采用专用的干式下垂型喷头。系统设计保证能排尽预作用阀后管道内的水。预作用喷头动作温度为 68℃。

在最高的夹层水箱间内设置有效水容积为 18m³ 的消防水箱一座和屋顶自动喷淋增压设备，可提供自动喷水灭火系统初期灭火用水及维持自动喷水灭火系统给水管网平时所需压力。

湿式自喷系统：火灾时喷头动作，由报警阀压力开关、水流指示器将火灾信号传至消防控制中心及泵房内自喷加压泵控制箱，启动自喷加压泵，并反馈信号至消防控制中心。

电气连锁的预作用系统的控制为火灾自动报警系统 2 个探测器动作后，火灾自动报警系统输出信号，打开预作用报警阀的电磁阀，同时开启快速排气阀前的电动阀，预作用报警阀启动，系统压力开关动作，自动启动消防泵。

4. 自动扫描射水高空水炮灭火系统

本工程中央兵器大厅环廊净空高度为 24m，为净空高度超过 12m 的区域，设置自动扫描射水高空水炮灭火系统。选用的装置参数单台流量 5L/s，按每个区 4 台工作，设计流量 20L/s，额定工作压力 0.6MPa，最大保护半径 32m（标准保护半径 20m）。

自动扫描射水高空水炮灭火系统为临时高压系统，在地下二层消防水泵房内设有自动扫描射水高空水炮灭火加压泵（每台 $Q=20$L/s，$H=120$m，$N=45$kW）2 台，一用一备，向自动扫描射水高空水炮灭火系统供水。并在室外设 2 套 SQA-100 型消防水泵接合器与室内管网相连。自动扫描射水高空水炮灭火系系统水泵选用恒压切线泵。

最高的夹层水箱间内设有效水容积为 18m³ 的不锈钢消防水箱一座，可满足自动扫描射水高空水炮灭火系统给水管网平时所需压力。

5. 气体灭火系统

本工程设气体灭火系统的部位主要包括：藏品库、珍品库（大型武器库和轻武器库除外）；修复、保养、装裱室；地下室一层变配电室；藏品档案室和多媒体技术室等，共 66 个防护区，设计采用 11 套 IG541 有管网全淹没组合分配系统，即用一套气体灭火剂储存装置通过管网的分配，保护两个或两个以上的防护区，但是最多不超过 8 个防护区。组合分配系统的灭火剂储存量，按储存量最大的防护区确定。

IG541 气体灭火系统设计浓度为 37.5%，喷放时间 60s，系统充装压力为 15MPa（表压），喷头的工作压力≥2.0MPa（绝对压力），灭火系统的设计温度为 20℃。防护区的围护结构及门窗的耐火极限不应低于 0.50h，吊顶的耐火极限不应低于 0.25h。防护区内设置泄压口，其高度应大于防护区净高的 2/3。泄压设置在与走廊相隔的内墙上。喷放灭火剂前，防护区内除泄压口外的开口应能自行关闭。防护区内设置防毒面具。

6. 建筑灭火器

本建筑内的库房、影厅、多功能会议厅、展厅按严重危险级 A 类火灾配置手提式灭火器。大空间的武器展厅和中央兵器大厅按严重危险级 A 类火灾配置推车式灭火器。地下车库按中危险级 B 类火灾配置手提式灭火器。地下室变配电室和电缆夹层按中危险级 E 类火灾配置手提式灭火器，其余办公区按危险级 A 类火灾配置手提式灭火器。

九、工程主要创新及特点

（1）充分利用市政管网供水压力分区供水，设置成套变频供水设备，采用一对一变频器，确保水泵运转于高效区，最大限度的节约能源。

（2）热水和直饮水采用分散型的电热水器及一体化直饮水机，降低了工程造价。

（3）地上、地下卫生间生活污、废水分别采用重力排放系统、机械提升排放系统排至室外，即满足使用要求又节约能耗。

（4）本工程中水处理后用于冲厕，节约用水。

（5）兵器大厅钢结构屋面、环廊屋顶内外侧屋面采用 100 年的设计重现期，采用虹吸压力流雨水排放系统，其余屋面采用 50 年的设计重现期，采用虹吸压力流雨水排放系统或重力流系统，并设置溢流口。

（6）本工程首层中央兵器大厅和地下室武器大厅均为大开间建筑。其中首层中央兵器大厅为钢结构，尺寸 63450mm×127600mm，中间无柱。为解决水平保护距离不够问题，在一个消火栓箱内设置两股水龙带，选用快捷式 QWET-E 型可调式无后座力多功能消防水枪。

（7）地下室藏品库区，消火栓系统采用空管系统，平时管道无水，系统起端设置电动阀，与消防控制中心连接。

（8）针对中央兵器大厅环廊等高大空间场所，设计采用自动扫描射水高空水炮灭火系统，解决高大空间的建筑消防难点。

（9）展厅采用自动喷水预作用灭火系统，便于以后布展灵活。

（10）本工程装修标准高，机电设备多，层高要求严，每个重要断面进行管线综合，在施工过程中采用 BIM 模型排布，保证管线的走向顺畅，便于检修。

2019 年二等奖

亚特兰蒂斯酒店一期①

- 设计单位： 上海建筑设计研究院有限公司，奥雅纳工程咨询（上海）有限公司
- 主要设计人： 朱建荣 张 隽 胡圣文 归晨成
- 本文执笔人： 胡圣文

作者简介：

胡圣文，高级工程师，注册设备工程师（给水排水）。主要设计代表作品：宝钢总部基地、上海华为基地、复旦大学附属华山医院临床医学中心，临江商业商务中心，上海华信中心项目等。

一、工程概况

本项目位于三亚海棠湾滨海岸线中部，滨海路和风塘路交界处东侧。基地北侧自滨海路北段起，至南端海滩缓坡而下。室内地面标高±0.000相当于标准高程13.00m。基地面积114601m²。建筑分类和耐火等级：1类1级。

总建筑面积251040m²，地上建筑面积172040m²，地下建筑面积79000m²。地上47层，地下2层。酒店塔楼大屋面相对高度172m；裙房6～22m（至构架顶）。建筑功能：塔楼1314间客房、行政酒廊、SPA；裙房各类餐饮、宴会厅、商场、水族馆、厨房；地下室各类餐饮、员工餐厅、后勤办公、厨房、洗衣房、车库、维生系统机房、各机电设备机房。

二、给水系统

本工程最大日用水量为4316m³/d，最大小时用水量为381m³/h，其中未包含维生系统的淡水补水量（表1）。由海棠北路市政给水管网二路供水，进户管为2根DN300管道，经水表计量后在基地内连成环网供各用水点用水。三亚市政供水压力0.20MPa，以绝对标高13.00m计。

系统划分：地下室（除厨房、洗衣房及淋浴外）、室外绿化浇灌由市政给水管网直接供水；一～三层由裙房恒压变频供水设备供水；四～八层由客房恒压变频供水设备供水；九～十九层由位于二十六层的中间生活水箱供水。供水静压大于0.35MPa时，采用减压

① 该工程设计主要工程图详见中国建筑工业出版社官方网站本书的配套资源。

阀分区减压供水，因此在十五层设减压阀，九～十四层为一区，十五～十九层为一区；二十～三十五层由位于四十二层的中间生活水箱供水。供水静压大于 0.35MPa 时，采用减压阀分区减压供水。因此，在二十六、二十九层层分别设置设减压阀，二十～十二五层为一区，二十六～三十层为一区，三十一～三十五层为一区；三十六～四十一层由位于屋顶的高位生活水箱供水；四十二至屋顶由屋顶恒压变频供水设备供水，最不利点供水压力控制在 0.25MPa；按业主要求各区最不利点供水压力不小于 0.20MPa。

用水量计算表

表 1

项目	数量	用水标准	时变化系数	最大日用水量 (m³/d)	最大小时用水量 (m³/h)
客房	2600 床	350L/（床·d）	2.5	910	94.8
员工	2000 人	100L/（人·d）	2	200	16.7
大型餐饮	5552 人次	40L/人次	1.5	222	20.8
轻餐饮	3700 人次	20L/人次	1.5	74	6.9
酒吧	900 人次	15L/人次	1.5	14	1.3
宴会厅	2400 人次	50L/人次	1.2	120	11.1
职工餐厅	2000 人	25L/人次	1.5	75	9.4
商场	1600m²	5L/m²	1.2	8	0.8
会议厅	400 座	8L/人次	1.5	7	0.8
SPA	128 人次	200L/人次	1.5	26	2.4
洗衣房	专业公司提供			560	35
游泳池补水	7535m³	10%	1.0	754	37.7
绿化用水	44840m²	2L/（m²·d）	1.0	90	22.5
未预见水量	10%			306	26.0
冷却塔补水	10h			950	95
合计				4316	381

供水方式及供水设备：四～四十一层供水方式采用水池、水泵和中间（屋顶）水箱联合供水；地下一～地下二层的厨房、洗衣房及淋浴，一～三层，四十二至屋顶供水方式采用水池、变频恒压供水设备联合供水；贮水池、二十六层中间生活水箱供水泵、裙房变频恒压供水设备和客房变频恒压供水设备设于地下室生活泵房内，按业主要求贮水池储存 80% 的日用水量，因此采用 6 只总有效容积为 1650m³ 的不锈钢成品水箱；二十六层中间生活水箱和四十二层中间生活水箱供水泵设于二十六层设备间，二十六层中间生活水箱采用 2 只总有效容积为 80m³ 不锈钢成品水箱；四十二层中间生活水箱和屋顶生活水箱供水泵设于四十二层设备间，四十二层中间生活水箱有效容积为 50m³ 不锈钢成品水箱 1 只，

201

平均分成 2 格；屋顶生活水箱和屋顶恒压变频供水设备设于屋顶生活泵房，屋顶生活水箱有效容积为 45m³不锈钢成品水箱 1 只，平均分成 2 格。

冷却塔补水：冷却塔位于室外总体，补水采用市政管网直接供水，设置减压型倒流防止器。

三、排水设计

1. 污水排放

（1）室内排水系统采用污废水分流，设置专用透气管，客房坐便器设器具透气管。

（2）主体建筑内的厨房废水经成品隔油处理器处理后再排入废水系统。室外单体建筑内的厨房排水经混凝土隔油池处理后再排入废水系统。

（3）锅炉房的高温热水经排污降温池处理后再排入废水系统。

（4）室外污废水合流经化粪池处理后排至市政污水管。本工程污废水日排放量 2270m³/d，小时排放量 183.4m³/h。总排放管为 2 根 DN300 管道。

2. 雨水排放

（1）暴雨强度计算采用三亚地区的雨量公式：$q = \dfrac{1085 \times (1 + 0.575\lg P)}{(t+9)^{0.584}}$ [L/(s·hm²)]。

（2）占地面积为 11.46hm²，以 13m 标高为分水线，分成南北两个区域。北侧排向市政管网，南侧经生态沟后排入海体。重现期 $P=3$ 年，降雨历时 $t=15$min。

（3）北侧综合径流系数 $\Phi=0.58$，雨水量为 972L/s，排放管为 5 根 D500 管道排至市政管网。南侧综合径流系数 $\Phi=0.62$，雨水量为 463L/s，生态沟的断面宽度 700mm，水深 800mm，水力坡降 0.001，流速 0.93m/s。

（4）塔楼屋面雨水采用重力流内排水系统，重现期 $P=10$ 年，综合径流系数 $\Phi=0.90$，降雨历时 $t=5$min。溢流措施按 50 年重现期设置。

（5）裙房屋面雨水采用虹吸压力流排水系统，设计重现期为 50 年。相邻雨水斗间距不超过 20m。管道系统内最大负压值不应大于 0.08MPa，水平管道的充满度不应小于 60%，最小流速不小于 0.7m/s。在有条件的天沟设置溢流口。

（6）室外单体建筑屋面雨水为天沟外排水，不设雨水管道系统。

四、热水设计

1. 供应范围
所有场所。

2. 用水量
60℃：热水最大日用水量为 706m³/d，小时用水量为 62.8m³/h（表 2）。70℃：热水最大日用水量为 80m³/d，小时用水量为 5m³/h（表 3）。

60℃热水用水量 表2

项目	数量	用水标准	最大日用水量 （m³/d）	平均小时用水量 （m³/h）
客房	2600床	120L/（床·d）	312	33.8（最大小时）
员工	2000人	40L/（人·d）	80	3.3
大型餐饮	5552人次	20L/人次	111	10.4（最大小时）
轻餐饮	3700人次	10L/人次	37	2.3
酒吧	900人次	5L/人次	5	0.3
宴会厅	2400人次	20L/人次	48	3.0
职工餐厅	3000人	10L/人次	30	2.5
商场	1600m²	2L/m²	3	0.3
会议厅	400座	3L/人次	2.4	0.2
SPA	128人次	100 L/人次	13	1.0
未预见水量	10%		64.1	5.7
合计			706	62.8

70℃热水用水量 表3

项目	数量	最大日用水量 （m³/d）	平均小时用水量 （m³/h）
洗衣房	专业公司提供	80	5

3. 热源

热源来自燃气热水锅炉供高温热水，供水温度95℃，回水温度70℃。

4. 水源

根据冷水系统划分，分别来自变频供水设备或中间（屋顶）生活水箱。

5. 系统划分

热水系统划分同给水。

6. 加热方式

采用集中加热方法，卧（立）式水—水导流型容积式加热器。地下二～八层容积式加热器设于地下室生活泵内；九～十九层容积式加热器设于十五层设备区；二十～三十五层容积式加热器设于二十六层设备区；三十七至屋顶层容积式加热器设于四十二层设备区。

7. 供水方式

均采用上行下给式机械循环，各区热水循环泵均设于热交换器所在机房内。

8. 太阳能热水系统

（1）四～十九层客房采用太阳能热水系统预热。集热器采用U形管真空型集热器阵列，集热器面积850 m²，集热器水平安装于裙房购物街屋顶上。太阳能加热板日产水量为

$100m^3$。辅助热源采用燃气锅炉的高温热水。加热水箱、恒温水箱、板式换热器、循环泵、膨胀罐均设于地下室生活泵房内。

（2）四~八层的太阳能预热罐设置在地下室生活泵房内，太阳能系统的高温热水通过预热罐与四~八层客房恒压变频供水设备的冷水进行热交换，预热后的预热水作为四~八层容积式热交换器的水源。

（3）九~十四层、十六~十九层的太阳能预热罐设置在十五层设备用房，太阳能系统的高温热水通过预热罐与中间生活水箱提供的分区后的冷水进行热交换，预热后的预热水作为九~十四层、十六~十九层容积式热交换器的水源。

9. 预热系统

利用空调冷却水余热对裙房及洗衣房热交换器的水源进行预加热。暖通专业的冷却水管通过板式换热器与裙房区冷水进行热交换，预热后的预热水作为容积式热交换器的水源，同时冷水在板式热交换器热水侧旁通。

五、雨水回用设计

（1）雨水收集处理系统供酒店一期及二期（水上乐园）绿化道路浇洒，出水水质应满足《城市污水再生利用 城市杂用水水质》GB/T 18920—2002 和《城市污水再生利用 景观环境用水水质》GB/T 18921—2002 的要求。

（2）酒店一期用水量：日用水量为 $90m^3/d$。

（3）水源：酒店一期经智能化雨水初期弃流装置后的场地雨水。

（4）南、北两侧各设置埋地式雨水处理池一座。南侧雨水收集池有效容积 $600m^3$，清水池有效容积 $50 m^3$；北侧雨水收集池有效容积 $600m^3$，清水池有效容积 $60 m^3$。

（5）雨水回用供水系统必须独立设置，回用管道严禁与生活饮用水给水管道连接。

（6）雨水贮存池设自来水补水管，管径 DN100，采取最低报警水位控制的自动补给，并安装水表。补水管出水口应高于雨水回用贮存池（箱）内溢流水位，其间距不得小于 2.5 倍管径，严禁采用淹没式浮球阀补水。

（7）雨水回用管道上不得装设取水龙头。当装有取水接口时，必须采取严格的防止误饮、误用的措施。除卫生间外，中水管道不宜暗装于墙体内。

（8）绿化、道路浇洒采用有防护功能的壁式或地下式给水栓。

（9）雨水回用管道应采取下列防止误接、误用、误饮的措施：

1）雨水回用管道外壁应按有关标准的规定涂色和标志；

2）水池（箱）、阀门、水表及给水栓、取水口均应有明显的"雨水回用"标志；

3）公共场所及绿化的中水取水口应设带锁装置。

六、消防设计

本工程消防总用水量为 150L/s，其中室外消防用水量为 40L/s，室内消火栓用水量为 40L/s，自动喷淋和水喷雾二者取水量大者为 60L/s，高空水炮用水量为 10L/s（表4）。消防用水由海棠北路市政给水管网二路供水，进户管为 2 根 DN300 管道，在基地内连成环网供消防用水。两路市政给水管来自两个市政自来水厂。

本工程有下列消防设施：室外消火栓系统、室内消火栓系统、自动喷淋灭火系统、自动扫描射水高空水炮灭火装置、水喷雾灭火系统、七氟丙烷气体灭火系统。

消防用水量 表4

	消防设施	用水量（m^3/h）	火灾历时（h）	贮水量（m^3）
1	室内消火栓	144	3	432
2	自动喷淋	216	1.5	324
3	高空水炮	36	1	36
4	合计			792

1. 消防水池、水箱及消防泵房

（1）利用室外2座独立的游泳池作为消防水池，成人游泳池1的有效容积为$2340m^3$，成人游泳池2的有效容积为$1950m^3$。每个泳池均可独立检修、维护，保证在任何情况下均能满足消防给水系统所需的水量和水质。游泳池池底绝对标高9.70m，消防水泵吸水口绝对标高7.50m。室外埋地管长度200m，坡度0.003，进入消防泵房时管中绝对标高8.70m。

（2）在二十六层设$50m^3$低区高位消防水箱，在屋顶设$100m^3$高位消防水箱，水箱采用不锈钢成品水箱。

（3）消防泵房处绝对标高7.0m，最近的疏散楼梯为ST1，室外地面绝对标高13.0m。

2. 室内消火栓系统

（1）各单体建筑每层均设室内消火栓保护，消火栓设置间距保证同一平面有2支消防水枪的2股水枪充实水柱同时达到任何部位且不超过30m，消火栓水枪的充实水柱为13m。

（2）消防箱采用带自救软盘的钢制单栓消防箱。

（3）室内消防给水采用水泵串联临时高压供水系统。消防管网分高低两个区，低区供地下室至二十一层，高区供二十二层至屋顶。

（4）低区消火栓专用泵设于地下二层消防泵房内，采用2台消防专用泵（$Q=40L/s$，$H=140m$，$N=110kW$），一用一备。泵由室外游泳池抽水。高区消火栓专用泵设于二十六层消防泵房内，采用2台消防专用泵（$Q=40L/s$，$H=110m$，$N=90kW$），一用一备。泵由二十一层低区消火栓总环管上抽水。

（5）为确保高区最不利点消火栓静水压力不低于0.15MPa，在屋顶设置消火栓系统增压设施，气压罐的调节水容量为150L，流量为1L/s，扬程为35m。

（6）低区室内消火栓系统配一套泄压阀，设定开启压力为1.54MPa，关闭压力为1.35MPa，高区室内消火栓系统配一套泄压阀，设定开启压力为1.51MPa，关闭压力1.32MPa。

（7）低区、高区消防管网分别设置3组地上式DN150水泵接合器。

3. 自动喷淋系统

（1）自动喷淋系统安装于除小于$5m^2$的厕所、电气机房、锅炉房以外的所有部位，系统为湿式。

（2）地下车库按中危险Ⅱ级设计，喷水强度 8L/(min·m²)，作用面积 160m²；净空高度 8<H≤12m 的宴会厅，喷水强度 6L/(min·m²)，作用面积 260m²；地下室库房按仓库危险级Ⅱ级设计，储物高度 3.0～3.5m，喷水强度 12 L/(min·m²)，作用面积 200m²；其余部位均为中危险Ⅰ级，喷水强度 6L/(min·m²)，作用面积 160m²。

（3）喷淋给水方式同消火栓系统。

（4）低区喷淋专用泵设于地下二层消防泵房内，采用 3 台消防专用泵（$Q=30L/s$，$H=140m$，$N=75kW$），二用一备。泵由室外游泳池抽水。高区喷淋专用泵设于二十六层消防泵房内，采用 2 台消防专用泵（$Q=30L/s$，$H=120m$，$N=75kW$），一用一备。泵由十五层低区喷淋环总管上抽水。

（5）为确保高区最不利点喷头的供水压力不低于 0.10MPa，在屋顶设置喷淋系统增压设施，气压罐的调节水容量为 150L，流量为 1L/s，扬程为 35m。

（6）低区喷淋系统配一套泄压阀，设定开启压力为 1.54MPa，关闭压力为 1.35MPa，高区喷淋系统配一套泄压阀，设定开启压力为 1.56MPa，关闭压力为 1.37MPa。

（7）低区喷淋管网设置 4 组地上式 DN150 水泵接合器，高区喷淋管网设置 2 组地上式 DN150 水泵接合器。

（8）整个系统由 40 只湿式报警阀控制，每只报警阀控制喷头数不大于 800 只，报警阀分别设于地下室、避难层的消防泵房、湿式报警阀间。每个防火分区均设水流指示器、监控蝶阀和试验放水装置。

（9）喷头采用玻璃球喷头，除厨房、热交换机房采用 93℃喷头、玻璃屋顶采用 121℃喷头外，其余均为 68℃。库房喷头为 $K=115$ 的快速响应喷头，其余喷头均为 $K=80$ 的快速响应喷头。

4. 自动扫描射水高空水炮灭火系统

（1）在净空高度大于 18m 的中庭设置自动扫描射水高空水炮，代替自动喷淋灭火系统。

（2）每个高空水炮喷水流量 5L/s，工作压力 0.6MPa，保护半径 20m，最大安装高度 20m，系统的设计流量为 10L/s。

（3）系统由自动扫描射水高空水炮灭火装置、电磁阀、水流指示器、信号阀、模拟末端试水装置、配水管道及供水泵等组成，能在发生火灾时自动探测着火部位并主动喷水灭火。

（4）室内消防给水采用临时高压供水系统。高空水炮系统专用泵设于地下二层消防泵房内，采用 2 台消防专用泵（$Q=10L/s$，$H=100m$，$N=15kW$），一用一备。泵由室外游泳池抽水。设置 2 组地上式 DN100 水泵接合器。

（5）系统配一套泄压阀，设定开启压力为 1.10MPa，关闭压力 0.95MPa。

5. 水喷雾灭火系统

地下室燃气锅炉房和柴油发电机房设置水喷雾灭火系统，设计喷雾强度 20L/(min·m²)，持续喷雾时间为 30min。锅炉房由 6 只雨淋阀控制，发电机房分别各由 4 只雨淋阀控制。水喷雾与低区喷淋合用消防泵。

6. 气体灭火系统

（1）地下二层变电站、10kV 配电间、电信机房、屋顶变电站设置气体灭火系统。

气体灭火系统采用七氟丙烷气体，组合分配系统，按全淹没灭火方式设计，装置设计工作压力 4.2MPa。

（2）地下二层变电站、10kV 配电间、屋顶变电站灭火设计浓度为 9%，系统喷放时间不应大于 10s。

（3）地下二层的电信机房灭火设计浓度为 8%，系统喷放时间不应大于 8s。

（4）防护区应设置泄压口，可采用成品泄压装置，并宜设在外墙上，其高度应大于防护区净高的 2/3。

七、工程主要创新及特点

1. 项目建筑规模大，功能多，平面复杂

（1）200m 超高层酒店在单体建筑内包含：1300 间客房（其中有 4 套水下套房），近 1 万 m^2 的水族馆，2500m^2 宴会厅，13 间各类的餐厅，2 个行政酒廊，18 间各种规模的厨房（其中一间是供鱼类饲料的厨房），近 1000m^2 的 SPA，近 1000m^2 的室内儿童乐园。除了 1300 间客房，其余功能均布置在地下室及裙房内，导致单层面积接近 4 万 m^2，平面布局和结构标高错综复杂，增加设计难度。

（2）为使建筑结构利益最大化，使得避难层层高仅 3m，核心桶管井紧凑及形状不规则，给设备及管线布置带来极大挑战。

（3）室外场地景观多样，标高复杂。室外泳池水量 7535m^3，其中一组家庭池为温水池。总体管线复杂。

2. 合作单位多，设计阶段交叉

（1）水专业涉及十几家专业设计方，其中维生系统和海水处理系统是首次涉及。

（2）外方建筑 HOK 采取类似设计总包的工作方式，工作重点是外立面、功能分区及总体效果。在平面图中划分好各个功能区块后交由其他设计方。例如客房层分隔好房间后，房间内部由室内设计单位设计；厨房餐厅区域划分后，具体厨房在哪里、有多大，餐厅在哪里等，由厨房公司设计。这样导致机电专业在方案阶段就需要接收大量资料，与各个设计方进行数据整合，系统衔接。这种状态在设计全过程中始终存在。例如用水量计算中大型餐饮部分的人次是表 5 统计出来的。

用餐人数统计表			表 5
	早餐（座位数×翻台率）	午餐	晚餐
全日 A	726×2.3＝1670		726
全日 B	580×1.8＝1044	580	580
房内用餐	2600×5%＝130		2600×3%＝78
Classic Cantonese（特色 2 号）		302	302
Steakhouse			140
小计	2844	882	1826
合计			5552

3. 消防规范更替

《消防给水及消火栓系统技术规范》GB 50974—2014 于 2014 年 10 月 1 日实施，而第一轮施工图在 2014 年 10 月 30 日出图。在设计的大部分阶段，为了避免设计方案被大幅度修改，对该规范征求意见稿边学习研究边设计。但是由于正式版本与征求意见稿的差异，仍旧引起了许多专业的修改，本专业承受巨大压力。例如：

（1）高位消防水箱容积扩大，导致屋顶及避难层消防泵房面积增大，引起各专业的施工图大调整，原先选择的水泵直接串联供水方式的优势大减。

（2）机械应急启动时间的新规定，使得消防泵房位置难于选择，多次调整。消防泵房的位置需要同时满足有直接对外出口或疏散楼梯，室内地坪与室外出入口地坪高差不大于 10m，与消控中心的距离人步行 3min 内到达，靠近负荷中心，靠近外墙减少 DN300 进水管在室内敷设长度等一系列条件。只要有一个条件改变，就会引起消防泵房位置的调整。

（3）三亚当地原规定，室内消火栓不得布置在防烟楼梯间内。而新规范 GB 50974—2014 规定应设置在楼梯间。这一改变使得原先与室内设计配合好的塔楼消火栓布置几乎全部作废，从头再来。

4. 场地排水

（1）基地面积约 11.5 万 m^2，纵深约 650m，地形标高复杂，红线范围内从 8m 到 21m 变化。在设计初期就场地雨水排放进行了方案比较。

（2）方案一：按常规全部排入市政道路海棠北路（图 1）。

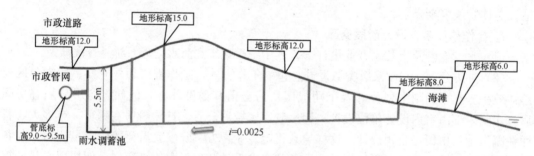

图 1　F 路侧雨水排放

　1）雨水排放量超过市政管道接受能力，需要设置大容积雨水调蓄池；

　2）基地内小于市政接管标高的区域雨水无法排出，需设置排水泵，运行费用大；

　3）遇到大雨时，由于基地内部分地形低于市政道路，有雨水倒灌的风险；

　4）管道埋深大，施工造价较高。

（3）方案二：以 12.00m 地形标高为界，高于 12.00m 场地标高的区域排向市政雨水管网，低于 12.00m 场地标高的区域排向海滩（图 2）。

　1）雨水调蓄池较小，市政排放侧基本可与市政排水量匹配；

　2）系统安全性较方案一高；

　3）管道埋深小，管网造价低；

　4）充分利用海滩地势低的地形优势；

　5）根据要求，须设置雨水截留沟，且需与建筑景观专业配合。

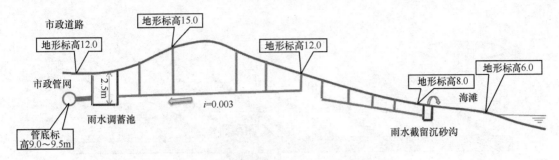

图 2 F路侧和海滩侧分别排放

（4）结论和实施

基于上述分析，设计采用了方案二的方法（图3、图4）。

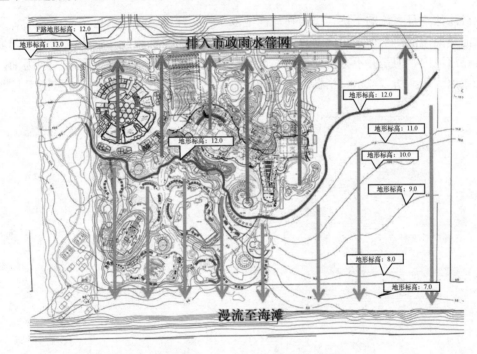

图 3 雨水排放策略（以 12.00 地形标高为界）

由于一期室内±0.00绝对标高调整及总体景观设计的深入，二期总体方案调整，最后成图是以13.0m标高为分界，且一、二期单独排放。一期市政管网满足基地排水量，取消了雨水调蓄功能，保留雨水回用部分。

5. 消防水池

（1）室外成人泳池为3座成阶梯状布置的独立泳池，泳池水处理系统也各自独立。每个泳池水量充沛，有效容积在2000m³左右。每个泳池均可独立检修、维护，保证在任何情况下均能满足消防给水系统所需的水量和水质。因此选择2座池底标高较高的泳池作为消防水池。

（2）水泵吸水总管取水口的布置：首先设想是在游泳池底设置吸水口。随着泳池专业设计方案的确定，发现泳池采用的是混合式进水，每座泳池都设有独立的平衡水箱。为了

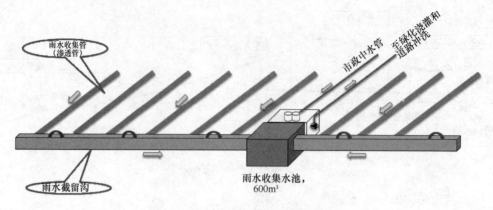

图 4   海滩侧雨水收集处理站示意图

减少对泳池本身水流的干扰，决定在均衡池取水。当泳池设计图纸进一步完善后，发现一座泳池是溢流池，平衡水箱内通过的流量小于消防用水量。因此，这座泳池的消防取水口仍设在泳池内，但是并不直接在泳池底部开口，而是在环状布水管上取水。因为消防流量小于泳池流量，所以取水口格栅流速也能满足要求，消防取水时不会造成漩涡引起事故。

武汉天河机场 T3 航站楼扩建工程①

- 设计单位： 中南建筑设计院股份有限
  公司
- 主要设计人： 杜金娣　洪　瑛　涂正纯
  黄景会　吴永强　吕　勇
  刘　斌　胡勇昌
- 本文执笔人： 杜金娣

作者简介：

杜金娣，正高级工程师，注册公用设备工程师（给水排水），中南建筑设计院华建审图公司总工程师（给水排水）。从事建筑给排水设计工作近30年，承接了超高层建筑、大型机场、高铁站房、商业综合体、工业园区、体育场馆、医院、宾馆等不同类型的多项重点工程设计。

一、工程概况

武汉天河机场是我国中部地区重要的大型枢纽机场，分为南工作区、北工作区、航站区及飞行区四大部分。T3 航站楼工程位于机场中部航站区，为武汉天河机场三期扩建工程的主体工程，以"星河璀璨，风舞九天"为主题，被打造成为武汉市的标志性建筑，建成后机场近期目标年（2025 年）旅客吞吐量将达到 3500 万人次。

T3 航站楼由一座主楼＋两条连廊＋四条指廊组成，与 T2 航站楼通过连廊相接为一个整体。东/西下穿隧道、城铁、地铁、楼前高架桥、桥下道路、停车楼、综合交通中心、空中廊桥等使 T3 航站楼成为一体化航站楼。

T3 航站楼总建筑面积 49.5 万 m^2，建筑总高度 41.1m。主楼地上 4 层、地下 1 层。主楼从四层至一层依次为：办票大厅和国际出发层，国际到达层，国内候机、到达和行李提取厅，旅客集散厅、远机位候机及到达、贵宾候机、辅助用房；主楼地下为行李处理机房、公共大厅、地下联络道、后勤服务用房。指廊及连廊地上两层，二层为国内候机及到达层；一层为空侧办公及服务用房、架空停车区。

冷却塔水泵房为 T3 冷冻站的配套工程，服务于 T3 航站楼及 T3 楼前停车场的空调系统。该工程总建筑面积 $1392m^2$，地上为冷却塔及集水池，地下为冷却水泵房及配电间，循环冷却水管通过西管廊与 T3 地下冷冻站相连。

---

① 该工程设计主要工程图详见中国建筑工业出版社官方网站本书的配套资源。

二、给水系统

1. 水源

T3航站楼生活用水水源来自机场新建的北供水站和已有的南供水站。机场市政给水管网在南工作区、北工作区、航站区形成环网，并通过敷设于机场市政综合管廊内的供水主干管全场贯通供水。T3航站楼设两路DN300引入管供给生活用水、空调冷却塔补水及消防水池进水，引入管接口处的水压不低于0.40MPa。在生活给水总引入管上设置倒流防止器和计量水表。

2. 用水量

T3航站楼最高日用水量4410m³/d，最大时用水量354m³/h。其中，空调冷却塔补水最高日用水量2160m³/d，最大时用水量180m³/h。

3. 供水方式、供水系统及供水分区、减压措施

T3航站楼四层及四层以下生活给水及冷却塔补水利用机场市政给水管网压力直接供水。航站楼设东、西两条DN300引入管，引入管总水表后的给水干管在航站楼东、西管廊及主楼地下东西联络道内贯通，为航站楼及北侧塔台小区供水（图1）。航站楼各部位就近从该干管上相对集中接出供水支干管，然后在一层顶部或地下室顶部分配至各用水部位。四层主楼前端出入口大厅等部位，因其供水距离较远且用水量较大，为了减少管道水头损失并提高供水安全可靠性，在主楼前端二层顶板下沿行李处理机房隔墙设置DN300供水干管，与航站楼东西联络道内的DN300供水干管形成环网为主楼供水，保证了供水的安全可靠性。

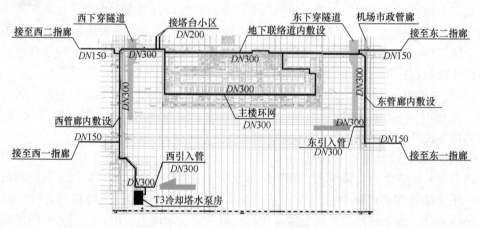

图1　航站楼给水干管示意图

主楼四层屋顶平台预留有后期商业开发空间，在地下室设置一套罐式无负压供水设备为其供水。该设备供水流量32m²/h，水泵扬程60m，配套稳流罐G600-100，配套水泵一用一备。

航站楼总进水管、冷却塔补水管、航站楼内商业用水、餐饮用水等均设置远传计量水表。

三、排水系统

1. 污废水排水系统、通气方式、排放量

T3 航站楼最高日生活污水量 2190m³/d，地上污、废水重力排出，地下室污、废水压力抽排。其中：卫生间污、废水合流排放，进入化粪池处理；机房废水、消防废水与生活污、废水分流排放，进入雨水系统；厨房及餐饮垃圾间废水单独排放，软餐饮废水经器具隔油，重餐饮废水经器具隔油及油脂分离器再次隔油后排放；医疗废水采用小型消毒设备处理后排放；污水提升采用一体化污提设备，油脂分离器选用成套产品。

通气管设置：T3 航站楼主楼东、西天井周边卫生间及厨房的排水通气管均汇合至四层东西天井部位，从四层顶板下穿外墙对天井通气；主楼其他部位及指廊、连廊的卫生间及厨房的排水通气管均在一层顶板下穿外墙对室外通气（二层及以上层需由排水立管顶部下返至一层顶板下引出室外）。所有侧墙通气管出外墙后均以格栅网格遮盖（图 2）。

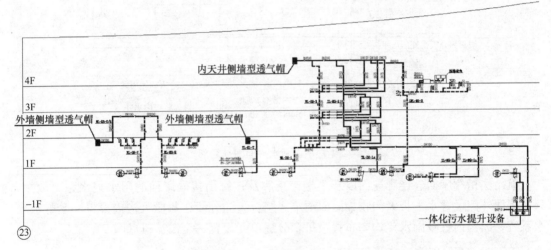

图 2　主楼通气管示意图

2. 雨水排水系统、重现期、排放量等

T3 航站楼屋面面积约 22 万 m²，为超大型金属屋面，屋面板为铝锰镁合金直立锁边板。其中，主楼为双曲屋面，屋面标高从最高点往四周顺次降低；指廊及连廊为单曲拱形屋面，外檐口标高相同。

航站楼屋面雨水采用虹吸雨水系统排放。屋面雨水设计重现期取 50 年，并按排水系统与溢流设施的总排水能力不小于 100 年重现期的雨水量设置溢流系统（T3 航站楼屋面雨水系统设计总排水量实际可达到 10 年重现期的排水量乘以 1.5 的汇水系数并附加 50 年重现期减 10 年重现期的溢流排水量之和）。

航站楼主楼屋面天沟纵向坡度较大，每条天沟均较长。结合天沟分缝在每段天沟末端设置集水井以储存虹吸形成前的初期雨水量，每个集水井设置一套虹吸排水系统，每套排水系统的虹吸雨水斗集中设置在集水井内（图 3、图 4）。溢流则从天沟搭接处顺次下行，在末端集水井处设置溢流管道系统（内天沟）或溢流口（外天沟）。

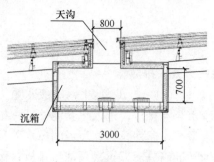

图3 集水井大样图

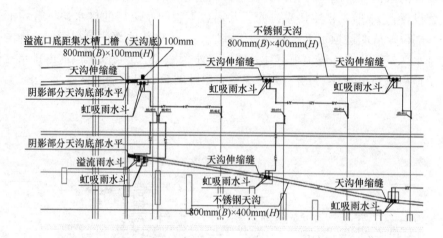

图4 主楼屋面雨水平面图（局部）

　　航站楼指廊屋面、连廊屋面以及主楼与指廊及连廊衔接处屋面的雨水集水距离较短，只在屋面外侧设置水平长天沟收集屋面雨水。结合天沟分缝在每段天沟内设置一套虹吸雨水系统，天沟内虹吸雨水斗均匀布置，每个分缝单元设置一个溢流口（图5）。

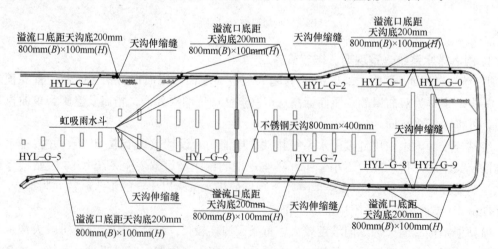

图5 指廊屋面雨水平面图（局部）

　　航站楼主楼入口大厅由于建筑美观性要求，虹吸雨水立管暗敷在钢管混凝土柱内；其他部分由于结构柱与楼板连接处均设置了尺寸很大的环板，致使雨水立管无法靠柱敷设下行，设计将雨水立管全部沿建筑外墙处、天井及庭院处的挡风桁架敷设，并喷涂与结构杆件颜色一致的氟碳漆，以降低对大空间玻璃幕墙的美观影响。为了保证虹吸雨水系统的排水安全性，在管材、管件选用、施工技术及不同结构体系之间的变形处理上均采取了可靠的措施，具体介绍详见后文的工程主要创新与特点。

T3 航站楼 100 年重现期的总排水量不小于 14532L/s，共设有 215 套虹吸雨水排水系统（包括 22 套虹吸溢流管道系统），设置了约 5000m 长的不锈钢天沟及 114 个下沉式不锈钢集水井，共采用不锈钢虹吸雨水斗 493 个，不锈钢虹吸雨水管道近 2.3 万 m，设置了 800mm×100mm 不锈钢溢流口共 106 处。

四、热水系统

1. 热水用水量、设计小时耗热量及热源

T3 航站楼最高日热水用量（60℃）为 348.5m³/d，设计小时耗热量为 2425kW，热源为电能。

2. 供水范围、供水方式及系统

航站楼内洗手盆、中转休息室洗浴、贵宾休息室洗浴、工作人员值班洗浴等采用局部热水供应系统（图 6）。根据用水点分布情况，采用不同的方式供应热水：主楼后端上、下层对应布置的公共区卫生间，在底部一层设置区域电加热设备间，采用商用容积式电热水器及热水循环泵局部集中供应热水；分散布置且规模较大的公共区卫生间、中转休息室洗浴间，就近各自单独设置电加热设备间，采用商用容积式电热水器及热水循环泵供应热水；分散布置且规模较小的公共区卫生间及非公共区工作人员值班洗浴，采用分散设置挂式电热水器方式直接供应热水；对于非公共区卫生间，采用分散设置小厨宝电热水器直接供应热水。餐厅厨房采用预留电量作为将来所需热水热源。

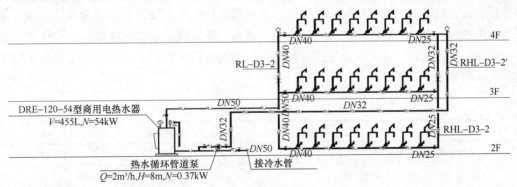

图 6 局部集中热水供应示意图

五、空调循环冷却水系统

空调专业设置了常规空调系统和毛细管空调系统两个独立的水冷型集中空调系统，冷

却水系统规模较大（超过12000m³/h）。冷冻站与冷却塔距离远（往返距离约为1300m），冷冻站设于航站楼地下室西北侧，冷却塔设于航站楼西南侧室外地面，冷却水泵房设于冷却塔底部（图7）。冷却塔选用无集水盘结构形式，其底部设共用集水池，并设置完善的水处理措施，具体介绍详见后文的工程主要创新与特点。

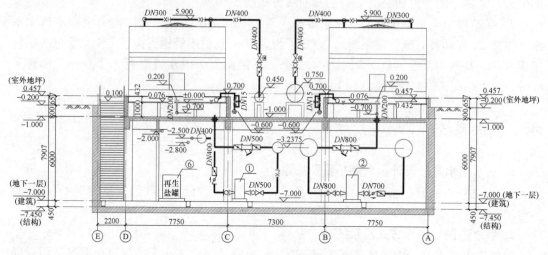

图7 冷却塔及循环冷却水泵房剖面示意图

六、消防系统

1. 消防灭火设施配置

按《建筑设计防火规范》GB 50016—2014、《消防给水及消火栓系统技术规范》GB 50974—2014等现行消防规范及《武汉天河国际机场三期建设工程航站楼工程消防性能化设计评估报告》要求配置消防设施。设有室内外消火栓给水系统、自动喷水灭火系统、水喷雾灭火系统、自动消防炮灭火系统、高空扫描炮灭火系统、水幕灭火系统、气体灭火系统、建筑灭火器配置。各消防系统用水量标准、火灾延续时间、一次灭火用水量及消防水池有效容积见表1。

消防用水量 表1

序号	消防系统名称		消防用水量标准	火灾延续时间	一次灭火用水量	备注
1	室内消火栓系统		30L/s	2.0h	216m³	消防水池供
2	自动喷水灭火系统	大于8m小于12m非仓库高大空间	40L/s	1.0h	144m³	消防水池供
3		行李分拣（中危险Ⅱ级）	45L/s	1.0h	162m³	消防水池供
4		商业（中危险Ⅱ级）	36L/s	1.0h	130m³	消防水池供
5		仓库危险Ⅰ级（双排货架）	35L/s	1.5h	189m³	消防水池供
6		地下东西联络道	30L/s	1.0h	108m³	消防水池供
7		其余（中危险Ⅰ级）	27L/s	1.0h	97.2m³	消防水池供

序号	消防系统名称	消防用水量标准	火灾延续时间	一次灭火用水量	备注
8	消防炮灭火系统	40L/s	1.0h	144m³	消防水池供
9	高空扫描炮灭火系统	10L/s	1.0h	36m³	消防水池供
10	水喷雾系统	40L/s	0.5h	72m³	消防水池供
11	水幕系统	20L/s	3h	216m³	消防水池供
12	室外消火栓系统	40L/s	2h	288m³	室外给水管网供
13	一次火灾消防用水量合计			828m³	本表 1、6、11、12 项之和
14	消防水池有效容积			540m³	本表 1、6、11 项和

2. 室外消火栓系统

室外消防用水由市政管网供给，采用生活和室外消火栓系统合用管网。在室外地面消防车道及高架落客平台沿道路均匀布置室外地上式消火栓，消火栓间距不大于 120m。

3. 室内消火栓系统

航站楼全面设置室内消火栓给水系统，系统为临时高压系统。地下消防水池水泵房泵房设置室内消火栓水泵两台，一用一备，单泵参数：$Q = 30L/s$，$H = 80m$，$N = 37kW$，室外设消防水泵接合器若干套，且距室外消火栓宜为 15～40m。屋面设有效水容积为 18m³ 的消防水箱一座，消防泵房内设置消火栓系统稳压设备一套，稳压设备配 SQL1000×1.0 型立式隔膜式气压罐一个，增压泵两台，满足系统自动启动和管网充水要求。

室内消防箱采用带灭火器箱组合式消防柜。消防柜内配置 DN65 室内消火栓、φ19 水枪、DN65 水龙带 25m、消防紧急按钮及指示灯各一个，所有消火栓箱内均带消防自救卷盘。

4. 自动喷水、水喷雾合用灭火系统

航站楼除不宜用水灭火的房间以及空间高度大于 12m 的部位外，全面设置自动喷水系统，其中架空层停车库属半室外空间，采用预作用喷水灭火系统，柴油发电机房及油箱间设水喷雾灭火系统。

自动喷水与水喷雾合用系统为临时高压系统，共用一套消防加压水泵及消防环网，报警阀前分开。在地下消防水池消防水泵房内设有自喷及水喷雾合用给水加压泵 3 台，二用一备，向自喷及水喷雾合用给水系统供水，单泵参数：$Q = 30L/s$，$H = 100m$，$N = 55kW$，室外设消防水泵接合器若干套。屋面设有效水容积为 18m³ 的消防水箱一座，消防泵房内设置自动喷水、水喷雾及高空扫描炮合用稳压设备一套，稳压设备配 SQL1000×1.5 型立式隔膜式气压罐一个，增压水泵两台，一用一备，满足系统自动启动和管网充水要求。

自喷及水喷雾系统不分区，湿式自喷给水系统报警阀按每个控制喷头数不超过 800 个设置。除了厨房操作间喷头动作温度为 93℃外，其他喷头动作温度为 68℃，喷头均采用快速响应喷头。

架空车库预作用系统管道充水时间不大于 2min，管网容积不超过 3000L，采用快速响应易熔合金直立型喷头（耐低温）。预作用统管网内平时充有 0.05MPa 的压缩空气，预作用阀前配备一台小型空气压缩机，由设在预作用报警阀后供气管上的电接点压力表自动控制启停。

5. 水幕灭火系统

航站楼地下东西地下联络道局部采用防火分隔水幕系统，采用临时高压给水系统。消防泵房设水幕系统加压泵两台，一用一备，单泵参数：$Q=20L/s$，$H=75m$，$N=22kW$。

6. 自动消防炮及高空扫描炮灭火系统

航站楼室内净空高度大于 12m 的大空间区域（办票大厅、国际候机厅、国内进出港、行李通道等部位）设置自动消防炮带灭火系统和自动扫描炮灭火系统。自动消防炮带雾化装置，额定工作压力 0.8MPa，额定流量 20L/s，射程 50m；高空扫描炮额定工作压力 0.6MPa，额定流量 5L/s，射程 20m。

自动消防炮灭火系统采用稳高压消防给水系统，在消防水池水泵房内设有消防炮加压水泵两台，一用一备，单泵参数：$Q=40L/s$，$H=150m$，$N=110kW$。消防炮单独设稳高压设备一套，稳压设备流量为 5L/s，扬程 160m，维持管网时刻处于稳高压状态。高空扫描炮灭火系统与自动喷水、水喷雾系统合用加压设施。

7. 气体灭火装置

航站楼内变电所、10kV 配电房、中心机房、汇聚间、UPS 间等场所设置七氟丙烷气体灭火系统。在气体灭火防护区相对集中的区域设置有管网七氟丙烷气体灭火系统，一个系统的保护区不超过 8 个，管网布置成均衡系统。其余分散的防护区设置无管网七氟丙烷气体灭火系统。

配电房、变电所等强电房间设计灭火浓度为 9%，喷放时间 10s，浸渍灭火时间 10min；中心机房等弱电机房设计灭火浓度 8%，喷放时间 8s，浸渍灭火时间 5min。

8. 其他灭火设施

T3 航站楼按规范要求全面配置建筑灭火器。厨房排油烟罩包括距罩口 2~3m 范围内的排油烟管道、烹饪部位包括油锅及灶台周围 0.5m 范围内设自动探测火灾、自动灭火、灭火前自动切断燃料供应，且具有防复燃功能的自动灭火装置。航站楼地下管廊采用全淹没超细干粉自动灭火装置。重要的弱电机房设置小型悬挂式超细干粉灭火装置，自动控制。

七、管材选择

（1）室内生活给水、热水管道采用食品级薄壁不锈钢管及配套管件，承插氩弧焊接，管道工作压力为 1.0MPa。

（2）室内冷却塔补水管采用内涂塑热镀锌钢管及配套管件，$DN≤80mm$ 采用螺纹连接，$DN>80mm$ 卡箍连接，管道工作压力为 1.0MPa。

（3）室内生活污水排水管、废水管采用柔性接口机制排水铸铁管及管件，承插式法兰连接；地下室压力排水管采用涂塑热镀锌钢管，法兰或卡箍连接。

（4）雨水排水管道采用不锈钢管道及配套管件，氩弧焊连接，工作压力为 1.0MPa，且能承受 0.90 个大气压的真空负压。

（5）空调循环冷却水管采用直缝卷焊焊接钢管（内涂塑处理）及配套管件，法兰连接或焊接。

（6）室内消火栓给水系统、自动喷水灭火系统管道、水喷雾灭火系统、水幕系统管道采用内外壁热镀锌钢管及管件，管径 $DN<100mm$ 者用采用内外热镀锌钢管、螺纹连接；$DN\geqslant100mm$ 者采用内外热镀锌钢管及管件，沟槽卡箍式连接，工作压力均为 1.6MPa；消防炮灭火系统 $DN<100mm$ 的管道采用内外壁热镀锌钢管，螺纹连接，工作压力1.6MPa；$DN\geqslant100mm$ 的管道采用内外壁热镀锌无缝钢管及管件，焊接连接，工作压力2.0MPa。

（7）气体灭火系统采用高压无缝钢管，内外热镀锌处理，$DN\leqslant80mm$ 时采用螺纹连接，其余采用法兰连接。

八、工程主要创新及特点

1. 超大型金属屋面虹吸雨水系统安全排水及管道敷设的安全保障措施

T3 航站楼从设计到施工跨越时间长达 6 年以上，由于全球气候不断变化，为避免极端天气下金属屋面天沟往室内翻水造成不可估量的损失，虹吸雨水系统深化设计时，设计人员建议将屋面雨水排水系统加溢流设施的总排水能力确定为 10 年重现期的排水量乘以 1.5 的汇水系数并附加 50 年重现期减 10 年重现期的溢流排水量之和。考虑 10 年重现期的排水量乘以 1.5 的汇水系数作为设计流量时，虹吸排水系统排水量过大，难以形成虹吸，故仍取 50 年重现期雨水量作为设计流量，其余流量作为溢流设施的排水量进行溢流系统设计，这样使排水系统更容易形成虹吸，溢流设施也能及时排除超重限期雨水，更为合理。同时，虹吸排水系统在 1 年重现期降雨时，悬吊管也有足够的自净流速。本设计保证了屋面排水的安全性，为旅客提供了安全舒适的候机环境。

为了保证焊接方便及使用的耐久性，不锈钢雨水立管全部按国标普通钢管的厚度选用，并且对焊缝进行超声波探伤检测以保证施工质量；为了使系统管道能够适应结构构件柔性连接的变形要求，在管道通过挡风桁架与屋面钢结构双铰连接变形较大处设置各方向变形量均较大的复式自由型补偿器（小拉杆补偿器），在管道通过挡风桁架与底部楼板连接的单铰接处设置满足角度位移的补偿器，并在每个补偿器的两端设置固定支架与缝两侧结构构件固定，以使各补偿器充分发挥补偿效应，补偿器耐负压均不小于－90kPa。

2. 大型远距离设置的空调冷却塔的安全运行及节水节能措施

由于冷却塔设置位置与冷冻站距离较远，循环冷却水系统规模较大，为了保证运行效果，将冷却水泵房设于冷却塔底部地下室内，冷却塔选用无集水盘结构形式，在冷却塔底部设置共用集水池（分为两组）防止空气进入并简化管路，并可将停泵时冷却塔进水管落下的水储存起来，节约补水量。冷却塔风机采用变频控制，以节约电能。由于冷却塔直接设在室外地面上，水质污染因素较多，需设置完善的水处理措施。在水泵吸水总管上设置自动排污过滤器拦截大的杂质以免阻塞设备及管道；采用全自动软水器对市政进水进行软化处理，减少冷却水中的钙镁离子，防止结垢；对集水池内的水设置旁流砂滤过滤器过滤去除悬浮物、黏泥及自动排污；在各制冷机入口处分别设置高频电子水处理器进行除垢、防腐、灭藻处理。

融侨江滨广场^①

- 设计单位： 福建省建筑设计研究院有限
公司
- 主要设计人：彭丹青　黄文忠　程宏伟
傅星帏　陈超生　李逸钦
卢景贵
- 本文执笔人：彭丹青

作者简介：

彭丹青，高级工程师，注册公用设备工程师（给水排水），现任福建省建筑设计研究院有限公司设备一所副总工程师。参与建筑给水排水设计工程近百项，项目涉及住宅、办公、商业、医院、学校、酒店、体育场馆、展览建筑、会堂剧场等各类型建筑，其中十余项为福建省重点工程。

一、工程概况

融侨江滨广场位于福州市闽江北岸中央商务区，南邻闽江，坐拥一线江景，是由一幢 35 层（163m）的甲级写字楼、一幢 23 层（110m）的五星级酒店、4 层的商业中心及 2 层地下室组成的城市综合体，总建筑面积约 16.6 万 m^2，其中地上建筑面积 122422m^2，地下建筑面积 43134m^2，容积率 4.6，建筑密度 33%，绿地率 30%。地上部分中写字楼面积 59262m^2，酒店（360 间自然间）面积 50000m^2，商场面积 11715m^2。

二、给水系统

1. 水源

本项目水源采用自来水，用水由东北面及东南面市政规划路各引入一路 DN200 市政进水管。市政引入管上分设生活及消防水表，其中两路进水管上分别设置一个消防水表（表后设低阻力倒流防止器），东北面生活进水管上设酒店用水表，东南面生活进水管上设商业用水表、写字楼及公共区域用水表，同时另设一个酒店水表，表后管线与东北面酒店水表后管线成环供给酒店使用，其余水表后生活给水管支状供水。市政供水压力 0.20MPa。

---

① 该工程设计主要工程图详见中国建筑工业出版社官方网站本书的配套资源。

2. 用水量（表1）

用水量   表1

序号	用户名称	用水量标准	数量	时变化系数	工作时间	最高日用水量	最大时用水量
1	客房	400L/(人·d)	720床	2.5	24h	288m³	30m³
2	餐厅	50L/人次	3500人	1.2	10h	175m³	21m³
3	酒店员工	100L/(人·d)	400人	2.5	24h	40m³	4.2m³
4	会议	8L/人次	500人	1.5	4h	4m³	1.5m³
5	健身中心	50L/人次	400人	1.5	12h	20m³	2.5m³
6	洗衣房	60L/kg	2430kg	1.5	8h	145.8m³	27.3m³
7	游泳池	补水按10%	260m³	1.0	24h	26m³	1.08m³
8	冷却塔	按循环水量2%计	1500m³/h	1.0	12h	360m³	30m³
9	未预见水	按1~8项之和10%计				105.9m³	11.8m³
10	总计					1164.7m³	129.38m³

本工程最高日用水量为1098.7m³，最大时用水量为123.88m³。

3. 供水方式及供水分区

（1）生活给水充分利用市政压力供水，市政压力不足的楼层，商业部分采用变频加压供水，写字楼六～二十一层由二十四层避难层生活转输水箱分区供水、二十二～三十五层由避难层变频给水泵二次加压分区供水，酒店客房部分采用屋面水箱分区供水，酒店裙房部分采用变频加压供水。

（2）商场生活给水系统分为两个区，地下室至二层为1区，三～五层为2区。写字楼生活给水系统分为8个区，六～九层为1区，十一～十四层为2区，十五～十八层为3区，十九～二十一层为4区，二十二～二十五层为5区，二十六～二十九层为6区，三十～三十三层为7区，三十四～三十五层为8区。

（3）酒店生活给水系统分为4个区，地下室至五层为1区，六～十一层为2区，十二～十七层为3区，十八～二十三层为4区。

4. 生活供水加压设备（表2）

生活供水加压设备参数   表2

名称	设备参数	数量	备注
商场生活变频给水泵1	$Q=18m^3/h$, $H=51m$, $N=5.5kW$, $n=1450r/min$	3	二用一备
商场生活变频给水泵2	$Q=8m^3/h$, $H=50m$, $N=3kW$, $n=1450r/min$	1	一用
写字楼转输水箱提升泵	$Q=42m^3/h$, $H=120m$, $N=30kW$, $n=1450r/min$	2	一用一备
写字楼高区变频给水泵1	$Q=7.3m^3/h$, $H=70m$, $N=4.0kW$, $n=2900r/min$	3	二用一备
写字楼高区变频给水泵2	$Q=3m^3/h$, $H=70m$, $N=2.2kW$, $n=2900r/min$	1	一用
酒店裙房生活变频水泵1	$Q=37.5m^3/h$, $H=55m$, $N=11kW$, $n=2950r/min$	3	二用一备
酒店裙房生活变频水泵2	$Q=15m^3/h$, $H=55m$, $N=4.0kW$, $n=2950r/min$	1	一用
酒店屋面生活水箱提升泵	$Q=33m^3/h$, $H=125m$, $N=18.5kW$, $n=2950r/min$	2	一用一备
酒店客房屋面生活变频水泵1	$Q=17.6m^3/h$, $H=15m$, $N=1.5kW$, $n=2950r/min$	3	二用一备
酒店客房屋面生活变频水泵2	$Q=7m^3/h$, $H=15m$, $N=0.55kW$, $n=2950r/min$	1	一用

5. 生活贮水池、生活水箱（表 3）

生活贮水池、生活水箱参数 表 3

名　称	设备参数	数量
商场不锈钢生活水池	$V=90m^3$，尺寸：10m×4m×2.7m（H）（分两格）	1
写字楼不锈钢生活水池	$V=90m^3$，尺寸：10m×4m×2.7m（H）（分两格）	1
写字楼不锈钢转输水箱	$V=30m^3$，尺寸：5m×3m×2.5m（H）（分两格）	1
酒店不锈钢生活水池	$V=200m^3$，尺寸：14m×5m×3.3m（H）（分两格）	1
酒店不锈钢屋面水箱	$V=40m^3$，尺寸：6m×2.5m×3.0m（H）（分两格）	1

三、排水系统

（1）酒店客房室内排水采用污、废分流系统，其余部分室内排水采用污、废合流系统。室外采用雨、污分流系统。

（2）写字楼及商场公共卫生间设置专用通气管。酒店客房区设置专用通气管，坐便器设置器具通气管，其余区域设置环形通气管。

（3）写字楼生活污、废水经化粪池处理后排放。商场及酒店餐饮含油废水经地下室油脂分离器处理后排放，地下室卫生间采用一体化污水提升器提升排放，酒店锅炉房、洗衣房等高温排水经降温池降温后排放，生活污水经化粪池处理后排放。酒店化粪池单独设置，商场与写字楼化粪池统一设置。化粪池按停留时间 12h，清掏周期半年标准设置。

（4）写字楼及酒店屋面雨水重现期采用 50 年设计，裙房屋面雨水重现期采用 10 年设计。室外雨水重现期采用 2 年设计。写字楼及酒店塔楼屋面雨水采用重力排水系统，裙房屋面雨水采用虹吸雨水系统，并设有溢流雨水系统。

四、热水系统

1. 热水用水量（表 4）

热水用水量计算表 表 4

序号	用户名称	用水量标准	数量	时变化系数	工作时间	最高日用水量	最大时用水量
1	客　房	160L/(人·d)	720 床	2.8	24h	115.2m³	13.4m³
2	餐　厅	20L/人次	3500 人	1.2	10h	70m³	8.4m³
3	酒店员工	50L/(人·d)	400 人	2.8	24h	20m³	2.33m³
4	健身中心	25L/人次	400 人	1.5	12h	10m³	1.25m³
5	洗衣房	20L/kg	2430kg	1.5	8h	48.6m³	9.1m³
6	未预见水	按 1～5 项之和 10%计				26.4m³	3.4m³
7	总　计					290.2m³	37.88m³

2. 热源选择

本项目仅酒店设置集中热水供应，采用暖通热水锅炉热水为热媒，通过水－水容积式换热器制备热水，同时利用太阳能对裙房部分热水进行预热。

3. 热水供应方式

酒店采用全日制集中热水供应系统，客房部分设置支管循环，其余部分设置干管循环。热水系统的储存温度为 60℃，供水温度为 55℃，回水温度为 45℃。客房及裙房（除厨房外）热水总出水管上设置数字控制式水温控制阀组，控制热水出水温度为 55℃。酒店裙房部分设置太阳能热水预热系统，游泳池采用恒温恒湿热泵及太阳能预热系统。当夏季太阳能充足时，将游泳池太阳能保温系统切换至裙房预热系统使用。酒店生活热水系统分为 4 个区，地下室至五层为 1 区，六～十一层为 2 区，十二～十七层为 3 区，十八～二十三层为 4 区。

4. 热水设备（表5）

热水设备参数表　　　　　　　　　　　　　　　　　　　表5

名　称	设备参数	数量	备　注
客房 1 区容积式热交换器	导流型立式容积式水—水换热器，单台总容积 2.5m³，传热面积 7.2m²，外壳采用 316 不锈钢制品	2	二用
客房 1 区循环回水泵	$Q=5m^3/h$，$H=32m$，$N=1.1kW$，$n=2950r/min$	2	一用一备
客房 2 区容积式热交换器	导流型立式容积式水—水换热器，单台总容积 2.5m³，传热面积 7.2m²，外壳采用 316 不锈钢制品	2	二用
客房 2 区循环回水泵	$Q=5m^3/h$，$H=32m$，$N=1.1kW$，$n=2950r/min$	2	一用一备
客房 3 区容积式热交换器	导流型立式容积式水—水换热器，单台总容积 2.5m³，传热面积 7.2m²，外壳采用 316 不锈钢制品	2	二用
客房 3 区循环回水泵	$Q=5m^3/h$，$H=32m$，$N=1.1kW$，$n=2950r/min$	2	一用一备
酒店裙房容积式热交换器	导流型立式容积式水—水换热器，单台总容积 5.5m³，传热面积 19.7m²，外壳采用 316 不锈钢制品	3	三用
裙房循环回水泵 1	$Q=5m^3/h$，$H=35m$，$N=1.1kW$，$n=2950r/min$	2	一用一备
裙房循环回水泵 2	$Q=2m^3/h$，$H=20m$，$N=0.55kW$，$n=2950r/min$	2	一用一备
裙房循环回水泵 3	$Q=10m^3/h$，$H=35m$，$N=1.5kW$，$n=2950r/min$	2	一用一备
裙房太阳能预热容积式热交换器	导流型立式容积式水—水换热器，单台总容积 2.5m³，传热面积 10.7m²，外壳采用 316 不锈钢制品	1	二用
裙房太阳能集热循环泵	$Q=13.5m^3/h$，$H=32m$，$N=4kW$，$n=2900r/min$	3	二用一备
洗衣房容积式热交换器	导流型立式容积式水—水换热器，单台总容积 2.0m³，传热面积 8.9m²，外壳采用 316 不锈钢制品	2	二用
洗衣房循环回水泵	$Q=2m^3/h$，$H=11m$，$N=0.55kW$，$n=1450r/min$	2	一用一备
泳池太阳能预热容积式热交换器	导流型立式容积式水—水换热器，单台总容积 2.5m³，传热面积 10.7m²，外壳采用 316 不锈钢制品	1	一用

续表

名　称	设备参数	数量	备　注
泳池太阳能集热循环泵	$Q=12.0m^3/h$，$H=27m$，$N=3kW$，$n=1450r/min$	2	一用一备
泳池板式换热器	初次加热 151kW，日耗热量 48.08kW。冷水侧进水温度 27℃，冷水侧出水温度 29℃；热水侧进水温度 90℃，热水侧出水温度 70℃	1	一用

五、循环冷却水系统

（1）写字楼与商场循环冷却水系统统一设置，采用超低噪声开式横流冷却塔，冷却塔底部集水底盘均互相连通。冷却塔补水与消防用水合用水池。

（2）酒店循环冷却水系统单独设置，采用低噪声横流式双速风机开式冷却塔，其中一台冷却塔过渡季节采用板式换热器直接供冷。同时，回收空调冷凝水至冷却塔集水底盘补水。循环水系统纳入大楼空调 BA 控制系统，根据系统负荷的变化，控制冷却塔、冷却循环泵运行台数，实行节能运行。

（3）主要设备见表 6。

循环冷却水系统设备参数 表 6

名　称	设备参数	数量	备　注
商场及写字楼冷却塔	低噪声横流式冷却塔，循环水量 900m³/h	3	三用
商场及写字楼循环冷却加压泵	$Q=900m^3/h$，$H=33m$，$N=110kW$，$n=1490r/min$	4	三用一备
酒店冷却塔 1	低噪声横流式双速风机冷却塔，循环水量 300m³/h	4	三用一备
酒店冷却塔 2	低噪声横流式双速风机冷却塔，循环水量 350m³/h（供冬季免费供冷时使用）	1	一用
酒店循环冷却水循环加压泵 1	$Q=520m^3/h$，$H=35m$，$N=75kW$，$n=1480r/min$	3	二用一备
酒店循环冷却水循环加压泵 2	$Q=320m^3/h$，$H=35m$，$N=45kW$，$n=1480r/min$（供冬季免费供冷时使用）	2	一用一备

六、游泳池循环水系统

（1）酒店设置室内恒温游泳池，采用混流式循环方式，全流量半程式臭氧消毒，氯长效消毒。设计水温 28℃，循环周期 3h。

（2）游泳池水处理工艺流程如图 1 所示。

七、消防系统

1. 消防灭火设施配置

（1）本工程按一类高层公共建筑进行防火设计。商场与写字楼消防系统统一设置，酒店消防系统单独设置，两部分的消防系统合用一个消防水池，分别设置独立的消防加压设备。商场与写字楼室内消火栓用水量 40L/s，室外消火栓用水量 30L/s，

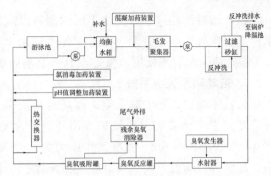

图 1　游泳池水处理工艺流程

火灾持续时间 3h。自动喷淋用水量 55L/s，火灾持续时间 1h。商场与写字楼消防总用水量为 954m³。酒店室内消火栓用水量 40L/s，室外消火栓用水量 30L/s，火灾持续时间 3h。自动喷淋用水量 50L/s，火灾持续时间 1h。酒店消防总用水量为 936m³。

（2）地下二层设置一个冷却塔补水与消防用水合用水池（分两格），共储有效水 1349m³，其中储消防用水 970m³，满足室内外消防用水要求。写字楼屋面设置 18m³ 消防水箱，二十四层避难层设置 63m³ 转输水箱，满足商场及写字楼前期消防用水要求。酒店屋面设置 18m³ 消防水箱，满足酒店前期消防用水要求。

2. 消火栓系统

（1）商场及写字楼采用临时高压给水系统，系统分为 3 个区，地下室至四层为低区，五～二十层为中区，二十一层以上为高区。地下室消防泵房内设中、低区室内火栓加压泵、高区室内消火栓传输泵，二十四层避难层设高区室内消火栓加压泵，与地下室室内消火栓传输泵联动。高区消火栓系统由写字楼屋面 18m³ 消防水箱及消火栓稳压装置维持平时压力，中、低区消火栓系统由二十四层避难层 63m³ 转输水箱维持平时压力。

（2）商场及写字楼消火栓设备参数如表 7 所示。

商场及写字楼消火栓设备参数　　　　　　　　　　　　表 7

名　　称	设备参数	数量	备　注
中、低区室内消火栓加压泵	XBD15.6/40-150×20×8($Q=144m^3/h$，$H=156m$，$N=90kW$)	2	一用一备
高区室内消火栓转输泵	XBD13.6/40-150×20×7($Q=144m^3/h$，$H=136m$，$N=90kW$)	2	一用一备
高区室内消火栓加压泵	XBD9.1/40-150×20×5/1($Q=144m^3/h$，$H=91m$，$N=55kW$)	2	一用一备
室内消火栓稳压泵	XBD3/5-LDW(I)18/3($Q=18m^3/h$，$H=40m$，$N=3kW$)	2	一用一备

（3）酒店采用临时高压给水系统，系统分为 2 个区，低区为地下室至五层，高区为六～二十三层。地下室消防泵房内设高区消火栓加压泵，低区通过高区减压供给。高、低区消火栓系统均由酒店屋面 18m³ 消防水箱及消火栓稳压装置维持平时压力。

（4）酒店消火栓设备参数如表 8 所示。

酒店消火栓设备参数　　　　　　　　　　　　表 8

名　　称	设备参数	数量	备　注
室内消火栓加压泵	XBD15.6/40-W150($Q=144m^3/h$，$H=156m$，$N=90kW$)	2	一用一备
室外消火栓加压泵	XBD4.1/30-W100($Q=108m^3/h$，$H=41m$，$N=22kW$)	2	一用一备
室内消火栓稳压泵	XBD3/5-LDW(I)18/3($Q=18m^3/h$，$H=40m$，$N=3kW$)	2	一用一备

（5）市政两路进水管围绕小区内部敷设成环，上设 5 套室外消火栓。地下二层消防水泵房设有室外消防提升泵，提升室外消防用水至室外消防取水口，取水口采用 SS—150—1.0 作为消防车取水使用，室外设有 5 套消防取水口。

3. 自动喷水灭火系统

（1）本项目商场中庭上空、商场自动扶梯上空、写字楼大堂上空、酒店自动扶梯上空等高度大于 12m 部位及商场玻璃顶部位设置大空间智能灭火装置进行保护，型号为 ZSD—40A，保护半径为 6m，标准工作压力为 0.25MPa，一个智能型红外探测组件控制一个喷头。其余部位均设置闭式自动喷淋系统保护。其中，地下室、一～四层商场按中危险Ⅱ级设计，喷水强度 8L/(min·m²)，作用面积 160m²。酒店大宴会厅高度大于 8m、小于 12m 的空间，按非仓库类高大净空场所设计，喷水强度 6L/(min·m²)，作用面积 260m²。其余部位按中危险Ⅰ级设计，喷水强度 6L/(min·m²)，作用面积 160m²，最不利点工作压力大于 0.10MPa。

（2）商场及写字楼自动喷淋系统分为高低 2 个区，低区为十一层及以下，高区为十二层及以上。低区喷淋泵及高区喷淋转输水泵位于地下室商场及写字楼消防泵房内，高区喷淋泵及 63m³ 消防转输水箱位于二十四层避难层。高区自动喷淋系统由写字楼屋面 18m³ 消防水箱及稳压装置维持平时压力，低区喷淋系统由二十四层避难层 63m³ 转输水箱维持平时压力。写字楼一层及二十四层避难层分设湿式报警阀间。

（3）商场及写字楼喷淋设备参数如表 9 所示。

商场及写字楼喷淋设备参数　　　　表 9

名　称	设备参数	数量	备　注
低区自动喷淋加压泵	XBD9.9/50-150×25×5/2(Q=126m³/h, H=116m, N=90kW)	2	一用一备
高区自动喷淋转输泵	XBD13/40-150×20×7/1(Q=126m³/h, H=136m, N=75kW)	2	一用一备
高区自动喷淋泵加压泵	XBD9.7/40-150×20×5(Q=126m³/h, H=110m, N=55kW)	2	一用一备
自动喷淋稳压泵	XBD3.1/1-LDW3.6/4(Q=3.6m³/h, H=31.4m, N=1.1kW)	2	一用一备

（4）酒店喷淋系统设置 2 个区，低区为五层及以下，高区为六层及以上。自动喷淋加压泵位于地下室二层酒店消防泵房内，低区通过高区减压供给。屋面设置 18m³ 消防水箱及喷淋稳压系统维持平时压力。酒店一层及设备转换层分设湿式报警阀间。

（5）酒店喷淋设备参数如表 10 所示。

酒店喷淋设备参数　　　　表 10

名　称	设备参数	数量	备　注
自动喷淋加压泵	XBD15.6/40-W150 (Q=126m³/h, H=168m, N=90kW)	2	一用一备
自动喷淋稳压泵	XBD3.1/1-LDW3.6/4 (Q=3.6m³/h, H=31.4m, N=1.1kW)	2	一用一备

（6）地下汽车库设置泡沫—喷淋联用系统，泡沫灭火剂采用抗溶性水成膜泡沫灭火剂，泡沫比例为 6%，工作压力不小于 0.60MPa，酒店及商场车库各自采用 1 个 3m³ 的泡沫罐。泡沫比例混合器流量为 4～32L/s，持续喷泡沫时间采用 10min。

4. 水喷雾灭火系统

（1）地下室燃气/油锅炉房、发电机房及油罐间采用水喷雾灭火系统。燃气/油锅炉房采用局部保护系统，发电机房及油罐间采用全淹没系统保护。水喷雾灭火系统设计灭火强度 20.0L/(min·m²)，响应时间小于 45s，工作压力 0.35MPa，水雾喷头采用高速射流器，$K=42.8$，雾化角 120°。

（2）商场与写字楼水喷雾用水量 50L/s，火灾持续时间 0.5h。酒店水喷雾用水量 50L/s，火灾持续时间 0.5h。水喷雾系统与闭式自动喷淋灭火系统合用供水管网。水喷雾系统雨淋阀位于发电机房及锅炉房附近雨淋阀间内。

5. 气体灭火系统

（1）地下室商场、写字楼变电所及酒店变电所，酒店一层开闭所设置有管网七氟丙烷气体灭火系统保护，设计灭火浓度 9%，喷射时间 10s，灭火浸渍时间 10min。写字楼十层网络机房及综合布线间设置无管网七氟丙烷气体灭火系统保护，设计灭火浓度 8%，喷射时间 8s，灭火浸渍时间 5min。

（2）气体灭火系统控制包括自动控制、手动控制和远程操作启动方式。各机房内设置两种不同类型的火灾探测器，一种探测器动作，报警；两种探测器同时动作，确认火灾，启动系统。

6. 厨房湿式灭火剂系统

（1）根据厨房油脂火灾特点，在厨房烟罩下及风管接口处设置厨房液体灭火剂灭火系统，系统采用机械式控制或应急手动控制，当火灾发生时，控制箱切断燃气阀门，喷灭火剂灭火，10s 后喷水进行防护冷却。系统喷出灭火剂后，释放信号传至消防控制室。

（2）厨房排烟罩内设超高温喷头保护，动作温度 260℃。

八、管材选择

（1）给水系统：商场及写字楼生活给水管阀门前主干管采用钢塑复合管（外镀锌内衬塑，衬塑材料 PE），阀门后支管采用 PP-R 管（冷水型，S4 系列）。酒店生活给水管采用 316 薄壁不锈钢管。室外给水管采用球墨铸铁管。酒店生活热水管道采用 316 薄壁不锈钢管。

（2）排水系统：室内排水管采用柔性接口排水铸铁管，加压排水管采用内外热镀锌钢管。室外污、废水管均采用 PVC-U 双壁波纹塑料排水管。室内虹吸雨水管采用 HDPE 雨水塑料管，重力雨水管采用内外热镀锌无缝钢。室外雨水管采用 PVC-U 双壁波纹塑料排水管。

（3）循环冷却水系统：当管径小于 $DN200$ 时，采用镀锌钢管，当管径大于或等于 $DN200$ 时，采用双面埋弧螺旋钢管。

（4）游泳池系统：循环管采用 PVC-U 塑料管，加药管采用 ABS 工程塑料管。

（5）消火栓系统：商场、写字楼中高区及酒店高区采用加厚热镀锌钢管及配件，低区采用普通热镀锌钢管及配件。

（6）自动喷水灭火系统：高区采用加厚热镀锌钢管及配件，低区采用普通热镀锌钢管及配件。水喷雾灭火系统供水管采用内外热浸镀锌钢管及配件。

九、工程特点

（1）生活给水系统根据建筑高度、用水性质等采用不同供水方式，合理设置给水分区，实现系统节能运行。本项目共有三种类型建筑，分别为商场、写字楼及酒店。市政压力不足的楼层，商业部分采用变频加压供水，写字楼六～二十一层由二十四层避难层生活转输水箱供水、二十二～三十五层由避难层变频给水泵二次加压供水，酒店客房部分采用屋面水箱供水，酒店裙房部分采用变频加压供水。

（2）热水系统充分利用太阳能及可回收热源，采用多种措施保证热水供水温度。酒店设置太阳能热水预热系统，对裙房热水进行预热，游泳池采用恒温恒湿热泵及太阳能预热系统。当夏季太阳能充足时，游泳池太阳能保温系统热量有富余，将游泳池保温系统切换至裙房预热系统使用。酒店热水系统换热器总出水管上设置数字控制式水温控制阀组，控制热水出水温度，酒店客房部分设置支管循环，其余部分设置干管循环，保证酒店热水出水温度满足使用要求。

（3）空调循环冷却水系统采用节能、节水措施。冷却塔补水与消防用水合用水池，使消防水池池水得到有效循环。酒店循环冷却水系统设置4台低噪声横流式双速风机冷却塔及一台供冬季免费供冷时使用的冷却塔。免费供冷冷却塔过渡季节采用板式换热器直接供冷。回收空调冷凝排水至酒店冷却塔集水底盘，作为空调循环冷却水的补水。

（4）排水系统充分考虑节水、环保的要求。生活污水经化粪池处理后排放，厨房含油废水经地下室一体式油脂分离器处理后排放。酒店锅炉房设置降温池，洗衣房设置降温池及中和池。酒店部分收集生活用水水处理设备反冲洗水、游泳池水处理设备反冲洗及水管井排水至酒店锅炉降温池，作为降温池冷却水使用。

（5）根据不同建筑高度，采用不同消防供水方式，使消防水泵及输水管网配置经济合理。酒店消防系统单独设置，商场与写字楼消防系统统一设置，两部分的消防系统合用一个消防水池。酒店消防采用设置分区减压阀组方式分区供水，商场及写字楼消防采用地下室消防水池结合避难层消防转输水箱分区转输供水。

复旦大学附属中山医院厦门医院[①]

- 设计单位： 上海建筑设计研究院有限
公司
- 主要设计人：朱建荣　徐雪芳　归晨成
陈丰
- 本文执笔人：归晨成

作者简介：
归晨成，工程师，现工作于上海建筑设计研究院有限公司。主要设计代表作品：三亚海棠湾亚特兰蒂斯酒店、厦门建发大厦、宁波中银大厦等。

一、工程概况

本工程用地面积约 62207m²，总建筑面积 170100m²，地上建筑面积 115000m²，地下建筑面积 55100m²。建筑楼群中有核心医疗区、科研教学专家楼、特护区等。建筑楼群最高 16 层，设计床位 850 个（含日间病房 50 床），门急诊每日 8000 人次。

二、给水系统

1. 用水量
本工程最大日用水量为 1622.06m³/d，最大小时用水量 204.44m³/h（表 1）。

用水量计算表　　　　　　　　表 1

序号	用水单位	用水单位数 床位、人或 m²	用水标准 L/(床位·人·d) 或 L/m²	使用时间 h	小时变化系数	日用水量 （m³/d）	最大小时用水量 （m³/h）
核心医疗区							
1	病房	850	400	24	2.00	340.00	28.33
2	门诊	7200	15	8	1.50	108.00	20.25
3	急诊	800	15	12	1.50	12.00	1.50
4	医护人员	1150	250	8	1.80	287.50	64.69
5	后勤人员	500	40	8	1.50	20.00	3.75
6	营养食堂	2550	25	14	1.50	63.75	6.83
7	职工餐厅	4450	20	14	1.20	89.00	7.63
8	车库冲洗	20000	2	6	1.00	40.00	6.67
	小计	本区域之和				968.26	140.98

[①] 该工程设计主要工程图详见中国建筑工业出版社官方网站本书的配套资源。

序号	用水单位	用水单位数 床位、人或 m²	用水标准 L/(床位·人·d) 或 L/m²	使用时间 h	小时变化系数	日用水量 (m³/d)	最大小时用水量 (m³/h)
科研教学专家楼							
1	六~七层 专家招待室	50	350	24	2.50	17.50	1.82
2	科研人员	1430	40	8	1.50	57.20	10.73
3	一层早餐厅	70	25	4	1.50	1.75	0.66
4	地下室洗衣房	200	56	8	1.50	11.20	2.10
	小计	供本区域之和				87.65	15.30
特护区							
1	病房	5	400	24	2.00	2.00	0.17
2	医护人员	35	250	8	2.00	8.75	2.19
3	随行人员	25	200	24	2.00	5.00	0.42
4	小计					15.75	2.77
5	绿化用水	22375	2	4	1.00	44.75	11.19
6	道路冲洗	22500	2	4	1.00	45.00	11.25
7	未预见用水量	0				116.14	18.15
8	冷却塔补水	暖通专业提供资料				450.00	30.00
	本项目总计					1622.06	204.44

2. 市政水压

由业主提供，为 0.28MPa。

3. 水源

由五源湾道、北侧规划路市政给水管网两路供水，引入管为 2 根 DN200 管道，经水表计量及倒流防止器后在基地内连成环网供各用水点用水和地下生活水池。

4. 系统划分和供水方式

（1）辅助用房、各单体地下室至二层由市政给水管网直接供水（特护区除外）。绿化浇灌和道路地坪冲洗由雨水回用系统供水，不足部分由市政管网补充至雨水回用系统的清水池。

（2）核心医疗区 A 栋、B 栋三~五层由地下一层生活水池→低区恒压变频供水设备供水。

（3）核心医疗区 A 栋六~十层由地下一层生活水池→中区恒压变频供水设备供水。

（4）核心医疗区 A 栋十一层~十六层屋顶由地下一层生活水池→高区恒压变频供水设备供水。

（5）科研教学专家楼三层~七层屋顶由地下一层生活水池→恒压变频供水设备供水。

（6）特护区 A 栋、B 栋地下室三层由地下生活原水池→过滤水泵→砂过滤器→活性炭过滤器→消毒→清水池→恒压变频供水设备供水。

（7）冷却塔（设于辅助用房屋顶）补水由市政给水管网直接供水。

（8）为保证不间断供水，手术室、急救室除由核心医疗区 A 栋、B 栋三~五层低区变频恒压供水设备供水外，同时由核心医疗区 A 栋六~十层中区恒压变频供水设备经减压阀后供水。两路给水管在进入手术部前均设置止回阀。

（9）中心供应室、血透、静脉配置、口腔科、检验科等用水根据工艺需要设置水处理设施。

（10）各给水分区内低层部分设支管减压设施保证各用水点处供水压力不大于0.20MPa，支管减压阀设置点为核心医疗区A栋和B栋的三层、A栋六～八层、A栋十一～十四层；科研教学专家楼的三～五层。

5. 储水设备和供水设备

（1）核心医疗区A栋和B栋：地下一层生活泵房内设置成品不锈钢生活水池，容积约80m³，两座。设置3组变频恒压供水设备，分别供A栋和B栋三～五层、A栋六～十层、A栋十一～十六层屋顶生活用水。每区供水设备配泵3台，二用一备。

（2）科研教学专家楼：地下一层生活泵房内设置成品不锈钢生活水池，容积约18m³，设置1组变频恒压供水设备，供三～五层科研和六～八层专家招待室的生活用水。供水设备配泵3台，二用一备。

（3）特护区：A栋地下一层生活泵房内设置水质深度处理设施一套，变频恒压供水设备一套，配泵2台，一用一备。

（4）变频恒压供水设备需配置变频控制柜及气压罐，要求每泵配置变频器。

生活水池等均采用微电解水箱水处理机进行消毒处理。

6. 饮用水供应

采用不锈钢电开水器供应开水，其饮用水定额为3L/（人·d），在病房楼每层备餐间内预留12kW的用电量，其余开水间预留9kW的用电量。

7. 计量

（1）室外设置埋地总表两套。

（2）每单体设置总表计量，每层设置分表计量。

（3）营养厨房、职工厨房、冷却塔补水、锅炉补水、人防用水、绿化浇洒用水和道路冲洗用水等设置分表计量，其余按业主不同的功能要求设置分表计量。

（4）水表均为远传水表，设置的远传水表应具备数据统计功能。

三、排水系统

1. 污废水排水系统

（1）室内排水系统采用污、废水分流，设置专用透气管。洁净手术部的卫生器具和装置的污水透气系统独立设置。

（2）地下室营养厨房和职工厨房的废水分别经成品隔油器处理后由配套的提升装置接至室外污水检查井。提升装置内设置自动搅匀潜水排污泵2台，一用一备。

（3）地下室停车库地面冲洗废水经沉砂隔油池处理后流入集水井，井内设置潜水排污泵提升后排至室外污水检查井，各废水集水井内设潜水排污泵2台，一用一备。

（4）锅炉房、中心供应排放的高温热水经室外排污降温池处理后再排入废水系统。

（5）放射性废水经地下二层衰变池处理后由潜水排污泵提升后排至室外污水检查井（图1），潜水排污泵2台，一用一备。

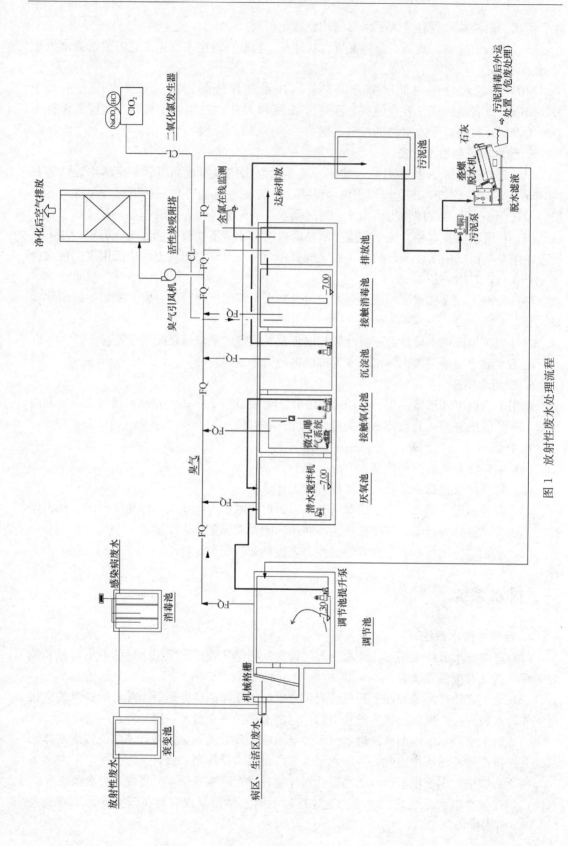

图 1　放射性废水处理流程

（6）发热门诊、肠道门诊、肝炎门诊的污废水经室外消毒池处理后，排入污水系统。

（7）口腔科产生含汞废水液，经成品废液处理装置处理。该装置采取物化沉淀法进行处理，即收集含汞废液，先进行调整废液的 pH 值至 $8\sim10$ 以后，先投加 Na_2S，混合搅拌后投加 $FeSO_4$，再进行搅拌，然后进行沉淀。

（8）检验室废水化学成分复杂，应根据使用化学品的性质单独收集，可根据不同的化学特性进行物化处理，经过化学过程、物理过程后降低或消除其毒性，然后再排入废水系统。

（9）核心医疗区地下室卫生间、无法接入室外的一层的污废水均接入地下污水集水井，井内设置自动搅匀。潜水排污泵提升后排至室外污水检查井，自动搅匀潜水排污泵均为一用一备。

（10）特护区由于地形条件限制，室内污废水均接入地下污水集水井，井内设置自动搅匀潜水排污泵提升后排至室外污水检查井，自动搅匀潜水排污泵均为一用一备。

（11）室外污、废水合流经化粪池处理后排至污水处理站，经二级生化处理、消毒达标后排入市政污水管。本工程污废水排放量约为 $997.1m^3/d$，$126.6m^3/h$，总排放管为一根 $DN400$，排入五源湾道市政污水管道。

（12）有安全、卫生、洁净要求的房间，其上部房间及区域采取降板措施，设计同层排水。

2. 雨水排水系统

（1）暴雨强度计算采用厦门地区的雨量公式：$q=1432.348\times(1+0.582lgP)/(t+4.560)^{0.633}$。

（2）本工程基地面积为 $6.22hm^2$，重现期按 3 年设计，综合径流系数取 0.62，降雨历时 15min，雨水量为 1076L/s。采用 2 路 $DN800$ 排入市政五源湾道，一路 $DN600$ 排入南侧市政雨水管道，特护区东侧绿地采用渗透，靠坡地，坡向东侧河道。

（3）核心医疗区的主楼、屋面雨水采用重力流内排水系统，重现期为 10 年，综合径流系数 0.90，降雨历时 5min。设置溢流设施，总排水能力按 50 年雨水量校核。

（4）裙房屋面雨水采用压力流内排水系统，重现期为 10 年，综合径流系数 0.90，降雨历时 5min。设置溢流设施，总排水能力按 50 年雨水量校核。

（5）下沉特护区在室外基地上设置雨水排水集水井，井内采用 7 台潜水排污泵（六用一备）。

四、热水系统

（1）集中热水供应范围：除门诊诊室、公共卫生间、核心医疗区 B 栋四～五层办公的洗手外，均设置集中热水供应。

（2）用水量（60℃）：热水日用水量为 $429.2m^3/d$，最大小时用水量 $57.8m^3/h$。

（3）热源：

1）核心医疗区：来自燃气热水锅炉提供的高温热水，供水温度 90℃，回水温度 70℃。

2）科研教学专家楼：来自空气源热泵的热水机组供应热水，供水温度 65℃，回水温度 60℃。

3）特护区：来自空气源热泵的热水机组和商用容积式电加热器供应热水。

（4）水源：同冷水系统。

（5）系统划分：热水系统划分同给水。

（6）供水方式：

1）核心医疗区 A 栋、B 栋地下室～五层，科研教学专家楼地下室～二层、三～七层，特护区 A 栋、B 栋采用全日制供应热水，机械循环。

2）核心医疗区 A 栋病房采用定时供应热水，机械循环。

3）热水采用闭式系统，管网敷设形式为每层设置热水供回水管，供回水管同程设置。核心医疗区热水供水温度 60℃，冷水计算温度 10℃，管网末端热水供水温度不低于 50℃，科研教学专家楼、特护区热水供水温度 58℃，

冷水计算温度 10℃，管网末端热水供水温度不低于 53℃。

4）为保证不间断供水，手术室刷手池热水采用局部容积式电热水器作为辅助热源。

（7）核心医疗区地下一层热交换器机房设置导流型容积式水—水热交换器、热水循环水泵、密闭式膨胀水罐。

（8）科研教学专家楼屋顶室外设置 3 组空气源热泵机组，每组制热量 75kW，用电功率 20kW；屋顶热水机房和地下室生活泵房分别设置三～七层、地下室～二层的板式换热器 1 台，承压保温水罐 2 台（58℃），生活热水循环泵 2 台，一次水热水循环水泵 2 台，均一用一备，生活热水和一次水密闭式膨胀水罐各一台。

（9）特护区 A 栋屋顶室外设置 2 组空气源热泵机组，每组制热量 38kW，用电功率 10kW；屋顶热水机房设置板式换热器 1 台，承压保温水罐 2 台（58℃），生活热水循环泵 2 台，一次水热水循环水泵 2 台，均一用一备，生活热水和一次水密闭式膨胀水罐各一台；地下室生活泵房内设置商用容积式电热水器 1 台，电功率 45kW，V＝455L。

（10）生活热水供回水管道、高温热水供回水管道的直线管段超过 20m 时需设置不锈钢膨胀节。

（11）本工程生活热水设计小时耗热量约 3190kW。

（12）太阳能热水系统：太阳能集中热水供水系统采用强制循环间接加热的方式。核心医疗区 A 栋和 B 栋的地下室～二层、三～五层分别采用太阳能热水系统预加热水。集热器采用 U 形管真空型集热器阵列，集热器为 50 组，有效采光面积 98m²，集热器水平安装于 B 栋五层办公屋顶上。太阳能热水系统全年平均日产水量约为 9.0m³。辅助热源采用燃气锅炉的高温热水。集热循环泵、膨胀罐及各区的储热水罐等均设于核心医疗区地下一层太阳能热水机房内。太阳能热水系统设置防过热及防雷的措施。

五、雨水收集与利用

（1）根据当地公共建筑绿色设计标准的要求，本工程需达到绿色二星的标准，要求水景补水必须采用雨水回用水补水。

（2）本工程收集核心医疗区 A 栋十六层屋顶（1570m²）、五层净化机房屋顶（1900m²）屋面雨水，雨水经室外弃流装置后接入地下一层雨水收集机房内的收集池，经

处理、消毒后达到相关用水水质标准后作为水景补水、绿化浇洒和道路地坪冲洗的水源。雨水水源不足时，绿化浇洒和道路地坪冲洗不足部分可采用自来水补充，但水景补水不得采用自来水补水。

（3）雨水收集的工艺流程：屋面雨水→初期径流弃流→雨水收集池→过滤器→消毒→雨水清水池→用水点，其中雨水清水池分为水景清水池和绿化浇洒及道路地坪冲洗清水池，消毒后的雨水回用水先接入水景清水池，多余水溢至绿化浇洒及道路地坪冲洗清水池，该清水池设置自来水补水，水景清水池不得设置自来水补水。

（4）厦门地区年降雨量 1349mm，年均收集雨水量为 2949m³。

（5）全年回用的水量约为 8501m³/a。

（6）雨水收集与利用机房设置在地下一层，处理规模 11m³/h，处理时间 10h。在雨水收集与利用机房内设置雨水收集池容积为 70m³，设置绿化浇洒和道路地坪冲洗清水池 50m³，设置变频恒压供水设备一套，配泵 3 台，二用一备；并配气压罐和变频控制柜。设置水景清水池 10m³，设置变频恒压供水设备 1 套，配泵 2 台，一用一备；并配气压罐和变频控制柜。

（7）雨水回用管道严禁与生活饮用水管道连接。应采取防止误接、误用、误饮的措施。

六、消防系统

1. 消防水源

消防用水由五源湾道、北侧规划路市政给水管网引入两根 DN200 供水管经水表计量和倒流防止器后，在基地内连成环网供室外消防用水和消防水池。初期火灾由核心医疗区 A 栋十六层病房楼屋顶设置有效容积 36m³ 高位消防水箱供给，消防泵房设置在地下室一层（标高为 -7.0m），消防水池有效容积 760m³。

2. 消防用水量标准和一次灭火用水：

（1）室外消火栓灭火系统用水量为 40L/s。

（2）室内消火栓灭火系统用水量为 40L/s。

（3）自动喷水灭火系统：

1）高大净空场所：按喷水强度 6L/(min·m²)，作用面积 260m²，$K=80$，设计流量为 35L/s。

2）地下室大型库房、药库：按仓库危险 Ⅱ 级，单双排货架储物仓库设计，喷水强度 12L/(min·m²)，作用面积 200m²，$K=115$，储物高度 3.0～3.5m，设计流量为 52.0L/s。

3）一般车库按中危险 Ⅱ 级设计，喷水强度 8L/(min·m²)，作用面积 160m²，$K=80$，设计流量 30L/s；机械车库顶板下，按 30L/s 设计，车架下根据建筑要求按 3 层车库考虑，设计流量为 60L/s。

4）其余按中危险 Ⅰ 级设计，喷水强度 6L/(min·m²)，作用面积 160m²，$K=80$，设计流量为 21L/s。

5）本工程按机械停车库考虑，喷淋系统设计流量选用 60L/s 设计。

（4）大空间智能型主动喷水灭火系统用水量为 35L/s。

（5）水喷雾灭火系统用水量为 30L/s。

3. 室内消火栓系统

（1）室内消火栓系统采用临时高压消防给水系统。在核心医疗区地下一层消防泵房内设置室内消火栓系统供水泵，供水泵一用一备，从消防水池抽吸。在 A 栋十六层病房屋顶消防水箱间内设置消火栓系统的稳压泵和稳压罐 150L，稳压泵一用一备。

（2）系统的减压阀设置在核心医疗区五层吊顶内，使本工程分成两个区，低区为核心医疗区的地下室～五 层、科研教学专家楼的地下室～三层、特护区，高区为核心医疗区 A 栋的六～十六层屋顶。

（3）各单体建筑每层均设室内消火栓保护，高区和低区供水管网成环布置。消火栓设置间距保证同层平面有 2 支消防水枪的 2 股水枪充实水柱同时达到任何部位且不超过 30m，消火栓水枪的充实水柱为 13m。

（4）每个消防箱内设 DN65 消火栓一只、Φ19 水枪一支、DN65 衬胶龙带 25m 一付、消防卷盘一套及报警按钮一付。

（5）核心医疗区地下室～三层，地上六～十四层；科研教学专家楼的地下室～二层、特护区采用减压稳压消火栓（Ⅲ型），出口压力 0.35MPa。

（6）系统设 3 组 DN100 水泵接合器。

4. 自动喷淋系统

（1）室内喷淋系统采用临时高压消防给水系统。在核心医疗区地下一层消防泵房内设置室内喷淋系统供水泵，供水泵一用一备，从消防水池抽吸。在 A 栋十六层病房屋顶消防水箱间内设置喷淋系统的稳压泵和稳压罐 200L，稳压泵一用一备。

（2）自动喷淋系统安装于除电气机房、手术室等不宜用水扑救场所以外的所有部位。贵重机房如直线加速器机房、DSA、MRI、SPECT/CT、PET/MRI、PET/CT、CT 及附属控制室、设备间等采用预作用系统（需做好防辐射措施），其他部分的系统为湿式。预作用报警阀设置在核心医疗区地下一层报警阀间和特护区 A 栋地下一层的生活泵房内，分别设置 2 套和 1 套。

（3）喷头采用玻璃球喷头，除厨房、热交换机房采用 93℃喷头外，其余均为 68℃。不吊顶处设直立型喷头，有吊顶处设下垂型喷头或吊顶型喷头，净空高度大于 8m 的场所、病房、治疗区域、餐厅和会议室等公共活动场所、中庭环廊、地下室医疗区域和仓储采用快速响应喷头，机械停车库下层采用侧向喷头，专家招待室采用大覆盖侧向喷头（喷远 7.3m，间距 4.9m），其余采用标准玻璃球喷头。特护区、预作用系统的区域、洁净要求的区域等有装饰要求的可采用隐蔽式喷头。

（4）系统设 4 组 DN100 水泵接合器。

5. 水喷雾灭火系统

（1）辅助用房内燃气锅炉房、核心医疗区地下一层及科研教学专家楼地下一层的柴油发电机房设置水喷雾灭火系统，设计喷雾强度 20L/(min·m²)，持续喷雾时间为 30min，喷头的最低工作压力 0.35MPa，系统联动反应时间小于或等于 45s，系统设计流量按 30L/s（需根据锅炉、柴油发电机的实际设计尺寸复核）。

（2）锅炉房内设置雨淋阀 3 套，用于燃气锅炉灭火；核心医疗区地下一层报警阀间内设置雨淋阀 3 套，用于柴油发电机灭火；科研教学专家楼的地下一层报警阀间内设置雨淋阀 1 套，用于柴油发电机灭火。

(3) 水喷雾灭火系统与喷淋系统合用消防供水泵。

6. 大空间智能型主动喷水灭火系统

(1) 大空间智能型主动喷水灭火系统与喷淋系统合用消防供水泵。

(2) 系统用于门诊大厅上空、便民大厅上空的高大净空场所，采用自动扫描射水高空水炮灭火装置，每套工作电压 220V，射水流量 5L/s，工作压力 0.6MPa，标准圆形保护半径 20m，安装高度 6~20m，水炮为探测器与水炮一体化设计。

(3) 门诊大厅上空共设置 5 套自动扫描射水高空水炮灭火装置，便民大厅上空共设置 2 套自动扫描射水高空水炮灭火装置。

(4) 自动扫描射水高空水炮灭火装置水平管网末端最不利点设置模拟末端试水装置。

7. 气体灭火系统

(1) 核心医疗区 A 栋一层变电所、B 栋一层变电所、A 栋二层的病档室、A 栋五层计算机中心；科研教学专家楼的地上一层主配电和变电所等重要电气机房设置气体灭火系统。

(2) 气体灭火系统采用七氟丙烷气体，组合分配或单元独立系统，按全淹没灭火方式设计，装置设计工作压力有管网 4.2MPa，无管网为 2.5MPa。

8. 手提式灭火器灭火系统

(1) 本工程厨房按严重危险级 B 类火灾设计，变电所等电气用房按严重危险级 E 类火灾设计，车库按中危险级 B 类火灾考虑，其余按严重危险级 A 类火灾设计。

(2) 在每个消防箱的下部及各机房、电气机房、厨房设置手提式磷酸铵盐干粉灭火器，型号为 MFZ/ABC5（贮压式）。厨房设置手提式磷酸铵盐干粉灭火器，为严重危险级，每个设置点 2 具，每具 89B，5kg，其余每个设置点 2 具，每具 3A，5kg。车库为中危险级，每个设置点 2 具，每具 55B，4kg。变电所、柴油发电机房等大型电气机房，锅炉房、冷冻机房、热交换器机房等各设置推车式灭火器，每处设置点 2 具，每具 6A，20kg。

(3) 严重危险级 A 类火灾场所手提式灭火器最大保护距离为 15m，推车式灭火器最大保护距离为 30m；B 类火灾场所手提式灭火器最大保护距离为 9m，推车式灭火器最大保护距离为 18m；中危险级 B 类火灾场所手提式灭火器最大保护距离为 20m。

(4) 如保护距离不满足上述要求，则在不满足处增加灭火器。

(5) 洁净手术部应按《建筑灭火器配置设计规范》GB 50140 配置气体灭火器。

沿建筑物四周的道路旁，每 120m 间距设置一只地上式 DN100 室外消火栓。接合器与室外消火栓设置间距在 15~40m 范围内。

七、管道材料、连接方式和配件及敷设要求

(1) 室内冷、热水管采用薄壁不锈钢管（304），管径小于或等于 DN100 时采用环压或卡压式连接；管径大于 DN100 时采用不锈钢沟槽式机械接头连接。管道及配件的公称压力除核心医疗区 A 栋十一~十六层屋顶供水区地下室泵房及总管为 1.6MPa 外，其余均

为 1.0MPa。卫生间墙内暗管采用带 PE 套管的薄壁不锈钢管。

（2）消防管道管径小于或等于 $DN50$ 采用热镀锌焊接钢管，丝口连接；管径大于 $DN50$ 采用无缝钢管热镀锌，沟槽式机械接头连接，管道及配件公称压力泵房至减压阀前为 2.5MPa，其余为 1.6MPa。

（3）室内污废水排水管采用沟槽式 HDPE 双壁中空超静音排水管，ABS 压环（内衬 W 型密封圈）柔性连接。其配件需带门弯或清扫口，结合通气管采用 H 管配件，存水弯的水封高度不得小于 50mm。

（4）厨房、中心供应、消毒锅、空调机房、备餐间、开水间、降板内敷设的排水管及其地漏、放射性治疗的排水管及其地漏等均采用柔性抗震接口排水铸铁管，管材应为离心铸造工艺成型，管件应为机压砂型铸造成型，法兰连接。

（5）冷却塔补水管、绿化和道路浇洒管、车库地坪冲洗管、地下室污废水潜水泵排出管采用热镀锌钢塑复合管，管径小于或等于 $DN80$ 时丝扣连接；管径大于 $DN80$ 时沟槽式机械接头连接，管道和配件的公称压力 1.0MPa。

（6）室外明露重力流雨水管道采用符合紫外光老化性能标准的排水塑料管及配件，R—R 承口橡胶密封连接。室内重力流雨水管采用公称压力不低于 1.0MPa 钢塑复合管及配件。压力流雨水管采用公称压力不低于 1.0MPa 的 HDPE 管及配件，热熔连接。

（7）地下一层车库地面排水如接入人防工程，则由防爆地漏接热镀锌钢管分别排入下层明沟或集水井，排水管在每个人防工程的内侧设置公称压力不小于 1.0MPa 的铜芯闸阀。

（8）高温热水供回水管道及配件的材质同暖通专业。

（9）室外埋地给水管管径小于或等于 $DN100$ 采用公称压力不小于 1.0MPa 的埋地硬聚氯乙烯给水塑料管，橡胶圈连接；管径大于 $DN100$ 采用离心涂衬球墨管，柔性胶圈接口。

（10）室外埋地雨污水管采用增强聚丙烯（FRPP）管，橡胶圈连接。

八、工程特点

1. 可再生能源的利用

充分利用厦门当地日照条件充足、冬季温暖、夏季湿热的气候特点，采用太阳能及空气源热泵等可再生能源作为集中热水系统的热源。医院热水需求量大且使用时段较为平均，符合太阳能及空气源热泵系统的工作特性。

空气源热泵是一种利用高位能使热量从低位热源（空气）流向高位热源的节能装置。它是热泵的一种形式，可以把不能直接利用的低位热能（如空气、土壤、水中所含的热量）转换为可以利用的高位热能，从而达到节约部分高位能（如煤、燃气、油、电能等）的目的。

2. 雨水回收与利用

本工程对设置压力流雨水系统的裙房屋面雨水进行收集。屋面雨水经过收集、处理（屋面雨水→初期径流弃流→雨水蓄水池沉淀→过滤→消毒→雨水清水池→用水点）达标后的水供给裙房屋面绿化浇洒、室外绿化浇洒、道路浇洒。其中雨水清水池分为水景清水池和绿化浇洒及道路地坪冲洗清水池，消毒后的雨水回用水先接入水景清水池，多余水溢至绿化浇洒及道路地坪冲洗清水池，该清水池设置自来水补水，水景清水池不得设置自来水补水。

　　采用雨水收集系统符合我国可持续发展战略。传统城市雨水收集是在雨水落到地面上后，一部分通过地面下渗补充地下水，不能下渗或来不及下渗的雨水通过地面收集后汇流进入雨水口，再通过收集管道收集后，排入河道或通过泵提升进入河道。随着城市化进程的加快，传统的雨水管理模式经常会造成城市洪灾、雨水径流污染、雨水资源大量流失、生态环境破坏等主要问题。因此，目前雨水回收利用是绿色建筑领域迫切需要的一种节能环保的新型雨水收集系统。

苏州广电现代传媒广场①

- 设计单位：　中衡设计集团股份有限公司
- 主要设计人：薛学斌　程　磊　殷吉彦
　　　　　　李　铮　陈寒冰　倪流军
　　　　　　严　涛　李　军　杨俊晨
　　　　　　郁　捷
- 本文执笔人：薛学斌

作者简介：

薛学斌，注册公用设备工程师，研究员级高级工程师，中衡设计集团股份有限公司副总工程师。主要业绩有：新鸿基苏州环贸广场（310m）；苏州中心广场（225m），苏州广电现代传媒广场（214.8m）等。

一、工程概况

本项目位于苏州工业园区湖东 CBD 区，为超高层城市综合体。项目占地 37749m²，总建筑面积 330778m²，其中地上建筑面积 228536m²，地下 102242m²，容积率 5.75。项目分南北两幢塔楼，主塔楼 43 层，高 214.8m，为办公楼，裙房为演播楼，建筑面积 13.9 万 m²；副塔楼 38 层，高 150m，为五星级酒店（希尔顿）、公寓和商业，建筑面积 8.5 万 m²，含酒店标间 390 间，公寓 220 套；商业面积 2.47 万 m²，位于裙房和地下一层。主塔楼屋顶设有直升机停机坪。两幢塔楼中间由 M 形屋顶相连。

二、给水排水系统

给水排水系统含如下内容：室内给水系统、热水系统、雨污水系统、融冰电伴热系统、冷却循环系统；泳池循环水系统；景观循环水系统；室外给水排水系统、雨水收集利用系统。

1. 给水系统

（1）水源：本项目从市政给水管网引入两路接驳管，管径均为 DN250。水表井内均分别配置 DN200 消防水表各一块；北侧水表井设置 DN200 酒店生活水表一个，西侧水表井设置 DN200 演播办公生活水表一块，同时在西侧水表井再设置 DN150 的酒店生活水表一块。演播办公、商业和酒店的生活水箱和系统均分开设置。设置雨水收集回用系统，供室外浇灌、景观补水。冷却补水设置独立的水箱和供水系统。

（2）冷水用水量见表 1～表 3。

---

① 该工程设计主要工程图详见中国建筑工业出版社官方网站本书的配套资源。

用水量定额表   表1

序号	用水名称	单位	用水定额（L）	小时变化系数	使用时间（h）	备注
1	客房	每床每日	400	2.5	24	
2	员工	每人每日	150	2.5	10	
3	餐厅	每人每餐	30	1.5	6	
4	洗衣房	4kg/（床·d）	60L/kg	1.5	10	
5	公寓式酒店	每床每日	350	2.5	24	
6	办公区	每人每日	50	2.5	24	
7	商业区员工顾客	每 m² 营业面积/d	8	1.5	12	
8	汽车库地坪冲洗	每 m² 每日	2			每日一次
9	绿化	每 m² 每日	2			每日一次

冷水用水量计算表（酒店公寓部分）   表2

用水性质	用水定额	使用单位数量	使用时间（h）	小时变化系数	最高日用水量（m³/d）	最大小时用水量（m³/h）
酒店客房	400L/（床·d）	390×2	24	2.5	312	32.5
酒店员工	150L/（人·d）	780×0.9	24	2.5	105	10.9
酒店洗衣	60L/kg	390×2×4	10	1.5	131	19.6
酒店餐厅	30L/（人·d）	780×2	6	1.5	60	15
泳池	15%	330	24	2.5	50	5.2
洗浴	0.15L/s	40×70%	5	1.5	13.5	13.5
绿化	4L/（m²·d）				计入未预计	
道路场地	2.0L/（m²·d）				计入未预计	
酒店生活小计					690	93.4
公寓客房	350L/（床·d）	220×2	24	2.5	154	16
公寓员工	150L/（人·d）	220×2×0.3	24	2.5	19.8	2.1
公寓洗衣	40L/kg	220×2×4	8	1.5	49	9.2
公寓餐厅	30L/（人·d）	220×2×2	4×2	2	26.4	6.6
公寓生活小计					249.4	33.9
酒店公寓生活小计					939	127.3
未预计	10%				93.9	12.7
酒店公寓生活合计					1033	140

酒店公寓冷却循环系统	补水系数（%）	冷却循环水量	使用时间	日平均系数	最高日用水量（m³/d）	最大小时用水量（m³/h）
酒店冷却补水	1.0	2100m³/h	24		504	21
酒店总水量合计					1537	161

冷水用水量计算表（办公演播和商业部分）　　　　　　表3

用水性质	用水定额	使用单位数量	使用时间（h）	小时变化系数	最高日用水量（m³/d）	最大小时用水量（m³/h）
办公	50L/（人·d）	7200	10	1.5	360	54
员工餐厅	20L/（人·d）	3600×2	8	1.5	144	27
演播楼	50L/（人·d）	1100	8	1.5	55	10.3
商业零售	8L/（m²·d）	14600×0.6	10	1.5	70	10.5
商业餐饮	20L/人次	3600×0.8×6×0.5	8	1.5	172.8	32.4
绿化	4L/（m²·d）				计入未预计	
道路场地	2.0L/（m²·d）				计入未预计	
办公演播商业生活小计					801.8	134.2
未预计	10%				80.1	13.4
办公演播商业生活小计					883	147.6
办公演播冷却循环系统	补水系数（%）	冷却循环水量	使用时间	日平均系数	最高日用水量（m³/d）	最大小时用水量（m³/h）
办公演播冷却补水	1.0	4900m³/h	10		490	49
办公演播商业总水量合计					1373	196.6
项目水量总计					2910	357.6

注：消防用水量统计见消防供水系统。

综上，本工程最高日用水量2910m³/d，最大时用水量357.6m³/h。其中办公演播和商业区生活用水最高日用水量883m³/d，最大时147.6m³/h；办公冷却用水最高日490m³/d，最大时49m³/h；酒店和公寓区生活用水最高日为1033m³/d，最大时为140m³/h；酒店冷却用水最高日为504m³/d，最大时为21m³/h。

（3）供水方式及竖向分区：

结合超高层项目的特点，本项目供水方式以重力供水为主，最低区采用市政直供，主塔楼2、8区，副塔楼2、3、7区采用变频供水。

办公区的生活饮用水系统采用电开水炉供应开水，电开水炉功率6.0kW，容量50L。设于每层茶水间内；桶装饮用水由业主自理。

冷却塔补水采用独立的水池和补水泵，水源采用市政自来水，办公楼系统与酒店分开设置；空调设备补水（膨胀水箱）、空调加湿等均从生活给水系统接出，设软水器、远传水表和防污染隔断阀。

项目具体分区如下：主楼办公演播和商业区共43层，高214.8m，共设8个供水分区。除1区市政直供，2和8区由变频供水外，其余各区均采用高位水箱重力供水，4、5、6区设置可调式减压阀（表4）。

主楼办公演播和商业区分区　　　　表4

序号	办公演播和商业供水区域	供水范围	供水方式	备注
1	办公1区	B3F～1F	市政管网直接供水	
2	办公2区	2F～7F	变频供水	
3	办公3区	8F～14F	高位水箱重力供水	
4	办公4区	15F～21F	高位水箱重力供水	设可调式减压阀
5	办公5区	22F～28F	高位水箱重力供水	设可调式减压阀
6	办公6区	29F～35F	高位水箱重力供水	设可调式减压阀
7	办公7区	36F～41F	高位水箱重力供水	
8	办公8区	42F～顶层	变频供水	

酒店和公寓区共38层，高150m，共设7个供水分区。除1区市政直供，2、3、7区由变频供水外，其余各区均采用高位水箱重力供水，5、6区设置可调式减压阀（表5）。

酒店和公寓分区　　　　表5

序号	酒店和公寓区域	供水范围	供水方式	备注
1	酒店1区	B3F	市政管网直接供水	
2	酒店2区	B1F～1F	变频供水	
3	酒店3区	2F～7F	变频供水	
4	酒店4区	8F～15F	高位水箱重力供水	
5	酒店5区	16F～22F	高位水箱重力供水	设可调式减压阀
6	酒店6区	23F～31F	高位水箱重力供水	设可调式减压阀
7	酒店7区	32F～38F	变频供水	

为保证高品质的供水，酒店生活用水采用微滤处理，流程为：砂缸过滤器＋活性炭过滤器＋精密过滤器＋纤维膜微滤。自来水经处理后进入生活水箱。茶水间、厨房、洗衣房的给水经软化处理后供给。

本工程各分区内低层部分设减压设施，以保证各用水点压力不大于0.2MPa；由于酒店管理公司对水压有特别要求，故酒店区域支管不作减压处理。变频恒压供水设备压力调节精度小于0.01MPa。稳定时间小于20s。配备水池无水停泵，小流量停泵控制运行功能。

（4）生活供水加压设施：生活供水加压设备参数如表6、表7所示。

演播办公商业部分供水加压设备参数　　　　表6

序号	供水设备名称	水泵台数及运行方式	单泵参数	隔膜气压罐配置
1	办公楼低区生活变频给水泵	3台，二用一备	$Q=3.0L/s$，$H=85m$，$N=5.5kW$	$\phi600\times1500(H)$
2	低区商业生活变频给水泵	4台，三用一备	$Q=4.5L/s$，$H=65m$，$N=5.5kW$	$\phi600\times1500(H)$
3	办公楼低区生活给水提升泵	两台，一用一备	$Q=22.5L/s$，$H=120m$，$N=45kW$	
4	办公楼高区生活给水提升泵	两台，一用一备	$Q=12.5L/s$，$H=145m$，$N=37kW$	

序号	供水设备名称	水泵台数及运行方式	单泵参数	隔膜气压罐配置
5	办公楼7区生活变频泵组	两台，一用一备	$Q=3L/s$，$H=15m$，$N=1.1kW$	$\phi600\times1500(H)$
6	办公楼地下室水箱水处理泵	两台，一用一备	$Q=5L/s$，$H=20m$，$N=3kW$	
7	办公楼中间水箱水处理泵	两台，一用一备	$Q=5L/s$，$H=20m$，$N=3kW$	
8	办公楼冷却补水变频供水泵	3台，二用一备	$Q=5.5L/s$，$H=85m$，$N=11kW$	$\phi600\times1500(H)$

酒店部分供水加压设备参数　　　　　　　　　　表7

序号	供水设备名称	水泵台数及运行方式	单泵参数	隔膜气压罐配置
1	酒店一级过滤加压泵	两台，一用一备	$Q=25.0L/s$，$H=30m$，$N=15kW$	
2	酒店低区配套设施变频供水泵	4台，三用一备	$Q=5.0L/s$，$H=68m$，$N=7.5kW$	$\phi600\times1500(H)$
3	酒店低区员工生活变频供水泵	3台，二用一备	$Q=4.0L/s$，$H=35m$，$N=3.0kW$	$\phi600\times1500(H)$
4	酒店公寓低区生活用水提升泵	两台，一用一备	$Q=15.0L/s$，$H=126m$，$N=37kW$	
5	酒店高区生活用水提升泵	两台，一用一备	$Q=9.0L/s$，$H=70m$，$N=15kW$	
6	公寓高区生活变频供水泵	4台，三用一备	$Q=9.0L/s$，$H=70m$，$N=15kW$	$\phi600\times1500(H)$
7	酒店高区生活变频供水泵	4台，三用一备	$Q=4.0L/s$，$H=15m$，$N=1.5kW$	$\phi600\times1500(H)$
8	酒店洗衣房变频供水泵	4台，三用一备	$Q=4.0L/s$，$H=30m$，$N=3.0kW$	$\phi600\times1500(H)$
9	酒店蒸汽凝结水提升泵	两台，一用一备	$Q=3.0L/s$，$H=20m$，$N=2.2kW$	
10	酒店冷却补水变频供水设备	3台，二用一备	$Q=3.5L/s$，$H=85m$，$N=5.5kW$	$\phi600\times1500(H)$

（5）生活贮水池及水箱设置：本工程生活用水箱采用成品不锈钢拼装水箱（S444）。

办公演播楼在地下三层办公演播商业生活泵房内设置生活水箱260m³；冷却补水箱150m³；同时于十七层（避难层）设置40m³生活转输水箱。于主楼屋顶设置30m³生活水箱。

在酒店公寓生活泵房内设置生活水箱730m³，冷却补水箱150m³，同时于二十三层（避难层）设置生活转输水箱，有效容积为45m³。于主楼屋顶设置生活水箱，有效容积为25m³。所有水箱均须配置通气管、溢流管、放空管、人孔及电子远传液位计。

为保证高品质的供水，酒店生活用水采用微滤处理，流程为：砂缸过滤器＋活性炭过滤器＋精密过滤器＋纤维膜微滤。自来水经处理后进入生活水箱。洗衣房的给水经软化处理后供给。

2. 热水系统

（1）热源：本工程酒店公寓区采用集中热水供应系统，热源为蒸汽。其中地下室员工洗浴采用太阳能热水系统进行预热。办公及商业区卫生间内热水由独立式电热水器供应。

（2）热水用水量如表8所示。

热水用水量计算表（酒店公寓部分）　　　　　　　　　表8

用水性质	用水定额	使用单位数量	使用时间(h)	小时变化系数	最高日用水量(m³/d)	最大小时用水量(m³/h)	最大小时耗热量(kW)
酒店客房	160L/(床·d)	390×2	24	4.35	124.8	22.5	1447
酒店员工	50L/(人·d)	780×0.9	24	4.35	35.1	7.1	452
酒店洗衣	50L/床	390×2	8	1.5	36	7.3	465
酒店餐厅	15L/(人·d)	780×2	8	1.5	23.4	4.4	280
泳池	1507kJ/(h·m²)	330	24	1.5	25.5	2.7	174
洗浴	0.15L/s	40×70%	5	1.5	30.4	7.6	488
酒店生活小计					249.7	48.9	3116
公寓客房	160L/(床·d)	220×2	24	5.02	70.4	14.7	942
公寓员工	50L/(人·d)	220×2×0.3	24	6.84	6.6	1.9	120
公寓洗衣	50L/床	220×2	8	1.5	20.1	4.1	264
公寓餐厅	30L/(人·d)	220×2×2	4×2	1.5	13.2	2.5	159
公寓生活小计					110.3	23.2	1485
酒店公寓小计					360	72.1	4601
未预计	10%				36	7.2	460
酒店公寓合计					396	79.3	5061

注：经与顾问方协商，本表中的客房小时变化系数较规范有所放大；泳池耗热量未计入总数。考虑到上述数据中的同时使用率，最终选择最大时耗热量取4601kW。

（3）供水方式及竖向分区：热水系统竖向分区和给水系统一致，供应热水水温不大于60℃。热水系统管道应按规范在横管或立管管段上适当位置设置伸缩节及固定支架。

酒店裙房顶设置板式太阳能集热器，作为酒店后勤热水的预热。总计设置面积160m²。设置预热容积式热交换器，采用完全的闭式系统，以保证各系统冷热水的压力平衡。

项目蒸汽冷凝水同时收集，进行废热和废水回收。废热供酒店热水预热，废水收集至雨水收集回用系统。

电热水器采用不锈钢内胆，配备自动恒温装置和安全泄压阀等；容积式热交换器均为不锈钢导流型。

本项目热水系统分区与冷水一致，且各区冷热水源均为同源，以保证系统冷热水压力平衡，减少热水水温波动。热水系统采用全日制机械循环，各系统均设两台热水循环泵，互为备用。循环泵的启闭由泵前热水回水管上的电接点温度计自动控制，启泵温度为50℃，停泵温度为60℃。为保证冷热水同源和压力平衡，太阳能热水系统采用闭式系统。

（4）增压设施：由于本系统冷热水同源，因此热水不设置独立的增压设施。系统仅设有保持热水温度的热水循环泵。

（5）热交换器：热交换器主要服务于酒店部分，均为不锈钢罐体，紫铜盘管。设备参数如下：

1）客房洗浴：选用导流型容积式热交换器，以贮存30min热水计算，每组两个罐，同时保证单罐容积不小于总量的 75%。具体如下：高区：选用 $V=4.5m^3$（$\Phi1.6\times2.9$）的容积式热交换器两套。低区：选用 $V=5m^3$（$\Phi1.8\times2.9$）的容积式热交换器两套。

2）餐饮部分：选用 $V=3.5m^3$（$\Phi1.6\times2.5$）的导流型容积式热交换器两套；

3）洗衣：选用 $V=5m^3$（$\Phi1.8\times3.2$）的容积式热交换器两套；

4）员工集中淋浴及少量员工餐饮：选用 $V=3.5m^3$（$\Phi1.6\times2.7$）的容积式热交换器两套；

5）太阳能预热热交换器：选用 $V=5.0m^3$（$\Phi1.6\times3.25$）的容积式热交换器两套；

6）二～七层热水及六层 SPA，选用 $V=3.5m^3$（$\Phi1.6\times2.7$）的容积式热交换器两套；

7）公寓客房：选用导流型容积式热交换器，以贮存 30min 热水计算，每组两个罐，同时保证单罐容积不小于总量的 75%。高区：选用 $V=3.5m^3$（$\Phi1.6\times2.9$）的容积式热交换器两套。低区：选用 $V=3.5m^3$（$\Phi1.6\times2.9$）的容积式热交换器两套。

3. 中水系统

（1）中水源水量、中水回用水量表，水量平衡：本项目原方案采用杂用水回用，后考虑到当地雨水资源丰富，故仅设雨水收集系统，收集池容量为 350t，简单处理后回用作景观、浇灌和车库冲洗。水量计算表和水量平衡表略。

（2）系统竖向分区：由于仅供景观、浇灌和车库冲洗，故本工程仅设置一套回用水变频加压供水设施，不分区。

（3）供水方式及给水加压设备：采用变频加压供水设施一套，共 3 台，二用一备，$Q=5.0L/s$，$H=45m$，$N=4.0kW$。

（4）水处理工艺流程：屋面雨水→弃流→沉砂→提升→砂缸过滤→清水箱→变频加压回用。

4. 冷却循环冷却水系统

（1）系统构成

本建筑酒店公寓区设有 $Q=300m^3/h$ 的方形逆流冷却塔 7 台；配双速电机，镀锌钢板外壳。冷却塔设于演播楼裙房屋顶，冷却循环水泵则设于酒店公寓区冷冻机房内。循环水泵共两组，其一为 4 台，三用一备，单台参数：$Q=600m^3/h$，$H=30m$，供冷冻机；其二为两台，一用一备，单台参数：$Q=300m^3/h$，$H=30m$，供冷冻机和免费冷却。

本建筑办公演播商业区设有 $Q=350m^3/h$ 的方形逆流冷却塔 14 台；配双速电机，镀锌钢板外壳。冷却塔设于演播楼裙房屋顶，冷却循环水泵则设于办公演播区冷冻机房内。循环水泵共两组，其一为 7 台，六用一备，单台参数：$Q=700m^3/h$，$H=30m$，供冷冻机；其二为 3 台，二用一备，单台参数：$Q=350m^3/h$，$H=30m$ 供冷冻机和免费冷却。

（2）循环冷却水水质

为防止多次循环后的水质恶化影响制冷机冷凝器的传热效果，在冷却水泵出口处设置全自动自清过滤器，并设冷却循环旁流器连续处理部分冷却循环水，以保证水质。系统还设有杀菌加药消毒装置。冷却系统在每台冷水主机冷凝器前设置冷凝器胶球自动在线清洗装置。有效降低冷凝器的污垢热阻。冷却水管需作钝化预膜处理。

（3）冷却水补水

冷却水补水设专用变频加压泵分别对办公楼系统和酒店系统进行补水。从冷却补水水箱处抽水后经软化后直接供至冷却塔集水盘补水。

（4）循环水系统自动控制

1）自控设备：采用DDC（直接数字控制）方式，以使系统更有效地运行，并与中央监控系统进行实时对话。

2）冷却塔的群控：冷却塔风机的启停由冷却水供水温度控制；自动控制冷却水水温，采用旁通阀进行调节控制；冬季使用的冷却塔设电加热器；同时水位也可控制电加热器的启停，以免空烧；根据冷却水的导电率控制冷却水的水质；与冷冻机联动，控制冷却塔和冷却水泵的运行台数。

5. 污废水系统

（1）排水系统的形式。本项目酒店部分采用污废分流，其他部分污废合流，餐饮废水均独立排放。室内±0.000以上污废水重力排入室外污水管，地下室污废水采用成品污水提升装置提升排放。

（2）透气管的设置方式。污水立管均设置通气立管；酒店污水系统均设置器具通气管。公共卫生间均设环形通气管。

（3）采用的局部污水处理设施。由于苏州地区均设有完备的城市污水处理厂，故无需设置化粪池，避免了因清掏产生的污染，且不会因此导致堵塞。地块内厨房、餐厅等排水需经隔油处理后排入室外污水管网；采用带外置储油桶和除泥桶的成品隔油池，设于地下室隔油间内，避免污染地面场地。

6. 雨水系统

（1）雨水系统的形式。本项目雨水排放采用雨污分流；超高层塔楼部分采用重力雨水排放系统；裙房则采用虹吸雨水排放系统。地下室消防排水按防火分区分块设置，采用潜水泵提升至室外雨水管。

（2）雨水量计算。塔楼重力系统和裙房虹吸系统屋面雨水设计重现期均采用50年；下沉广场及天井重现期为50年，车道雨水重现期采用3年，总体场地雨水重现期采用3年，雨水最终排入市政雨水管和市政河道。室内按$P=50$年，设计降雨强度为5.22L/s，径流系数为$\Psi=0.9$；室外雨水综合径流系数$\Psi=0.71$，取重现期$P=3$年，经计算，区域雨水量为971L/s。

（3）场地雨水排放的特殊处理方式。本项目室外场地雨水排放采用缝隙式成品树脂排水沟，以保证场地的整体效果；铺地上的检查井盖均采用装饰性井盖，顶面材质同铺地。

（4）雨水收集回用。本项目设雨水收集回用系统，收集池容积350m³，主要收集屋面雨水。池体设于地下一层，检查口位于室外广场，内设防坠落设施。溢流口亦设置于室外，以防雨水反灌室内。收集池内雨水经过滤消毒处理后作为绿化，景观和车库冲洗用水。

7. 泳池循环水系统

酒店设置恒温游泳池。水处理间设于游泳池侧机房内，系统采用逆流式。游泳池砂滤过滤器处理能力为120m³/h，循环水泵参数为：$Q=14.2$L/s，$H=22$m，$N=5.5$kW，共2台。系统设置板换加热以维持水温，板式换热器规格为350kW。热交换温度为55℃→40℃。流量为11.7L/s。本系统采用臭氧消毒，同时设置氯消毒设施，用于运行指标监测。

8. 景观水系统

本项目结合 M 形屋顶的造型，设有一套大型循环水系统。景观水泵供水至 M 形设施的顶部，系统运行的同时即冲洗屋顶玻璃；回水汇集至地面水池，并溢流回地下景观泵房水池。顶部供水处同时设置阀门，可切换至用于屋顶玻璃冲洗和消除积雪。景观补水水源为雨水回用水，景观泵房内设砂缸过滤设施。管材采用不锈钢给水管。

9. M 形屋顶融冰电伴热系统

本项目造型比较特别，南北塔楼之间设有一个巨大的 M 形玻璃幕墙顶（简称 M 形屋顶）。由于该区域在下雪天积雪很难清扫，有荷载超负荷的隐患，故本设计于 M 形屋顶最低处设置融冰电伴热系统，伴热带贴于沟底。天沟即 M 形屋顶最低处的玻璃，中间高，两端低，故电伴热带从 M 形屋顶中间引入，沿水流方向平行敷设。东西各设四个回路，总共 8 个回路，功率按 55W/m 设置。

10. 管材

冷热水管材：室外埋地管 DN100 及以上管道采用球墨给水铸铁管，内搪水泥外浸沥青，橡胶圈接口；DN100 以下采用不锈钢管，焊接法兰连接。地上：DN100 以上采用不锈钢管，焊接法兰连接；DN100 及以下采用薄壁不锈钢管，卡压连接；暗装支管采用塑覆不锈钢管道。压力等级 1.6MPa。景观用水管材采用不锈钢给水管；中水回用管材：考虑到本项目景观水的特殊性，管材同生活水管，采用不锈钢管。室外绿化浇灌部分采用钢丝网骨架 HDPE 复合管。冷却循环管 DN>400 采用无缝钢管焊接连接；DN≤400，采用无缝钢管，卡箍连接。污水管材：室外采用 HDPE 双壁缠绕管，弹性密封承插连接。室内：采用抗震柔性（A 型小法兰）连接离心排水铸铁管；污、废水提升泵出水管采用球墨铸铁管，K 型接口连接。雨水管材：室外采用 HDPE 双壁缠绕管，弹性密封承插连接。室内：塔楼采用球墨铸铁管，K 型接口连接（《水及燃气用球墨铸铁管、管件和附件》GB/T 13295）；裙楼虹吸雨水系统采用 HDPE 管。酒店所有室内雨污水管道均需设置 MSA-4 隔声材料。

三、消防系统

1. 消防系统总述

本项目消防系统含如下内容：室内外消火栓系统、自动喷水灭火系统、雨淋系统、预作用系统、固定消防炮系统、气体灭火系统、厨房油烟罩湿化学灭火系统、直升机停机坪泡沫消防系统、手提式灭火器等。

本项目包含一栋 42 层的主塔楼演播办公楼和一栋 38 层副塔楼（五星级酒店），最高高度为 214.8m，为一类超高层综合楼。本项目消防水池容积 1052m³（表 9）。

消防用水量表 表 9

灭火系统名称	危险等级	设计喷水强度 [L/(min·m²)]	作用面积 (m²)	消防用水量 (L/s)	作用时间 (h)	用水量 (m³)
室外消火栓				30	3.0	—
室内消火栓				40	3.0	432

灭火系统名称	危险等级	设计喷水强度 [L/(min·m²)]	作用面积 (m²)	消防用水量 (L/s)	作用时间 (h)	用水量 (m³)
湿式自动喷水系统 (Wet SP)	办公楼：中危险Ⅰ级	6	160	21	1.0	337
	地下车库：中危险Ⅱ级	8	160	30	1.0	
	其他高度(8~12m)空间	6	260	34	1.0	
	超市，储物高度3.5以上	12	260	68	1.0	
	仓库：仓库危险Ⅱ级 3.0~3.5m	12	240	62.4	1.5	
预作用灭火系统	重要的演播室：中危险Ⅰ级	6	160	21	1.0	
雨淋系统 (Deluge)	2000m² 演播室：严重危险Ⅱ级（无葡萄架）	16	234	68.6	1.0	247
水喷雾 (Water Spray)	锅炉房，柴油发电机房	20	200	77	0.5	139
消防炮	20L/s 套			40	1.0	144
合计						1052

2. 消火栓系统

（1）消防用水水源。从南施街和翠园路市政供水管上各引入一路 DN250 管道，在水表井内均分别配置 DN200 消防水表各一个，此两路供水作为本项目消防水源。消防水池泵房位于地下三层，消防水池有效容积 1052m³，分两池。在办公塔楼的十七、三十一层以及酒店塔楼的八层设置 30m³ 的中间水箱，并在屋顶分别设置高位消防水箱。

（2）室外消火栓系统。室外消防管道在基地内呈环状布置。室外消火栓引自此环网，在基地内沿主要道路按覆盖半径 150m，相距间距不大于 120m 的原则设置。

（3）室内消火栓系统。室内消火栓系统采用临时高压制，系统采用水泵直接串联供水方式。

主楼办公演播和商业区室内消火栓系统以避难层为界，分上、中、下三区。其中下区又分为 1、2 两个区，地下三~七层为 1 区，由下区消防供水主管减压后供给；八~十六层为 2 区，由下区一级消火栓泵供给；中区为十七~三十层，上区为三十一~四十二层，由中区和上区消防供水泵供给。室内消防管道呈环状。

酒店公寓区室内消火栓系统以避难层为界，分上、下两区。其中下区为地下三~七层，上区又分为 2、3 两个区，2 区为八~二十二层，3 区为二十三~三十八层。

主楼办公演播和商业区消防采用水泵直接串联供水方式。下区（1，2 区）一级消火栓泵设于地下三层消防水泵房内，Q=40L/s，H=140m，一用一备。1 区消火栓管道上设可调式减压阀组；中区（3 区）二级消火栓泵设于十七层（避难层）水泵房内，Q=40L/s，H=105m；上区（4 区）三级消火栓泵设于三十一层（避难层）水泵房内，Q=40L/s，H=100m。

酒店公寓区低区（1 区）一级消火栓泵设于地下三层消防水泵房内，Q=40L/s，H=100m，一用一备，高区（2，3 区）二级消火栓泵设于八层（避难层）水泵房内，Q=40L/s，H=148m。

当上区发生火灾时，须先启动下区消防泵，上下区消防泵连锁启动时间间隔不大于15s。

主楼避难层设置有效容积为 30m³ 的消防水箱，屋顶水箱间设置有效容积为 18m³ 的消防水箱（办公塔楼顶为 34m³），水箱间内均设消火栓稳压装置各一套，$Q=5$L/s，$H=30$m。气压罐一个（$\phi1000 \times 2500h$）。火灾时，按动任一消火栓处启泵按钮或消防中心、水泵房处启泵按钮均可启动该泵并报警。启泵后，反馈信号至消防控制中心。

屋顶均设试验消火栓。栓口出水压力超过 0.5MPa 的消火栓采用减压孔板消能。楼内消防管道环状布设，消火栓的配置满足室内任何部位都有两股水柱可以到达。水枪的充实水柱 13m。箱内配置 DN65 栓口、DN65×25m 衬胶水龙带、19mm 喷嘴口、自救消防软管卷盘一套，卷盘型号为：栓口 DN25，软管 $\Phi19 \times 30m$，喷嘴 $\Phi6mm$ 以及启动消防泵按钮等。

消防电梯前室采用同规格消火栓和水枪，水龙带长度 20m，每个消火栓箱处设置直接启动消火栓水泵的按钮，并带有保护设施。

消防系统低区考虑设置水泵结合器。高区通过低区环状主管向中区直接串联水泵供水；低区直接由消防车供水。消火栓系统低区设置水泵结合器 3 组。

（4）直升机停机坪消防系统。主楼办公演播屋顶直升机停机坪消防采用泡沫消火栓灭火系统；在屋顶机房内设消火栓泵两台，$Q=16.6$L/s，$H=85$m，$N=22$kW，一用一备。系统配置低倍数泡沫罐和比例混合装置一台，$V=2000$L，混合比为 6%，成膜氟蛋白泡沫液（AFFF）。此处屋顶消防水箱结合泡沫消防用量和常规 18m³ 的贮水量，调整为 34m³。

3. 自动喷水灭火系统

（1）湿式自动喷水灭火系统

本建筑自动喷水系统采用临时高压制，采用消防水泵直接串联供水方式。大楼内除建筑面积小于 5m² 的卫生间及无法用水灭火的部分外均设置自动喷水灭火系统。

主楼办公演播区喷淋分区如下：下区 1 区地下三～七层；2 区八～十六层；3 区十七～三十层；4 区三十一～四十二层。酒店公寓区喷淋分区如下：1 区地下三～七层；2 区八～十六层；3 区十七～三十八层。

主楼办公演播和商业区喷淋泵配置：下区（1，2 区）一级喷淋泵（两用一备），设于地下三层消防泵房内，单泵 $Q=34$L/s，$H=148$m。1 区喷淋报警阀前管道上设可调式减压阀组；中区（3 区）二级喷淋泵，一用一备，设于十七层（避难层）水泵房内，$Q=34$L/s，$H=110$m；上区（4 区）三级喷淋泵，一用一备，设于三十一层（避难层）水泵房内，$Q=34$L/s，$H=105$m；同时，避难层设低区高位消防水箱。当上区发生火灾时，须先启动下区一台喷淋泵，上下区喷淋泵连锁启动的时间间隔不大于 15s。当下区发生火灾时，如下区单台泵启动后，压力仍低于 140m 时，第二台喷淋泵启动。

酒店公寓区喷淋泵配置：低区（1 区）一级喷淋泵，一用一备，设于地下三层消防水泵房，$Q=34$L/s，$H=105$m；高区（2，3 区）二级喷淋泵设于八层（避难层）水泵房，$Q=34$L/s，$H=155$m；主楼避难层及屋顶设置 30m³ 和 18m³ 的消防水箱，水箱间均设喷淋稳压装置一套，$Q=1$L/s，$H=30$m。气压罐 $\phi800 \times 2500h$。当上区发生火灾时，须先启动下区的喷淋水泵，上下区消防水泵连锁启动的时间间隔不大于 15s。

地下汽车库自动喷水系统按中危险 Ⅱ 级设计。喷水强度为 8L/(min·m²)。地下车库采用（湿式）系统。车道入口处采用电伴热保温。

湿式自动喷水灭火系统由喷淋泵、湿式报警阀组、水流指示器、遥控信号蝶阀、水泵接合器、泄水阀、末端试水装置、喷头、管道等组成。每组报警阀控制喷头数不超过800只，且高差不超过50m。每层每个防火分区均设置水流指标器、泄水阀、末端试水装置。所有控制信号均传至消控中心。报警阀分设于各楼层避免集中设置。超高层建筑大于800mm净空吊顶内均设置上喷。

消防系统低区设置水泵结合器。高区通过低区环状主管向中区直接串联水泵供水；低区直接由消防车供水。喷淋系统的低区设置水泵接合器5组。

（2）雨淋系统

2000m² 演播室以及 600m² 演播室设置雨淋灭火系统。雨淋系统按严重危险II级设计。喷头采用开式喷头，其开启采用探测器控制。各雨淋系统给水进口处采用雨淋报警阀及手动快开阀。雨淋系统在演播室开放期间为防止误喷设为手动启动，由专门人员值班负责操作。其余时间均设为自动控制。

2000m² 演播室的雨淋系统设置：为保证系统安全可靠性以及节约成本，将 2000m² 演播室横向划分为 5 各区，纵向划分为 4 个区，共计 20 个区。每个区单独设雨淋阀。每个雨淋阀的控制区域考虑和相邻区域的搭接，搭接距离设为3m。因此，每个雨淋阀控制区域的长和宽分别为 15.6m 和 15m，面积为 234m²，消防水量为 68.6L/s。同时考虑到商业区自选超市内储物高度可能在 3.5m 以上，地下超市的喷水量同样为 68L/s。因此雨淋系统和一般湿式喷淋系统共享一套消防喷淋水泵。水泵流量采用 $Q=70$L/s（水泵参数：$Q=35$L/s，$H=145$m，二用一备）。

（3）预作用系统

本项目演播区部分有大量小型演播室，应业主要求，设置预作用系统。按中危险II级设计，喷水强度为 8L/(min·m²)。设计流量考虑取 1.3 的系数。

（4）喷头选型

自动喷水灭火系统喷头选用原则：厨房采用感温级别93℃玻璃球型喷头，其余均采用感温级别68℃玻璃球型喷头。地下一层车库入口采用感温级别72℃易熔金属喷头。商业仓储区和地下超市设置 $K=160$ 的喷头，其余均采用 $K=80$ 的喷头。吊顶区域喷头均为吊顶隐蔽型快速响应喷头。

4. 水喷雾灭火系统

发电机房采用水喷雾灭火系统。设计灭火强度为 20L/(min·m²)。最不利点工作压力0.35MPa。设置独立消防泵，型号为 $Q=77$L/s，$H=75$m，$N=90$kW，一用一备。

5. 消防炮系统

超过 12m 的中庭或者大空间（除游泳池外）考虑设置固定式消防炮灭火系统。保护半径 40m、喷水流量 20L/s，设置单独的水流指示计和电磁阀。水源由大楼的消防炮加压水泵供给。水泵型号：$Q=40$L/s，$H=140$m，$N=110$kW（一用一备）。

演播厅的消防设计如前所述，正常演出时采用雨淋系统，手动控制；无演出时切换至自动状态；当功能转换为会议状态时，系统切换至手动状态，并启动消防炮辅助系统。

6. 气体灭火系统

（1）贵重设备机房，主要变、配电所，发电机房，弱电机房等不能用水灭火的场所设置 IG541 惰性气体灭火系统，采用自动—手动—机械应急三种启动方式；本项目设计保护对象为机房，共 20 个防护区，采用 3 套有管网全淹没组合分配系统予以保护。

（2）演播区局部立柜室体量小，且布置分散，故采用 FM200 柜式系统；设计保护对象为机房及设备室，共 13 个防护区，用 13 套预制七氟丙烷全淹没系统进行保护。

（3）厨房排烟罩灭火系统。厨房排烟罩设安素湿粉化学（ANSUL）灭火系统，以满足酒店管理方和规范的要求。

7. 手提式灭火器系统

在每个消火栓箱下方和其他需要场所配置 MFABC5 手提式磷酸铵盐干粉灭火器或手推式大型干粉灭火器。贵重设备，变、配电所，发电机房，弱电机房等不宜用水扑救的部位，均加设手提式灭火器。灭火器按严重危险级选用。灭火器最大保护距离为 15m；地下室汽车库按 B 类火灾场所布置，其最大保护距离 9m。当灭火器最大保护距离大于对应等级的保护距离时，另加设两具 MF/ABC5 灭火器。

8. 消防排水

（1）消防电梯坑底附近设集水坑，坑内设 2 台潜水泵。集水坑有效容积 3.0m³，潜水泵参数：$Q=36\text{m}^3/\text{h}$，$H=25\text{m}$，$N=5.5\text{kW}$（一用一备）。

（2）消火栓和自动喷水灭火系统消防排水，利用地下三层潜水泵进行排水。

9. 消防管材

室内消火栓系统及喷淋系统给水管；$DN\geqslant100\text{mm}$ 采用镀锌无缝钢管（Sch30），卡箍连接（Sch30）；$DN<100\text{mm}$ 采用热浸镀锌无缝钢管，丝扣连接。所选管材必须与压力等级匹配。室外低压消防给水管采用球墨铸铁给水管。

四、设计创新特点及施工体会

1. 设计创新特点介绍

（1）最大限度减少楼层中设置加压设备

本项目给水系统除了底部和顶部分区必须采用变频供水外，其余分区均采用高区水箱重力供水方式。

在前期方案比选时，曾提出采用中间避难层设置多套变频供水泵组供高区生活用水的方案。作为一个超高层项目，虽然中间避难层和设备层放置动力机械设备是不可避免的，而且现有的浮动地台弹簧减震器等技术也已经相对比较成熟，但是笔者认为，毕竟上述措施只是减少影响而不能完全消除影响，因此最佳方式是中间层少设或不设加压设施。因此在初期进行方案选择时，减少水泵在中间楼层内的设置数量作为最基本的设计原则，从而降低振动和噪声对周边楼层用户的影响。

另一方面，作为五星级酒店，管理方和客户对热水水温的稳定要求非常高，绝对不能接受忽冷忽热现象。水温出现异常的主要原因就是冷热水水压不平衡，而采用重力水箱供水方式能很好地解决这个问题。项目投入运营后，此方面得到使用方的好评。

（2）板式热太阳能集热器的特殊布置方式

项目设有板式太阳能集热器，作为后勤员工洗浴热水系统的预热。本项目太阳能板设置位置，充分考虑到建筑造型特点，摒弃了传统的采用 30°～40°倾角的敷设方式，而是采用顺着屋顶幕墙的弧度敷设的方式，使太阳能板与幕墙完全融合，浑然一体，成为屋顶幕墙的一部分，最大限度地保证了建筑的总体效果（图1）。

这种做法从常规观念上看是略牺牲了部分集热效果。其实，在长三角地区，其日照方向随季节的变化很大，太阳入射角逐渐由小变大，由原来的南侧45°变成了后来的超过110°。因此结合全年光照效率，此做法集热效果的损失是有限的，而综合效益则是最佳的。最终此法得到建筑师的认可，同时解决了项目的太阳能设置问题。

图1　屋顶板式太阳能集热器敷设实景

（3）冷却系统的自动排污控制

在冷却循环系统群控中，冷却塔的自动排污问题往往会被忽略。其实这是个关系到节水节能的关键环节。本项目冷却循环系统设置电导度仪和电动排污阀联动，当电导度仪数据超出最大设定值时，信号传送至电动排污阀，自动开启阀门排水。由于系统补水照常进行，则经过一段时间后，电导度小于设定值，则自动排污阀关闭。此做法能最大限度地节水。针对常规规模的项目，如果采用软化水补水，则其冷却塔的废水排放量会大大降低。

（4）冷却塔钢平台设置和系统减振

本项目总冷却水量8100m³/h，冷却塔全部设于演播楼群房顶。为减少塔体运行对演播楼的影响，冷却塔全部设于钢平台上，所有冷却塔支撑点均设置弹簧减振器；管道全部吊挂于钢平台上，吊挂点均设置减振器，以最大限度减少振动对演播楼的影响。设置方式和位置如图2所示。

图2　冷却塔钢平台设置及减振

（5）M形屋顶设置融冰电伴热系统

本项目造型比较特别，南北塔楼之间设有一个巨大的M形玻璃幕墙顶（简称M形屋顶）。由于该区域比较特殊，在下雪天很难清扫积雪，有荷载超负荷的隐患，于M形屋顶最低处设置融冰电伴热系统。伴热带贴于沟底。天沟即M形屋顶最低处的玻璃，如果不加处理直接敷设电伴热带，必然会影响该天沟的景观排水，且容易积污。天沟为中间高两端低，故电伴热带从 M 形屋顶中间引入，在沟内顺水流方向平行敷设。共设置东西各 4 个回路，功率按 55W/m 设置（图 3）。

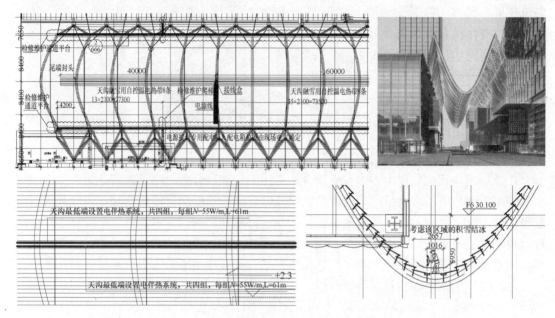

图 3　M 形屋顶效果及融冰电伴热带布置

（6）M 形屋顶设置景观水循环系统，兼作 M 形屋顶的玻璃清洗

M 形屋顶除了造型别致外，其本身就是一个水景系统。其顶部设有完整的景观布水管道，景观水随造型流至东西两侧的地面收水池，然后池内水溢流回地下室景观水泵房。M 形顶部同时设置有冲洗阀门和洒水栓，用于平时顶部清洁。流程如图 4 所示。

（7）消防水泵直接串联供水方式的应用

项目总高为 214.8m，消防系统采用一次水泵直接串联供水方式。系统仅需在中间某转换层设置串联水泵和中间水箱，最大限度减少消防水泵数量，简化系统，节约能耗及投资。同时上下区均设置泄压系统，避免超压。实际调试和运营正常。经过多个方案比对，可以得出如下结论：在总体一次串联接力前提下，水泵直接串联的安全性高于中间水箱转输串联方式。机房实景如图 5 所示。

（8）直升机停机坪泡沫消防

本项目演播楼屋顶设置直升机停机坪。由于停机坪的特殊性，于该区域设置泡沫消防系统。屋顶高位消防水箱由当时消防规范规定的 18m³ 放大至 34m³，可涵盖泡沫消防用水量。同时设有独立的消防水泵和泡沫罐，供停机坪消防灭火。

关于停机坪消防，有人认为，此处仅为消防救援专用设施，因此无需设置泡沫消防对其保护。但是笔者认为，一栋标志性建筑楼顶的直升机停机坪，其功能不仅仅是消防救援，可以延伸到医疗救援、新闻采访、交通工具等，其属性完全符合《民用直升机飞行场地技术标准》中的高架机场的定义，因此应该设置泡沫消防系统，而不是简单的消火栓。该做法"高层建筑直升机停机坪消防系统"已获得实用新型专利。此设计理念已获得较多业内同行的认可。流程如图 6 所示。

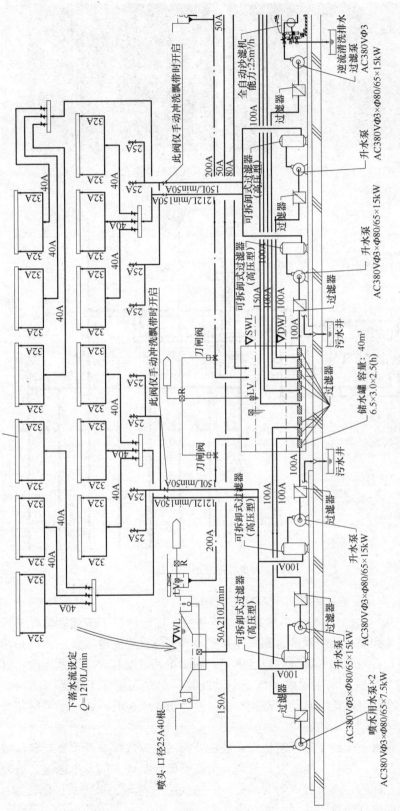

图 4　M 形屋顶景观循环水系统

图5 地下消防泵房及直接串联转输泵房

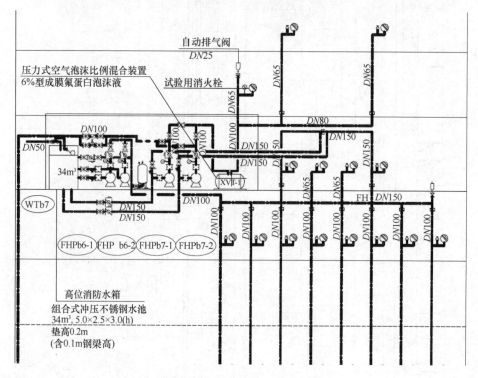

图6 停机坪泡沫消防流程

（9）2000m² 演播室消防系统的选择和方式切换

本项目2000m² 演播厅为华东地区最大的演播室，该区域除了演播功能外，可以随不同的要求作出功能调整，消防系统也相应配置完善。总体设置雨淋系统，借助止回阀划分不同的动作区域，并兼顾相邻区域的覆盖重叠。同时该区域配有消防炮系统等。具体控制方式如下：正常演出时，采用雨淋系统，手动控制，派专人值守于报警阀间内；无演出时，将系统切换至雨淋系统的自动状态；功能转换为会议状态时，将雨淋系统切换至手动状态，并启动消防炮辅助系统。

由于要考虑雨淋系统的手动控制状态，故报警阀间位置选择非常重要，该区域必须能方便观测演播厅实况；一旦发生火灾，值班人员需明确判断火灾的发生区域，以便及时开启相应雨淋系统。同时，在报警阀间和消控中心必须张贴实际的报警阀控制区域图。图7为演播厅雨淋系统平面布置。

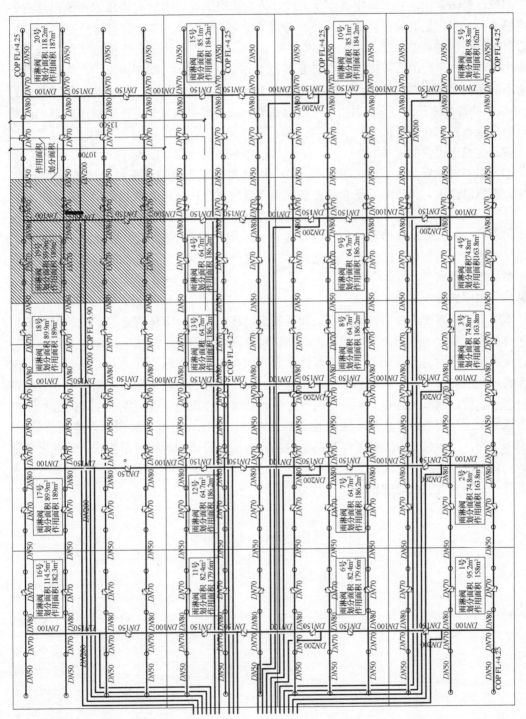

图 7　2000m² 演播厅雨淋系统平面布置

2. 项目施工体会

（1）直接串联的级数控制

本项目消防采用的是直接串联供水方式。需要指出的是，当时南塔楼的系统设计有一个遗憾之处。根据当时的消防规范，每个分区不能超过120m，考虑到当时的避难层设置位置，正好高区的高差超过了120m，因此多加了一级串联，其安全性相对降低。但是即使两次串联，该系统的启泵时间仍能满足规范要求的"火警后30s内启动"，为此，设计将上下区消防水泵连锁启动的时间间隔调整为15s内。实际验收时，相应的时间间隔仅约10s，两次叠加也未超过30s。当然，按现行规范，则一次串联足矣。新项目中，也建议将直接串联级数控制在一级。

（2）化粪池设置的思考

本项目不设化粪池，节约了用地和成本，同时避免了化粪池清掏对周边环境的影响。很多人有思维误区，认为没了化粪池就会发生管道堵塞。其实化粪池的作用不在于此，它是一种简单的预处理方式，目的是解决某些地方城市污水处理能力不足的问题。如今各地城市污水处理厂的状况恰恰相反，都是浓度偏低。因此完全不必设置此类设施。如苏州、杭州、广州、四川等地均已明确取消化粪池，而这些城市的污水管道都正常运行，没有出现所谓的严重堵塞。

（3）消防系统泄压阀的选择

本项目消防系统为水泵直接串联，如系统出现超压，则对下区有叠加影响。因此泄压阀的设置非常重要。本项目低区和高区的消防水泵出水管均设有持压泄压阀，其设定值为设计压力值（当时尚无新规范中的"设计压力"和"系统工作压力"之分）的1.2倍，基本和新规范的要求类似。同时整个系统的管材配件压力等级均以此标准来选择。在系统调试过程中，曾出现系统已超压而泄压阀不工作的状况。经现场查看，发现主要问题在于施工方选择的泄压阀的产品质量不能够达到基本功能，当压力超过了标明的设定调节值时，阀门不工作。后来施工方更换了稍高质量的品牌产品，最终能达到泄压要求。因此笔者提醒，消防系统的持压泄压阀品牌选择很重要，此类产品的选型务必慎重，建议提醒业主予以支持，以避免此类问题的出现。

中国南方电网有限责任公司
生产科研综合基地（南区）①

- 设计单位：广州市设计院
- 主要设计人：丰汉军　郭进军　甘起东
　　　　　　　鲍振国　易尚栋　赵力军
　　　　　　　陈杳朋　陈健聪
- 本文执笔人：郭进军

作者简介：
　　郭进军，正高级工程师、注册公用设备（给水排水）工程师。现任广州市设计院所总工程师兼给排水设计部长，集团及院给排水技术委员会委员，院机电顾问中心、咨询、审图专家。主持多个大中型市政规划、给水排水管网、建筑及小区给水排水与消防工程的设计、咨询工作。

一、工程概况

本工程总用地面积180964m²，总建筑面积358652m²（本项目为南区332780m²）。

本工程南区由8栋塔楼组成，其中公司总部生产办公区（J-1）7层，高34.3m；电力调度通信中心（J-2）5层，高23.7m；生产科研中心（J-3）7层，高32.7m；展示会议中心区（J-4）4层，高23.5m；档案中心（J-5）4层，高17.1m；后勤服务中心（J-6）4层，高21m；值班休息区（J-7）10层，高38.2m；职工文体活动中心（J-8）1层，高16.51m；总部生产办公区、电力调度通信中心、生产科研中心、展示会议中心区及后勤服务中心在三层设连廊相连；值班休息区和职工文体活动中心设一层裙房相连；设2层地下车库和设备用房。消防按高层公共建筑。

二、给水系统

1. 水源

水源为市政自来水，在科翔路上设有市政给水干管，并由该市政路上接入两条DN200引入管供本项目综合用水，水表组设在首层绿化带内。从两条引入管上分别设管引至地下一层生活水箱、雨水清水池、消防水池、中水清水池。

2. 用水量

本工程用水量如表1～表4所示。

---

① 该工程设计主要工程图详见中国建筑工业出版社官方网站本书的配套资源。

J-1、J-4、J-5、J-6 栋生活用水量 表1

序号	用水类别	用水定额	使用数量	用水时间(h/d)	最高日用水量(m³/d)	最大时用水量(m³/h)	平均时用水量(m³/h)	时变化系数
1	办公人员用水	50L/(人·d)	1500人	10	75	11.25	7.5	1.5
2	会议厅用水	8L/(座位·次)	800座位，一日2次	4	12.8	4.8	3.2	1.5
3	展示用水	6L/(m²·d)	5000m²	12	30	3.75	2.5	1.5
4	餐饮用水	20L/人次	2200人，一日3次	12	132	16.5	11	1.5
5	档案中心用水	50L/(人·d)	500人	10	25	3.75	2.5	1.5
6	合计				274.8	40.05	26.7	
7	未预见水量	按用水量的15%计			41.22	6.01	4.01	
8	总计				316.02	46.06	30.71	

注：最高日生活用水量316.02m³/d，最大时用水量46.06m³/h，设计秒流量15L/s。

J-2、J-3、J-8 栋生活用水量 表2

序号	用水类别	用水定额	使用数量	用水时间(h/d)	最高日用水量(m³/d)	最大时用水量(m³/h)	平均时用水量(m³/h)	时变化系数
1	办公人员用水	50L/(人·d)	1500人	10	75	11.25	7.5	1.5
2	文体活动淋浴用水	40L/人次	2000人·次	12	80	10	6.67	1.5
3	泳池初次充水	泳池容积1575m³		36		43.75	43.75	1.0
	泳池运行每日补水	泳池容积的10%		24	157.5	6.56	6.56	1.0
4	合计				312.5	27.81	20.73	
5	未预见水量	按用水量的15%计			46.88	4.18	3.11	
6	总计				359.38	31.98	23.84	

注：最高日生活用水量359.38m³/d，最大时用水量31.98m³/h，设计秒流量11L/s。

J-7 栋生活用水量 表3

序号	用水类别	用水定额	使用数量	用水时间(h/d)	最高日用水量(m³/d)	最大时用水量(m³/h)	平均时用水量(m³/h)	时变化系数
1	公寓用水	300L/(人·d)	350人	24	105	8.75	4.38	2.0
	洗衣用水	80L/(kg·d)	2400kg	8	190	35.63	23.75	1.5
	合计				295	44.38	28.13	

续表

序号	用水类别	用水定额	使用数量	用水时间 (h/d)	最高日用水量 (m³/d)	最大时用水量 (m³/h)	平均时用水量 (m³/h)	时变化系数
2	未预见及管网漏失	按用水量的15%计			44.25	6.66	4.3	
3	总计				339.25	51.04	32.43	

注：最高日生活用水量 339.25m³/d，最大时用水量 51.04m³/h，设计秒流量 16L/s。

其余部分用水量 表4

序号	用水类别	用水定额	使用数量	用水时间 (h/d)	最高日用水量 (m³/d)	最大时用水量 (m³/h)	平均时用水量 (m³/h)	时变化系数 K_h
1	地下车库用水	2L/(m²·d)	115000m²	8	230	28.7	28.7	1.0
2	绿化和浇洒道路用水	2L/(m²·d)	72000m²	4	144	36	36	1.0
3	空调补水			10	800	100	80	1.25
4	合计				1361	197.2	177.2	
5	未预见水量	按用水量的15%计			204.15	29.58	26.58	
6	总计				1565.15	226.78	203.78	

注：最高日生活用水量 1565.15m³/d，最大时用水量 226.78m³/h，设计秒流量 65L/s。

南区最高日总生活用水量为 2579.75m³/d。

3. 供水系统

给水系统竖向共分 2 个区：

地下二层到地下一层为一区，市政水压约 0.2MPa（27.0m 标高处），由市政自来水管网直接供水，供地下室洗地、发电机房硝烟池、锅炉房、游泳池补水等。

首层（±0.00m=33.0m）及以上为二区，二区由变频供水设备供水，供地下室厨房、洗衣房及塔楼用水，横支管上设减压稳压阀保证阀后压力不超过 0.2MPa。

4. 供水方式及给水加压设备

本项目采用市政直供与变频加压供水相结合的给水方式。一区采用市政直供；二区采用变频泵组加压供水，其生活水箱、水泵性能参数如下：

J-1、J-4、J-5、J-6 生活给水变频设备：$Q=0\sim16$L/s，$H=60$m（两台大泵，一用一备，一台小泵）；

J-2、J-3、J-8 生活给水变频设备：$Q=0\sim14$L/s，$H=60$m（两台大泵，一用一备，一台小泵）；

J-7 生活给水变频设备：$Q=0\sim18$L/s，$H=65$m（两台大泵，一用一备，一台小泵）；

261

在供洗衣房供水管上设压力软化器后供洗衣房冷热水，软化器两台，每台处理能力 30m³/h。

集中设置空调系统冷却塔，冷却塔补水水池和消防水池合用，并采取保证消防水池水量不被挪用的情况下，冷却塔变频补水泵参数：$Q=0\sim30$L/s，$H=60$m（两台大泵，一用一备，一台小泵），补水管上设置水表。

标准室内恒温泳池采用逆流式循环给水系统，循环量270m³/h。

为保证室外景观水体水质，设景观水循环过滤处理系统，水体容积20000m³，循环周期5d，水景由雨水回用系统补水。

5. 储水池及水箱容积

J-1、J-4、J-5、J-6栋因后勤服务区用水量较密集，适当放大水箱调节容积比例，取28%，有效调节容积：$316.02\times0.28=88.49$m³，取90m³。

J-2、J-3、J-8栋生活水箱有效调节容积：$359.38\times0.20=71.88$m³，取80m³。

J-7栋因值班公寓用水量较密集，适当放大水箱调节容积比例，取30%，有效调节容积：$339.25\times0.30=101.78$m³，取100m³。

空调冷却补水有效容积 $V=100\times8\times25\%=200$m³。

三、排水系统

1. 污废水排水系统

污、废分流，地上部分重力流排水，地下部分提升设备压力排水。污废水立管设专用通气立管，专用通气立管与污水立管、废水立管在每层均连通，污废水立管在最高层卫生器具以上和最低点横支管以下与通气管连通。南区最高日生活排水量扣除空调冷凝水、绿化水等约1000m³/d。

2. 雨水排水系统

由于本工程北面为山体，在山体与建筑用地红线结合处根据山体护坡设置一道截洪沟用于排暴雨时山体洪水，该截洪沟按总汇水面积100年一遇洪水考虑。同时，在用地红线内道路下方增设一道截洪沟，该截洪沟按总汇水面积200年一遇洪水考虑。

室外雨、污分流，J-1～J-8栋屋面、J-1总部生产办公区四层及首层广场道路排水沟中均设虹吸雨水斗，按虹吸雨水与溢流排放重现期不小于50年，雨水排放总量约5000L/s。

为减少底板抗浮、降低地下水位，南区沿地下室周围设置排水廊道进行降水，地下水通过排水廊道最终汇集在西南角集水池，平时补充至室外雨水回收池前检查井，作为绿化、景观等补水。在洪水时，地下水量远超过绿化等回用水量，须溢流排放，由集水池内水泵直接抽排至西侧河涌，利用南侧天然景观水体对雨洪进行综合调蓄，调蓄容积约2万m³。

3. 局部污水处理设施

地下室卫生间排水至一体化污水提升装置抽排至室外化粪池，两台一体化提升装置，每台均为双泵双储罐，单泵 $Q=41$m³/h，$H=18$m。

厨房含油废水经带气浮加热功能油脂分离器处理达标后经隔油间集水井潜污泵（设置在地下二层）抽排至室外污水管网最终排入市政污水管网，两台隔油器，每台流量 $20m^3/h$。

四、热水系统

1. 热源

值班公寓、洗衣房、文体活动中心、后勤服务区均有热水需求，热源采用空调余热回收与空气源热泵；

值班公寓设计小时耗热量：388kW，供热量：214kW，设置 3 台制热量为 75kW 的热泵，电辅热功率 30kW；

洗衣房设计小时耗热量：785.06kW，供热量：383.8kW，设置 6 台制热量为 75kW 的热泵，电辅热功率 70kW；

后勤服务区设计小时耗热量：479.76kW，供热量：351.82kW，设置 5 台制热量为 75kW 的热泵，电辅热功率 70kW；

文体活动中心设计小时耗热量：146kW，供热量：80kW，首层设置 3 台制热量为 38.5kW 的热泵，电辅热功率 60kW；

恒温泳池热源初次加热耗热量：1200kW，平时运行耗热量：500kW，设 12 台制热量为 90kW 的钛合金热泵，电辅热功率 300kW。

2. 热水用水量

值班公寓最高日热水量 $35m^3$，最大时热水量 $3m^3/h$；洗衣房 $100m^3$，最大时热水量 $15m^3/h$；后勤服务区 $40m^3$，最大时热水量 $5m^3/h$；文体活动中心 $40m^3$，最大时热水量 $5m^3/h$。

3. 系统竖向分区

建筑单体热水系统竖向均为一个区，干、立管回水，值班公寓设支管电伴热，同时设支管减压阀保证用水点压力不超 0.2MPa。除值班公寓外，其余各栋建筑每层茶水间设置终端饮水机，处理达到《饮用净水水质标准》CJ 94—2005 后供应饮水。

4. 增压及回水设施

冷热水同源，各热水系统利用相应冷水系统变频泵供水，各管网循环泵一用一备，$Q=0\sim2L/s$，$H=15m$。值班公寓热泵循环泵一用一备，$Q=36m^3/h$，$H=15m$；洗衣房热泵循环泵一用一备，$Q=72m^3/h$，$H=15m$；文体活动中心热泵循环泵一用一备，$Q=60m^3/h$，$H=15m$；后勤服务区热泵循环泵一用一备，$Q=48m^3/h$，$H=15m$。

5. 热水储水

设闭式承压热水储罐，值班公寓 $10m^3$，洗衣房 $30m^3$，后勤服务区 $12m^3$，文体活动中心 $10m^3$。

生活热水系统如图 1 所示。

图 1 生活热水系统图

注：本图为非通用图示。

五、雨水回收利用系统

1. 系统设置

收集 8 栋楼大部分屋面雨水，经弃流、格栅过滤后进入室外雨水储存池，在地下二层雨水机房设置取水泵抽取雨水储水池水经高效过滤后进入雨水清水池，由变频泵（出水管上设紫外线消毒器）供应室外绿化、冲洗等用水。

2. 水量

室外雨水储水池根据广州地区一年重现期最大 24h 径流量扣除初期弃流量和用水量要求综合考虑，为满足 LEED 及绿色建筑标识要求，绿化灌溉、冲洗用水必须全部采用回用雨水。根据广州地区气象条件，室外储水池须储存 4~5d 绿化用水量约 $600m^3$（平均 3d 冲洗一次）。地下室周边设截留地下水的廊道排水，在优先使用回用雨水前提下，采用加压廊道排水、市政自来水补给雨水回用清水池。

3. 水量平衡

年降雨厚度 1736.1mm，扣除弃流厚度每天 $3×120=360mm$，回收雨水屋面汇水面积 $35000m^2$，年回收水量 $48163m^3$。

根据上述计算，全年收集的雨水量约 $48163m^3$，全年绿化、冲洗用水量约 $44880m^3$（表 5），收集的雨水量可以满足绿化、冲洗用水量要求。考虑绿化冲洗系统漏损量，收集雨水量和绿化冲洗量基本持平，满足水量平衡要求。

绿化冲洗水量计算表　　　　　　表 5

序号	用水类别	用水定额	使用数量	用水天数 (d/a)	用水量 (m³) 平均日	用水量 (m³) 全年	备注
1	地下车库用水	2L/(m²·d)	115000m²	120	230	27600	
2	绿化和浇洒道路用水	2L/(m²·d)	72000m²	120	144	17280	
	合计					44880	

4. 回用设施

屋面雨水经"弃流—格栅过滤—过滤—消毒"后设变频供水设备供水；过滤取水泵一用一备，每台 $Q=54m^3/h$，$H=40m$；高效过滤器两台，每台处理能力：$40m^3/h$；雨水回用水变频供水设备：$Q=0~20L/s$，$H=60m$（两台大泵，一用一备，一台小泵）。

5. 清水池

雨水清水池按用水量的 30% 确定，有效容积为 $200m^3$，分两格。

雨水回用给水系统如图 2 所示。

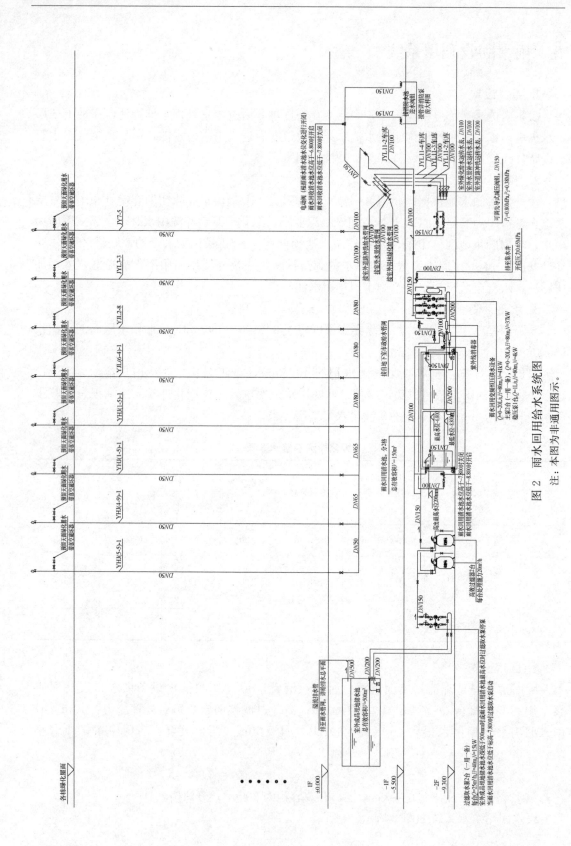

图 2　雨水回用给水系统图

注：本图为非通用图示。

六、消防系统

1. 消防灭火设施

本工程南区设有室内外消火栓系统、自动喷淋系统、大空间智能灭火系统、泡沫灭火系统、气体灭火系统、灭火器配置等，消防水系统用水量如表6所示。

消防水系统用水量　　　　　　　　　　　　　表6

名称	用水量（L/s）	延续供水时间（h）	一次火灾用水量（m³）	备注
室内消火栓系统	30	3	324	
室外消火栓系统	30	3	324	
自动喷水灭火系统	45	1	162	展示会议加密喷淋
大空间主动灭火系统	30	1	108	大空间水炮
直升机坪泡沫消火栓系统	90.24	0.5	162.4	泡沫消防流量96L/s，混合液比例6%
最大室内外消防用水量合计			1004.4	

消防储水池有效容积1200m³（包括空调冷却塔补水），高位消防水箱有效容积18m³。

2. 消火栓系统

室外消火栓由地下室一层消防泵房内的室外消火栓泵加压给水。室内消火栓由地下室一层消防泵房内的室内消火栓泵加压给水，室内消火栓系统竖向不分区。

地下室～四层采用减压稳压消火栓，四层以上采用普通消火栓，由压力开关控制稳压泵、主泵。首层设置消火栓水泵接合器，邻近几栋建筑共用，每个消火栓水泵接合器给水流量按15L/s计（表7）。

消火栓稳压泵、主泵　　　　　　　　　　　表7

序号	名称	规格	数量	单位	设置位置	备注
1	室外消火栓主泵	$Q=30L/s$，$H=25m$ $N=15kW$	2	台	消防水泵房	一用一备
2	室外消火栓稳压泵（含气压罐）	$Q=5L/s$，$H=25m$ $N=3kW$	2	台	消防水泵房	一用一备
3	室内消火栓主泵	$Q=30L/s$，$H=80m$ $N=37kW$	2	台	消防水泵房	一用一备
4	室内消火栓稳压泵（含气压罐）	$Q=5L/s$，$H=80m$ $N=7.5kW$	2	台	消防水泵房	一用一备

3. 湿式自动喷水灭火系统

地下室按中危险Ⅱ级，其余均按中危险Ⅰ级，作用面积160m²。自动喷水灭火系统竖向不分区，即1个分区。

地下二层湿式报警阀间设置湿式报警阀50个，每个防火分区每层均设有水流指示器及带开关显示的阀门（开关信号反馈至消防中心），并在管网末端设一条排水及试验用的排水管及控制阀门与压力表，在压力超过40m处水流指示器与信号阀间设减压孔板。吊顶部位采用吊顶型喷头，未吊顶部位设置直立型喷头。厨房采用动作温度为93℃的喷头。厨房炉灶采用动作温度为141℃的喷头，其余均采用动作温度为68℃的喷头。

由压力开关控制稳压泵、主泵，首层设置消火栓水泵接合器，邻近几栋建筑共用，每个消火栓水泵接合器给水流量按15L/s计（表8）。

喷淋稳压泵、主泵

表 8

序号	名称	规格	数量	单位	设置位置	备注
1	喷淋主泵	$Q=45$L/s, $H=80$m $N=55$kW	2	台	消防水泵房	一用一备
2	喷淋稳压泵（含气压罐）	$Q=1$L/s, $H=80$m $N=3$kW	2	台	消防水泵房	一用一备

4. 气体灭火系统

本工程气体灭火系统采用七氟丙烷灭火系统和 S 型热气溶胶灭火系统。J1 总部大楼计算机中心各机房、J2 电力调度中心各机房、J5 档案大楼档案室等采用（管网式）组合分配（备压）式七氟丙烷灭火系统（一套系统保护不超过 8 个防护区）；地下室变配电房、发电机房控制室、新能源电力机房等采用 S 型热气溶胶灭火系统。

七氟丙烷灭火系统：变配电房灭火设计浓度 9%，专业机房灭火设计浓度 9%，设计喷放时间不大于 8s，灭火浸渍时间 5min。

S 型热气溶胶灭火系统：设计密度不小于 140g/m³，灭火浸渍时间 10min。

管网式七氟丙烷灭火系统：有感温探测器自动控制、现场及消防控制中心遥控手动控制和机械应急操作三种启动方式。

预制 S 型热气溶胶灭火系统：设自动控制和手动控制两种启动方式。

5. 其他灭火设施

（1）大空间智能型主动喷水灭火系统

在文体活动中心、总部大楼空间高度超过 12m 的部位配置标准型自动扫描高空水炮灭火装置。标准射水流量 5L/s，保护半径 20m，安装高度 6~20m，进水口径 50mm。最多处水炮数量为 6 个，设计流量为 30L/s。

发生火灾时由智能型红外线探测组件对现场火灾信号采集，分析、确认火灾发生则打开电磁阀，启动喷淋主泵及报警装置连续喷水。火灾熄灭后停止喷淋主泵，关闭电磁阀及报警装置。首层设置大空间智能型主动喷水灭火系统水泵接合器（表 9）。

大空间主泵、稳压泵

表 9

序号	名称	规格	数量	单位	设置位置	备注
1	大空间主泵	$Q=30$L/s, $H=80$m $N=55$kW	2	台	消防水泵房	一用一备
2	大空间稳压泵（含气压罐）	$Q=1$L/s, $H=80$m $N=3$kW	2	台	消防水泵房	一用一备

（2）固定消防泡沫炮灭火系统

展示会议中心屋顶（标高：28.60m）设置有直升机停机坪，设置普通消火栓，同时采用泡沫消防炮保护，泡沫罐及泡沫泵设置在地下一层消防泵房内。泡沫消防炮选用：48L/s，2 台；泡沫罐容积：5.5m³；混合比 6%，流量范围：20~80L/s；工作压力范围：0.6~1.2MPa。

每个消防炮设置对应电控阀，可以现场一对一控制消防炮喷射方向，并控制消防炮水泵的启、停。泡沫消防水泵同时可以在消防控制中心、消防泵房内手动控制启停（表 10）。固定消防泡沫炮灭火系统见图 3。

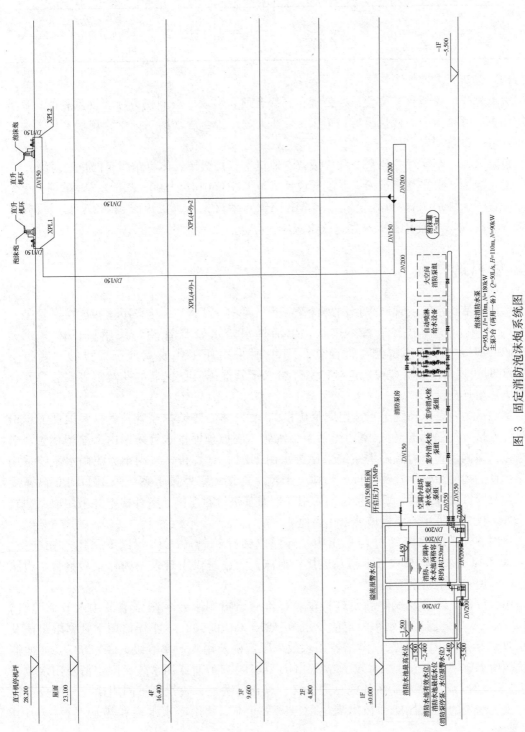

图 3 固定消防泡沫炮系统图

注：本图为非通用图示。

泡沫消防主泵   表 10

序号	名称	规格	数量	单位	设置位置	备注
1	泡沫消防主泵	$Q=95L/s$，$H=125m$ $N=150kW$	2	台	消防水泵房	一用一备

（3）建筑灭火器配置

火灾种类：A 类火灾位置：办公楼、高级会所、会议厅、酒楼餐厅、食堂餐厅；B 类火灾位置：酒楼厨房、食堂厨房、车库；C 类火灾位置：酒楼厨房、食堂厨房；E 类火灾位置：电气设备用房。

危险等级：车库、办公室中危险级；专业机房、档案馆、体育馆属于严重危险级。

配置级别：根据《建筑灭火器配置设计规范》GB 50140—2005 表 6.2.1，单具灭火器最小配置灭火级别 2A，每处设置 2 具 MF/ABC4 型灭火器（灭火级别：2A/具）；同时，设置 MFT/ABC20 推车型灭火器（灭火级别：6A）。

七、管材选择

室内生活给水管及管件采用内外涂塑钢管，管径≤$DN100$ 时采用丝扣连接，管径＞$DN100$ 时采用沟槽式（卡箍）连接；生活热水给水管及管件均采用奥氏体 S30408（06Cr19Ni10a）薄壁不锈钢，管径≤$DN100$ 时采用环压式或双卡压式连接，管径＞$DN100$ 时采用沟槽式（卡箍）连接；室外给水干管选用质量优良的孔网钢带聚乙烯复合管，电热熔连接。

室内重力污废水系统干管选用质量优良的 W 形离心铸铁排水管及管件，柔性无承口卡箍件连接（加强型卡箍）；室内潜污泵出水管、底板预埋排水管采用内外涂塑钢管，卡箍连接；室内满管压力流雨水系统采用排水用 HDPE 管焊接；室内重力流雨水系统采用质量优良的内外涂塑钢管及管件，沟槽（卡箍）连接；室外排水系统采用 HDPE 高密度聚乙烯双壁波纹排水管，所有接口均采用弹性橡胶密封圈连接。室外检查井采用成品塑料检查井，化粪池采用波纹板玻璃钢化粪池。

室内、外消防系统管材均采用内、外壁热镀锌钢管，$DN100$ 以下采用丝扣连接，$DN100$ 及以上采用沟槽式（卡箍）连接；泡沫灭火系统供水管采用内外涂塑钢管，泡沫液供给管道采用不锈钢管。

用水设备、器具及配件满足现行国家标准《水嘴用水效率限定值及用水效率等级》GB 25501、《坐便器用水效率限定值及水效等级》GB 25502、《小便器用水效率限定值及用水效率等级》GB 28377、《淋浴器用水效率限定值及用水效率等级》GB 28378、《便器冲洗阀用水效率限定值及用水效率等级》GB 28379、《蹲便器用水效率限定值及用水效率等级》GB 30717 的要求。在各栋总进水管、绿化、洗地、餐饮等不同用途处分级分项设置水表，水表的计量性能和技术满足现行国家标准《饮用冷水水表和热水水表》GB/T 778 要求。

八、工程主要创新及特点

本工程建筑给水排水系统设置类型多样、排水标高复杂、消防系统类别齐全，共设置20多个子系统。

给水系统：本工程横向跨度大、占地面积广、标高复杂，分三个供水片区，热水系统热源采用空气源热泵。

排水系统：北侧山坡顶设一道护坡沟，采用10年重现期。护坡底和建筑周围车道间增设一道截洪沟保护建筑，采用200年重现期。北面地下室外墙沿建筑长度方向设置地下室综合管线走廊空间，屋面及首层广场同时采用满管压力流排水方式。收集部分屋面雨水处理后回用，超标雨水均经过景观水体调蓄后排放，沿地下室周围设置排水廊道进行地下水降水，平时收集回用，溢流时排放至西侧河涌。

消防系统：室外消火栓设加压供水，在高大净空配置标准型自动扫描高空水炮灭火装置，直升机停机坪设泡沫消防炮保护。在各A级标准建造机房、变配电房、档案中心等不宜用水灭火的地方设置备压式七氟丙烷气体灭火系统。在各楼层强、弱电间设置S型热气溶胶灭火装置。灭火器按规范全覆盖配置。

广州白云国际机场扩建工程
二号航站楼及配套设施①

- 设计单位： 广东省建筑设计研究院
- 主要设计人：梁景晖　黎　洁　赖振贵
　　　　　　　普大华　彭　康　林兆铭
　　　　　　　钟可华　李东海
- 本文执笔人：梁景晖

作者简介：
　　梁景晖，广东省建筑设计研究院机场所给水排水专业总工，教授级高级工程师。代表性项目：广州白云国际机场1号、2号航站楼、广州亚运自行车馆、惠州金山湖游泳跳水馆、深圳机场卫星厅、广东潭州国际会展中心、肇庆体育中心、珠海机场2号航站楼等。

一、工程概况

　　广州新白云国际机场是我国首个按照中枢机场理念设计和建设的大型航空港，也是国内三大枢纽机场之一。已建成投入使用的一号航站楼 52 万 m²，年设计客流量 3500 万人次。本期扩建的二号航站楼及配套设施，总建筑面积 88 万 m²，最高建筑 4 层，建筑高度 40.39m，属一类多层民用建筑，耐火等级一级。年设计客流量 4500 万人次。2018 年建成通航后，获得了社会各界的好评，被全球民航运输研究认证权威机构 SKYTRAX 评为"全球五星航站楼"，成为国内领先、国际一流的世界级机场航站楼（图1）。

　　本期航站楼由主楼及指廊两大部分组成，其中主楼地上 4 层、地下 1 层，主要功能为办票厅、联检区、办公区、两舱休息区、商业餐饮区、行李提取大厅、迎客厅、行李机房及相关设备用房等（图2）；指廊地上 3 层、地下 1 层，包括东、西、北指廊三部分，其功能为旅客候机厅、旅客到达通道、办公商业区及相关设备用房等。地下层主要功能为进港行李下送地沟、水电空设备专业管沟。

图 1　白云机场总体鸟瞰图

图 2　三层值机大厅实景

---

①　该工程设计主要工程图详见中国建筑工业出版社官方网站本书的配套资源。

二号航站楼给水排水系统主要包括室内外给水系统、室内外排水系统、热水系统、屋面雨水系统、雨水回收利用系统、室内外消火栓系统、自动喷水灭火系统、消防水炮系统、水幕防护冷却系统、高压细水雾灭火系统、气体灭火系统等。

二、给水系统

1. 水源

水源由广州市江村水厂提供，场内设有南、北两个供水泵站，每个泵站各设置两座 4000m³ 水池，储水量及管网的布置均可满足近期和远期发展的需要。场内给水干管供水压力 0.40MPa，可满足三层供水压力要求。

2. 用水量

航站楼及交通中心最高日用水量 9442m³/d，最大时用水量 702m³/h，无负压供水设备设计秒流量 16.1L/s（表 1）。

生活用水量总表 表 1

序号	用水对象	用水定额	用水单位数	用水时间（h）	时变化系数	最高日用水量（m³/d）	平均时用水量（m³/h）	最大时用水量（m³/h）
1	旅客	6L/人次	18.5 万人次	16	2	1110	69.5	139
2	餐饮	25L/人次	10000 人	16	1.2	250	15.6	19
3	工作人员	60L/（人·d）	10000 人	18	1.5	600	33.3	50
4	计时旅馆	400L/（人·d）	120 人	24	2	48	2	4
5	空调用水			16	1	6176	386	386
6	绿化	2.0L/（d·m²）	200000m²	10	1	400	40	40
7	合计					8584	546	638
8	未预见用水	10%				858	54.6	63.8
9	总计					9442	601	702

3. 系统设置

以航站区市政给水管网为生活给水水源，分别从航站区东、西侧 DN500 给水干管分 5 路引管接入航站楼及交通中心，主干管在地下层连接成环供水。三层及以下各层由市政管网直接供水，四层以上由无负压供水设备供水，充分利用室外管网压力。室内给水管网成环布置，环网上设有切换阀门，任一路供水故障或者任一区域故障可通过阀门切换及时检修，尽量降低影响。除给水引入总管设置总水表外，公共卫生间、空调机房、厨房用水、商业用水接入端等均设置分区计量水表。所有水表均自带远传通信功能，通信协议采用 M-bus 规约，管理中心可随时掌握各处的用水情况（图 3）。

4. 增压设施

生活泵房设于主航站楼首层东南角，设无负压供水设备一套（$Q = 58m³/h$；$H = 0.23MPa$；$N = 10kW$）。

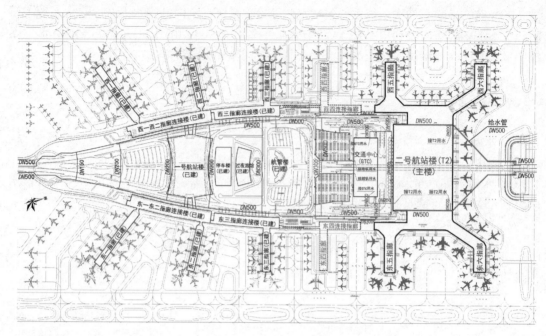

图 3　航站区给水总图

由于白云机场供水系统设有南北两座供水泵站，有足够的储水量，供水管网在场内成环状布置，供水有保障，因此二号航站楼内未设生活储水池。

三、排水系统

1. 室外排水

场内采用雨、污水分流制，生活污水最终排至机场污水处理厂。现有机场内污水排水管网满足本期排水量要求。

室外雨水分空侧和陆侧两部分，空侧雨水排到飞行区雨水系统。陆侧部分，由于 T2 航站楼建成后，周边排水设施不足以承接新建 T2 航站楼陆侧雨水量，须考虑雨水调蓄。雨水调蓄池按 20 年一遇暴雨强度计算，有效容积为 2.6 万 m^3，设于二号航站楼西南侧。通过进出雨水渠箱及现状 1 号雨水调蓄池及新建调蓄池水位雍高等方式，雨水调蓄池可满足 50 年一遇暴雨强度，保证机场路面无积水。

2. 室内排水

（1）室内生活排水采用污废分流排放，室外设化粪池、隔油池。共设置 G10-40SQF 型钢筋混凝土化粪池 42 座、GG-4SF 型钢筋混凝土隔油池 29 座。设置化粪池和隔油池作为进污水处理厂前的预处理，可将污水中的大部分固体垃圾截留下来，减少后续管道的堵塞风险，也减轻管理公司日常的维保压力。最高日污水排放量为 2210m^3/d。

（2）主航站楼中部排水点远离室外，此区域设置一体化污水提升装置，将污水压力排放到室外。每台提升装置配备带切割装置潜污泵两台、自动耦合装置、控制箱，有效容积有 250L、400L、1000L 三种规格。两台水泵互为备用，若两台水泵同时发生故障，污水提升装置达到报警水位时，向管理中心发出报警信号，同时联动关闭对应卫生间给水总管上的电磁阀，避免有污水继续进入，管理人员根据报警信号及时进行维修。污水提升装置设置于专用的污水提升间内。

（3）地下室及设备管廊设集水坑，由潜水泵将坑内积水抽出室外。

（4）由于金属屋面不允许设伸顶通气管，因此排水系统分组设置汇合通气管，穿屋檐下侧墙通往室外，出口处设百叶，管口加设防虫网。

3. 雨水系统

（1）暴雨重现期：屋面 20 年（局部 50 年），室外地面 5 年。汇流时间：屋面 5min、室外地面 10min。雨水排放量 29.3m³/s，其中排往空侧 14.4m³/s，排往陆侧 14.9m³/s。

（2）屋面采用虹吸雨水排放系统，金属屋面暴雨重现期取 20 年，50 年校核；主楼北侧混凝土屋面设计重现期取 50 年，100 年校核。

四、热水系统

1. 热源选择

集中热水供应系统采用太阳能加热泵辅助加热作为热源。总设计小时耗热量 581kW。设置了东、西两套太阳能集中热水供应系统。其中东侧系统设计小时耗热量 259kW，最大日用水量 31.9m³（60℃热水）。选用 288 块平板式太阳能集热器（每块集热面积 1.9m²），总集热面积 547m²，选用 4 台 RHPC-78WC 型空气源热泵（单台制热功率 78kW）作为辅助热源；西侧系统设计小时耗热量 169kW，最大日用水量 17.5m³。选用 160 块平板式太阳能集热器，总集热面积 304m²，选用 3 台 RHPC-78WC 型空气源热泵作为辅助热源。指廊贵宾区域及母婴间等各分散用水点设计小时耗热量之和为 153kW，分别选用落地（22kW，495L）或壁挂（3kW，50L）储热式电热水器供热。

2. 用水量

最高日热水（60℃）用水量 65.6m³，最大时用水量 10m³。

3. 系统设置

热水系统供水范围主要为主楼的计时旅馆、头等舱及商务舱区域、东西指廊的贵宾区域以及母婴间等，公共区域卫生间不提供热水。其中计时旅馆、头等舱及商务舱区域等用水量较大且相对集中的地方采用太阳能集中热水供应系统。贵宾区、母婴间等用水量小及分散的用水点采用容积式电热水器供水。热水系统采用闭式系统，竖向分区与冷水系统相同，冷热同源，达到冷热出水平衡（图 4）。

4. 增压设施

集中热水供应系统加热设备设于五层混凝土屋面，增压设施如下：

（1）供水泵：由设于首层的无负压供水设备（参数详见给水系统）提供水源。

（2）循环回水泵：设于首层（$Q=3.1\text{m}^3/\text{h}$；$H=33\text{m}$；$N=2.2\text{kW}$），一用一备，由泵前温控开关控制启停。

（3）太阳能强制循环泵：设于五层混凝土屋面（$Q=21\text{m}^3/\text{h}$；$H=10\text{m}$；$N=2.2\text{kW}$），一用一备。通过水箱下部水温与集热器阵列末端的差值由温差控制器控制强制循循环泵工作：当温差较大时（$\Delta T=3\sim5$℃）启动，水箱内的水在集热器与水箱之间循环加热；当温差较小时（$\Delta T=1\sim2$℃）停泵。

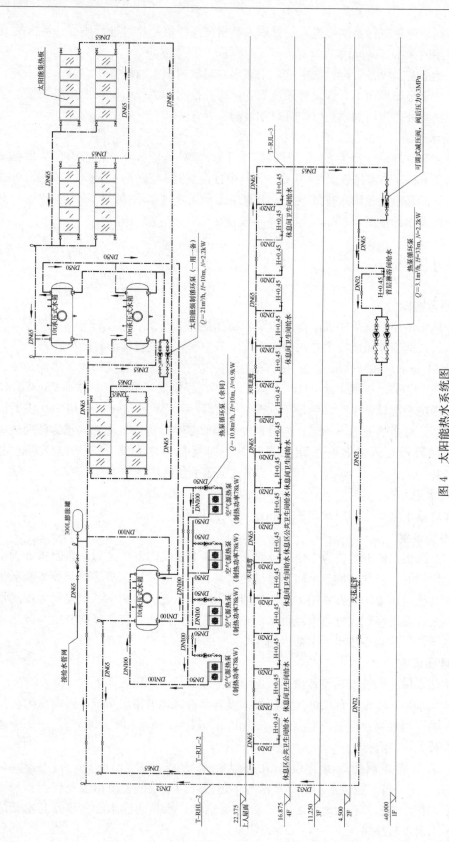

图 4 太阳能热水系统图

（4）热泵加热循环泵：设于五层混凝土屋面（$Q=10.8\text{m}^3/\text{h}$；$H=10\text{m}$；$N=0.9\text{kW}$），每组热泵配置两台循环泵，一用一备。热泵加热工况下，热泵机组和循环泵受热水箱的水温控制启停。

5. 储热水箱

采用承压式储热水箱，其中东侧太阳能集中热水供应系统选用 3 台 10m^3 卧式承压不锈钢水箱（承压级别为 PN6），300L 隔膜式膨胀罐一个；西侧太阳能集中热水供应系统选用 10m^3 和 8m^3 卧式承压不锈钢水箱各一台，300L 隔膜式膨胀罐一个。

五、雨水回收利用系统

（1）本工程收集部分屋面雨水用作室外绿化、幕墙及道路冲洗。处理后的雨水水质达到《城市污水再生利用 景观环境用水水质》GB/T 18921 的相关要求。

（2）雨水回用系统最高日用水量 $484\text{m}^3/\text{d}$，最大时用水量 $81\text{m}^3/\text{h}$。

（3）所收集雨水集中在主航站楼屋面南边，总收集面面积约 46000m^2，结合回用水实际使用量设置 2 个雨水收集池，位于主楼首层室外东、西两侧绿化带内，容积均为 800m^3。

（4）工艺流程：按弃流量为 2mm 考虑，采用流量型弃流装置实现雨水的初期弃流，可满足每次 92m^3 的初期雨水弃流量要求。

（5）回用系统：航站楼东、西边各设置一套雨水回用系统，采用变频供水设备供水，每套变频供水设备供水量 $46\text{m}^3/\text{h}$，扬程 54m，保证系统末端供水压力不小于 0.2MPa。各设 60m^3 回用雨水清水箱一个。

（6）系统控制：具备自动控制、远程控制、就地手动控制。泵房、楼梯口集水坑及雨水收集池和雨水清水箱的溢流报警信号引至主楼设备管理中心及 TOC 实现远程监测。

六、消防系统

消防系统包括室内外消火栓系统、自动喷水灭火系统、消防水炮系统、水幕防护冷却系统、高压细水雾灭火系统、气体灭火系统等。消防用水量如表 2 所示。

消防总平面图如图 5 所示。

消防用水量总表 表2

消防系统名称	消防用水量标准 （L/s）	火灾延续时间 （h）	一次灭火用水量 （m³）	备注
室外消火栓系统	40	3	432	由室外供水管网供给
室内消火栓系统	30	3	324	由室内消防水池供给
自动喷水灭火系统	80	1	288	由室内消防水池供给 （消防储水量取大者，不叠加计算）
大空间智能型主动喷水灭火系统	40	1	144	
水幕防护冷却系统	45	3	486	由室内消防水池供给

消防系统名称	消防用水量标准 （L/s）	火灾延续时间 （h）	一次灭火用水量 （m³）	备注
室内合计	155		1098	室内消防水池容积1400m³
总计	195		1530	

高位消防水箱容积36m³。

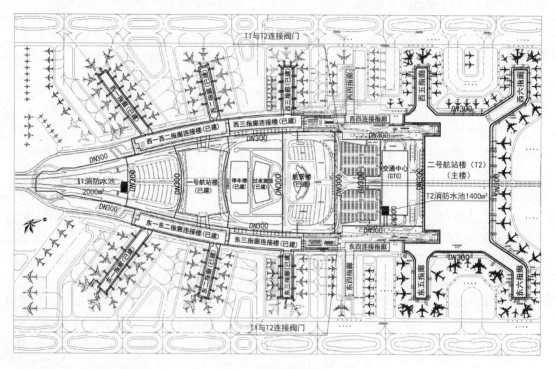

图5　航站区消防总图

1. 消火栓系统

（1）室外消火栓系统

室外消防系统分空侧和陆侧两部分。空侧室外消防系统与飞行区消防系统共用一套管网；陆侧室外消防系统从航站区 DN500 供水管网接出两根 DN300 管成环状布置为室外消防管网。机场南、北各设有一个供水泵站，两个泵站水池储水量各为 8000m³，可满足整个机场的消防和生活用水要求。室外消防管网压力不小于 0.10MPa，按不大于 120m 间距布置室外消火栓，陆侧采用 SS100/65 型室外地上式消火栓，空侧采用地下型消火栓。

（2）室内消火栓系统

二号航站楼室内外消防系统分开设置，室内消防系统（包括室内消火栓系统、自动喷水灭火系统、水幕防护冷却系统）共用一套消防泵组和加压主管。消防 DN300 加压主管沿航站楼周边一圈成环状布置，主楼及各指廊室内消防系统分别从环状消防加压主管引出两根连接管与各自系统成环连接。连接管上设闸阀和单向阀，使主楼及各指廊成为各自独立的系统，各系统分别独立设置消防水泵接合器。消防加压主管分别在航站楼室外东南和西南位置通过阀门与一号航站楼消防加压管网相接，通过阀门切换，一、二号航站楼消防系统可成为一套共用系统，一、二号航站楼的消防泵房及消防水池可互为备用，提高了消防系统的供水安全保障。

室内消火栓系统竖向不分区，主管每层水平成环，各消火栓从环路上接管，环路上设阀门，将消火栓每 5 个分成一组，室内任何一点均有 2 股充实水柱同时到达。主楼高处设置 36m³ 高位消防水箱以满足消防初期 10min 消防用水。

消防泵房及消防水池设于主航站楼以南交通中心地下层，消防水池容积 1400m³，等分为两座。设置卧式消防泵（$Q=55L/s$；$H=85m$；$N=75kW$）4 台，三用一备。稳压泵（$Q=5L/s$；$H=85m$；$N=11kW$）两台，一用一备。SQL1200X1.5 型隔膜式气压罐（$\phi1200$，消防储水容积 355L）两套。

消防箱配置：箱内设有 SN65 消火栓（或 SNJ65 减压稳压消火栓）一个；衬胶水龙带一条（部分配两条），长 25m，$DN65mm$；喷嘴口径 $DN19mm$ 水枪一支；消防卷盘一套（$DN25$、软管卷盘胶管长 25m，$DN6mm$ 小水枪一支）；警铃、指示灯、碎玻璃报警按钮由电气专业配置；6 具 40 型防毒面罩；2～3 具手提灭火器。二层以下（包括二层）采用减压稳压消火栓。消防箱分独立型和嵌墙型两种。独立型箱体尺寸 1300mm×1100mm×350mm，材质为 2.0mm 厚拉丝不锈钢板，门板采用 12mm 厚钢化彩釉玻璃；嵌墙型箱体尺寸 1665mm×800mm×240mm，材质为 1.5mm 厚钢板，面板由装修设计定（行李机房行李分拣区采用铝合金面板）。

消防泵控制：消防泵由系统压力及高位消防水箱出水管上的流量开关控制，系统平常由稳压泵维持管网压力。火灾初期，管网压力下降或高位消防水箱出口流量开关检测到有流量通过时，启动 1 台消防主泵。当消防用水量增大时，根据预设的压力值依次启动第二、第三台主泵。消防主泵也可在消防中心和消防泵房手动控制，各台消防主泵可自动巡检，交替运行。

2. 自动喷水灭火系统

（1）除高大空间、楼梯间及不能用水扑救灭火的部位外，均设置自动喷水灭火系统。航站楼一般区域按中危险I级考虑，喷水强度 6L/(min·m²)，作用面积 160m²，最不利点喷头工作压力不小于 0.05MPa；交通中心停车场按中危险II级考虑，喷水强度 8L/(min·m²)，作用面积 160m²，最不利点喷头工作压力不小于 0.1MPa；净空高度 8～12m 的区域喷水强度 12L/(min·m²)，作用面积 300m²，喷头流量系数 $K=115$，最不利点喷头工作压力不小于 0.1MPa。

（2）本系统与室内消火栓系统及水幕防护冷却系统共用加压泵组及加压主管，系统竖向不分区，配水管入口超 0.40MPa 区域，在水流指示器后设减压孔板。消防水泵和气压罐等设备的选型、控制详见消火栓系统。

（3）航站楼内按区域设报警阀间，每个报警阀间设多个报警阀，每个报警阀控制喷头数不大于 800 个。每个报警阀间由消防加压主管引入两条给水管连接报警阀组，每条引入管处设置检修闸阀、电动闸阀和止回阀，阀门为常开状态，当报警阀动作 1h 后电动阀自动关闭，保证其他消防系统用水量。系统按区域分别独立设置消防水泵接合器。

（4）喷头的选择和布置：采用快速响应喷头。有顶棚区域采用装饰型隐蔽喷头；高度大于 800mm 的顶棚内设上向直立型喷头。行李机房层高 11.25m，大部分区域采用直立型快速响应喷头，板底安装，局部如行李转盘等处为一整块钢板区域，在其下方增设喷头。

大空间金属屋面以下、吊顶以上的空间内，在设备检修马道上方设置喷头保护马道区域。厨房喷头动作温度93℃，顶棚内喷头动作温度79℃，其余喷头动作温度68℃。

3. 水幕及防护冷却系统

（1）系统设置：二号航站楼行李系统采用轨道传送行李，行李轨道穿梭于不同的楼层和区间，跨越不同的防火分区和防火物理分隔。穿越处，在保证行李轨道连续的前提下，根据不同的情况采取相应的保护措施：有条件设置防火卷闸处设卷闸，并设闭式防护冷却保护系统，用水量为 $0.5L/(s \cdot m)$；没条件设防火卷闸处设开式水幕分隔系统，用水量为 $2L/(s \cdot m)$。三层大空间商铺定义为"防火舱"，采用防火隔墙和防火玻璃与大空间分隔，耐火等级2h，设置闭式防护冷却系统对防火玻璃进行冷却保护，用水量为 $0.5L/(s \cdot m)$。

（2）本系统与室内消火栓系统及自动喷水灭火系统共用加压泵组及加压主管，最大消防流量45L/s，持续时间3h。消防水泵和气压罐等设备的选型、控制详见消火栓系统。

4. 消防水炮系统

（1）系统设置：航站楼超过12m以上高大空间采用自动扫描射水高空水炮系统（小炮系统）和固定消防炮灭火系统（大炮系统）。其中主航站楼设置大炮系统，每门水炮设计流量20L/s，最大射程50m，系统设计最多可同时开启2门水炮灭火。指廊及连廊采用小炮系统，每门水炮设计流量5L/s，最大射程20～25m，系统设计最多可同时开启6门水炮灭火。每门水炮悬吊于大空间顶棚下，顶棚内设置检修马道可延伸到每门水炮处，方便水炮的检修维护。系统主管环状布置，保证主楼最不利点压力不小于0.8MPa。各指廊主管接入处设可调式减压阀，控制指廊最不利点压力不小于0.6MPa。系统独立设置水泵接合器。

（2）消防泵组：本系统消防泵组及管网均独立设置，消防泵组设于交通中心地下层的消防泵房内。采用3台水炮加压泵（$Q=20L/s$；$H=130m$；$N=55kW$），两用一备。稳压泵（$Q=1.67L/s$；$H=100m$；$N=4kW$）两台，一用一备，$\phi1000$隔膜式气压罐一个，设于主楼标高24.175高位水箱间内。

（3）系统控制：系统有三种控制方式：自动控制、消防中心手动控制、现场应急手动控制。

5. 高压细水雾灭火系统

（1）系统设置：地下管廊电舱部分、发电机房、TOC操作大厅、GTIC分控中心等部位设置高压细水雾系统。采用开式分区应用系统，各分区由区域控制阀控制。发电机房采用 $K=1.0$ 开式喷头，其余部位采用 $K=0.7$ 开式喷头，喷头的安装间距不大于3.0m，不小于1.5m，距墙不大于1.5m。系统的响应时间不大于30s，最不利点喷头工作压力不低于10MPa，设计流量为 $Q=499L/min$，火灾延续时间按30min考虑，消防总用水量15m³。

（2）消防泵组：本项目在主楼首层及东西指廊各设置一套高压细水雾泵组，三套泵组可互为备用。每套泵组包括6台主泵（柱塞泵，单泵$Q=100L/min$，$H=14MPa$，$N=30kW$），五用一备。稳压泵两台（单泵$Q=11.8L/min$，$H=1.4MPa$，$N=0.55kW$），一用一备。高压细水雾灭火系统补水压力要求不低于0.2MPa，且不得大于0.6MPa，因此在各泵组前设置两台增压泵（单泵$Q=32m³/h$，$H=0.4MPa$，$N=5.5kW$），一用一备。各泵组配备有效容积为18m³的不锈钢消防水箱一个。系统由稳压泵维持准工作状态压力

1.0～1.2MPa，系统工作压力 12.1MPa。

（3）系统控制：在准工作状态下，从泵组出口至区域阀前的管网由稳压泵维持压力1.0～1.2MPa，阀后空管。发生火灾后，由火灾报警系统联动开启对应的区域控制阀和主泵，喷放细水雾灭火，或者手动开启对应的区域控制阀，管网降压自动启动主泵，喷放细水雾灭火。经人员确认火灾扑灭后，手动关闭主泵和区域控制阀，火灾报警系统复位，管网恢复、系统复位。系统具备三种控制方式：自动控制、手动控制和应急操作。

6. 气体灭火系统

（1）气体灭火设置场所和保护区的划分：重要设备用房、弱电机房、变配电间、UPS间等不宜水消防的部位设置气体灭火系统。防护区较集中的区域采用组合分配系统，防护区较分散区域采用预制灭火系统。

（2）灭火剂为七氟丙烷，各防护区采用全淹没灭火方式。其中重要设备用房、弱电机房、UPS间等灭火设计浓度采用8%；变配电间灭火设计浓度采用9%。通信机房、电子计算机房内的电气设备火灾的灭火浸渍时间采用5min，固体表面火灾采用10min，气体和液体火灾不小于1min。组合分配系统灭火剂储存容器采用氮气增压，压力为三级（5.6＋0.1（MPa），表压，20℃）。喷头工作压力不小于0.8MPa（绝对压力）。预制灭火系统为一级增压（表压2.5＋0.1MPa，20℃），喷头工作压力不小于0.6MPa（绝对压力）。

（3）共设置 41 个组合分配系统，每个系统防护区不超过 8 个。灭火剂用总量14628kg，120L 钢瓶 63 个、90L 钢瓶 90 个、70L 钢瓶 53 个。其中最大一个系统灭火剂用量 675kg，采用 9 个 90L 钢瓶，每个钢瓶充装量 75kg。预制灭火系统共设置 146 个防护区，灭火剂用总量 15521kg，每套预制灭火系统配置钢瓶规格分别为 40L、70L、90L、120L、150L、180L。

（4）各防护区设机械泄压口。组合分配系统采用无缝钢瓶，泄压装置动作压力10.0±0.50（MPa）（表压）。预制灭火系统采用焊接钢瓶，泄压装置动作压力 5.0±0.25（MPa）（表压），同一防护区内的预制灭火系统装置多于 1 台时，必须能同时启动，其动作响应时差不得大于 2s。

七、管材选择

1. 给水管

（1）室外埋地管：$DN<250$ 钢丝网骨架聚乙烯复合给水管，热熔连接；$DN\geqslant250$ 采用球墨铸铁给水管，承插式胶圈接口。

（2）室内给水管和热水管：SUS304 不锈钢管，$DN<80$ 环压连接；$DN\geqslant80$ 焊接连接或法兰连接。

2. 排水管

（1）室外埋地管：$DN<300$ 采用 PVC-U 双壁波纹管，承插式橡胶圈密封接口；$DN\geqslant300$ 采用 HDPE 缠绕结构壁管，承插式电热熔连接。

（2）室内排水管：卡箍式排水铸铁管，加强型卡箍连接；埋地部分采用 HDPE 管，热熔连接；压力排水管采用衬塑镀锌钢管，法兰连接。

3. 雨水管

（1）室外埋地管：$DN<300$ 采用 PVC-U 双壁波纹管，承插式橡胶圈密封接口；$DN\geqslant300$采用 HDPE 缠绕结构壁管，承插式电热熔连接。

（2）室内雨水管：立管及悬吊管采用不锈钢管，焊接连接方式；埋地出户管采用 HDPE 管，热熔连接方式。

（3）回用雨水管：采用 PPR 管，热熔连接。

4. 消防管

（1）室外埋地管：采用球墨铸铁给水管，承插式胶圈接口。

（2）室内消火栓系统、自动喷水灭火系统、水幕防护冷却系统、消防水炮系统：采用内外涂塑钢管（消防专用），$DN<100$，丝扣连接；$DN\geqslant100$，卡箍连接。

（3）高压细水雾灭火系统：采用 SUS316L 无缝不锈钢管，氩弧焊接或卡套连接。

（4）气体灭火系统：内外镀锌无缝钢管，螺纹连接。

八、工程主要创新及特点

（1）主要热水系统采用太阳能为热源，空气源热泵为辅助热源，非传统热源的利用占总耗热量的 75%，大大节省了热水系统能耗，符合绿色机场的设计理念。

（2）一体化污水提升装置的应用，解决了超长距离室内排水难题：航站楼体量巨大，主楼中部排水点距室外超过 150m，应用一体化污水提升装置，解决了重力排水标高不够、容易堵塞等问题。

（3）设置雨水回收利用系统，减少雨水排放，增加非传统用水的利用，绿色环保。设置大型雨水调蓄设施，调蓄量达 2.6 万 m^3，满足 50 年一遇暴雨强度路面无积水要求，大大提高机场抵御极端天气的能力。

（4）室内消火栓系统、自动喷水灭火系统、水幕防护冷却系统共用一套消防泵组和加压主管，在满足规范及安全要求的同时，大大简化系统，节约投资，方便控制及维护管理。

东方影都大剧院[①]

- 设计单位： 中国中元国际工程有限公司
- 主要设计人：刘 涛 王 屹 魏晓佳
  刘澳兵 周佐辉
- 本文执笔人：刘 涛

作者简介：
刘涛，给水排水注册工程师、高级工程师，工作单位：中国中元国际工程有限公司。主要作品：中国航信高科技产业园区、燕翔饭店改扩建工程、金融街重庆金融中心、北京饭店二期、中国银行信息中心、中国驻美国大使馆、长安中心、电子大厦等。

一、工程概况

东方影都大剧院位于青岛市黄岛区东方影都项目区内。该地块位于人工填海区域。

本工程建筑功能：1970 座特大型剧场及相关附属用房等，主要功能是作为电影节的主会场，放映影片、举办电影节开幕式及闭幕式，兼顾综合文艺演出及偶尔的音乐会演出。总建筑面积为 24000㎡，其中：地上建筑面积为 19300㎡，地下建筑面积为 4700㎡，建筑层数为地上 4 层，地下 2 层，建筑高度为 37.5m（局部台塔屋面结构标高），23.7m（后台区屋面结构标高），28.8m（前厅区屋面结构标高）。

本工程为多层建筑，耐火等级为二级，设计使用年限为 50 年；抗震设防烈度 7 度。

二、给水系统

1. 水源

水源为市政给水管网，供水压力按 0.30MPa 设计。自南侧滨海四路的市政自来水管上引入 1 根 DN200 市政给水管（此管在红线内与秀场、停车场的市政给水管连通，水表处设置双止回阀型倒流防止器），供大剧院生活给水使用。

2. 用水量

设计用水量：最高日用水量 99.59m³/d（含空调冷却水补水 58.8m³/d，不含中水），最高时用水量 15.67m³/h（含空调冷却水补水 8.40m³/h，不含中水）。

3. 系统设计

给水系统采用分区供水方式，充分利用市政供水管网压力，降低系统二次加压设备能

---

① 该工程设计主要工程图详见中国建筑工业出版社官方网站本书的配套资源。

耗。低区生活给水系统（市政直供区）供给地下二～二层使用，系统水量水压由市政给水管网直接保证。高区生活给水系统（加压供水区）供给三～四层使用，系统水量水压由水箱及变频供水设备加压保证。各供水分区内卫生器具配水点处最高静水压力不大于0.45MPa。为保证各卫生器具配水点处动压不超过0.20MPa，超压部位设减压阀（阀前设过滤器），阀后压力0.20MPa（图1）。

4. 生活水泵房设置（地下二层）

设置一座有效容积为18m³的不锈钢水箱（2格），水箱做防结露保温。恒压变量变频供水设备一套（$Q=22m^3/h$，$H=0.46MPa$），含3台水泵（2用1备），每台水泵 $Q=11m^3/h$，$H=0.46MPa$，$N=3.0kW$ 380V；隔膜式压力罐1个（直径600mm）。加压供水部分采用紫外线消毒器进行二次消毒。

三、排水系统

1. 污废水排水系统

建筑物内污废水合流排放。地上部分重力流排至室外管网，首层卫生间单独排放，地下部分加压提升后排至室外管网。

专用通气立管每隔两层设结合通气管与排水立管连接，排水立管直接伸顶通气，卫生间连接6个及6个以上大便器的排水横支管或连接4个及4个以上卫生器具且横支管长度大于12m的排水横支管设置环形通气管（图2）。

最高日设计排水量51.39m³/d。

2. 雨水排水系统

本项目雨水采用内排水方式，观众厅屋顶及入口大厅屋面雨水采用满管压力流系统，标高23.40屋面采用重力流排水系统（采用87型雨水斗），其他小屋面雨水建筑专业做外排水排至23.40屋面（图3）。

采用满管压力流排水屋面按降雨重现期10年设计，屋面溢流系统及屋面排水系统总的排水能力按降雨重现期50年设计，溢流至23.40屋面。其他屋面按降雨重现期50年设计。

3. 排水构筑物

地下室卫生间排水排至污水间内的集水坑，生活污水集水坑内的潜污泵应带外置铰刀；废水集水坑潜污泵应带自动搅匀装置。潜污泵均自带控制箱及自动耦合装置。

室外设置两座有效容积为25m³的钢筋混凝土化粪池，停留时间12h，清掏周期180d。

四、热水系统

1. 热源

最高日热水设计用水量9.48m³/d，冷水计算温度4℃，热水出水温度60℃，耗热量2370MJ，最高时生活用水量3.03m³/h，耗热量193kW。

一、二层后台区域（化妆间及公共厕所）采用太阳能集中热水系统，电辅助加热，集中热水系统最大日用水量2.72m³/d，耗热量625MJ。

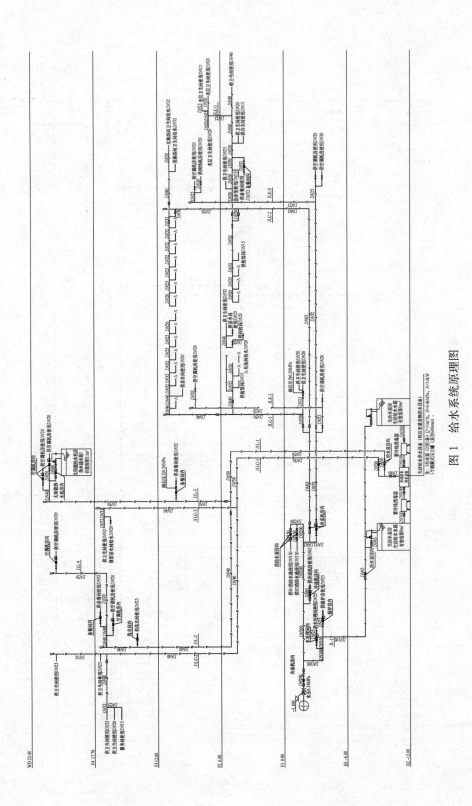

图 1　给水系统原理图

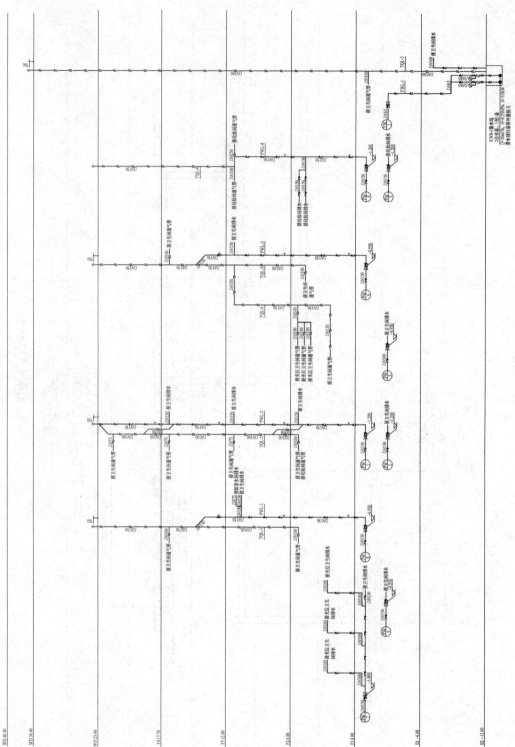

图 2 污水系统原理图

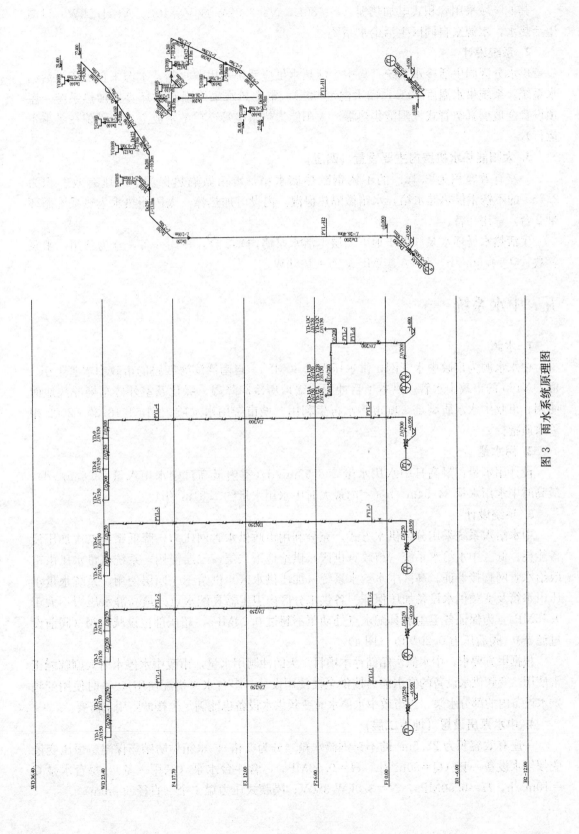

图 3 雨水系统原理图

其他区域采用容积式电加热器（$V=80$L，$N=3.0$kW 或 $V=10$L，$N=1.5$kW）供应生活热水，水源来自同区生活给水系统。

2. 系统设计

供水分区同生活冷水系统，集中生活热水供应系统采用双水箱，水源来自加压生活给水系统。系统供水温度 $60℃$，回水温度 $50℃$。集中热水采用强制循环直接加热系统。屋顶设置全玻璃真空管式太阳能集热器。太阳能集热系统管道在冬季放空（大剧院在冬季不运行）。

3. 太阳能热水机房内主要设置（四层）

一座有效容积为 3.1m^3 的不锈钢贮热储水箱，水箱做隔热保温。一座有效容积为 2.1m^3 的不锈钢供热储水箱，水箱做隔热保温，内设电加热棒。太阳能热水集热系统循环泵 2 台，一用一备。

生活热水循环水泵（设于地下二层生活水泵房内）2 台，一用一备，互为备用，水泵参数：$Q=4.0$m^3/h，$H=0.10$MPa，$N=1.5$kW。

五、中水系统

1. 水源

中水水源为市政中水管网，供水压力 0.30MPa。自南侧滨海四路的市政中水管上引 1 根 $DN150$ 的市政中水管，供本项目冲厕、锅炉房冷却降温、绿化及室外停车场冲洗地面使用。市政中水水质满足《城市污水再生利用　城市杂用水水质》GB/T 18920—2002 相关水质指标。

2. 用水量

设计用水量：最高日中水用水量 258.93m^3/d（室内最高日中水用水量 23.66m^3/d），最高时中水用水量 34.54m^3/h（室内最大时中水用水量约 7.81m^3/h）。

3. 系统设计

中水给水系统采用分区供水方式，充分利用市政供水管网压力，降低系统二次加压设备能耗。低区中水给水系统（市政直供区）供给地下二层～二层使用，系统水量水压由市政给水管网直接保证。高区中水给水系统（加压供水区）供给三～四层使用，系统水量水压由水箱及变频供水设备加压保证。各供水分区内卫生器具配水点处最高静水压力不大于 0.45MPa。为保证各卫生器具配水点处动压不超过 0.20MPa，超压部位设减压阀（阀前设过滤器），阀后压力 0.20MPa（图 4）。

根据甲方要求，中水储水箱储存本项目 1 天的冲厕用水量，市政中水停水时大剧院能正常使用。变频供水设备的供水能力按全楼使用设计（多台水泵搭配使用），平时使用变频供水设备内的部分水泵，当市政中水停水时变频供水设备也能满足全楼冲厕用水需要。

4. 中水泵房设置（地下二层）

一座有效容积为 22.5m^3 的不锈钢储水箱（分为 2 格），水箱做防结露保温。恒压变量变频供水设备一套（$Q=30$m^3/h，$H=0.50$MPa），含 4 台水泵（三用一备）：每台水泵 $Q=10$m^3/h，$H=0.50$MPa，$N=3.0$kW 380V；隔膜式压力罐 1 个（直径 600mm）。

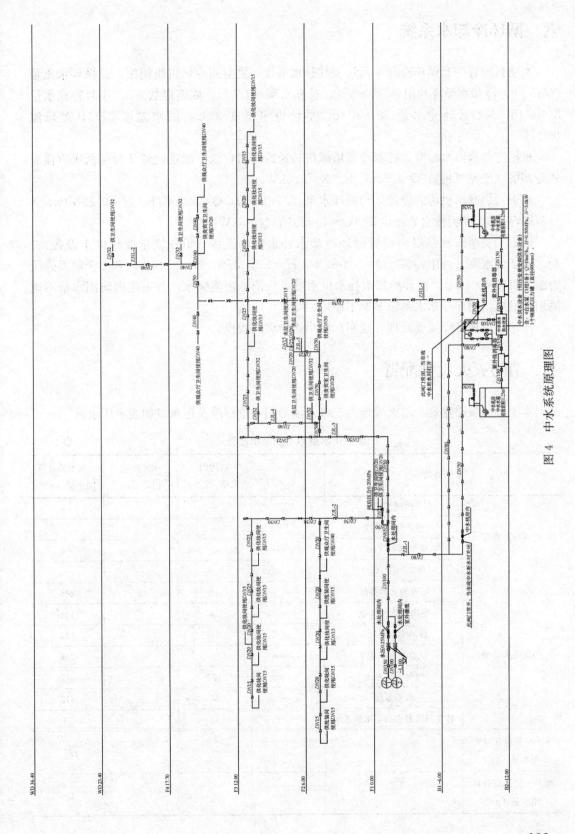

图4 中水系统原理图

六、循环冷却水系统

本项目设置一套循环冷却水系统及其补水系统，供空调冷水机组使用。总循环水流量 560m³/h。冷却水循环利用率≥98.5％，补充水率≤1.5％，浓缩倍数≥3。小时补充水量 8.4m³/h，最高日补充水量 58.8m³/d。系统供水温度 32℃，回水温度 37℃，湿球温度 27℃。

根据冷却水出水温度，控制冷却塔风机转速或开启台数。屋顶设置 2 台超低噪声横流式冷却塔（变频风机）：$Q=280m³/h$、$N=5.5kW×2$。

地下一层冷水机房内设置 3 台循环水泵（二用一备，$Q=280m³/h$、$H=0.28MPa$、$N=37kW$）和 1 套旁滤水处理设备（$Q=18m³/h$，$N=5kW$）。

地下二层消防水泵房内设置循环冷却水补水供水设备（恒压变量变频供水设备）1 套，含 2 台水泵（一用一备，$Q=8.4m³/h$，$H=0.55MPa$，$N=3.0kW$）和 1 个隔膜式压力罐（直径 600mm）。循环冷却水补水供水设备从消防水池吸水，并采用消防用水量不被挪用的措施。循环冷却水系统冬季不使用。

冷却塔应做降噪减震处理，控制标准由声学顾问提供。

七、消防灭火设施配置

本项目属多层建筑，耐火等级为二级。消防用水量标准及用水量如表 1 所示。

消防用水量标准及用水量表　　　　　　　　　　　表 1

系统类别		消防用水量（L/s）	火灾延续时间（h）	一次消防计算用水量（m³）
建筑防火特征	建筑类别	多层	—	—	—
	建筑耐火等级	I	—	—	—
	建筑体积（m³）	＞50000	—	—	—
	建筑高度（m）	＞24，＜50	—	—	—
消防用水类型	室外消火栓系统	—	40	2	288
	室内消火栓系统	—	20	2	144
	自动喷水系统 1	—	40	1	144
	自动喷水系统 2	—	60	1	216
	雨淋灭火系统	—	170	1	612
	水幕系统	—	35	3	378
	自动扫描射水高空水炮系统	—	15	1	54
室内一次消防计算用水量（m³）		—	—	—	1278
室外一次消防计算用水量（m³）		—	—	—	288

本项目按同时开启室内外消防系统计算，室内外消防用水总量 1566m³，其中室内最大消防用水量为 1278m³。最大用水处为大剧院主舞台，同时开启的系统是雨淋系统、自动喷水系统、室内消火栓系统、水幕系统。

消防水泵房设于本项目地下二层，屋顶消防水箱间设置于屋顶最高处。地下二层消防水泵房内设有两座总有效容积为 1340m³（其中储存了循环冷却水补水 60m³，消防用水 1280m³）的钢筋混凝土消防水池（供室内消防使用）。地下一层设置一座有效容积为 432m³ 的钢筋混凝土消防水池（分两格，供室外消火栓系统使用），室外消火栓系统是大剧院、秀场、停车场共用系统，大剧院是最先施工的项目，预留后期变化的条件，室外消防水池储水按火灾延续时间 3h 设计。

地下二层消防水泵房设置设备如下：室外消火栓系统加压泵 2 台（一用一备，互为备用），$Q=144m^3/h$，$H=0.55MPa$，$N=37kW$；室内消火栓系统加压泵 2 台（一用一备，互为备用），$Q=72m^3/h$，$H=0.85MPa$，$N=37kW$；自动喷水灭火系统加压泵 2 台（一用一备，互为备用），$Q=216m^3/h$，$H=0.90MPa$，$N=90kW$；自动扫描射水高空水炮灭火系统加压泵 2 台（一用一备，互为备用），$Q=54m^3/h$，$H=1.20MPa$，$N=37kW$；水幕系统加压泵 2 台（一用一备，互为备用），$Q=126m^3/h$，$H=0.70MPa$，$N=45kW$；雨淋灭火系统加压泵 5 台（三用二备），$Q=234m^3/h$，$H=0.85MPa$，$N=110kW$；室外消火栓系统稳压泵 2 台（一用一备，互为备用），$Q=14.4m^3/h$，$H=0.60MPa$，$N=5.5kW$；室内消火栓系统稳压泵 2 台（一用一备，互为备用），$Q=4.0m^3/h$，$H=0.90MPa$，$N=3.0kW$；自动喷水系统稳压泵 2 台（一用一备，互为备用），$Q=5.4m^3/h$，$H=0.95MPa$，$N=4.0kW$；屋顶消防水箱补水加压泵 2 台（一用一备，互为备用），$Q=5.4m^3/h$，$H=0.70MPa$，$N=3.0kW$。

为保证消防水池的水质，本工程利用消防水水池储水作为空调冷却水补水及屋顶消防水箱补水，消防水池采取消防储水不被动用的措施。屋顶消防水箱间设于本建筑最高处，内设一座有效容积为 36m³ 的消防水箱。

雨淋灭火系统加压泵、自动扫描射水高空水炮灭火系统加压泵设置一套消防巡检装置；室外消火栓系统加压泵、室内消火栓系统加压泵、自动喷水灭火系统加压泵、水幕系统加压泵设置一套消防巡检装置。

1. 室外消火栓系统

室外消火栓由设于地下二层的室外消火栓加压泵供水，水源取自地下一层消防水池。在建设用地红线范围内设置的室外消火栓给水环状管网上设若干座室外地上式消火栓，供室外消防使用。

室外消火栓系统由室外消火栓加压泵、室外消火栓稳压泵、隔膜式气压水罐、地下一层消防水池、供水管道、室外消火栓组成。

室外消火栓系统工作压力 0.85MPa。室外消火栓间距不超过 120m，距外墙不小于 5m，距路边不大于 2m。

室外消火栓系统加压泵启动方式：

（1）加压泵出水干管上的压力开关启动；

（2）消防控制室直接启动；

（3）消防水泵房控制柜直接手动启动。

2. 室内消火栓系统

室内消火栓系统由室内消火栓加压泵、地下二层消防水池、屋顶消防水箱、消火栓稳压泵、隔膜式气压水罐、消防水泵接合器、供水管道、消火栓箱组成。

建筑物内消火栓系统管网设置成环状，屋顶消防水箱间设屋顶试验消火栓。室内消火栓设在明显和易于取用处且尽量布置在楼梯口附近，其间距保证同层相邻两个消火栓的充实水柱同时到达室内任何部位，并不大于 30m，净空高度超过 8m 的部位，每支水枪充实水柱 13m，其他部位充实水柱 10m。

乐池底坑（−7.40m 标高）及地下（−2.50m 标高）夹层消火栓采用单栓室内消火栓箱，箱体规格 650mm×500mm×210mm；其他部位消火栓箱采用组合式消防柜，消防柜规格 1800mm×700mm×200mm。

室内消火栓系统工作压力 1.30MPa。室外设置若干 DN150 室内消火栓系统水泵接合器（不少于 2 套）。

室内消火栓系统加压泵启动方式：

（1）加压泵出水干管上的压力开关启动；

（2）屋顶消防水箱出水管上的流量开关启动；

（3）消防控制室直接启动；

（4）消防水泵房控制柜直接手动启动。

3. 自动喷水灭火系统（湿式系统、预作用系统）

（1）保护部位。湿式系统：办公区、走道和净空高度小于 8m 的非舞台区域、剧院底层观众厅按中危险 I 级设计；另净空高度 8～12m 的公共区域及观众厅吊顶内（其他部位的吊顶内无可燃物，吊顶内不设喷头）按非仓库类高大净空场所中的中庭、影剧院设计。

预作用系统：剧院的舞台葡萄架上空、舞台上方马道下、舞台的台仓及地下非供暖的房间按中危险 II 级设计，作用面积 160m²。

（2）设计参数。中危险 I 级设计喷水强度 6L/(min·m²)，作用面积 160m²；中危险 II 级设计喷水强度 8L/(min·m²)，作用面积 160m²；非仓库类高大净空场所设计喷水强度 6L/(min·m²)，作用面积 260m²；自动喷水闭式系统设计用水量 60L/s，延续时间 1h，一次消防用水量 216m³。

（3）系统设计。自动喷水灭火系统由自动喷水系统加压泵、消防水池、屋顶消防水箱、自动喷水系统稳压泵、隔膜式气压水罐、消防水泵接合器、供水管道、报警阀组、喷头等组成。

湿式、预作用报警阀组，每组报警阀组控制喷头数不大于 800 个。报警阀组前采用环状给水管网。水流指示器按防火分区设置。

自动喷水灭火系统工作压力 1.40MPa。室外设置若干 DN150 自动喷水系统水泵接合器（不少于 4 套）。

（4）控制。湿式系统：火灾时喷头喷水，该区的水流指示器动作，向消防控制中心发出信号，在压差作用下，打开系统的报警阀，敲响水力警铃，并将信号送往消防控制中心。压力开关动作直接启动各区相应自动喷水泵。

预作用系统：火灾发生区域楼层的探测器动作，向控制箱输入信号，控制箱向消防控制中心发出报警信号，同时打开预作用报警阀处的电磁阀，压力开关动作直接启动自动喷水泵。开启自动喷水灭火系统给水加压泵和管网系统末端快速放气阀前的电磁阀，向管网供水和排出管网空气。

自动喷水灭火系统加压泵还有以下启动方式：

（1）加压泵出水干管上的压力开关启动；

（2）消防控制室直接启动；

（3）屋顶消防水箱出水管上的流量开关启动；

（4）消防水泵房控制柜直接手动启动。

4. 水幕系统

（1）保护部位。大剧院主舞台与观众厅处的防火幕。

（2）设计参数。为防护冷却水幕系统。设计喷水强度 $1L/(s \cdot m)$，作用于全部防火幕宽度。水幕系统设计用水量 $35L/s$，持续喷水时间 3h，一次消防用水量 $378m^3$。

（3）系统设计。水幕系统由水幕系统加压泵、消防水池、屋顶消防水箱、消防水泵接合器、供水管道、报警阀组、喷头等组成。

水幕系统工作压力 1.10MPa。室外设置若干 $DN150$ 水幕系统水泵接合器（不少于 3 套）。

（4）自动控制。接收到探测器的动作信号后开启水幕系统雨淋阀处的电磁阀，随后雨淋阀开启，压力开关动作，水幕系统消防主泵启动。舞台侧水幕系统的探测器，可与主舞台雨淋系统的探测器共用，当任一区域的火灾探测系统确认本区发生火灾时，均认为主舞台水幕系统报警，主舞台侧的防火幕启动，随后雨淋阀开启，水幕喷头喷水。

（5）人工控制。雨淋报警阀自带手动快开阀，人员发现火警，可开启手动开关，打开雨淋阀自动启动雨淋供水泵喷水灭火。要求雨淋报警阀组的手动快开阀、操作说明和每个雨淋阀控制的区域应有明确图示设于报警阀室内，并有保护措施避免平时闲散人员误操作，演出时必须有专门人员看守，一旦发生火灾，开启相应区域的雨淋阀。

（6）其他启泵方式。1）屋顶消防水箱出水管上的流量开关启动；2）消防控制室直接启动；3）消防水泵房控制柜直接手动启动。

5. 雨淋灭火系统

（1）保护部位。大剧院的主舞台葡萄架下部、大剧院的侧舞台上部等处采用雨淋灭火系统。

（2）设计参数。按严重危险Ⅱ级设计，设计喷水强度 $16L/(min \cdot m^2)$，持续喷水时间 1h，最不利喷头工作压力 0.08MPa。每个雨淋阀控制的喷水面积不大于 $248m^2$，最大同时作用面积为大剧院主舞台 2 个雨淋阀同时使用（大剧院主舞台报警区域着火时），其面积为 $496m^2$。雨淋系统设计用水量 $170L/s$，持续喷水时间 1h，一次消防用水量 $612m^3$。

（3）系统设计。雨淋系统由雨淋系统加压泵、消防水池、屋顶消防水箱、消防水泵接合器、供水管道、报警阀组、喷头等组成（图 5）。

雨淋系统工作压力 1.30MPa。室外设置若干 $DN150$ 雨淋系统水泵接合器（不少于 12 套）。

（4）系统控制。

1）报警区域与雨淋阀开启关系：大剧院舞台设置 5 个雨淋阀（1~5 号），4 个报警区域，报警区域 1 着火时，开启 1 号、2 号雨淋阀；报警区域 2 着火时，开启 2 号、3 号雨淋阀；报警区域 3 着火时，开启 3 号、4 号雨淋阀；报警区域 4 着火时，开启 4 号、5 号雨淋阀（图 6）。

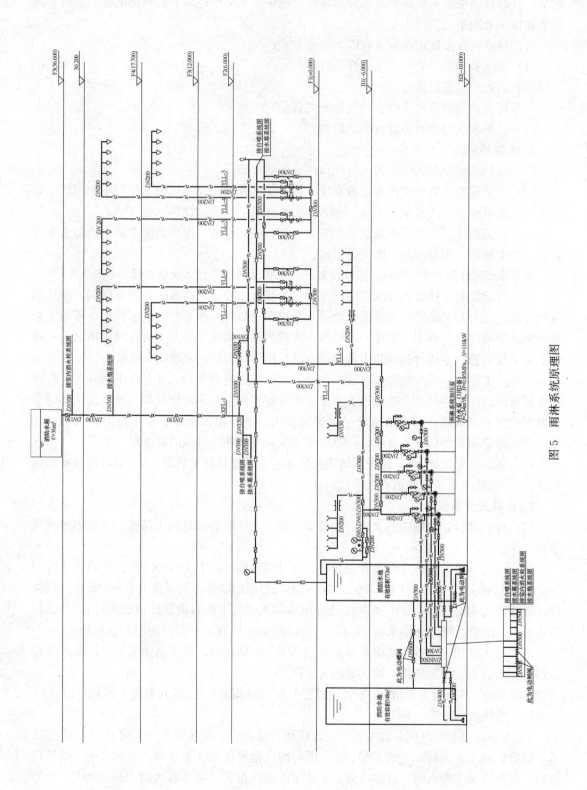

图 5　雨淋系统原理图

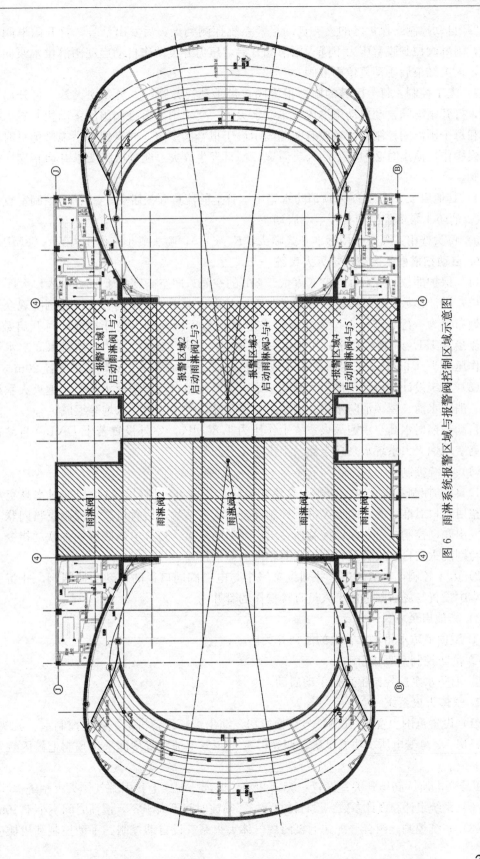

图 6 雨淋系统报警区域与报警阀控制区域示意图

2）自动控制：保护区的火灾自动报警系统探测到火灾后发出信号，打开雨淋阀的电磁阀，雨淋阀控制膜室压力下降，雨淋阀开启，压力开关动作自动启动雨淋供水泵向系统供水，火灾结束后手动复位雨淋阀。

3）人工控制：舞台区域的雨淋报警阀自带手动快开阀，人员发现火警，可开启手动开关，打开雨淋阀自动启动雨淋供水泵喷水灭火。要求雨淋报警阀组的手动快开阀、操作说明和每个雨淋阀控制的区域应有明确图示设于报警阀室内，并有保护措施避免平时闲散人员误操作，演出时必须有专门人员看守，一旦发生火灾，明确区按要求开启相应区域的雨淋阀。

4）其他启泵方式：① 屋顶消防水箱出水管上的流量开关启动；② 消防控制室直接启动；③ 消防水泵房控制柜直接手动启动。

5）喷头选用：喷头采用标准开式喷头，K 为 115，喷头最小工作压力为 0.08MPa。

6. 自动扫描射水高空水炮灭火系统

（1）保护部位。观众厅净空高度大于 8m 的空间、净空高度大于 12m 的入口大厅。

（2）设计参数。红外智能探测组件与喷头分设，采用 1 控 1 的方式，大剧院观众厅高空水炮布置为 1 行 2 列；入口大厅高空水炮布置为 1 行 5 列。设计水炮同时开启数为 3 个，流量为 15L/s，持续喷水时间 1h，一次消防用水量 54m³。自动扫描射水高空水炮最小工作压力为 0.6MPa，安装高度大于或等于 6m，小于或等于 20m，保护半径 20m。

（3）系统设计。自动扫描射水高空水炮灭火系统由自动扫描射水高空水炮灭火系统加压泵、消防水池、屋顶消防水箱、消防水泵接合器、供水管道、水炮等组成。

自动扫描射水高空水炮灭火系统工作压力 1.80MPa。室外设置若干 DN150 自动扫描射水高空水炮灭火系统水泵接合器（不少于 1 套）。

（4）系统控制。

1）自动控制：火灾时，探测器会感知火灾产生的红外信号，自动扫描射水高空水炮并调整射水口对准火源，向火灾报警控制器发出火灾信号，后者按联动控制逻辑向联动控制器发出联动控制指令，联动控制器发出启动消防水泵、打开电磁阀等各种联动指令，且设置与剧院火灾自动报警及联动控制器联网的监控接口。

2）人工控制：电磁阀边上并列设置一个与电磁阀同口径的手动旁通闸阀，并将手动闸阀集中设置与场所附近便于人员直接操作的管井内。

3）其他启泵方式：

① 屋顶消防水箱出水管上的流量开关启动；

② 消防控制室直接启动；

③ 消防水泵房控制柜直接手动启动。

7. 气体灭火系统

（1）设置范围。音频/视频信号交换机房、演出视频设备机房、各类控制室、放映室、网络机房、2 号变电所、功放机房、调光柜室、UPS 电池室等房间采用预制七氟丙烷气体灭火系统。

1 号变电所、高压开关室设置一套 4.2MPa 组合分配式七氟丙烷气体灭火系统。

（2）系统设计。设计参数：设计浓度 8%，喷放时间不大于 8s，浸渍时间不小于 10min。

（3）系统控制。组合分配式七氟丙烷气体灭火系统设自动控制、手动控制和机械应急操作三种启动方式。预制七氟丙烷气体灭火系统设自动控制和手动控制两种启动方式，设备自带全套控制装置并输出相关信号。系统可控延迟喷射时间≤30s。火灾时，同一防护区内的各台预制七氟丙烷气体灭火系统装置必须同时启动，其动作响应时差≤2s。防护区设机械式开启泄压阀，动作压力1100Pa，泄压阀应位于防护区净高的2/3以上。

八、管材

1. 生活给水管、中水给水管

除卫生间内小于DN50的支管采用PPR（压力等级S5）管外，其他部位均采用热浸镀锌衬塑型钢塑复合管。

2. 生活热水管

除卫生间内小于DN50的支管采用热水型PPR（压力等级S2.5）管外，其他部位均采用热浸镀锌衬塑型钢塑复合管。

3. 循环冷却水管

供回水管及冷却塔集水盘连通管（DN＞200）采用焊接钢管。供回水管及冷却塔集水盘连通管（DN≤200）采用内外壁热浸镀锌钢管。

4. 污废水排水管

空调机房冷凝水管采用PVC-U排水管；压力排水管采用内外热浸镀锌钢管；垫层内排水管采用HDPE管，热熔连接；其余排水管和通气管均采用柔性接口机制排水铸铁管。

5. 雨水排水管

雨水排水管采用热浸镀锌钢管。

6. 室内消防给水管

各消防给水系统工作压力超过1.20MPa的区域采用内外热浸镀锌无缝钢管；工作压力未超过1.20MPa的区域采用内外热浸镀锌钢管。

7. 气体灭火管道

气体灭火管道采用内外热浸镀锌无缝钢管。

九、工程主要特点

1. 剧场专业性强，空间结构复杂、消防系统繁多

剧场乃表演剧目的场所，由于演出功能及表演效果的需要决定了其在空间结构上完全不同于其他民用建筑，专业性强，台仓、乐池、台口、主舞台、观众厅、马道、栅顶、耳光室、面光桥等一系列剧场特有的建筑形式对于消防系统的选择、计算、布置都提出了极高的要求和极大的难度，本项目消防系统繁多。

2. 声学要求严格

大剧院的主要功能是作为电影节的主会场，放映影片、举办电影节开幕式及闭幕式，兼顾综合文艺演出及偶尔的音乐会演出。因此，大剧院采用世界上最为先进的杜比全景声和可变混响声学系统。这对给水排水专业的设备布置，管道敷设，穿墙或楼板后的封堵，管材以及设备减振控制提出了很高的要求。

3. BIM 的应用

从大剧院的设计到施工过程，BIM 软件的应用贯穿始终。从配合结构的管道预留、预埋到设备安装时的指导施工，BIM 应用无处不在。当遇到复杂节点的管道汇总时，BIM 理念将三维模型的优势体现得淋漓尽致，更快速、更有效地解决了室内净高的提升问题，避免了施工中诸如返工延误工期之类的问题。

4. 室外管道的防沉降措施

本项目位于人工填海区域，存在填海区夯实度不够及淤泥包现象。不均匀沉降风险大，室外给水排水管道及检查井、阀门井等构筑物均设计了防沉降措施。具体措施如下：

（1）给水、消防管道采用金属管材时，入户管、出户管应于室外设置不锈钢波纹管，应在室外加设阀门井或检修井，并设置不锈钢波纹补偿器。

（2）排水出户管穿越基础墙处预留柔性套管，并采用柔性材料填塞。排水出户管与室外检查井连接时，视沉降量增设 45°弯头，并在接入点处预留足够的沉降余量（约 30cm），并采用柔性材料堵塞。出户管段采用砖砌管沟，可随时检修管道。井后管道采用厚度不小于 30cm 的中砂管道基础，管腔应采用中砂回填至管道顶上 15cm。

（3）给水系统管道进出附属构筑物（如管廊、阀门井、水表井等）时，构筑物内阀门（或其他设备）一端或两端加装可曲挠橡胶接头或不锈钢波纹管；给水管穿越井壁处，管道与井壁孔洞之间空隙采用柔性材料如油麻/石棉水泥填充；管道伸出构筑物 30~50cm 后采用 2m 长的短管作为柔性连接的过渡段；短管基础应加大砂垫层厚度，使基础变形趋于连续。

（4）排水管道与附属构筑物如管廊、检查井、化粪池和隔油池等连接时，宜先将 0.5~0.8m 的短管与柔性防水套管之间用柔性材料填实，然后用水泥砂浆砌入检查井的井壁内。后接一根或多根长度不大于 2m 的短管，再与上、下游管段连接。

十、工程主要创新

1. 水幕系统管道的安装问题

本项目舞台台口处设置了冷却水幕。舞台台塔高 38.5m，台口高度 13m，水幕管道高度在 13.5m，管道支吊架无法从屋顶生根，火灾时舞台台口处设置的防火幕需要从高处落下遮挡住台口，防火幕移动范围内的侧墙也无法固定水幕管道。针对这种情况，在台口处增设宽 27m、高 15m 的钢架作为水幕支架，将管道和喷头固定在钢架上。

2. 舞台雨淋系统的设置

考虑到舞台火灾蔓延速度快的特点，雨淋系统设计时雨淋阀组与报警区域并没有采用一对一控制。每个报警区域对应开启相邻的两个雨淋阀组，将喷水面积较报警面积扩大了 4~6m，以控制火灾的蔓延。

3. 雨淋系统的管道布置

由于栅顶层布置有大量供舞台演出用的吊挂设备，上有吊挂滑轮，下有卷扬机和滑轨，中间密密麻麻穿有钢丝绳，雨淋管道的布置可谓捉襟见肘。根据舞台机械布置方案，将雨淋主管道布置在滑轮梁的吊挂层之上，支管从栅顶格栅拼接的缝隙中穿过，将喷头每四个一组布置在紧贴栅顶的下方。既解决了主管太粗在格栅下不好检修的问题，又避免了单个喷头穿越格栅导致管道过多，影响演出设备使用的问题。

成都市青白江区文化体育中心①

- 设计单位： 中国建筑西南设计研究院有
限公司
- 主要设计人：叶 宽 周豪升 刘明月
谭 涛 张慧东 孙 钢
- 本文执笔人：叶 宽

作者简介：

叶宽，国家注册公用设备工程师
(给水排水)，高级工程师，现任中国水
利水电第八工程局有限公司科研院副总
工程师。

获奖情况：四川烟草公司成都市公
司卷烟物流基地 2012 年获四川省优秀
工程勘察设计行业建筑工程一等奖；两
项实用新型专利：一种雨水回用装置，
一种减压发电装置。

一、工程概况

本项目位于成都市青白江区，西临凤凰西七路，东面为安居路，南面为凤翔大道，规划用地总面积约 9.15 万 m²，总建筑面积约为 10.35 万 m²。建筑地下 2 层，地下二层为人防指挥所，地下一层为汽车库、设备用房、餐厅及部分商业。地上裙房 4 层，塔楼 13 层，地上体育馆高度 30.65m，艺术中心高度 13.55m，文化中心多层部分高 23.75m，塔楼部分高度 67.70m，为一类高层公共建筑。本建筑的 ± 0.000 标高相当于绝对标高 481.000m。

二、给水系统

1. 水源

以城市自来水为水源，市政给水管的供水压力为 0.3MPa。由地块周边西面安居路、南面凤翔大道市政给水管网各引入一根 DN200 给水管，并在地块内形成环状供水管网。

2. 用水量

本工程总的最高日用水量为 1123m³/d，最大小时用水量为 162m³/h。高区变频供水系统设计秒流量为 3.5L/s。

① 该工程设计主要工程图详见中国建筑工业出版社官方网站本书的配套资源。

3. 供水系统设置

采用竖向分区给水系统，共分为两个区：

低区：地下二层～四层，由市政给水管网直接供水；

高区：五～十三层，采用水泵和屋顶水箱联合供水的方式供应。生活加压水泵设于地下一层，从设在四层夹层的生活转输水箱吸水，供至屋顶高位水箱。生活转输水箱分为能独立使用的2个，均采用组合式不锈钢板水箱。在屋顶高位生活水箱出水管上设有紫外线消毒设备，保证供水水质卫生。

各竖向分区下部设减压阀，以保证各用水点处给水压力不超过0.20MPa。

高区给水加压系统的变频供水泵2台，一用一备，单台流量 $Q=25\mathrm{m}^3/\mathrm{h}$，扬程 $H=65\mathrm{m}$，功率 $N=7.5\mathrm{kW}$。

四层夹层的生活转输水箱2座，每座有效容积 $20\mathrm{m}^3$；屋顶高位生活水箱1座，有效容积 $12\mathrm{m}^3$。

三、排水系统

1. 生活污废水

采用雨、污分流的排水体制，对生活污水和雨水分系统排放。污废水接入市政污水管网，最后排至城市污水处理厂处理。

裙房的污水系统设置伸顶通气管；塔楼的污水系统设置专用通气管。对设在地下室不能采用重力流方式排放的污废水，设置集水坑和潜污泵提升排出。空调机房单独设置废水排水系统，采用间接排水的方式，将排水接至室外雨水管网或清洁间拖布池。空调凝结水、开水器、热水器、饮水机的排水管等采用间接排水。

本工程最高日生活污水排水量为 $500\mathrm{m}^3/\mathrm{d}$，最大小时排水量为 $93\mathrm{m}^3/\mathrm{h}$。

2. 雨水

雨水计算采用成都地区暴雨强度公式，屋面雨水排水系统按50年设计重现期设计。雨水排水系统和溢流设施的总排水能力不小于50年设计重现期。

裙房屋面采用满管压力流（虹吸）雨水排水系统，屋面为自然溢流。塔楼屋面雨水排水系统采用重力流雨水排水系统。虹吸雨水排出管放大管径，降低管道水流速至1.8m/s以下，降低对检查井的冲击，同时雨水检查井采用混凝土检查井。雨水经室外管网最后进入市政雨水管网。

3. 小型污水处理构筑物

在隔油间内设置成套餐饮隔油器处理厨房含油污水。同时要求厨房工艺设计或使用方在每个产生含油污水的厨房器具处设置地上式不锈钢器具隔油器，提高隔油效果，避免管道堵塞。厨房排水均采取间接排水的方式，厨房设明沟排水和带网框的地漏（此部分在厨房工艺设计阶段配合完成）。厨房排水管道与卫生间排水管道分别设置。用于抽升卫生间、隔油间的污水集水坑，采取密闭措施（设置密封井盖），并在集水坑设置通气管，将臭气排至室外。

隔油设备采用隔油提升一体化设备，处理流量 $Q=20\mathrm{m}^3/\mathrm{h}$。

地下室卫生间的污水集水坑和隔油间集水坑内设置潜水泵2台，一用一备，单泵流量

$Q=23\mathrm{m^3/h}$，扬程 $H=12\mathrm{m}$，功率 $N=2.2\mathrm{kW}$。

设备房、坡道及消防电梯集水坑内设置潜水泵 2 台，一用一备，单泵流量 $Q=37\mathrm{m^3/h}$，扬程 $H=14\mathrm{m}$，功率 $N=3.0\mathrm{kW}$。

下沉庭院集水坑内设置潜水泵 3 台，两用一备，单泵流量 $Q=50\mathrm{m^3/h}$，扬程 $H=14\mathrm{m}$，功率 $N=5.5\mathrm{kW}$。

四、热水系统

体育馆生活用热水采用集中热水供应系统，和游泳池共用热水机组。其余位置热水采用分散在各热水用水点设置容积式电热水器的方式供应热水。洗手盆下设置容积式内藏型电热水器，容积为 10L，功率为 2kW，2～3 个洗手盆合用一个。体育馆生活热水用量为 $27.5\mathrm{m^3/h}$，小时耗热量为 895.5kW。选购的电热水器必须带有保证使用安全的装置。

集中锅炉房内设置两台卧式燃气常压直接式热水机组 2 台，单台功率 1.4MW，热效率 92%，热水供水流量 $48\mathrm{m^3/h}$。

A 区淋浴、训练池及比赛池分别设置热媒水循环系统＋水—水换热。

A 区淋浴热媒水循环泵 2 台，一用一备，单台流量 $Q=25\mathrm{m^3/h}$，扬程 $H=12\mathrm{m}$，功率 $N=3.0\mathrm{kW}$。采用 2 台导流型容积式水加热器（RV-04-5.5-8）换热，一用一备，单台换热面积 $18.55\mathrm{m^2}$。第二热水循环泵 2 台，一用一备，单台流量 $Q=8\mathrm{m^3/h}$，扬程 $H=12\mathrm{m}$，功率 $N=1.1\mathrm{kW}$。采用直径 $\Phi1000$ 的膨胀罐。

比赛池热媒水循环泵 2 台，一用一备，单台流量 $Q=18.5\mathrm{m^3/h}$，扬程 $H=15\mathrm{m}$，功率 $N=3.0\mathrm{kW}$。采用 2 台不锈钢板式换热器，单台换热量 510kW。

训练池热媒水循环泵 2 台，一用一备，单台流量 $Q=4.5\mathrm{m^3/h}$，扬程 $H=15\mathrm{m}$，功率 $N=1.1\mathrm{kW}$。采用 2 台不锈钢板式换热器，单台换热量 100kW。

热水机房系统图如图 1 所示。

五、中水系统

本项目将游泳池反冲洗水收集作为中水水源，经过沉淀、过滤、消毒后，用于水景补水及绿化浇洒。中水系统最高日用水量为 $94\mathrm{m^3/d}$，最大时用水量为 $16\mathrm{m^3/h}$。

中水供水采用泵箱系统供水。优质杂排水经原水池调节储存，由中水处理加压泵提升至石英砂过滤器，经过滤后再消毒，储存于中水清水箱中，再由中水供水加压泵提升至地上设备夹层中的高位中水水箱，再重力供水至水景补水及绿化浇洒系统。

中水原水池设于地下一层，有效容积为 $150\mathrm{m^3}$。中水处理加压泵 2 台，反冲洗时同时使用，单泵流量 $Q=20\mathrm{m^3/h}$，扬程 $H=15\mathrm{m}$，功率 $N=2.2\mathrm{kW}$。石英砂过滤器 2 台，直径 $D=1000\mathrm{mm}$。中水清水箱 1 座，有效容积 $50\mathrm{m^3}$。中水供水泵 2 台，一用一备，单泵流量 $Q=10\mathrm{m^3/h}$，扬程 $H=40\mathrm{m}$，功率 $N=3.0\mathrm{kW}$。高位中水水箱 1 座，有效容积 $20\mathrm{m^3}$。

中水处理机房系统图如图 2 所示。

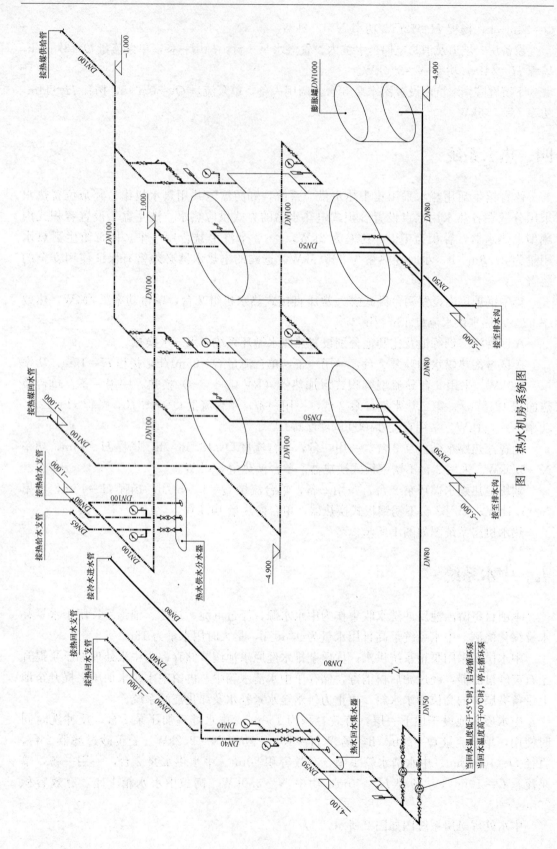

图 1 热水机房系统图

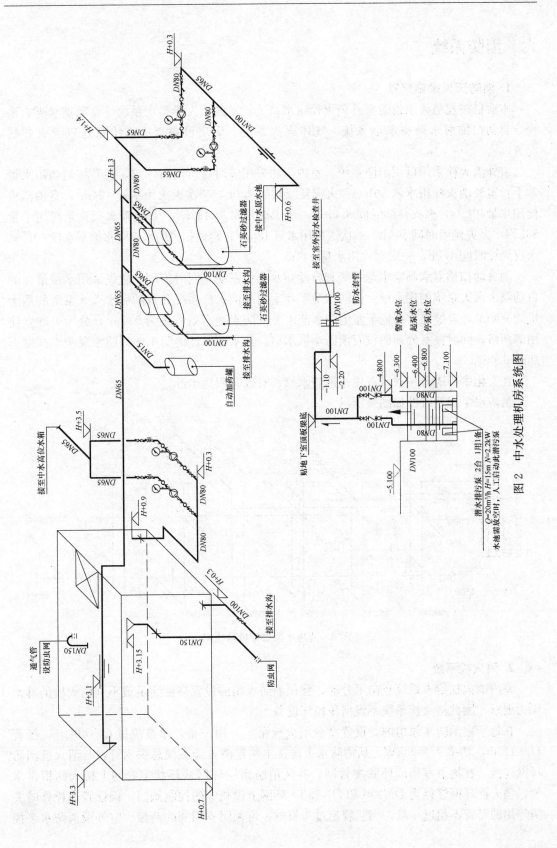

图 2　中水处理机房系统图

六、消防系统

1. 消防灭火设施配置

本项目按规范要求设置室外消火栓给水系统、室内消火栓给水系统、自动喷水灭火系统、自动扫描射水高空水炮系统、气体灭火系统、厨房设备灭火系统及建筑灭火器的配置。

室外消火栓采用低压消防系统，室内消防采用临时高压消防体制，各系统消防用水量如下：室外消火栓用水量30L/s，火灾延续时间3.0h，一次灭火用水量324m³；室内消火栓用水量40L/s，火灾延续时间3.0h，一次灭火用水量432m³；自动喷水灭火系统用水量50L/s，火灾延续时间1.0h，一次灭火用水量180m³；自动扫描射水高空水炮用水量40L/s，火灾延续时间1.0h，一次灭火用水量144m³。

因自动扫描射水高空水炮系统和自动喷水灭火系统不同时作用，故仅取用水量最大的自动喷水灭火系统的用水量。消防水池贮存室内外消火栓系统和自动喷水灭火系统的用水量为936m³，全量储存在地下室消防水池中。消防水池有效容积为936m³，分为可独立使用的两格，同时在室外地面设有消防车取水口。其水深保证消防车的消防水泵吸水高度不超过6.0m。

在文化中心塔楼屋顶设置屋顶消防水箱，有效容积为18m³。

消防水泵房系统图如图3所示。

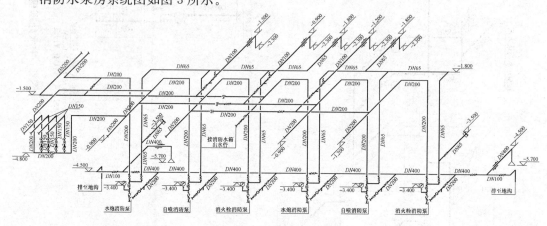

图3　消防水泵房管道系统图

2. 消火栓系统

室内消火栓给水系统竖向不分区，屋顶消防水箱的设置高度满足最不利消火栓的静水压力要求，因此消火栓系统不设增压稳压设备。

在地下室消防水泵房内，设置2台消火栓泵，一用一备，单泵流量 $Q=40$L/s，扬程 $H=110$m，功率 $N=90$kW。从消防水泵房接出两根消火栓系统总供水管，与消火栓消防环网连接。在地下室构成环状主管网，各区消防系统环网从环状主管网上接入两根供水管。消火栓环网管径为 $DN200$ 和 $DN150$。环网上设相应的控制阀门，保证管道检修时关闭停用的竖管不超过一根，当竖管超过4根时，可关闭不相邻的两根。室外设消防水泵接合器与室内消防管网连接，方便消防车使用。消防水枪设计充实水柱不小于 13m。栓口压力超过 0.5MPa 的室内消火栓采用减压稳压消火栓。

消防箱的布置间距高层不大于 30m，裙房不大于 50m，保证每个防火分区同层有两只水枪的充实水柱同时达到室内任何部位。消防箱采用带灭火器和消防软管卷盘的 SG18D65Z-J 薄型组合式消防柜（详《室内消火栓安装》04S202-24），柜体为钢-铝合金，尺寸为 1800mm×700mm×180mm。每个消火栓箱内配置 DN65 旋转消火栓 1 个、QZ19 消防水枪 1 支、DN65 及 25m 长衬胶水龙带 1 条、JPS1.0-19 消防卷盘 1 套（卷盘长度为 25m）、消防启泵按钮 1 个、DN25 全铜阀门 1 个。

消火栓泵由消防水泵出水干管上设置的压力开关、消火栓箱内的启泵按钮或高位消防水箱出水管上的流量开关直接启动。

3. 自动喷水灭火系统

除 12m 以上的高大空间及不宜用水扑救的部位外，本工程的地下车库、办公室、会议室、规划展览馆、阅览室、演播厅、餐厅、厨房、商业、空调机房及其他公共部位等均设置自动喷水灭火喷头，系统为湿式闭式系统。书库、舞台（葡萄架除外）、地下车库、商业按中危险Ⅱ级设计，喷水强度 8L/(m² · min)，作用面积 160m²，喷头流量系数 $K=80$。本项目规划展览馆入口门厅、观演厅、多功能厅、演播厅以及体育馆门厅等吊顶高度在 8～12m 的场所按非仓库类高大净空场所设计，喷水强度 6L/(m² · min)，作用面积 260m²，喷头流量系数 $K=80$；其余场所按中危险Ⅰ级设计，喷水强度 6L/(m² · min)，作用面积 160m²，喷头流量系数 $K=80$。

因屋顶消防水箱设置高度不能满足最不利作用面积内喷头所需压力，在消防水箱间下方设置自喷增压稳压设备，采用 ZW（W）-Ⅰ-Z-0.1 型卧式增压稳压设备，配 2 台 25LG3-10X3 型水泵，一用一备，$N=1.1$kW。稳压泵的控制压力 $P_1=0.16$MPa，$P_2=0.22$MPa，$P_{s1}=0.25$MPa，$P_{s2}=0.30$MPa。气压罐有效储水容积 150L。

在地下室消防水泵房内，设置 2 台自动喷水灭火系统泵，一用一备，单泵流量 $Q=50$L/s，扬程 $H=110$m，功率 $N=110$kW。自喷系统未竖向分区。

湿式报警阀采用 ZSFZ 型湿式报警阀，工作压力为 1.20MPa。水流指示器采用 ZSJZ 型水流指示器，工作压力为 1.20MPa。

自动洒水喷头均采用玻璃球闭式喷头，流量系数 $K=80$；厨房、燃气热水机房等部位喷头的公称动作温度为 93℃，其余部位喷头的公称动作温度为 68℃。书库、舞台、演播厅、地下车库、商业的自动洒水喷头均采用快速响应玻璃球闭式喷头。

4. 自动扫描射水高空水炮灭火系统

根据《建筑设计防火规范》GB 50016—2014，对无法采用自动喷水灭火系统的体育馆、游泳馆观众席，设置自动扫描射水高空水炮灭火系统。

体育馆观众席设置 8 门自动扫描射水高空水炮灭火装置。游泳馆观众席设置 3 门自动扫描射水高空水炮灭火装置。灭火装置采用射程不低于 30m，流量为 5L/s，额定工作压力为 0.6MPa，定位时间不大于 30s 的自动扫描射水高空水炮灭火装置。满足每处有两股灭火射流同时达到被保护区域任何部位的要求。

自动扫描射水高空水炮灭火系统由专门的供水泵、环状供水管网、信号阀、水流指示器、消防水泵接合器、探测装置、控制装置和喷射型自动扫描射水高空水炮灭火装置组成。控制装置具有对消防泵、灭火装置、控制阀门等系统组件进行自动控制、消防控制室手动控制、现场手动控制的控制功能。现场手动控制具有优先权。

在地下室消防水泵房内，设置2台自动扫描射水高空水炮灭火系统泵，一用一备，单泵流量 $Q=40L/s$，扬程 $H=110m$，功率 $N=90kW$。自喷水炮系统未竖向分区。

5. 气体灭火系统

在重要部位，例如高低压配电室、传媒中心机房、弱电机房、档案库（业主要求设置）等设置气体灭火系统。设置气体灭火系统的房间设置泄压口，采用 SAXD 系列机械开启泄压阀，由气体灭火系统的供应商配套提供。泄压阀的耐火极限应满足规范的相关要求。泄压口应设于防护区净高 2/3 以上。

本工程地下室的变配电房、C区三层、四层的网络机房及九层的服务机房等，采用预制无管网柜式七氟丙烷气体灭火装置灭火。设计灭火浓度为 9%，设计喷放时间不大于8s，浸渍时间 5min。储瓶的储存压力为 2.5MPa，启动延迟设定 0~30s 可调，工作电源为 DC24V、1.5A，启动方式有自动和手动两种控制方式。各房间的灭火剂储瓶规格如下：地下室变配电室采用 2 台 120L 和 1 台 90L 的储瓶；变配电室 2 采用 2 台 120L 和 1 台 40L 的储瓶；3ES 变配电室采用 3 台 120L 和 1 台 90L 的储瓶；高压变配电室采用 2 台 120L 的储瓶；三层网络机房采用 2 台 120L 的储瓶；四层网络机房采用 1 台 120L 的储瓶；九层服务机房采用 1 台 120L 和 1 台 90L 的储瓶。

本工程中 C 区九层、十层及十二层的档案库、特仓库、媒体机房等 12 个防护区，共采用 2 套管网式七氟丙烷气体组合分配灭火系统灭火。媒体机房等保护区的设计灭火浓度为 8%，设计喷放时间不大于 8s，浸渍时间 5min。档案室等保护区的设计灭火浓度为 9%，设计喷放时间不大于 10s，浸渍时间 20min。

系统一共有 7 个防护区，包含电子档案库、实物档案库、纸质档案库 1、纸质档案库 2、纸质档案库 3、纸质档案库 4、特藏室。共设置有 20 个储瓶，每瓶充装量 84kg。

系统二共有 5 个防护区，包含新网站网络室、媒体机房、媒体房、报刊采编储备系统内部区域网络机房、发射播出机房。共设置 6 个储瓶，每瓶充装量 84kg。储瓶容积 120L，储存压力 4.2MPa，灭火剂最大充装密度 $\leqslant 1150kg/m^3$，启动方式为电启动。灭火系统应有自动、手动、机械应急手动三种控制方式。

6. 厨房设备灭火系统

各厨房的热厨加工设备及其相应的集油烟罩和防火阀前的排烟管道应设置厨房专用灭火剂型自动灭火系统，系统控制柜能够联锁启动燃气管道上设置的紧急事故自动切断装置。所选用的厨房灶台灭火装置应符合现行行业标准《厨房设备灭火装置》GA 498 的要求。

七、管材选择

1. 给水及热水系统管材

生活冷热水主供水管和立管采用薄壁不锈钢管，卡压式连接，或按照产品要求的连接方式连接；各卫生间支管采用 PPR 管（冷水管道公称压力为 1.25MPa，热水管道公称压力为 2.0MPa），热熔连接。热水管可使用水温度设计为 70℃。

低区供水系统的工作压力为 0.6MPa，高区供水系统的工作压力为 1.0MPa。

2. 污、废水排水系统管材

生活污、废水排水系统均采用硬聚氯乙烯（PVC-U）实壁塑料排水管，承插粘接连接；厨房部位排水系统采用柔性接口机制铸铁排水管，A 型法兰承插式胶圈连接。

地下室废水集水坑的压力排水管采用焊接钢管，焊接和法兰连接，地下室污水集水坑的压力排水管采用衬塑钢管，专用管件连接，压力排水系统的工作压力为 0.6MPa。

3. 雨水系统管材

裙房屋面压力流雨水排水系统采用不锈钢管，氩电联焊连接；埋地部分采用 HDPE 虹吸排水管，热熔对焊接或电熔连接，公称压力不小于 0.6MPa。

塔楼屋面重力流雨水排水系统采用内外热镀锌钢管，沟槽式卡箍连接和法兰连接。

4. 消火栓系统管材

消火栓消防给水管道采用内外壁热镀锌焊接钢管。当管径≤DN100 时，采用丝扣连接；当管径＞DN100 时，采用柔性沟槽式卡箍连接（挠性连接）。

消火栓消防系统的工作压力为 1.1MPa。

5. 自动喷水灭火系统管材

自动喷水灭火系统给水管道采用内外壁热镀锌焊接钢管。当管径≤DN100 时，采用丝扣连接；当管径＞DN100 时，采用柔性沟槽式卡箍连接（挠性连接）。

自动喷水灭火系统的工作压力为 1.2MPa。

6. 自动扫描射水高空水炮灭火系统管材

自动扫描射水高空水炮灭火系统给水管道采用内外壁热镀锌焊接钢管。当管径≤DN100 时，采用丝扣连接；当管径＞DN100 时，采用柔性沟槽式卡箍连接（挠性连接）。

自动扫描射水高空水炮灭火系统的工作压力为 1.1MPa。

八、工程主要创新及特点

1. 给水系统

采用泵-箱系统，将二次加压供水系统的转输水箱设于裙房五层，箱底标高约为 19m，充分利用市政管网压力，降低二次加压水泵扬程，节约能源，减少运行费用。

2. 热水系统

采用集中热水系统与分散热水系统相结合的设计方式，集中热水系统主要供应 A 区体育馆及游泳馆，B 区会议及 C 区办公零星用水点采用分散供应。因地制宜，避免管线过程导致热损失增加，同时降低造价。

3. 中水系统

收集优质杂排水（游泳池反冲洗水）作为中水水源，经沉淀、过滤、消毒后，用于水景补水、绿化浇洒等。优质杂排水水质较好，可以降低处理成本，增加中水系统运营的经济效益。

4. 自动喷水灭火系统

临时高压消防给水系统，竖向不分区，净空高度在 8～12m 的场所按非厂库类高大净空场所设计。体育馆观众区域上方、游泳馆观众区域上方采用自动扫描射水高空水炮灭火系统。

5. 气体灭火系统

有管网七氟丙烷与无管网柜式七氟丙烷灭火装置相结合，设于高低压配电室、档案库等重要房间。档案库等房间比较集中的区域采用有管网七氟丙烷组合分配灭火系统，其余比较分散的采用预制无管网柜式七氟丙烷气体灭火装置。

6. 游泳池水处理系统

采用逆流式循环处理，比赛池采用全流量半程式臭氧辅以氯消毒的处理工艺，训练池采用分流量全程式臭氧辅以氯消毒的处理工艺（图 4、图 5）。采用臭氧消毒，具有反应快、投量少、适应能力强等优点，辅以氯作为长效消毒剂，确保水池卫生。

7. 景观水处理系统

采用分流循环过滤系统，设于 B 区景观水体附近。单独设置循环处理系统，过滤采用纤维球过滤器，用户可根据需要灵活控制开启。

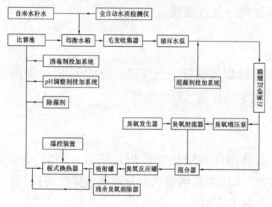

图 4　比赛池水处理系统

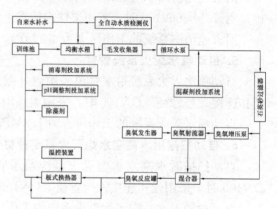

图 5　训练池水处理系统

合肥万达文化旅游城 A 地块 4 号楼(万达茂)万达水乐园①

- 设计单位： 华建集团华东都市建筑设计研究总院
- 主要设计人：周雪松 张 瑾 张峰华 林晨立 韩 冰 周倍立
- 本文执笔人：周雪松 张 瑾

作者简介：

周雪松，高级工程师，国家注册公用设备工程师（给排水）。先后参与了长江三峡截流工程、上海世博会、汶川大地震抗震救灾、雄安新区项目等多项重大工程。

张瑾，华建集团华东都市建筑设计研究总院建筑设计二院院长，水专业主任工程师。从业 20 余年，所涉及的工程中涵盖了住宅、办公楼、超高层商业综合体、星级宾馆、综合体育场馆、大型校园建筑群、剧院、图书馆、残奥综合设施、音乐厅、大型综合医院、海外援建设计咨询等各类型的项目。

一、工程概况

合肥万达文化旅游城 A 地块 4 号楼（万达茂）万达水乐园建筑面积 31027m²。地下 1 层，地上 1 层（局部有夹层），建筑高度 30m，按多层建筑设计。地下室为设备机房和工作人员辅助用房，地上为餐饮、水乐园及配套用房。

二、给水系统

利用市政压力直供。夹层淋浴给水系统大，管路长，给水单独从室外管网接入，减弱其他用水点对淋浴的水压影响。淋浴给水放大一档给水管径，减少管路损失。各用水点均设水表，便于计量和维护管理。

---

① 该工程设计主要工程图详见中国建筑工业出版社官方网站本书的配套资源。

(1) 水源：水源由市政供水管网提供，市政水压 0.30MPa。

(2) 用水量：最高日用水量 1089m³/d，最大时用水量 153.4m³/h。

(3) 供水方式：给水由市政水压直供。游乐池补水管、夹层淋浴给水管均单独从室外总管接入，不与室内其他用水点合用给水管。各用水点供水压力超过 0.2MPa 时设减压，阀后压力不大于 0.2MPa。

(4) 卫生器具：采用双冲马桶 (3/4.5L)，超低流量小便斗 (0.5L/冲)，低流量洗手池 (1.9L/min)，节水淋浴头 (6L/min)，低流量蹲便 (不超过 4L/冲)。卫生间大便器、小便器采用感应式冲洗阀；洗脸盆、洗手盆、洗涤池 (盆) 采用陶瓷片等密封耐用、性能优良的水嘴，公共卫生间的洗手盆采用自动感应式；公共浴室淋浴器采用恒温混合阀，单管供水。

(5) 计量：消防水池、空调机房机房等设备机房补水管均设置水表计量，水表采用机械水表。进户水表在室外水表井内设置。

(6) 生活用水量如表 1 所示。

表 1

生活用水量

名称	数量	标准	时变化系数	使用时间 (h)	最高日 (m³/d)	最大时 (m³/h)
顾客	9000 人	40L	2.0	10	360	72.0
员工	400 人	50L	1.5	10	20	3.0
餐饮	3000 人	20L	1.5	10	60	9.0
饮水	9000 人	1L	1.5	10	9.0	1.35
水池补水	5410m³	10%	1.0	10	541	54.1
合计					990.0	139.4
总计 (含未预见)					1089.0	153.4

三、排水系统

室内排水以最短的距离快速排放至室外，转弯少，排水通畅。加强通气管设置，减少卫生间异味。厨房采用地上式成套隔油设备，隔油效果好，便于维护。游乐池场地地面积水快速排空。

(1) 污废水排水系统：室内污废合流，室外雨污分流。卫生间设专用通气管，底层卫生间设环形通气管。最高日污水量 494m³/d，最大时污水量 93.9m³/h。

(2) 雨水排水系统：屋顶采用虹吸雨水排水系统，重现期 50 年，屋顶雨水秒流量 1270L/s。

(3) 厨房废水单独排放，两次隔油，含油废水在厨房经器具隔油后排地下室全自动含油废水处理装置进行二次隔油处理。含油废水处理装置处理水量 10m³/h，尺寸 2m×1.2m×1.6m (h)，采用不锈钢成套装置，地上安装，油污自动分离收集。地下室污废水设集水井由潜水排污泵提升排放。集水井设超高水位报警功能，排污泵接入 BA 系统。污水集水坑设密闭井盖，并设通气管。卫生间污水泵选用外置绞刀水泵。

室外污水经化粪池后排市政污水管网，设置钢筋混凝土化粪池 G13-100SQF 一座，有效容积 100m³。

四、热水系统

节水节能、降低能耗是热水系统设计的重点。利用太阳能、螺杆冷水机组的冷凝热作为热水热源，节约能源；公共淋浴采用单管热水系统，节约用水。

（1）热源选择：热源为屋顶太阳能以及暖通专业提供的 80℃/60℃ 高温水。太阳能产生的热水量不低于生活热水消耗量的 10%。在临近商业建筑屋顶设太阳能真空集热板 541 组 1515m²，采取防雷、防雹、防冻、防过热等措施。水乐园保温及补充水在夏季利用螺杆冷水机组的冷凝热（37℃/32℃）供热；医务室及化妆间等零散洗手盆，采用容积式电热水器供应。

（2）用水量：生活热水最高日 60℃ 热水用量 215.6m³，最大小时流量 41.3m³/h，设计耗热量 2639kW。热水分区同给水，冷热水同源供水，冷热水侧水压差不大于 2m。水乐园保温及补充水加热系统设计耗热量 3033kW，在各水处理机房通过板式换热器加热。

（3）餐饮及更衣区淋浴设集中热水系统，利用市政水压直供，机械循环。淋浴热水及冷水供水管采用环网。热水采用恒温混水阀，设置淋浴水温 38℃。各用水点供水压力超过 0.2MPa 时设减压阀，阀后压力不大于 0.2MPa。

（4）增压设施：生活热水系统机械循环，热水回水泵 FLG65-160 两台互备（25m³/h、32m、4kW/台），热水回水泵由回水管上电接点温度计控制，50℃ 启泵，55℃ 停泵。

（5）热水系统设置 SGL-4.0-1.0 型热水罐 4 个，总容积 16m³；半容积式立式换热器 HRV-02-4.5（0.4/0.6）B 型两组，每个换热面积 23m²，容积 4.5m³；板式换热器 2 组，每组换热面积 20m²。

（6）生活用水耗热量如表 2 所示。

生活用水耗热量   表 2

序号	用水名称	数量	定额 (L/d)	时间 (h)	时变化系数	用水量 (m³)	最大时用水量 (m³/h)	功率 (kW)
1	顾客	9000 次	18	10	2.00	162.0	32.4	2072.6
2	餐饮	3000 餐	10	10	1.50	30.0	4.50	287.9
3	员工	400 人	10	10	1.50	4.00	0.60	38.4
4	合计					196.0	37.5	2398.8
5	总计					251.6	41.3	2639

五、中水系统

设置中水系统，处理后用于景观用水，不仅可以减少水费，还可以有效利用和节约宝贵的淡水资源。单从处理成本而言，雨水处理费用约为生活废水处理成本的 1/7。当地雨水充沛，年降水量约 1000mm，因此收集雨水作为中水水源。中水设施、管道及取水接口应做中水标志，必须采取严格的防误饮、误用的防护措施。

（1）中水水源来自雨水回用系统，用于绿化浇灌和道路冲洗。中水水质达到城市杂用水水质标准：pH6～9，色度＜30，浊度（NTU）＜10，SS＜10mg/L，BOD_5＜15mg/L。

（2）最高日、最大时中水用水量。

中水最大日用水量37m^3/d，平均日用水量25m^3/d，最大时用水量4.6m^3/h；处理设施供水量8m^3/h。

（3）中水系统手动运行。初期雨水弃流后进入蓄水池自然沉淀，由设在蓄水池中央的两台潜水供水泵（互备，每台8m^3/h、33m、3kW）提升，经自动机械过滤器（8m^3/h）过滤后再经紫外线消毒器（3L/s、0.5kW）消毒，加压供绿化和道路浇洒。处理及消毒机房采用成品玻璃钢，埋地设置，尺寸ϕ1800×L2670，可进入检修。

（4）蓄水池360m^3，尺寸15m×10m×2.4m（h），由素混凝土浇筑，内侧包裹防水布，PP模块填充，ϕ1000井筒位于池中央，池顶覆土绿化（图1）。

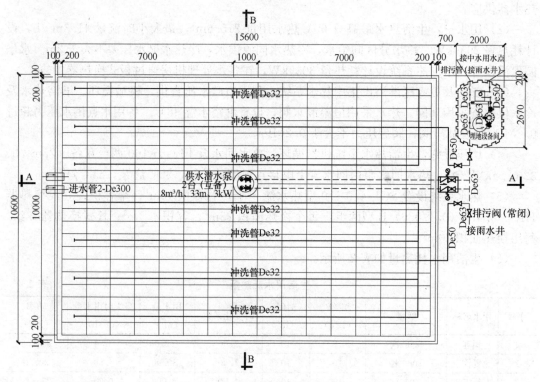

图1 塑料模块组合蓄水池平面图

六、消防系统

水乐园是人员密集场所，消防安全是重中之重。在不同场所设置合适的消防灭火系统，保证消防安全。

本工程为多层建筑，建筑物同一时间考虑一次火灾，设有室内外消火栓系统、自动喷水灭火系统、自动消防炮系统、气体灭火系统和灭火器。室外消火栓消防用水量40L/s，火灾延续时间2h，用水量288m^3；室内消火栓消防用水量40L/s，火灾延续时间2h，用水量288m^3；自动喷水灭火系统用水量30L/s，火灾延续时间1h，用水量108m^3。自动消防炮系统用水量 40L/s，火灾延续时间 1h，用水量 144m³。合计最大消防用水量 150L/s，一次灭火最大水量 828m³。

消防水池 1200m³，设置在临近的商业地下室；屋顶消防水箱 70m³，设置在临近的公寓楼屋顶。

1. 消火栓系统

（1）水乐园室内消火栓系统从临近的商业引入两根 DN150 消火栓管，室内消火栓一个分区。消火栓管环网供水，每层每个防火分区 2 股水柱达到，充实水柱不小于 13m。各层在楼梯口、走道等便于取用场所设置暗装或明装消火栓箱。

（2）屋顶消防水箱底高出本单体屋顶 20m，不设置增压稳压设施。

（3）商业地下室消防泵房内设置有消火栓泵两台（互备，40L/s，86m/台）。水乐园消火栓设减压稳压消火栓，栓后压力 0.35MPa。

（4）消火栓箱采用带灭火器组合式消火栓箱，含 SN65 水枪、QZ19 水枪、25m 衬胶水带、25m 消防软卷盘各一个。消火栓系统由消防水泵出水管压力开关、屋顶消防水箱出水管上流量开关等信号启动消火栓泵。

2. 自动喷水灭火系统

（1）地下室按中危险Ⅰ级布置，喷水强度 6L/(min·m²)，作用面积 160m²，最不利点工作压力不小于 0.05MPa；地上按中危险Ⅱ级设计，喷水强度 8L/(min·m²)，作用面积 160m²，工作压力不小于 0.05MPa。

（2）屋顶消防水箱底高出本单体屋顶 20m，不设置增压稳压设施。

（3）商业地下室设置喷淋泵三台（二用一备，30L/s，82m/台）。层面水流指示器后干管上安装减压孔板，控制水压不大于 0.4MPa。减压孔板用 4mm 厚不锈钢板制作，安装在大于 5 倍直径的直管段上。

（4）自动喷水灭火系统设置试试报警阀 2 个，每个湿式报警阀控制的喷头数不宜超过 800 只，每个湿式报警阀最不利点设置末端试水装置。厨房烹饪上方、橱窗内采用 93℃ 玻璃泡快速响应喷头；其他场所采用 68℃ 玻璃泡快速响应喷头。喷头流量系数 $K = 80$。

3. 射水系统

净空高高度大于 12m 的场所，设自动消防炮灭火系统，每点两股水柱保护。每个消防炮流量 20L/s，工作压力 80m，保护半径 50m。商业地下室设置射水泵两台（互备，45L/s，140m/台），供本楼射水系统，选用带雾化功能的喷头。探测装置采用复合探测装置，通过红外传感探测技术和图像传输技术，自动寻找着火点精确定位并有效快速扑灭火源；可根据其他消防报警系统的联动信号强制启动探测火源。

4. 气体灭火装置

（1）配电房设置气体灭火系统。共有配电房 4 个，每个单独设置气体灭火系统。

（2）配电房采用预置式七氟丙烷全淹没式气体灭火系统。设计灭火浓度不小于灭火浓度 1.3 倍且不低于 9%，喷放时间不大于 10s，系统工作压力 2.5MPa。

（3）最大保护区地下室配电房 1，灭火剂用量 243kg。设置 GQQ70/2.5 柜式七氟丙烷气体灭火装置 5 具，每个装置灭火剂充装量 74.6kg。

（4）灭火装置的柜体应靠墙、柱安装，安装平稳，不允许倾斜。防护区围护结构及门窗的耐火极限均不应低于 0.5h，吊顶的耐火极限不应低于 0.25h；防护区内的围护结构承受内压的允许压强不得低于 1.2kPa；防护区的泄压口宜设在外墙上，应位于防护区净高的 2/3 以上；灭火装置喷嘴的喷射方向应朝防护区中间。

5. 其他灭火设施

地下室按 A 类中危险级设置，其他按 A 类严重危险级。选用 5kg 贮压式磷酸铵盐干粉灭火器，设在消防箱和灭火器箱内；通信机房采用二氧化碳灭火器。地下室手提式灭火器最大保护距离 20m；地上手提式灭火器最大保护距离 15m；推车式灭火器最大保护距离 18m。灭火器设在明显和便于取用地点，并不得影响安全疏散。

强弱电间、电气间和电气管井设置悬挂式 4kg 超细干粉自动灭火装置。厨房烹饪操作间的排油烟罩及烹饪部位设自动灭火设施，火灾时自动探测并实施灭火，灭火剂应选用厨房设备专用灭火剂，喷嘴的设置区域包括灶台上方、排油烟罩内和烟道进口端。

七、水乐园水处理系统及水动力系统

安全设计是水乐园水系统设计的重点。一些游乐池采用直接从游乐池吸水，回水口安全问题特别重要。室内水乐园设计时应充分考虑机房防水淹措施。

（1）水处理机房设置根据游乐水池建筑分布，区域集中布置；水处理机房设置在地下室，尽量靠近游乐池布置。

（2）水处理系统包括毛发过滤器、循环水泵、过滤器、消毒系统及水质均衡系统；反冲洗系统自动运行，过滤压力差 0.05MPa；加药系统、消毒系统和水质均衡系统自动控制；水动力系统包括毛发过滤器、循环水泵及控制阀门。循环水泵变频运行，控制阀门后设水表。

（3）儿童滑梯组落水池循环周期为 1.0h；水寨循环周期为 0.5h，身体滑梯、岩洞池、漂流河循环周期为 4.0h；造浪池循环周期为 2.0h；滑道跌落池（大碗组合、彩色滑道、过山车、高速滑梯）循环周期为 6.0h。

（4）造浪池过滤器设备优先采用高效过滤器（再生媒介滤水器、硅藻土过滤器、真空过滤器等）；儿童滑梯池及循环流量$\geqslant 120 m^3/h$的游乐水池过滤设备优先采用高效硅藻土过滤器；循环流量$< 120 m^3/h$的游乐水池采用石英砂过滤器。

（5）造浪池、儿童滑梯池及漂流河采用分流量全程式臭氧和氯联合消毒动力，其他水上游乐池采用氯消毒＋紫外线消毒。臭氧发生器冷却水水温 10～30℃，从水处理系统的消毒前供水管接出，冷却后水温升 4℃，回到均衡水池或回水管。造浪池、水磁过山车及高速滑梯组采用均衡水池补水；其他补水箱补水，设在游乐池处。

（6）造浪池采用混合流式池水循环方式；水池过山车采用逆流式池水循环方式；其他采用顺流式池水循环方式，水泵从游乐池直接抽水。

（7）水动力系统的水泵从游乐池直接抽水，回水管与水处理系统的回水管尽量合并设置，水动力的供水管独立设置（图 2）。

（8）儿童滑梯池池水温度 30℃，其他池水温度 28℃。

（9）水动力供水管道设置流量计和可以调节流量的阀门：喷射式戏水装置的水压必须严格控制，不采用减压阀方式供水。

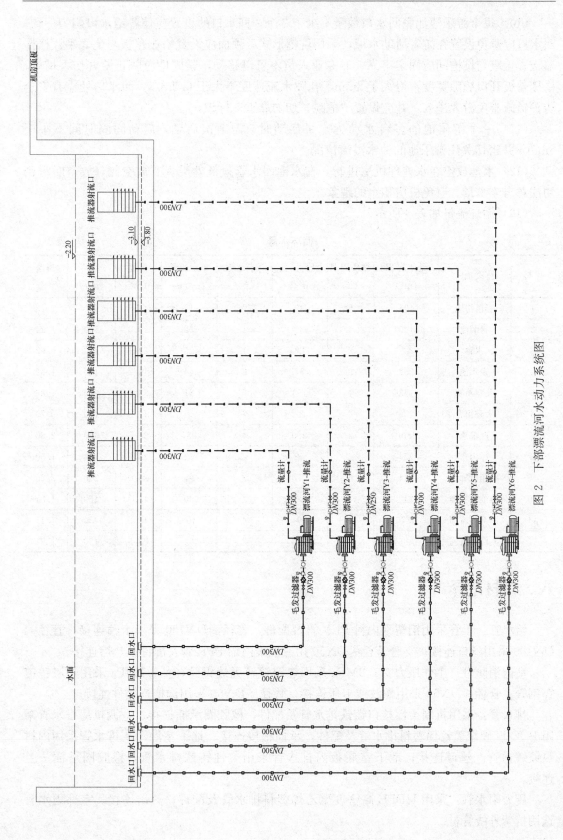

图 2　下部漂流河水动力系统图

（10）每个游乐池池底回水口数量不少于 2 个；回水口的设置应使各给水口均匀一致；回水口应避免设置在游客活动水域，采用坑槽形式，顶面应设置格栅盖板与池底平；格栅盖板、盖座与坑槽间应固定牢靠，非专业人员不可以移动，紧固件应防止游客伤害措施；格栅盖板开口缝隙宽度不得大于 8mm，孔隙水流速度不大于 0.2m/s。回水口处应有安全防护措施避免游客进入，并应设置"危险，切勿靠近"标识。

（11）一个游乐池的多台水动力水泵启动时，需渐次启动，启动间隔时间不小于 5min，并密切关注游乐池的池水溢流情况。

（12）水池放空在水处理机房进行，在水池回水管最低处设置有放空阀，放空时需密切注意出流水量。避免机房积水的现象。

（13）循环流量如表 3 所示。

循环水量　　　　　　　　　　　表 3

序号	名称	池水容积 （m³）	循环周期 （h）	循环流量 （m³/h）	运行水泵 （台）	单台流量 （m³/h）	扬程 （m）	管径 （mm）	流速 （m/s）
1	彩色滑道	191	6	32	2	17	17.5	100	1.13
2	岩洞池	140	4	35	1	35	18.3	100	1.24
3	水寨	52	2	26	1	26	22.1	100	0.92
4	亲水池	252	3	84	2	44	15.2	150	1.32
5	儿童滑梯	153	1	154	2	81	23.8	200	1.36
6	大碗组合	133	6	22	2	12	14.8	100	0.79
7	造浪池	1800	2	900	4	237	26.2	350	2.60
8	过山车	254	6	42	2	22	28.6	100	1.50
9	高速滑梯组	114	6	270	3	95	25.0	200	2.39
10	冲浪模拟器	342	4	86	3	30	14.3	150	1.34
11	下部漂流河	1575	4	394	4	104	17.6	250	1.11
12	上部漂流河	486	4	122	2	64	23.3	150	1.91

八、管材选择

给水管：干管采用钢塑（内衬 PE）管及配件，管径≥DN100 采用卡箍连接，管径＜DN100 采用丝口连接；支管管径≤DN50 用改性聚丙烯 PPR 管及配件，热熔连接。

室内消防管：工作压力＞1.2MPa 采用热浸镀锌无缝钢管，≤1.2MPa 采用热浸锌镀锌钢管。管径≤DN50 采用螺纹或卡压连接，管径＞DN50 采用沟槽连接件连接。

排水管：采用机制柔性接口铸铁排水管及配件，橡胶圈承插连接；空调机房排水管采用 PVC-U 硬聚氯乙烯塑料排水管及配件，承插粘接连接；地下室潜污泵排水管采用内衬热镀锌钢管，丝口连接；地下室底板内排水管采用柔性铸铁排水管，橡胶圈承插法兰连接。

压力雨水管：采用 HDPE 高密度聚乙烯塑料排水管及配件，热熔连接。室外雨水管选用抗紫外线管材。

九、工程主要创新及特点

（1）应用 BIM 软件解决碰撞问题。

（2）螺杆冷水机组的冷凝热用于池水保温。

（3）利用太阳能系统供应生活热水。

（4）利用大管径恒温混水阀设计淋浴单管系统。

（5）采用双层格栅防涡流回水口，避免人员伤害。

（6）设置雨水回用系统，用于室外景观给水。

（7）水泵出水管设置电子流量计，方便控制。

（8）利用软件建立数学模型，进行流场分析。

（9）采用多种消防系统：高大空间设置自动消防炮带雾化功能、强弱电间设置悬吊式超细干粉灭火装置、配电房设置柜式七氟丙烷气体灭火装置、厨房设置专用灭火设施、通信机房设置 CO_2 灭火器。

（10）回水口避免设置在游客活动水域，必要时要设置栏杆和安全网；回水口采用坑槽形式，顶面设置双层格栅；格栅盖板、盖座与坑槽间固定牢靠，非专业人员不可以移动，紧固件不得伤害游客。设计时格栅孔隙水流速度远远小于规范要求。

（11）室内水乐园设计采用多重防水淹措施。机房地面设水位感应装置，积水自动报警并关闭吸水管电动阀；增加集水井和潜水泵数量；物业现场配备移动式排水泵供应急排水。

（12）设置水泵时注意用电安全。从游乐池吸水的造景、喷泉水泵，采用干式安装，不采用潜水泵。

（13）混合流循环系统中，从池底回水口回流的循环回水管不得接均衡水池，应设置独立的循环水泵。

（14）重视支架设置：高流速管道加密支架，转弯处增加轴向力支架，日常维护增加支架异常巡查。

赛高城市广场购物中心及写字楼项目①

- 设计单位： 中国建筑西北设计研究院
             有限公司
- 主要设计人： 陈　一　段　媛　任慧军
             刘西宝
- 本文执笔人： 陈　一

作者简介：

陈一，高级工程师，任职于中国建筑西北设计研究院有限公司。近年主要完成了赛高城市广场购物中心及写字楼项目、榆林商业步行街项目、鸿基建国饭店等。

一、工程概况

赛高城市广场购物中心及写字楼项目位于西安市凤城七路与未央路十字西北角，总用地面积 31760.7m²，总建筑面积 299630m²，其中地上 212000m²，地下 87630m²。项目规划为地下 3 层，地上裙房 6 层（33.65m），2 号主楼 35 层（149.65m），3 号主楼 28 层（99.85m）。整体业态分布：裙房为商业购物中心、2 号主楼为超高层办公、3 号主楼为酒店及办公。

二、给水系统

1. 水源

采用城市给水管网作为本项目生活及消防用水水源。从未央路及凤城七路市政给水管道各引入一路 DN200 的给水管供至本工程基地，然后在地下室内形成环状给水管网，给水引入管上按产权设置总水表，分别对本项目内各单体用水予以计量。市政给水管网供水压力不小于 0.15MPa。各单体给水进户总管上均设置各自的总用水水表，单体内部按使用用途、付费或管理单元分段分级设置计量水表。

2. 用水量（表1～表3）

商业用水量　　　　　　　　表1

用水名称	用水标准	数量	时变化系数	用水时间（h）	用水量（m³）		
					最高日	最大时	平均时
商业	8L/(m²·d)	30000m²	1.2	12	240.00	24.00	20.00
百货公司	8L/(m²·d)	22000m²	1.2	12	176.00	17.60	14.67

---
① 该工程设计主要工程图详见中国建筑工业出版社官方网站本书的配套资源。

续表

用水名称	用水标准	数量	时变化系数	用水时间(h)	用水量（m³）		
					最高日	最大时	平均时
小餐饮（快餐）	25L/人次	6000人	1.5	12	150.00	18.75	12.50
大餐饮	40L/人次	6000人	1.5	12	240.00	30.00	20.00
电影院	5L/(人·场)	4320人	1.5	12	21.60	2.70	1.80
超市	8L/(m²·d)	4500m²	1.2	12	36.00	3.60	3.00
后勤办公	50L/(人·班)	500人	1.2	10	25.00	3.00	2.50
冷却循环水补水	循环水量的1.5%	5600m³/h	1.0	12	1008.00	84.00	84.00
停车库地面冲洗	3L/(m²·次)	50000m²	1.0	8	150.00	18.75	18.75
管网漏失及未预见水量	10%				204.66	20.24	17.72
合计					2251.26	222.64	194.87

2号主楼用水量 表2

用水名称	用水标准	数量	时变化系数	用水时间(h)	用水量（m³）		
					最高日	最大时	平均时
办公	50L/(人·班)	5100人	1.2	10	255.00	30.60	25.50
冷却循环水补水	循环水量的1.2%	1500m³/h	1.0	10	180.00	18.00	18.00
停车库地面冲洗	3L/(m²·次)	11500m²	1.0	8	34.50	4.31	4.31
管网漏失及未预见水量	10%				46.95	5.29	4.78
合计					516.45	58.20	52.59

3号主楼用水量 表3

用水名称	用水标准	数量	时变化系数	用水时间(h)	用水量（m³）		
					最高日	最大时	平均时
办公	50L/(人·班)	1400人	1.2	10	70.00	8.40	7.00
酒店客房	350L/(人·d)	512人	2.5	24	179.20	18.75	7.50
管网漏失及未预见水量	10%				24.92	2.72	1.45
合计					274.12	29.87	15.95

商业及百货变频供水系统设计秒流量 58.70L/s；超市变频供水系统设计秒流量 2.20L/s；2 号主楼供水中区转输泵流量 16.7m³/h，中区顶部三层变频供水系统设计秒流量 2.83L/s，供水高区转输泵流量 17.43m³/h，高区顶部三层变频供水系统设计秒流量 2.96L/s；3 号主楼供水中区变频供水系统设计秒流量 7.20L/s，供水高区变频供水系统设计秒流量 6.75L/s。

3. 供水方式及供水系统

按照产权划分及物业管理情况，3 个子项各自设置独立的加压泵房及供水管网。综合市政供水压力、楼层功能、高度及供水安全性，各子项给水分区如表 4 所示。

各子项给水分区 表4

子项名称	分区名称	分区范围	最不利点几何高差	供水方式	限压措施
商业	商业低区	−1F～−3F	13.6m	市政直供	
	商业高区	1F～6F	41.6m	低位水箱加变频泵	1F～2F 给水支管设置可调式减压阀
2号主楼	中1区	7F～10F	56.0m	低位生活水箱—生活水泵—高位生活水箱联合供水	给水立管在 10F 设置可调式减压阀
	中2区	11F～17F	40.5m		
	中3区	18F～21F	12.5m	水箱加变频泵	
	高1区	22F～25F	56.0m	低位生活水箱—生活水泵—高位生活水箱联合供水	给水立管在 25F 设置可调式减压阀
	高2区	26F～32F	40.5m		
	高3区	33F～35F	12.5m	水箱加变频泵	
3号主楼	低区	−1F～−3F	13.6m	市政直供	
	中区	1F～15F	67.0m	低位水箱加变频泵	1F～7F 给水支管设置可调式减压阀
	高区	16F～28F	111.40m	低位水箱加变频泵	16F～21F 给水支管设置可调式减压阀

商业：低位生活水箱及变频恒压供水设备均设于地下三层商业生活泵房内。其中地下室超市用水及冷却塔补水单独设置变频恒压供水设备，冷却水补水量存于地下三层消防水池内，由专用的变频恒压供水设备加压供至各冷却塔。

2号主楼：高区高位生活水箱设于大屋面生活水箱间内；中区高位生活水箱设于二十一层避难层内。高、中区生活转输水泵均设在地下三层办公生活水泵房内；中3区变频供水设备设在二十一层避难层内，高3区变频供水设备设在屋顶生活水箱间内。

3号主楼：低位生活水箱及变频恒压供水设备均设于该楼地下三层生活泵房内。

4. 增压设施（表5）

给水加压设备选型及参数表 表5

序号	名称	规格及型号	单位	数目	备注
1	生活矢量变频供水设备 4WDV210/70-22-G-20	配主泵四台，三用一备，型号为 VCF65-40，单台泵参数：$Q=70m^3/h$，$H=70m$，$N=22kW$；配稳压泵两台，一用一备，型号为 VCF20-7，单台泵参数：$Q=23m^3/h$，$H=70m$，$N=7.5kW$；配套气压罐容积为 20L、1.60MPa	套	1	商业高区用
2	生活矢量变频供水设备 2WDV9/33-1.5-G-20	配主泵两台，一用一备，型号为 VCF8-4，单台泵参数：$Q=9m^3/h$，$H=34m$，$N=1.5kW$）；配套气压罐容积为 20L、0.60MPa	套	1	商业超市用
3	生活矢量变频供水设备 4WDV84/68-11-G-20	配主泵四台，三用一备，型号为 VCF32-50-2，单台泵参数：$Q=84m^3/h$，$H=68m$，$N=11kW$；配套气压罐容积为 20L、1.60MPa	套	1	商业冷却塔补水用

序号	名称	规格及型号	单位	数目	备注
4	高区生活转输水泵	配矢量泵两台，一用一备，型号为 VCF20-17，单台泵参数：$Q=20m^3/h$，$H=202m$，$N=18.5kW$	台	2	2号主楼用
5	中区生活转输水泵	配矢量泵两台，一用一备，型号为 VCF16-6，单台泵参数：$Q=18m^3/h$，$H=130m$，$N=11kW$	台	2	2号主楼用
6	中3区生活矢量变频供水设备 2WDV8/37-2.2-G-20	配主泵两台，一用一备，型号为 VCF8-5，单台泵参数：$Q=11m^3/h$，$H=36m$，$N=2.2kW$；配套气压罐容积为 20L、1.60MPa	套	1	2号主楼用
7	高3区生活矢量变频供水设备 2WDV8/37-2.2-G-20	配主泵两台，一用一备，型号为 VCF8-5，单台泵参数：$Q=11m^3/h$，$H=36m$，$N=2.2kW$；配套气压罐容积为 20L、1.60MPa	套	1	2号主楼用
8	生活矢量变频供水设备 2WDV18/64-5.5-G-20	配主泵两台，一用一备，型号为 VCF16-6，单台泵参数：$Q=18m^3/h$，$H=64m$，$N=5.5kW$；配套气压罐容积为 20L、1.60MPa	套	1	2号主楼冷却塔补水用
9	生活矢量变频供水设备 3WDV52/90-11-G-20	配主泵三台，两用一备，型号为 VCF20-10，单台泵参数：$Q=26m^3/h$，$H=91m$，$N=11kW$；配夜间小流量泵一台，型号为 VCF8-12，泵参数：$Q=9m^3/h$，$H=90m$，$N=4kW$；配套气压罐 $\Phi600\times1800$	套	1	3号主楼中区酒店用
10	生活矢量变频供水设备 2WDV25/133-15-G-20	配主泵两台，一用一备，型号为 VCF20-14，单台泵参数：$Q=26m^3/h$，$H=133m$，$N=15kW$；配套气压罐容积为 20L、1.60MPa	套	1	3号主楼高区办公用

5. 生活贮水池和水箱容量

商业低位生活水箱：选用两座容积各为 $108m^3$ 装配式不锈钢板焊接水箱，其尺寸为：$L\times B\times H=9m\times4m\times3m$；超市低位生活水箱：选用一座容积为 $12m^3$ 装配式不锈钢板焊接水箱，其尺寸为：$L\times B\times H=3m\times2m\times2m$；2号主楼低位生活水箱：选用两座容积各为 $45m^3$ 装配式不锈钢板焊接水箱，其尺寸为：$L\times B\times H=5m\times3m\times3m$；2号主楼给水系统中区高位生活水箱：选用两个容积各为 $10m^3$ 装配式不锈钢板焊接水箱，其尺寸为：$L\times B\times H=2.5m\times2m\times2m$（设于二十一层避难层内）；2号主楼给水系统高区高位生活水箱：选用两个容积各为 $10m^3$ 装配式不锈钢板焊接水箱，其尺寸为：$L\times B\times H=2.5m\times2m\times2m$（设于屋顶生活水箱间内）；3号主楼给水系统中区低位生活水箱：选用一座容积为 $122.5m^3$ 装配式不锈钢板焊接水箱（分两格），其尺寸为：$L\times B\times H=7m\times5m\times3.5m$；3号主楼给水系统高区低位生活水箱：选用一座容积为 $36m^3$ 装配式不锈钢板焊接水箱，其尺寸为：$L\times B\times H=4m\times3m\times3m$。

三、排水系统

1. 污废水排水系统、通气方式、排放量等

室内排水采用污、废合流，雨、污分流制。卫生间污水排放采用设专用通气立管的重力自流排水系统，局部设有环形通气管，各排水立管底层排水均单独排放。位于首层中心位置及地下室的卫生间污水经管道收集后排至设于地下三层的污水提升设备加压提升排至室外。餐饮排水及厨房内的含油废水均通过器具隔油器初步处理后排至设于地下三层的隔油提升设备加压提升排至室外污水管网。污水提升设备及隔油提升设备均设置专用通气立管伸至室外。建筑物内的排水在室外收集经化粪池处理后再排入市政污水管网，酒店部分生活排水经管道收集后排至地下三层中水处理站，处理后用于绿化及道路浇洒。地下室生活及消防废水均经集水坑收集，再由潜污泵提升后压力排至室外雨水管网。

商业最大日排水量 1028.20m^3/d；2 号主楼最大日排水量 464.80m^3/d；3 号主楼最大日排水量 246.70m^3/d。

2. 雨水排水系统、重现期、排放量等

商业屋面采用虹吸雨水排放系统，2 号主楼及 3 号主楼屋面雨水采用传统 87 型雨水斗重力流排水系统，收集后的雨水直接排入室外雨水管网，其中 2 号主楼屋面雨水采取消能措施后直接排入室外雨水管网。商业屋面雨水设计重现期按 20 年考虑，降雨历时 5min；2 号、3 号主楼屋面雨水设计重现期按 10 年考虑，降雨历时 5min；并均按 50 年重现期降雨量进行校核屋面雨水溢流量，溢流通过建筑屋面溢流方式解决。商业屋面设计雨水流量为 730L/s；2 号主楼屋面设计雨水流量为 70L/s；3 号主楼屋面设计雨水流量为 34.40L/s。

3. 厨房隔油池、化粪池和小型污水处理构筑物的选型，地下污、废水提升设施

室外共设置 3 组 G13-100QF 型钢筋混凝土化粪池。商业地下三层设有 TJP-18-25－3.7/2（W）型双泵外置式污水提升一体化设备 3 套，单套 $Q=18m^3$/h，$H=25$m，配泵两台（同时工作），每台 $N=3.7$kW，水箱容积 900L；设有 TJGY（T）-30-22-5.5/2 型双泵外置式隔油提升一体化设备 2 套，单套 $Q=30m^3$/h，$H=22$m，配泵两台（同时工作），每台 $N=5.5$kW，水箱容积 4400L；设有 TJGY（T）-40-22-7.5/2 型双泵外置式隔油提升一体化设备 3 套，单套 $Q=40m^3$/h，$H=22$m，配泵两台（同时工作），每台 $N=7.5$kW，水箱容积 5600L；设有 TJGY（T）-15-22-2.2/2 型双泵外置式隔油提升一体化设备 1 套，单套 $Q=15m^3$/h，$H=22$m，配泵两台（同时工作），每台 $N=2.2$kW，水箱容积 1950L。

四、热水系统

1. 热源选择

3 号主楼酒店部分（四～十五层）全日制集中热水供应，热源为自建燃气锅炉提供的 80～60℃高温热水。设计小时耗热量 $Q_h=2575065.35$kJ/h$=715.30$kW；选容积式水—水热交换器 RV-03-5H（1.6/1.6）两台，每台贮水容积 4.9m^3，换热面积 16.4m^2，工作压力 1.6MPa，产热水量 6.6m^3/h。膨胀罐型号：GZP1000，设计压力 0.6～1.0MPa，总容积 1.56m^3。热水循环泵选用 32DLR5-10×2 型两台，一用一备（$Q=4～5～6m^3$/h，$H=20.4～20.0～18.9$m，$N=1.1$kW，$n=1450$r/min）。

2. 用水量

系统设计小时热水量 $q_{rh}=10240$L/h$=10.24m^3$/h（$T=60℃$）。

3. 供水方式、供水范围、系统分区及回水方式及减压措施

热水设计为闭式热水供应系统，为保证供水压力平衡，热水系统分区与给水系统相同，进水由同区的给水系统专管供应，支管减压阀设置与给水系统一致。采用立管和干管热水循环的机械循环系统，为上供下回的供水方式，容积式水—水热交换器、膨胀罐和热水循环泵设于地下三层换热机房内。换热器冷水补水温度为4℃，出水温度为60℃。

五、中水系统

1. 中水水源的确定和水质要求

收集部分酒店生活污、废水作为本项目中水水源，原水水质要求如下：COD：455～600mg/L，BOD_5：230～300mg/L，SS：155～180mg/L。处理完的中水水质应达到《城市污水再生利用　城市杂用水水质》GB/T 18920—2002 中绿化、道路浇洒等相应指标，相同指标执行最高标准。

2. 最高日、最大时中水用水量

本中水站设计处理规模为150m³/d；24h运行，小时处理量为6.5m³/h。

3. 中水系统供水方式、工艺流程、设计参数及设备选型

部分酒店生活污、废水经管道收集后通过格栅进入调节池，格栅处截留污水中颗粒直径大于3mm的污染物，保证后续处理设施的正常运行。调节池对污水进行水量和水质的调节和均化，并进行预曝气；调节池的污水通过动力提升进入速分生化池，速分生化池内填充速分生化球填料，通过填料表面的微生物新陈代谢作用降解污水中的污染物；速分生化池内通过风机给微生物提供氧气，保证微生物正常的活动。速分生化池出水在中间水池通过增压泵增压进入混凝反应器，利用除磷药剂形成矾花，再通过石英砂反应器予以去除，过滤出水经次氯酸钠溶液消毒后排入清水池，再通过回用水泵加压供至中水回用管网。

设备选型及参数：格栅：$b=3mm$，$B=0.5m$，1台；提升泵：$Q=6.3m^3/h$，$H=12.5m$，$N=0.75kW$，2台（一用一备）；速分生化球：$\Phi120mm$，$Q=68m^3$；排污泵：$Q=10m^3/h$，$H=20m$，$N=2.2kW$，1台；分气缸：$\Phi200mm$，$L=2.0m$，1台；罗茨风机：$Q=1.9m^3/min$，$P=39.2kPa$，$N=2.2kW$，2台（一用一备）；混凝反应器：$\Phi1200mm$，$H=2.3m$，1台；混凝加药装置：$Q=1.6L/h$，$P=7.6bar$，$N=22W$，搅拌电机：0.37kW，PE：100L，1套；石英砂过滤器：$\Phi1200mm$，滤速10m/h，$N=1.0kW$；增压泵：$Q=6.3m^3/h$，$H=20m$，$N=1.1kW$，2台（一用一备）；消毒加药装置：$Q=0.79L/h$，$P=10.3bar$，$N=22W$，PE：60L，1套。

4. 贮水池和水箱容量

调节池有效容积60m³；速分生化池有效容积65m³；清水池有效容积40m³。

六、循环冷却水系统

1. 系统设置

按建设方要求，商业的零售区、百货区及超市区以及2号主楼、3号主楼分别设置制

冷机组及冷却塔；冷却塔均设于裙房大屋面，分别与地下室制冷机房内的制冷机组一一对应，商业部分另设有冬季免费制冷系统。冷却水循环泵设于制冷机房内，循环泵吸水口上均设置反冲过滤型电子水处理仪。系统为多塔并联（干管制）系统，配管方式为冷却塔合流进水；冷却系统的控制采用以下开关顺序：制冷机及冷却塔进出水管上的电动阀—冷却循环泵—开式冷却塔—制冷机；关机顺序与开机顺序相反。

2. 系统水量

商业零售区共设置3台高压冷机，单台冷机的循环水量为1422m³/h；免费制冷总流量为1550m³/h。百货区共设置2台750RT水冷冷水机组，单台冷机的循环水量为540m³/h；超市区共设置2台螺杆式水冷冷水机组，单台冷机的循环水量为120m³/h；2号主楼共设置3台冷机，其中两台循环水量各为600m³/h，另一台循环水量为300m³/h；3号主楼共设置2台冷机，单台冷机的循环水量为291m³/h，以上温差均按5℃考虑。

七、消防系统

1. 消防灭火设施配置

本工程按照同一时间发生一次火灾考虑，最大同时消防用水量如表6所示，消防水池容积如表7所示，消防水泵选型及参数表如表8所示。

最大同时消防用水量 表6

系统	设置场所	危险等级	喷水强度	作用面积	计算用水量	火灾延续时间	火灾时用水量
室外消火栓系统	室外				30L/s	3h	324m³
室内消火栓系统	室内各区域				40L/s	3h	432m³
窗玻璃喷淋	商业步行街两侧商铺开口部位		0.5L/(s·m)		22.5L/s	3h	243m³
湿式喷淋系统	室内各区域	中危险Ⅱ级	8L/(min·m²)	160m²	45L/s	1h	162m³
大空间智能型主动喷水灭火系统	三个较大中庭及IMAX电影厅				15L/s	1h	54m³

消防水池容积表 表7

消防系统	设计流量（L/s）	灭火时间（h）	用水量（m³）	备注
室内消火栓	40	3	432	存储于消防水池内
自动喷淋系统	45	1	162	存储于消防水池内
消防水炮	15	1	54	存储于消防水池内
窗玻璃喷淋	22.5	3	243	存储于消防水池内
冷却塔补水	—	—	130	储存1h冷却塔补水量
消防水池总有效容积	—	—	1021	喷淋系统＋室内消火栓系统＋消防水炮＋窗玻璃喷淋＋1h冷却塔补水

消防水泵选型及参数表 表8

序号	名称	规格及型号	单位	数目	备注
1	高区消防转输泵	XBD40-130-HY 型：$Q=0\sim40L/s$，$H=130m$，$N=90kW$，$n=2970r/min$	台	3	两用一备 2号主楼用
2	低区消火栓消防泵	XBD40-170-HY 型：$Q=0\sim40L/s$，$H=170m$，$N=132kW$，$n=4500r/min$	台	2	一用一备 2号主楼及3号主楼用
3	低区自喷消防泵	XBD30-170-HY 型：$Q=0\sim30L/s$，$H=170m$，$N=90kW$，$n=4500r/min$	台	2	一用一备 2号主楼及3号主楼用
4	自喷水泵接合器转输泵	XBD30-170-HY 型：$Q=0\sim30L/s$，$H=170m$，$N=90kW$，$n=4500r/min$	台	2	一用一备 2号主楼用
5	消火栓水泵接合器转输泵	XBD40-150-HY 型：$Q=0\sim40L/s$，$H=150m$，$N=110kW$，$n=4500r/min$	台	2	一用一备 2号主楼用
6	高区消火栓消防泵	XBD40-100-HY 型：$Q=0\sim40L/s$，$H=100m$，$N=75kW$，$n=2970r/min$	台	2	一用一备 2号主楼用
7	高区自喷消防泵	XBD30-110-HY 型：$Q=0\sim30L/s$，$H=110m$，$N=55kW$，$n=2970r/min$	台	2	一用一备 2号主楼用
8	消火栓消防泵	XBD40-80-HY 型：$Q=0\sim40L/s$，$H=80m$，$N=75kW$，$n=2970r/min$	台	2	一用一备 商业用
9	自喷消防泵	XBD50-90-HY 型：$Q=0\sim50L/s$，$H=90m$，$N=75kW$，$n=2970r/min$	台	2	一用一备 商业用
10	水炮消防泵	XBD20-130-HY 型：$Q=0\sim20L/s$，$H=130m$，$N=45kW$，$n=4500r/min$	台	2	一用一备 商业用
11	窗玻璃喷淋消防泵	XBD30-70-HY 型：$Q=0\sim30L/s$，$H=70m$，$N=37kW$，$n=2950r/min$	台	2	一用一备 商业用

因本项目可由两条市政道路各引入一路 DN200 给水管，流量及压力可满足室外消防要求，经消防审批部门同意，本次设计不考虑储存室外消火栓用水量。

（1）消防水泵接合器转输水箱容积：储存 2 号主楼 15min 消火栓系统及自喷系统消防水量，$V_1=（40+30）\times15\times60=63m^3$；储存商业部分消防系统火灾初期 10min 消防水量 $V_2=18m^3$。选一座总容积为 96m^3 的不锈钢钢板焊接水箱（设于 2 号主楼七层避难层）。

（2）消防中间转输水箱容积：储存 2 号主楼 20min 消火栓系统及自喷系统消防水量，故 $V=（40+30）\times20\times60=84m^3$。选一座总容积为 96$m^3$ 的不锈钢钢板焊接水箱（设于 2 号主楼二十一层避难层）。

（3）高位消防水箱容积计算：火灾初期 10min 消防水量存于 2 号主楼屋顶消防水箱内，水箱有效容积为 18m^3。选一座总容积为 24m^3 的装配式不锈钢钢板焊接水箱（设于屋顶消防水箱间）。

注：后期按消防主管部门意见，将消防水箱有效容积增加为 36m^3。

2. 消火栓系统

（1）消防给水系统和分区情况

室外消火栓给水系统：本项目由两条市政道路各引入一路 DN200 给水管，给水管道配合市政给水管道在基地地下室内布置成环状管网，室外设 SS100 型地上式消火栓，间距不大于 120m，距各系统的消防水泵接合器不大于 40m。室外消火栓消防水量及水压由基地环状给水管网满足。

室内消火栓给水系统：按甲方要求，本项目各组团均单独设置消防水泵，消防水池统一设置，消防泵房及消防水池均设在 2 号主楼地下三层动力中心内。商业消火栓系统竖向不分区，商业消火栓加压泵设于消防泵房内，高位消防水箱及消火栓增压稳压装置设于 2 号主楼七层（避难层）内。系统在室外设置 3 套 DN150 水泵接合器。

2 号主楼消火栓系统与 3 号主楼消火栓系统合并考虑，消火栓系统分为两个大区。本楼地下室至二十层（除一～六层商业部分消火栓由商业消火栓系统满足外）及 3 号楼全楼为低区；本楼二十一～三十五层为高区，高区系统采用转输串联的供水方式。高、低区分设消防泵，低区消火栓加压泵及高区消防转输水泵设于地下三层消防泵房内，消防中间转输水箱及高区消火栓加压泵设于二十一层避难层内，高位消防水箱及消火栓增压稳压装置设于屋顶消防水箱间内；高区消火栓水泵接合器转输水泵及水泵接合器转输水箱均设于七层避难层内。系统高、低区在室外各设 3 套 DN150 水泵接合器。

（2）系统增压装置（稳压泵、气压罐）和设备选型

商业室内消火栓系统增压稳压设备选 ZW（L）-I-X-10 型成套设备，其中气压罐型号为 SQL800×0.6，标定容积 300L；实际容积 319L；配套水泵型号为：25LGW3-10×5 型，N＝1.5kW（一用一备）；

2 号主楼室内消火栓系统增压稳压设备选 ZW（L）-I-X-13 型成套设备，其中气压罐型号为 SQL1000×0.6，标定容积 300L，实际容积 329L；配套水泵型号为 25LGW3-10×4 型，N＝1.5kW（一用一备）。

（3）防超压或减压措施

防超压或减压措施：1）消防泵均选用流量—扬程曲线平缓的水泵；2）消防泵均设置回流泄压装置；3）合理分区，消火栓栓口静压大于 1.0MPa 采用可调式减压阀组分区；系统工作压力大于 2.40MPa 本楼高区系统采用转输串联的供水方式。4）栓口动压大于 0.50MPa 的消火栓采用减压稳压消火栓。

（4）消火栓箱型号规格、箱内配置和系统的控制方式

消火栓箱均采用 SG24D65Z-J 型（其中减压稳压消火栓采用 SNJ65-B 型弹簧式减压稳压消火栓），消火栓箱内配 DN65 阀一个，DN65 麻质衬胶水龙带 25m 长一条，Φ19 直流水枪一支，DN25 阀一个，Φ19 橡胶软管 20m 长一条，Φ8 直流小水枪一支，磷酸铵盐干粉灭火器两具（每具 5kg），并均配消防指示灯及启泵按钮一个。

通过以下方式启动商业及 2 号主楼高、低区消火栓加压泵：在消火栓箱处按下启泵按钮启动；在消防控制中心启动；在消防水泵房就地启动；增压稳压泵则通过增压泵出水管上的压力控制启停。2 号主楼高区消防转输水泵启停由消防中间转输水箱高、低水位控制；高区消火栓水泵接合器转输水泵由高区消防箱消防按钮及消火栓系统高区水泵接合器进水管上水流指示器水流信号同时动作，报警信号传至消防中心即可启泵。

3. 自动喷水灭火系统

按甲方要求，本项目各组团均单独设置消防水泵，消防水池统一设置，消防泵房及消

防水池均设在 2 号楼地下三层动力中心内。商业自喷系统竖向不分区。自喷加压泵设于地下三层消防泵房内,高位消防水箱及自喷增压稳压装置设于 2 号主楼七层(避难层)。系统在室外设置 3 套 DN150 水泵接合器。2 号主楼自喷系统与 3 号主楼自喷系统合并考虑,自喷系统分为两个大区。本楼地下室至二十层(除一～六层商业部分自喷由商业自喷系统满足外)及 3 号楼全楼为低区;本楼二十一～三十五层为高区。高区系统采用转输串联的供水方式,高、低区分设自喷消防泵,低区自喷消防泵及高区转输水泵(与消火栓合用)设于地下三层消防泵房内,高区自喷消防泵及消防中间转输水箱(与消火栓合用)设于二十一层避难层内,高区自喷水泵接合器转输水箱(与消火栓合用)及转输水泵设于七层避难层内。高,低区各设 3 套 DN150 地下式消防水泵接合器。高位消防水箱及自喷消防增压稳压装置均设于大屋面消防水箱间内。

(1)保护场所的喷水危险等级、作用面积、喷水强度、最不利点的压力要求。本工程火灾危险等级均按中危险 II 级设防,喷水强度 $8L/(min \cdot m^2)$,作用面积 $160m^2$,最不利点喷头工作压力 0.10MPa,火灾持续时间 1h。

(2)系统的增压装置(稳压泵、气压罐)和设备选型。自喷消防增压稳压设备均选 ZW(L)-I-Z-10 型成套设备,其中气压罐型号为 SQL800×0.6,标定容积 150L,实际容积 159L;配用水泵型号:25LGW3-10×4 型(一用一备),性能参数为:$Q=2.4\sim3.0\sim4.7m^3/h$;$H=41.6\sim40\sim30.8m$;$N=1.5kW$;$n=2900r/min$。

(3)防超压或减压措施:1)消防泵均选用流量—扬程曲线平缓的水泵;2)消防泵均设置回流泄压装置;3)合理分区,自喷配水管道大于 1.20MPa 采用可调式减压阀组分区;本楼高区自喷系统采用转输串联的供水方式。4)配水管入口压力大于 0.40MPa 的楼层设置可调式减压孔板减压。

(4)报警阀的分区情况和选型,各场所喷头配置形式、温级等。因商业面积较大,商业自喷报警阀组每层分别设置;2 号主楼自喷低区报警阀组除消防泵房设有两组外,其余设于 2 号主楼七层(避难层);2 号主楼自喷高区报警阀组设于 2 号主楼二十一层(避难层)内;3 号主楼自喷报警阀组设于该楼地下室水泵房内。报警阀组均选用 ZSFZ 型(DN150,P=1.6MPa)湿式报警阀。

喷头选型:地下室及无吊顶部位采用 DN15 直立玻璃球闭式喷头;走道及有吊顶处采用 DN15 吊顶型喷头;公共娱乐场所、中庭环廊、地下商业及仓储用房喷头采用快速响应喷头;酒店客房采用 GB-HSW(GB-L017/32)型大口径大覆盖面快速反应水平侧墙式喷头。除侧喷喷头 K 为 115 外,其余喷头 K 均为 80。厨房操作间喷头动作温度为 93℃,其余喷头动作温度均为 68℃。

4. 窗玻璃喷淋灭火系统

根据消防性能化要求,为防止商铺内部火灾向外蔓延,沿商业步行街(亚安全区)两侧商铺的防火玻璃隔断上设置喷头保护。系统设置独立的消防水泵、湿式报警阀组及供水管网。消防水量储存在地下三层消防水池内。窗玻璃喷淋消防泵及报警阀组设于地下三层消防泵房内,高位消防水箱及消防增压稳压装置(与自喷系统增压稳压装置合用)设于 2 号主楼七层(避难层),系统在室外设置 2 套 DN150 水泵接合器。

(1)保护场所的喷水危险等级、作用面积、喷水强度、最不利点的压力要求。根据消防性能化要求,按中危险 II 级设防,作用面积 $160m^2$,最不利点喷头工作压力 0.10MPa,

窗玻璃喷头喷水强度为 0.5L/(s·m)，喷淋保护长度按需要喷淋保护的最长的单个店面长度的 1.5 倍计，系统消防水量为 22.5L/s，一次火灾持续时间为 3h。

（2）系统的增压装置（稳压泵、气压罐）和设备选型。消防增压稳压装置（与自喷系统增压稳压装置合用）选 ZW（L）-I-Z-10 型成套设备，其中气压罐型号为 SQL800×0.6，标定容积 150L，实际容积 159L；配用水泵型号：25LGW3-10×4 型（一用一备），性能参数为：$Q = 2.4 \sim 3.0 \sim 4.7\text{m}^3/\text{h}$，$H = 41.6 \sim 40 \sim 30.8\text{m}$，$N = 1.5\text{kW}$，$n = 2900\text{r/min}$。

（3）防超压或减压措施：1）消防泵均选用流量—扬程曲线平缓的水泵；2）消防泵均设置回流泄压装置；3）配水管入口压力大于 0.40MPa 的楼层设置可调式减压孔板减压。

（4）报警阀的分区情况和选型，喷头配置形式、温级等。窗玻璃喷淋报警阀组设于商业首层报警阀间内；报警阀组选用 ZSFZ 型（DN150，P = 1.6MPa）湿式报警阀。窗喷喷头采用 ZSTB-15A 边墙型标准响应喷头，K 为 80，喷头动作温度为 68℃。

5. 大空间智能主动喷水灭火系统

根据消防性能化设计要求，步行街三个较大的通高中庭及 IMAX 电影院等处挑空区域高度超过 12m 的部分设置 ZSS-25A 自动扫描射水高空水炮灭火装置。系统设置独立的消防水泵及供水管网，消防水量储存在地下三层消防水池内；水炮消防泵设于地下三层消防泵房内，高位消防水箱及消防增压稳压装置（与自喷系统增压稳压装置合用）设于 2 号主楼七层（避难层）。系统在室外设置 2 套 DN100 水泵接合器。

（1）保护场所的喷水危险等级、喷水强度、最不利点的压力要求。系统设计危险等级为中危险 I 级，水炮标准射水流量 5L/s，保护半径 20m，水炮设置高度 6～25m，标准工作压力 0.6MPa。本系统消防水量为 15L/s，火灾持续时间为 1h。

（2）系统的增压装置（稳压泵、气压罐）和设备选型。消防增压稳压装置（与自喷系统增压稳压装置合用）选 ZW（L）-I-Z-10 型成套设备，其中气压罐型号为 SQL800×0.6，标定容积 150L，实际容积 159L；配用水泵型号为 25LGW3-10×4 型（一用一备），性能参数为：$Q = 2.4 \sim 3.0 \sim 4.7\text{m}^3/\text{h}$；$H = 41.6 \sim 40 \sim 30.8\text{m}$；$N = 1.5\text{kW}$；$n = 2900\text{r/min}$。

（3）防超压或减压措施：1）消防泵均选用流量—扬程曲线平缓的水泵；2）消防泵均设置回流泄压装置；3）配水干管上设置可调式减压阀组防止供水超压。

（4）系统控制方式。火灾初期水量及平时水压由稳压装置提供。加压泵控制由任一点失火时，探测器将火灾信息传送至信息处理主机，信息处理主机处理后发出火警信号，同时自动启动相应的自动消防炮进行空间自动定位并锁定火源点打开电磁阀，启动水炮泵进行灭火。稳压装置上的低压信号亦可自动启动水炮泵。防护现场、消防控制中心亦可就地手动开启水炮泵。水炮泵及稳压装置运行情况应显示于消防中心和水泵房的控制盘上。信号阀、水流指示器的动作信号应显示在消控中心的控制盘上。

6. 气体灭火装置

（1）气体灭火设置场所和保护区的划分。本项目变配电室、弱电机房、网络机房等设置七氟丙烷气体灭火系统。系统为无管网灭火系统，每个房间为独立的防护区。

（2）灭火剂的选择、设计浓度、抑制时间、系统的工作压力等设计参数。灭火方式：全淹没；设计灭火浓度：9%；灭火剂喷射时间：$t \leqslant 10\text{s}$；钢瓶储存压力：2.5MPa；浸渍时间：≥3min；使用环境温度：−10～+50℃。

（3）保护区最大灭火剂用量和钢瓶规格、数量。弱电机房：七氟丙烷灭火剂储量160.70，钢瓶型号为CQQ90/2.5（2个），钢瓶尺寸为500mm×470mm×1570mm；泄压装置为XJ0.12A（1套）。变电所：七氟丙烷灭火剂储量4542.72，钢瓶型号为CQQ90/2.5（52个），钢瓶尺寸为500mm×470mm×1570mm，泄压装置为XJ0.25（8套）、XJ0.12A（4套）。网络机房：七氟丙烷灭火剂储量495.63，钢瓶型号为CQQ90/2.5（6个），钢瓶尺寸为500mm×470mm×1570mm，泄压装置为XJ0.25（2套）、XJ0.12A（2套）。

（4）系统组成及控制：

1）系统由储存装置、七氟丙烷灭火药剂、组合阀、反馈装置、喷头等组成。

2）灭火系统具有自动、手动和机械应急两种启动方式：当无人时，应自动控制：当发生火灾时，火灾探测器发生火灾信号，通过火灾自动报警控制器将信号传送给灭火控制器，延迟30～60s自动启动灭火系统。当有人值班时，应手动控制：当人员发现火灾时，及时手动启动防护区门外的紧急启动盒，通过灭火控制器启动灭火系统。

7. 厨房设备灭火装置

（1）厨房内烹饪设备及其排烟罩和排烟风管设置独立的厨房设备灭火系统装置，灭火介质采用厨房专用灭火剂。

（2）系统设计参数。设计喷射强度 [L/(s·m²)]：烹饪设备0.40，排烟罩0.02，排烟风管0.20；灭火剂持续喷射时间为10s；喷嘴最小工作压力为0.10MPa；冷却水嘴最小工作压力为0.05MPa；冷却水嘴持续喷水时间为5min。

（3）厨房设备灭火装置自带自动控制装置，能够自动探测火灾并实施灭火，其所有信号均反映到消防中心。

8. 建筑灭火器配置

本工程按照严重危险级设防，公共区、走道等处的灭火器配置按A类火灾设置，保护距离20m；高低压变配电室、控制中心、网络机房等按E类火灾设置，保护距离20m；地下车库及厨房按B类火灾设置，保护距离12m。均采用手提式磷酸铵盐干粉灭火器灭火，型号为MF/ABC5型。灭火器大部分设在消防箱下的灭火器柜内，一部分设在有重点保护要求的位置。灭火器配置数量、位置应按当地消防主管部门日常管理要求进行复核并执行。

八、管材选择

（1）室内生活给水、热水及热水回水管均采用薄壁不锈钢管，压力等级为1.60MPa，配套卡凸压缩式不锈钢管件丝接或法兰连接，密封圈为三元乙丙锥形多级密封圈；嵌墙暗装的给水、热水支管均采用双卡压加强式连接，管道外壁缠防腐胶带（PE薄膜和丁基橡胶共挤型）或采用包覆管。

（2）室内重力自流排水管道、通气管道均采用离心机制柔性排水铸铁管，法兰A型管材，配套法兰机械式连接。加压排放的压力流排水管均采用热镀锌钢管，丝接或沟槽式卡箍连接。

　　（3）室内虹吸雨水系统采用高密度聚乙烯（HDPE）管，热熔焊接和电熔套管连接；其他雨水立管及悬吊管采用衬塑钢管，卡箍连接；2 号主楼雨水采用厚壁不锈钢管道，卡箍连接，压力等级为 2.50MPa。

　　（4）室内架空消防管道，商业采用内外壁热镀锌钢管，丝接或沟槽式卡箍连接，压力等级为 1.60MPa；主楼采用内外壁热镀锌无缝钢管，丝接或沟槽式卡箍连接，压力等级为 2.50MPa。

　　（5）冷却循环水管道采用内外涂塑无缝焊接钢管，焊接连接。

　　（6）室外直埋敷设的给水及消防管道均采用孔网钢带聚乙烯塑料复合管，电热熔连接，压力等级为 1.60MPa。

　　（7）室外直埋雨、污水均采用 HDPE 塑钢缠绕管，卡箍式弹性连接。

九、工程主要创新及特点

　　给水系统按照建筑高度、产权划分及物业管理等因素，各单体低区均利用市政给水管网压力直供；超高层办公其余各区采用低位生活水箱—生活水泵—高位生活水箱及变频调速供水设备联合供水；其他单体高、中区采用低位生活水箱—变频调速供水设备联合供水；各单体加压泵房及管网独立设置，完全满足使用及计量要求。位于首层中心位置及地下室的卫生间污水经管道收集后排至设于地下三层的污水提升设备加压提升排至室外，解决了排水管线太长对层高和使用的影响，也避免了室外地下室顶板覆土厚度不够的问题。酒店部分生活废水经管道收集后排至地下三层中水处理站，处理后用于绿化及道路浇洒。商业屋面采用虹吸雨水排放系统，收集后的雨水直接排入室外雨水管网，避免了大量管道走在室内，影响层高和功能使用。商业及零售区、百货区及超市区均分别设置制冷机组及冷却塔，冷却塔设于六层大屋面，分别与地下室制冷机房内的制冷机组一一对应，商业部分另设有冬季免费制冷系统，解决了各功能单元使用时间及使用要求不同的需求。冷却水补水量均存于消防水池内，由专用的变频恒压供水设备加压供至各冷却塔，既节水又能避免消防水池水质不能保证的问题。消防系统各功能区域单独设置水泵及管网，消防水池合用。商业沿步行街两侧商铺开口部位设置窗玻璃喷淋灭火系统，增强了防火玻璃的耐火极限。通高中庭及 IMAX 电影院等高大空间部位设置自动扫描射水高空水炮灭火装置，解决了自喷无法保护的问题。超高层办公消防高区系统采用转输串联的供水方式，高、低区分设消防泵，低区消防泵及高区转输水泵设于地下三层消防泵房内，高区消防泵及消防中间转输水箱设于二十一层避难层内，高区消火栓水泵接合器转输水箱及转输水泵设于七层避难层内，解决了水泵接合器供水能力不足的问题。

　　说明：因本工程设计时间为 2012～2013 年，设计均遵循当时执行的规范版本并结合消防性能化专家意见。

腾讯成都 A、B 地块^①

- 设计单位：　四川省建筑设计研究院有限公司
- 主要设计人：　王家良　陈银环　王　瑞
　　　　　　　梁国林　李德俊　杨芷菡
　　　　　　　罗爱京　张朝碧
- 本文执笔人：　王家良

作者简介：
　王家良，教授级高级工程师，四川省建筑设计研究院有限公司常务副总工程师。主持或参与多项国家级和省部级重大科研课题，主编或参编国家和地方技术标准 20 余项，获得国家级、省部级重要奖项 20 余项。

一、工程概况

腾讯成都 A、B 地块建筑工程项目位于成都市高新区天府三街，天府大道与益州大道之间。该工程由相邻的 A 和 B 两个地块组成，地块之间为市政道路，总净用地面积约 3.59 万 m^2，总建筑面积约 21.20 万 m^2。A 地块和 B 地块内建筑均为一类高层建筑，使用性质均为科研办公楼。其中：A 地块净用面积 1.59 万 m^2，建筑面积 9.4 万 m^2，地上 17 层，地下 2 层（局部夹层），建筑高度 75.75m；B 地块净用面积 2.0 万 m^2，建筑面积 11.8 万 m^2；地上 17 层，地下 2 层（局部夹层），建筑高度 76.65m。项目出图时间为 2012 年 4 月，消防给水系统按当时的国家标准、规范及四川省消防文件进行设计。

本工程为腾讯成都运营总部，使用单位包括腾讯成都公司的所有职能部门和部分核心业务部门，是腾讯公司西部地区科研、办公、学术交流的重要场所和公司形象的代表，使用功能包括办公、会议、餐饮、停车库和其附属用房，办公人数总设计规模为 8000～9000 人。

本工程的规划、设计、施工和运营等阶段，均秉承着绿色、智慧、生态、可持续发展的理念，力图打造为绿色、智慧、舒适、高效、国际化的科研办公场所。设计团队在全过程服务中与政府主管部门、业主、咨询机构、科研办公人员等密切配合，通力合作，在绿色、智慧、生态、节水、水资源利用等方面，做了大量的工作，取得了良好的效果。本工程获得国家绿色建筑二星级设计标识、二星级运营标识、国际 LEED 金级认证等荣誉。由于本项目 A 地块和 B 地块的使用功能类似，且两地块给水排水系统和消防系统独立设置，本案例主要对 A 地块给水排水设计进行介绍。

---

① 该工程设计主要工程图详见中国建筑工业出版社官方网站本书的配套资源。

二、给水系统

1. 水源

项目水源分两类：传统水源（城市自来水）和非传统水源（建筑中水）。

（1）传统水源：传统水源为城市自来水，本项目 A 地块和 B 地块均从周边市政给水管网接两路 DN200 引入管，在各地块红线内形成 DN200 环状给水管网。引入管上设置总水表及倒流防止器，自来水主要供应场所包括：餐饮、盥洗、淋浴、保洁、消防和冷却循环补水等。

（2）非传统水源：本项目建筑中水的原水为全楼的洗浴废水，原水经中水处理站处理后，用于冲厕用水、绿化用水和景观水体补水。

2. 生活用水量（表1）

（1）办公用水：研发办公（卡位）3240 人，访客、加座和配套等按 15% 折算，则该项目合计办公人数 $N_1 = 3240 \times 1.15 = 3726$（人）。

（2）餐饮用水：餐厅座位数 840 座，设计人次取值 $N_2 = 840 \times 5 = 4200$（人次）。

（3）会议用水：会议用水设计座次 $N_3 = 300 \times 2 = 600$（座次）。

（4）培训用水：用水人数 $N_4 = 200 + 240 = 440$（人）。

（5）健身用水：按总办公人数 15% 考虑，$N_5 = 3726 \times 15\% = 559$（人次）。

（6）绿化面积用水：室外绿化面积约 $5865m^2$。

A 地块生活用水量　　　　　　　　　　　　　　　　表 1

用水性质	每日用水定额	用水量单位	数量	用水时间 (h)	小时变化系数	最大日用水量 (m^3/d)	最大时用水量 (m^3/h)	平均时用水量 (m^3/h)
办公	50	L/（人·班）	3726人	10.0	1.20	194.00	23.28	19.40
职工餐厅	25	L/（顾客·次）	4200人次	14.0	1.30	105.00	9.75	7.50
会议厅	7	L/（座·次）	640人	4.0	1.30	4.48	1.46	1.12
培训用水	50	L/（人·d）	440人	8	1.2	22.00	3.30	2.75
健身用水	40	L/（人·d）	582人	10	1.25	23.28	2.91	2.33
绿化用水	2	L/m^2	$5865m^2$	8.0	1.00	11.73	1.47	1.47
停车库地面冲洗水	2	L/m^2	$1823m^2$	8.0	1.00	3.65	0.46	0.46
浇洒道路和场地用水	2	L/m^2	$3800m^2$	8.0	1.00	7.60	0.95	0.95
室外水景补水	景观水体总蒸发面积约 $1040m^2$			10	1.00	17.30	1.73	1.73
冷却塔补水	按 1.5% 冷却塔循环水量计算，A 地块办公楼循环冷却水量约 $2200m^3/h$			10	1.00	330.00	33.00	33.00
未预见水	按本表以上项目的 10% 计					71.9	7.83	7.07
合计						790.94	86.14	77.78

（7）汽车库冲洗用水：按地下室建筑面积 60% 计，约 $1823m^2$。

（8）室外道路、地面冲洗用水：硬质地面面积约 $3800m^2$。

（9）冷却循环用水：循环冷却水量约 $2200m^3/h$，循环补充水量约 $33m^3/h$。

（10）室外景观水池补充用水量：A 地块室外景观水体总面积约 $1040m^2$，平均水深取

0.5m，初次冲水量约 520m³，设计采取水体更新周期平均为 30d，则景观水体补水量约 17.3m³/d。

3. 给水系统分区

该项目 A 地块建筑地上 17 层，地下 2 层，给水系统竖向分为三区：

低区（地下二～三层）：由市政水压直接供水，充分利用市政供水压力；

中区（四～十层）：由中区变频给水系统供水，中区给水系统设计秒流量为 11.21m³/h，水泵供水压力为 0.75MPa；

高区（十一～十七层）：由高区变频给水系统供水，高区给水系统设计秒流量为 8.46m³/h，水泵供水压力为 1.20MPa。

给水系统和中水供水系统中，用水点处供水压力＞0.2MPa 楼层，均设支管减压阀减压，各用水点处控制水压≤0.15MPa。

4. 生活储水箱

(1) 本工程中、高区供水人数及用水量统计：

办公人数 m_1＝3880 人，用水定额 50L/(人·d)，最高日用水量 q_1＝194m³/d；会议人数 m_2＝640 人，用水定额 7L/(座·次)，最高日用水量 q_2＝4.48m³/d；培训人数 m_3＝440 人，用水定额 50L/(人·d)，最高日用水量 q_3＝22m³/d；健身人数 m_4＝582 人，用水定额 40L/(人·d)，最高日用水量 q_4＝23.3m³/d。

(2) 本工程生活水箱有效容积取最高日用水量的 25%，其中：中、高区冲厕用水采用中水，其给水份额占人均用水定额的 60%不计算在生活水箱（市政给水）有效容积内，则 V_1＝40%×(194＋4.48＋22＋23.3)×25%＝24.4m³。

(3) 本工程设置 2 个生活储水箱，单个水箱尺寸：$L \times B \times H$＝3m×4m×2.0m，总有效容积为 40m³。

三、热水系统

1. 热水系统设计概况

(1) 设置范围：本项目公共卫生间洗手盆、健身房淋浴、厨房洗涤池和物业管理用房卫生间等场所，全面供应热水。办公场所采用电热水器供应热水，六层健身用房采用容积式商用电热水炉供应热水，三层厨房和地下室员工淋浴采用"燃气式直燃机组配储热水罐"集中供应热水。

(2) 热水系统分区：热水系统供水分区同冷水系统。

(3) 设计水温：冷水计算温度按 7℃计，热水出水温度按 60℃设计。

2. 热水量和耗热量

A 楼设计小时热水量为 5999L/h，设计小时耗热量为 1331244kJ/h(369.8kW)。

3. 加热设备选型

会议楼层（六层）采用容积式商用电热水炉供应热水，设计小时耗热量为 83.7kW，选用两台容积式商用电热水炉，型号为 DSE-120-45，设备参数：N＝45×2kW，V＝455L，产水率 q＝668L/h(Δt＝55℃)。

低区三层厨房和地下室员工淋浴采用"燃气式直燃机组配储热水罐"集中供应热水，设计小时耗热量为 184.0kW，选用两台燃气式直燃机组，型号为 HW-520，设备参数：$N=137kW$，$\eta=90\%$，产水率 $q=1968L/h$（$\Delta t=55℃$），天然气耗量 13.7m³/h，用电量 $N<100W$。低区设计小时热水量为 2985.6L/h，热水罐储水量按 30min 考虑，取 $V=2.0m^3$。

四、管道直饮水系统

1. 本工程采用管道直饮水系统供给办公楼饮用水

管道直饮水处理机房设于地下室专用房间，饮水供应分高、低两区，一～十层为低区，十一～十七层为高区，均采用变频调速泵组提升。循环管道同程设置，直饮水在配水系统中的停留时间按不超过 12h 设计，饮水点均设置智能终端直饮水设备。

2. A 地块管道直饮水系统计算

（1）饮用水标准：

办公部分：每人每班 1～2L，设计取 1.8L；培训部分：每人每班 1～2L，设计取 2L；会议部分：每人每班 0.2L。

（2）A 地块建筑最高日最大时饮水量：

最高日：$Q_d=3880\times1.8+440\times2+640\times0.2=6084+880+128=7092L/d$，设计取 7200L/d；最大时：$Q_h=7200\times1.5/10=1080L/h$；考虑培训和会议大部分为员工自用，水量计算有重叠，故设计取 1000L/h。

3. 直饮水净水站工艺流程（图1）

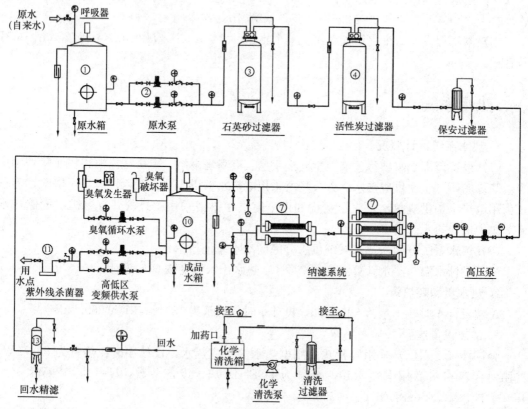

图 1　直饮水净水站工艺流程图

五、中水系统

本项目 A 地块室外和屋面绿化浇洒、地面冲洗、室外景观水景补水、办公楼冲厕用水均采用中水供水，不足部分采用市政自来水补给。本工程中水供水系统分区如下：三层及以下楼层为低区（低区仅供应室外绿化浇洒，低区冲厕用水采用自来水）；四~十一层为中区，十二~十七层为高区，均采用变频泵给水加压系统供水。室外和屋面绿化（采用微灌系统）浇洒均考虑分片区设计，以保证每片最大浇洒面积用水量 q_3 不超过 4L/s。

A 楼中水使用场所的日均用水量为 99.79m³/d。

1. 水量平衡分析（表 2~表 4）

A 楼中水使用场所的日均水量平衡分析　　表 2

设计范围	绿化用水（m³）	景观补水（m³）	冲厕用水（m³）	中水使用场所总用水量（m³）	中水回用量（m³）	自来水补水量（m³）	中水满足率（%）
A 地块	8.8	17.3	73.69	99.79	83.60	16.19	83.7

A 楼中水处理站设计规模　　表 3

序号	设计参数	日处理规模 Q_{d2}（m³/d）	中水回用量 Q_{d3}（m³/d）	处理能力 Q_{h1}（m³/h）	调节池容积 V_1（m³）	中水池容积 V_2（m³）	备注
1	参数取值	$1.1Q_{d1}$	$0.9Q_{d1}$	Q_{d2}/t	$50\%Q_{d1}$	$50\%Q_d$	运行时间 8h
2	计算值	102.18	83.60	8.75	46.44	46.44	
3	设计值	105	83.60	10	50	48	

A 楼中水使用场所的年均用水量平衡分析表　　表 4

设计范围	绿化用水（m³）	景观补水（m³）	冲厕用水（m³）	中水使用场所总用水量（m³）	中水回用量（m³）	自来水补水量（m³）	中水满足率（%）
A 地块	2932.5	6314.5	21222.72	30469.72	24076.8	6686.68	79.0

2. A 楼非传统水源利用率利用率

A 楼非传统水源利用率＝项目中水年使用量/项目年总用水量。经计算，A 楼非传统水源利用率为 20.1%。

3. 水回用处理工艺流程（图 2）

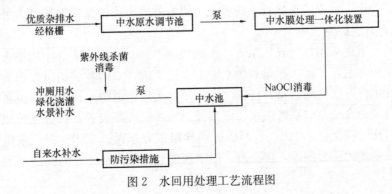

图 2　水回用处理工艺流程图

六、排水系统

1. 排水体制

本工程室外为污、废、雨分流排水系统，生活污水经格栅沉砂池处理后，直接排入城市污水管网。盥洗废水及淋浴废水单独排至室外，收集排至地下室中水处理间，处理后回用。雨水系统按低影响开发系统设计，通过下凹绿地、透水铺装、植草沟等低影响设施，回补地下水，超标雨水排入周围市政雨水管网。

室内污、废水采用分流制排水系统，淋浴废水、空调冷凝水等优质杂排水，作为中水原水回收利用。厨房含油污、废水，经隔油设备处理后，排入室外污水系统。室内±0.000以上污、废水重力自流排至室外，排至室外相应污水系统；地下室卫生间排水，采用成套污水提升装置，排至室外相应污水系统。

2. 污水系统

A地块污水最高日排水量约为 $360m^3/d$。办公楼卫生间排水采用有专用通气立管的排水系统，其余部位采用有伸顶通气的单立管排水系统。

3. 雨水系统

本工程室外雨水重现期 $P=3$ 年，屋面雨水设计重现期 $P=10$ 年。

本工程十层及以下屋面雨水，采用虹吸式压力排水系统，十一层及以上屋面雨水采用重力流排水系统。屋面重力流排水系统，雨水斗采用87型。屋面虹吸式压力排水系统采用虹吸式雨水斗，屋面雨水排水系统和溢流口或溢流设施的总排水能力，按50年重现期设计。

七、消防系统

本项目A、B地块均为一类高层综合楼，消防系统独立设置，主要包括：室内消火栓系统、室外消火栓系统、自动喷水灭火系统、大空间智能型主动喷水灭火系统、气体灭火系统及建筑灭火器等。

1. 室外消防系统

室外消防系统为低压制系统，由城市自来水供给，A地块和B地块均从周边市政给水管网接两路 $DN200$ 引入管，在各地块红线内形成 $DN200$ 环状给水管网。室外供水管道与生活给水环管合用，并在给水环管上设置地上式室外消火栓以保证室外消防用水。

2. 室内消火栓系统

室内消火栓系统采用临时高压系统，A地块和B地块独立设置。室内消火栓系统由消防水池、屋顶消防水箱、消火栓泵和供水管道系统组成。室内各层均设置消火栓，并保证有两股消火栓水柱可同时到达室内任何一点。平时由屋顶消防水箱及增压设备维持系统压力，火灾时启动消火栓泵向系统供水。室内消火栓系统成环设置，保证系统双向供水。消火栓设计出口压力控制在 $0.25\sim0.5MPa$；当栓口压力超过 $0.5MPa$ 时，采用Ⅱ减压稳压消火栓。消防卷盘的设置间距，保证有一股水流能到达室内地面任何部位（图3）。

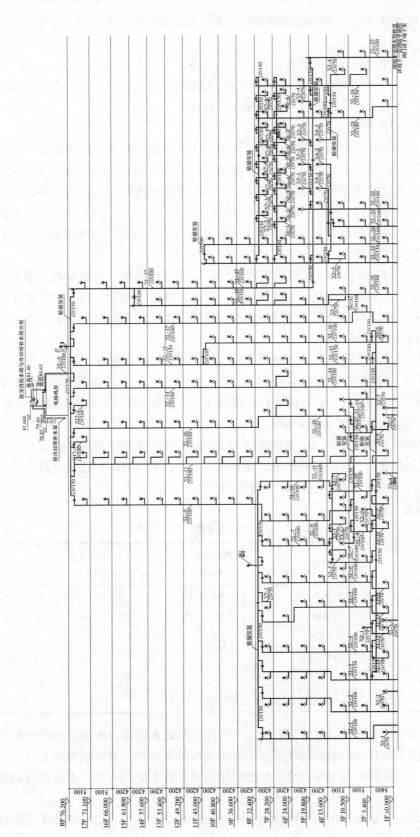

图 3　地上消火栓管道系统原理图

室内消火栓水量 40L/s，火灾延续时间为 3h，消火栓系统室外设置 3 组地上式水泵接合器。

地下一层消防泵房内设消火栓泵两台，一用一备，水泵参数：$Q=40L/s$，$H=120m$，$N=90kW$。火灾时，按动任一消火栓处启泵按钮或消防中心、水泵房处启泵按钮均可启动该泵并报警。各消火栓按钮处设有保护按钮的设施。

3. 自动喷水灭火系统

室内地上各层和地下室，除变配电房、网络机房、水箱间和水泵房等不宜水扑救的场所外，全面设置自动喷水灭火系统。地下车库按中危险Ⅱ级设置，地上各层按中危险Ⅰ级设置。自动喷水灭火系统设计用水量为 35L/s，火灾延续时间为 1h。地下一层消防泵房内设喷水泵两台，一用一备，水泵参数：$Q=40L/s$，$H=130m$，$N=90kW$。喷水泵运行情况显示在消防控制中心和水泵房的控制盘上。喷水系统室外设置 3 组地上式水泵接合器，与自动喷水泵出水管相连。

本工程的中央 IT 信息机房为腾讯公司重要的数据储存场所，机房及其走道安全性要求都很高。为了防止因管道渗漏、系统误动作、喷头损坏等造成的危害和杜绝潜在的安全隐患，保障机房安全，机房及其走道区域采用预作用（干式）自动喷水灭火系统保护。

4. "闭式泡沫-水喷淋"系统

地下车库为Ⅰ类停车库，自动灭火系统采用"闭式泡沫-水喷淋"系统。与消防主管部门进行沟通后，按沟通意见，本项目地下室"闭式泡沫-水喷淋"系统按作用面积 160m²、供给强度 8L/(min·m²) 设计，系统设计用水量为 35L/s，火灾延续时间为 1h。

5. 大空间智能型主动喷水灭火系统

大堂中庭和羽毛球场等部位，净空高度大于 12m，属高大净空场所，设置大空间智能型主动喷水灭火系统。大空间智能型主动喷水灭火系统，采用自动扫描射水高空水炮灭火装置，保护半径≤20m，喷水流量 5L，标准工作压力 0.6MPa。

6. 消防水量（表5）

A 地块消防水量　　　　表5

序号	消防系统名称	消防用水量标准	火灾延续时间	一次灭火用水量	备注
1	室内消火栓系统	40L/s	3h	432m³	按一类综合楼
2	室外消火栓系统	30L/s	3h	324m³	按一类综合楼
3	自动喷水灭火系统	35L/s	1h	126m³	$q=8L/(min·m²)$
4	闭式泡沫－水喷淋系统	35L/s	1h	108m³	与喷水系统合用
5	智能型大空间主动喷水灭火系统	25L/s	1h	90m³	与喷水系统合用
6	同时开启的灭火系统用水量之和（1+2+3项之和）			882m³	

消防储水量按一次火灾同时开启的灭火系统用水量之和设计。根据《四川省民用建筑消防水池设计的补充技术措施》的规定，消防水池应储存室外及室内消防用水量，且高层建筑消防水池有效容积不考虑减去火灾延续时间内补充的水量。本项目消防水池的消防储水量为 882m³。

本项目冷却塔补水池与消防水池合用，消防储水量 882m³，冷却循环补水系统转输储水量 40m³，总储水量 922m³。消防水池设于地下一层，分独立使用的 2 格，室外设置消防取水口。

7. 气体灭火系统装置

地下室高低压变配电房采用柜式七氟丙烷气体灭火系统。

八、工程特点介绍及设计体会

1. 秉承绿色、生态、智慧、可持续发展的理念进行的给水排水设计

本项目按照《绿色建筑评价标准》GB/T 50378—2006 二星级绿色建筑标准进行绿色建筑设计，制定水系统规划，因地制宜选择绿色技术，开展节水、节能和水资源利用。主要绿色技术措施包括：低影响开发措施、中水利用、节水器具、节水灌溉、减压限流措施、用水分项计量和智慧运营管理等。

项目因地制宜，结合建筑特点、地形地貌、降雨特征等，设置绿色屋顶、下沉式绿地、透水铺装、植草沟等低影响开发措施。其中，绿色屋顶面积：A 地块 3250m²，B 地块 3540m²；下沉式绿地面积：A 地块 113m²，B 地块 133m²；透水铺装面积：A 地块 3516m²，B 地块 4267m²；A、B 地块场地综合径流系数均小于 0.35。本项目低影响开发设施及其组合系统，在雨天可充分消纳地表径流、削减面源污染、涵蓄地下水，有效控制雨水外排径流总量和延缓径流峰值流量。A、B 地块地面绿化率约为 30%，透水铺装率均大于 70%，屋面绿化率均大于 50%，有效改善了室外环境微气候，降低了热岛效应。同时，室外场地和周边市政绿色基础设施一体化设计，通过乔、灌、草等相互间的搭配，构建了建筑小区与市政景观一体化的自然生态空间体系，也最大限度地增加园区的绿视率和绿量，达到了生态效益和环境效益的高度统一。

在非传统水源利用上，本项目利用经处理后回用的优质杂排水，替代自来水作为杂用水。A 地块中水日处理规模为 105m³/d，全年非传统水源利用率为 20.1%；B 地块中水日处理规模为 150m³/d，全年非传统水源利用率为 20.6%。A、B 地块中水满足率分别为 42.3% 和 43.8%，满足率较高。本项目按成都市非居民生活用水收费标准计算，A、B 地块每年分别节约水费、排污费 10.8 万元和 13.9 万元。

2. BIM 技术在施工精细化管理中的应用

在腾讯成都大厦工程的深化设计过程中，利用 BIM 进行建模、检测、分析，减少了施工过程中因返工造成的材料和劳动力浪费，和由此产生的变更申请单，大大提高了施工现场的生产效率，对缩短工期、降低工程造价产生了积极的影响。BIM 技术还提高了管线综合排布的效率，在满足设备、管道安装及维修空间的前提下，实现了管线综合布局的美观合理。

运用 BIM 技术进行管线碰撞检查、优化管道布局，地下室共发现碰撞点 2155 处，其中机电管线碰撞 2001 处，机电土建预埋碰撞 154 处。重大问题 23 处，预计节约成本为 50 万元。

在净高尤其是公共区域净高不足的情况下，及时通知业主、总包、各专业顾问等，协商解决方案，然后再调整模型，将管线合理美观布局，尽量提升整体管线高度，创造较好的空间感。

云南省阜外心血管病医院和云南泛亚国际心血管病医院①

- 设计单位： 深圳市建筑设计研究总院有限公司
- 主要设计人： 郑文星　刘升禄　黄　康　郑铭辉　简磊磊　顾晓晶　王　佐
- 本文执笔人：刘升禄

作者简介：

刘升禄，高级工程师。代表作品：云南阜外心血管病医院、泰州中医院、晋江市医院、惠东县人民医院、利津县中心医院等。

一、工程概况

　　云南省阜外心血管病医院和云南泛亚国际心血管病医院用地面积 70218m²，分远近期设计，其中一期工程总建筑面积约 23 万 m²，按三级甲等心血管病专科医院标准建设，设计总床位数 1000 床。由云南省阜外心血管病医院（以下简称"阜外医院"）、云南泛亚国际心血管病医院（以下简称"泛亚医院"）及心脏病研究中心组成。"一院两制"，阜外医院为公立制医院，设计床位数 700 床；泛亚医院为盈利性高端国际型医院，设计床位数 300 床。地下 2 层，地上最高建筑为泛亚综合楼，20 层，建筑高度 83.8m，耐火等级一级。

　　阜外医院地上建筑包括门诊医技楼（5 层）、住院楼 A（11 层）、住院楼 B（15 层）和心脏病中心（5 层），泛亚医院地上建筑为泛亚综合楼，20 层。

二、给水系统

1. 水源

本工程水源为城市自来水，地块南侧沙河北路市政给水管管径为 DN600，该市政给水管为枝状管网，相对 ±0.000m 标高处给水压力为 0.20MPa，从该市政给水管引一路 DN250 的给水管供本工程生活和消防用水。

2. 用水量

最高日生活用水量 1604.5m³/d，最大时生活用水量 207.2m³/h。

3. 供水方式

考虑到两个医院经营模式和档次不同，为方便管理，两个医院生活给水系统为各自独

---

　　① 该工程设计主要工程图详见中国建筑工业出版社官方网站本书的配套资源。

立系统，阜外医院和泛亚医院水泵房各自独立，阜外医院水泵房设于住院楼 A 地下二层，泛亚医院水泵房设于泛亚综合楼地下一层。

市政给水管为枝状，为提高医院供水的安全性，除一层公共卫生间和地下室生活给水采用市政水压直供外，其余部位均采用地下室水箱—水泵—屋顶水箱联合供水方式。医院生活给水分 3 个子系统，供水范围如表 1 所示。

生活给水系统供水范围 表1

子系统	屋顶水箱设置位置	供水范围
系统一	住院楼 A	门诊医技楼、心脏病中心、住院楼 A、住院楼 B 一～四层
系统二	住院楼 B	住院楼 B 五层以上
系统三	泛亚综合楼	泛亚综合楼

为保证冷热水平衡，用水点水压稳定，二次加压供水采用屋顶水箱供水，医院用水点分散，为避免用水点设置支管减压阀，减少投资和后期运维成本，采用干管减压阀组，多分区方式进行竖向分区，具体分区见表 2。

系统分区 表2

系统一		
分区	楼层	供水方式
1	地下室、一层公共卫生间	市政压力直接供水
2	门诊医技楼一～二层、心脏病中心二～四层、住院楼一～四层	住院楼 A 屋顶水箱减压供水
3	门诊医技楼三～五层、住院楼 A 五～六层	
4	住院楼 A 七～九层	
5	住院楼 A 十～十一层	住院楼 A 屋顶水箱间+变频泵组供水
系统二		
1	住院楼 B 五～七层	住院楼 B 屋顶水箱+减压阀供水
2	住院楼 B 八～十层	
3	住院楼 B 十一～十三层	
4	住院楼 B 十四～十五层	住院楼 B 屋顶水箱间+变频泵组供水
系统三		
1	地下二～地下一层	市政压力直接供水
2	一～二层	屋顶水箱+减压阀供水
3	三～四层	
4	五～八层	
5	九～十一层	
6	十二～十四层	
7	十五～十七层	屋顶水箱直接供水
8	十八～二十层	屋顶水箱+变频泵组供水

4. 增压设施

阜外医院地下室生活水泵房设置 2 组工频泵分别给住院楼 A 和住院楼 B 屋顶水箱补

水；泛亚医院地下室生活水泵房设置1组工频泵给屋顶水箱补水；每组水泵均为一用一备。水泵参数如表3所示。

给水泵参数　　　　　　　　　　　　　　　　　　　　　　　　表3

供水范围		水泵参数	台数	工作方式
阜外医院	住院楼A	$Q=32\text{m}^3/\text{h}$, $H=90\text{m}$, $n=1450\text{r/min}$, $N=15\text{kW}$	2	工频，一用一备
	住院楼B	$Q=32\text{m}^3/\text{h}$, $H=105\text{m}$, $n=1450\text{r/min}$, $N=18.5\text{kW}$	2	工频，一用一备
泛亚医院		$Q=32\text{m}^3/\text{h}$, $H=120\text{m}$, $n=1450\text{r/min}$, $N=22\text{kW}$	2	工频，一用一备

5. 水箱贮水量（表4）

水箱贮水量　　　　　　　　　　　　　　　　　　　　　　　　表4

水箱位置		水箱类型	有效容积
阜外医院	地下室	冷水箱	$120\text{m}^3 \times 2$座
	住院楼A屋顶	冷水箱	$13\text{m}^3 \times 2$座
		储热水箱	75m^3
		恒温水箱	$11.25\text{m}^3 \times 2$座
	住院楼B屋顶	冷水箱	$13\text{m}^3 \times 2$座
		储热水箱	75m^3
		恒温水箱	$11.25\text{m}^3 \times 2$座
泛亚医院	地下室	冷水箱	$40\text{m}^3 \times 2$座
	屋顶	冷水箱	$13\text{m}^3 \times 2$座
		储热水箱	$30\text{m}^3 \times 2$座
		恒温水箱	$9\text{m}^3 \times 2$座

三、排水系统

1. 污废水排水系统

（1）排水体制：室内生活排水除公共卫生间排水采用污、废合流外，其余部位排水均采用污、废分流制。

（2）通气方式：住院楼病房卫生间污、废水共用专用通气立管，公共卫生间污水管设专用通气立管。其余部位污水和废水管均采用单立管系统，排水管均设置伸顶通气管。连接3个及以上蹲便器排水管均设置环形通气管。

（3）特殊排水系统：检验科设置独立的室内排水立管，室外设置酸碱中和池；地下室核医学放射性废水在室外设置全埋推流式衰减池，衰减池设计规模为86m^3。

2. 雨水排水系统

（1）排水方式和重现期：屋面采用重力流雨水排水系统，设计重现期10年，屋面设置溢流口，溢流口规格为$100\text{mm} \times 100\text{mm}$，雨水系统与溢流口的总排水能力不小于50年重现期的雨水量。下沉庭院采用压力排水系统，设计重现期为50年，下沉庭院面积约为460m^2，最大排水量为30L/s，设置2个规格为$2\text{m} \times 2\text{m} \times 1.5\text{m}$的集水坑，每坑设置$Q=40\text{m}^3/\text{h}$，$H=15\text{m}$，$N=4\text{kW}$的潜水泵2台，高水位双泵投入运行。

（2）海绵城市设计。利用形式：下凹绿地、植草格、透水铺砖、渗透沟、调蓄池。雨水综合利用设计规模见表5。

雨水综合利用设计规模　　　　　表5

净用地面积（m²）	建筑占地面积（m²）	绿化面积（m²）	广场道路硬化面积（m²）	屋面雨水量（m³）	绿化雨水量（m³）	道路雨水量（m³）	总雨水量（m³）
61163.51	24002.1	18411.1	18750.3	489.6	70.4	382.5	942.5

1）设计下凹绿地面积9360m²，下凹绿地占总绿地面积比例9360/18411.1＝50.8％；

2）植草格3927m²，透水铺砖1155m²，总铺砖面积7235m²，则透水铺砖率：（3297＋1155）/7235＝70.24％＞70％（当地要求透水铺砖率不小于70％）；

3）渗透沟长度450m，填充率约为30％，沟槽截面$B×H＝1.0m×0.8m$（排水沟本体$B×H＝0.3m×0.5m$），1m渗透沟可接纳的水量$W_0＝0.345m³$；渗透沟长度为450m，则接纳雨水量为155.3m³；

4）为避免城市洪涝，雨水错峰排放，所需设置调蓄池容积为419.7m³，实际设计调蓄池容积为449.6m³。

3. 污水处理设施

（1）隔油设施食堂设于地下一层，食堂每餐用餐人数按病床数＋每床1个陪护家属计，用餐数为一日三餐；医务职工按病床数的1.6倍计算，用餐次数为早餐＋中餐。床位数为1000床，则每日用餐总人数为9200人次，每人次排水量为0.05m³/人次，工作时间按10h，则隔油池容积为46m³/h。选用一台处理能力为60m³/h成品隔油器设于地下二层隔油器间。

（2）衰减池核医学科设于地下二层，床位数为5床，用水量为300L/（人·d），门诊人数按30人，用水量为10L/（人·d）。主要放射性元素为碘131，其半衰期为8.01d，废水停留时间不少于10个半衰期时间，按停留时间90d设计，病床放射性废水按用水定额的20％计，不可预见因素为20％，则90d污水量为65m³，衰减池有效容积为85m³。衰减池采用全地埋推流式设计方式。

（3）污水处理站推流最大日污水量为869.5m³，污水处理站设计规模为1000m³/d。根据本项目环评报告批复文件，要求出水水质达《医疗机构水污染物排放标准》GB 18466—2005的预处理标准。设计采用二级生物处理工艺（图1）。

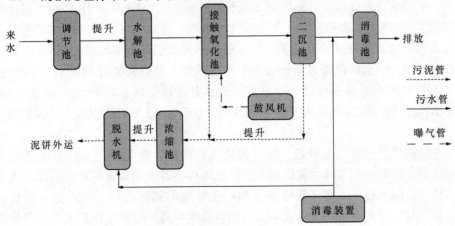

图1　二级生物处理工艺

四、热水系统

1. 热水用水量（表6）

热水用水量计算表
表 6

系统	单体名称	用水单位	数量 人（m²）	用水标准 L/(p·d) L/(m²·d)	用水时间 (h)	时变化系数	用水量 最大日 (m³/d)	用水量 平均时 (m³/h)	用水量 最大时 (m³/h)
系统1	门诊医技	医务人员	282	80	8	2.00	22.6	2.8	5.6
	住院楼A	医务人员	79	80	8	2.00	6.3	0.8	1.6
		病床	295	130	24	3.35	38.4	1.6	5.4
		行政办公	200	30	8	2.00	6.0	0.8	1.5
		小计					50.7	3.1	8.4
系统2	住院楼B	医务人员	109	80	8	2.00	8.7	1.1	2.2
		病床	405	130	24	3.23	52.7	2.2	7.1
		小计					61.4	3.3	9.3
系统3	泛亚综合楼	医务人员	269	80	8	2.00	21.5	2.7	5.4
		病床	300	130	24	3.35	39.0	1.6	5.4
		小计					60.5		10.8
合计							195.1		34.2
未预见用水量			按10%计				19.5		3.4
总计							214.6		37.6

2. 热水系统

（1）供水制度：本医院为三级甲等心血管病专科医院，热水供应设计为全日制供应方式。

（2）热源：热水热源为太阳能，太阳能集热器采用玻璃真空管集热器，系统采用直接加热方式，辅助热源为高温空气源热泵（出水温度62℃）。阜外医院住院楼A楼屋架设置300块集热器，每座恒温水箱配置4台RSJ-420/S-820高温空气源热泵热水机组。阜外医院住院楼B楼屋架设置300块集热器，每座恒温水箱配置4台RSJ-820/SN1-H高温空气源热泵热水机组。泛亚综合楼屋架设置470块集热器，每座恒温水箱配置3台RSJ-820/SN1-H高温空气源热泵热水机组。屋面实际安装集热器面积为2610m²，每100L热水所需集热面积按1.7m²计，则最大日产水量为153.5m³，则太阳能保证率为153.5/214.6＝71.5%。

（3）系统选择：热源为太阳能＋空气源热泵，均设于住院楼屋顶，为保证用水点水压、水温稳定，热水采用屋顶水箱供水方式。超压楼层若采用支管减压阀减压，支管减压阀设于吊顶内，漏水破坏顶棚，维修不方便；支管减压阀减压设于洁具处，安装空间有限，且影响美观。用水点多，投资成本和后期运维成本高，运维工作量大。为节省投资成本和后期运维成本，减少运维工作量，本设计采用三层或两层为一个竖向分区，多分区的方式，控制分区最底层压力不大于 0.30MPa。

（4）系统控制：每个系统最高一个分区，由于压力不够，采用变频供水方式，回水管设置电磁阀，电磁阀前设置温度传感器。当水温≤52℃时，电磁阀开启；水温≥55℃，电磁阀关闭。其余分区采用屋顶水箱直接供水或减压阀组供水，回水管设置循环泵，循环泵前设置温度传感器，当水低于≤52℃时，循环泵启动；水温≥55℃，循环泵停泵。

五、中水系统

1. 水源

市政集中再生水水管位于沙河北路，管径 DN200，本地块预留给水接口管径为 DN100，本地块±0.000m 标高处给水压力约为 0.10MPa。

2. 供水范围

车库冲洗；室外绿化浇灌、裙房屋顶绿化浇灌、水景补水、道路广场冲洗；心脏病中心、门诊医技楼蹲便器冲洗。

3. 用水量（表 7）

中水系统用水量 表 7

用水部位	用水标准	单位	数量	最大日用水量 (m³/d)	最大时用水量 (m³/h)	设计秒流量 (L/s)
蹲便器（415 个）				93.1	13.9	50
绿化浇灌	3	L/(m²·d)	18411	55.2	6.9	1.4
屋顶绿化	3	L/(m²·d)	10450	31.4	3.9	1.4
道路广场冲洗	0.5	L/(m²·d)	18750	9.4	1.2	1.4
车库冲洗	2	L/(m²·d)	48000	96.0	12.0	1.4
景观水池补水量				348.0	14.5	4
小计				633.1	52.4	59.6
未预见水量(10%)				63.3	5.2	6.0
用水量				696.4	57.6	65.6

医院最大日总用水量为 1604.5m³/d，则使用中水量占总用水量的比例为 696.4/1604.5＝43.4%。

六、消防系统

1. 消防灭火设施配置（表 8）

消防灭火设施配置 表 8

消防系统名称	消防用水量标准 (L/s)	火灾延续时间 (h)	一次灭火用水量 (m³)	水量 (m³)
室外消火栓	40	3	432	432
室内消火栓	40	3	432	
自动喷水系统	60	1.5	324	828
自动扫描高空水炮	20	1	72	
合计				1260

地下二层设置 830m³ 消防水池储存室内消防用水，分 2 格设置，每格水量为 415m³。地下一层设置 432m³ 消防水池储存室外消防用水，泛亚医院屋顶设置 60m³ 消防水箱。

2. 室外消火栓系统

（1）系统设计由于本地块市政给水管为枝状，室外消火栓给水系统设计为临时高压制，室外消防用水储存于室内消防水池，消防水池和水泵房设于地下一层，消防水池设置取水口，水泵房设置室外消火栓泵 2 台，一用一备，备用泵自动切换。院区内建筑单体周边设置独立的室外消火栓给水环管，环网上按保护半径不大于 150m、间距不大于 120m 布置 SA100/65-1.0 室外地下式消火栓，按总平面均匀布置。

（2）系统控制水泵房内在室外消火栓环管设置消防增压稳压设施维持系统的压力，水泵出口设置压力开关控制室外消火栓泵的启动，消防控制室设有手动远控启泵按钮，泵房内设置就地手动启动按钮。

3. 室内消火栓系统

地下二层消防水泵房设消火栓泵 2 台，一用一备，水泵参数为 $Q=40L/s$，$H=160m$，$N=110kW$。竖向分两区，地下二～五层为低区，六～二十层为高区，低区采用比例式减压阀组供水。泛亚综合楼屋顶设 $Q=5L/s$，$H=36m$，$N=3kW$ 的增压稳压泵 2 台，一用一备，气压罐容积为 150L。消防水泵房出水干管设置超压泄压阀，设定启动压力为 1.92MPa。

地下二～三层、六～十六层采用减压稳压消火栓，室内消火栓均采用乙型带灭火器组合式消防柜。消火栓箱内配消火栓口径 $DN65$，直流水枪 $\phi19$，衬胶消防水龙带 $DN65$，消防水龙带长度 25m，报警按钮和指示灯、消防卷盘：胶带内径 19mm，长度 30m，喷嘴口径 6mm。

4. 自动喷水灭火系统

系统竖向分两区，地下二～五层为低区；六～二十层为高区，低区采用比例式减压阀组供水。药库、药房等房间均按储物高度不大于 3.5m 双排货架仓库危险Ⅱ级设置喷头，喷水强度为 $12L/(min \cdot m^2)$，作用面积为 240m²，火灾延续时间为 1.5h；其余部位均按中危险Ⅰ级设置喷头，喷水强度为 $6L/(min \cdot m^2)$，作用面积为 160mm²，火灾延续时间为 1h。

地下二层消防水泵房设自动喷水泵 2 台，一用一备，水泵参数为 $Q=40\text{-}50\text{-}60L/s$，$H=160.8\text{-}150\text{-}130.8m$，$N=132kW$。竖向分两区，地下二～五层为低区，六～二十层为高区。泛亚综合楼屋顶设 $Q=4.7L/s$，$H=30.8m$，$N=1.1kW$ 的增压稳压泵 2 台，一用一备，气压罐容积为 150L。消防水泵房出水干管设置超压泄压阀，设定启动压力 1.92MPa。

报警阀设于地下一层和泛亚综合楼五层，配水管工作压力大于 0.40MPa 均设置减压孔板。地下室车库和不吊顶设备房采用直立型喷头，吊顶区域均采用下垂型喷头，地下机械车库下层车架保护喷头采用标准边墙型喷头，喷头流量系数 $K=80$，除厨房烹饪区域喷头公称温度为 93℃，其余部位均为 68℃。

为避免车架振动导致连接保护下层车架喷头管道接口漏水，连接侧喷喷头采用专用消防软管连接。

5. 自动扫描射水高空水炮灭火系统

阜外医院门诊医技楼入口大堂、院街室内绿化景观庭院、泛亚医院接待大厅建筑高度均超过 12m，门诊医技楼大堂上空设置 4 门、三个院街室内绿化景观庭院上空各设置 1

门、泛亚接待大厅设置 2 门水炮保护。

自动扫描射水高空水炮灭火系统与自动喷水灭火系统共用给水系统，系统设设置信号阀和水流指示器。在压力分区的水平管网末端设仿真模拟末端试水装置。大空系统按中危险 I 级设计，每门水炮的流量为 5L/s，每门水炮保护半径为 20m，安装高度为 6～20m，保护区的任一部位能保证 1 门消防水炮射流到达，系统持续喷水时间 1h；喷洒头工作压力 0.6MPa。系统同时开启水炮最大数量 4 门，设计用水量 20L/s。

6. 七氟丙烷气体灭火系统

（1）设计范围：高低压配电室、柴油发电机房油箱间、电话、电视、网络机房、贵重设备房（CT、DR、MRI、PACS、PET、ECT）、信息机房，UPS 间，病案库等不宜用水扑救的区域。

（2）共 71 个防护区，采用 11 套组合式全淹没分配系统和 20 套预作用全淹没系统进行保护。高低压配电室、柴油发电机房油箱间、UPS 间设计灭火浓度为 9%，病案库灭火浓度为 10%，其余部位灭火浓度为 8%。

7. 建筑灭火器设置

（1）车库按中危险 A、B 类设置灭火器，单具灭火器最小配置灭火级别为 3A，单位灭火级别最大保护面积为 50m²/A，每个配置点设 2 具 MF/ABC5 手提式磷酸铵盐干粉灭火器，灭火器最大保护半径 15m。

（2）其余部位均按严重危险级 A 类设置灭火器，单具灭火器最小配置灭火级别为 3A，单位灭火级别最大保护面积为 50m²/A，每个配置点设 2 具 MF/ABC5 手提式磷酸铵盐干粉灭火器，灭火器最大保护半径 15m。

七、管材

（1）给水管：给水管均采用薄壁不锈钢管，管径<DN80 采用双卡压连接；管径≥DN100 采用承插氩弧焊连接；室外给水管采用钢丝网骨架复合给水管，电熔连接。

（2）排水管：室内污、废水排水管立管和排水横管采用机制排水铸铁管，卫生间内排水支管采用 PVC-U 排水塑料管，胶圈接口粘结；雨水管采用镀锌钢管，卡箍连接。地下室压力排水管采用热镀锌钢管，管径≤DN80 采用丝扣连接，管径>DN80 采用卡箍连接；室外污、废水管和雨水管采用钢带加强双壁波纹管，焊丝熔接。

（3）消防管：室内消防给水管道给水压力≤1.2MPa 时采用普通内、外壁热镀锌钢管，给水压力大于 1.2MPa 时部分采用加厚内外热镀锌钢管，管径≤DN50 采用丝扣连接，管径>DN50 采用卡箍连接，为避免车架振动导致连接保护下层车架喷头管道接口漏水，连接侧喷喷头采用专用消防软管连接。室外埋地消防给水管采用球墨铸铁管，柔性接口法兰连接。气体灭火管道采用无缝钢管。

八、工程主要创新及特点

1. 节水

（1）绿化浇灌、景观水池补水、道路广场冲洗、地下车库冲洗、五层以下公共卫生间蹲便器冲洗均采用市政中水，使用中水比例为 43.4%。

（2）卫生器具能效等级均不低于 2 级。

（3）室外绿化浇洒采用自动喷灌系统。

（4）减少分区楼层数量的竖向分区方式，控制用水点水压。

（5）用水计量按三级计量设计，各科室均设置远传水表计量。

2. 节能

（1）生活热水主热源为太阳能，辅助热源为空气源热泵，太阳能集热器与建筑一体化设计。太阳能生活热水保证率为 153.5/214.6＝71.5%。

（2）加压生活给水均采用屋顶水箱供水，保证冷热水平衡。

3. 节地

医院污水处理站采用全埋式设计，仅设置楼梯出地面。

4. 新技术运用

（1）地下车库部分车位设计为机械车位，为避免车架振动导致连接保护下层车架喷头管道接口漏水，连接侧喷喷头采用专用消防软管连接。

（2）采用设置干管减压阀，控制分区楼层数量、多分区方式进行竖向分区，控制用水点压力，不设支管减压阀，避免了支管减压阀影响美观、漏水问题，且节省了成本。

（3）医院室内设备管线错综复杂，为加快施工进度，减少返工，设计采用 BIM 模型辅助设计及出图，指导施工安装。

5. 海绵城市设计

（1）利用形式：下凹绿地、植草格、透水铺砖、渗透沟、调蓄池。

（2）设计下凹绿地面积 9360m²，下凹绿地占总绿地面积比例 50.8%。

（3）植草格 3927m²，透水铺砖 1155m²，总铺砖面积 7235m²，则透水铺砖率为 70.24%。

青岛市民健身中心①

- 设计单位：东南大学建筑设计研究院
  有限公司
- 主要设计人：王志东 程 洁 赵晋伟
  杨 妮 刘 俊
- 本文执笔人：程 洁

作者简介：

程洁，高级工程师，从事建筑给排水设计工作 27 年。主要设计项目：中国国学中心、青岛市民健身中心、招商银行南京分行招银大厦、桥北体育中心等。

一、工程概况

项目位于青岛市高新区胶州湾畔，包含体育场、体育馆、游泳馆、网球馆、自行车馆；一期建设 6 万座体育场、1.5 万座体育馆及相关配套用房，为 2018 年第 24 届山东省运动会主会场项目。总建筑面积约 21.8 万 m²，其中体育场总建筑面积 138027m²，可容纳观众约 6 万人，包括比赛场地、练习场地、观众看台、观众疏散平台和赛事用房等。体育场总建筑高度 49.528m（檐口），地上 4 层，无地下室。体育馆总建筑面积 67250m²，包括比赛场地（可进行体操、篮球、蹦床等项目的比赛）、练习场地、观众看台、观众休息厅、观众入口平台和赛事用房等。体育馆总建筑高度 37.40m。体育馆比赛馆为地上单层大空间，局部 4～5 层，练习房局部下沉，无地下室。

二、给水系统

1. 水源

水源采用城市自来水，从市政给水管上接入 1 路 DN400 给水总管，供应整个体育中心内一期工程建筑的生活及消防室内外用水。市政给水管接入处的最低水压 0.25MPa。

2. 用水量

体育场最高日用水量约为 764.72m³/d，最大小时生活用水量约为 164.47m³/h（表 1）。

体育场用水量表　　　　　　　　　　　　　　　　　　　　表 1

名称	用水量标准 [L/(单位·d)]	数量	最高日 用水量 (m³/d)	用水 时间 (h)	时变化 系数	最大时 用水量 (m³/h)	备注
观众	3	60000	180	4	1.2	54.00	每日 1 场

① 该工程设计主要工程图详见中国建筑工业出版社官方网站本书的配套资源。

续表

名称	用水量标准 [L/(单位·d)]	数量	最高日用水量 (m³/d)	用水时间 (h)	时变化系数	最大时用水量 (m³/h)	备注
运动员淋浴	40	300	12	4	3	9.00	
运动员公寓	400	160	64	24	2.5	6.67	
商业	8	24900	199.2	8	1.5	37.35	
办公	40	2000	80	8	1.5	15.00	
餐饮	20	6000	120	8	1.5	22.50	
浇洒和绿化用水	2	20000	40	8	1	5.00	
小计			695.2			149.52	
未预见用水量	占总用水量10%		69.52			14.95	
总计			764.72			164.47	

体育馆最高日用水量约为 $407m^3/d$，最大小时生活用水量约为 $98.45m^3/h$（表2）。

体育馆用水量表 表2

名称	用水量标准 [L/(单位·d)]	数量	最高日用水量 (m³/d)	用水时间 (h)	时变化系数	最大时用水量 (m³/h)	备注
观众	3	30000	90	4	1.2	27.00	每日2场
运动员淋浴	40	500	20	4	3	15.00	
商业	8	10000	80	8	1.5	15.00	
办公	40	2000	80	8	1.5	15.00	
餐饮	20	4000	80	8	1.5	15.00	
浇洒和绿化用水	2	10000	20	8	1	2.50	
小计			370			89.50	
未预见用水量	占总用水量10%		37			8.95	
总计			407			98.45	

3. 给水系统分区

根据市政自来水的水压、建筑的高度等情况确定2个供水分区：一～二层为一区，由市政给水管网压力直接供水；三层及以上为加压一区，由设在体育场一层的生活水池＋变频泵恒压供水。均采用下行上给供水方式。每区最低用水器具的静水压力不超过0.45MPa，配水点静水压力超过0.20MPa的支管设支管减压阀。

4. 变频调速给水设备

区域加压一区生活给水变频调速恒压变量供水设备（设置在体育场一层）：主泵选泵5台，四用一备，主泵单泵参数：$Q=90m^3/h$，$H=52m$，$N=18.5kW$；副泵选泵1台，副泵单泵参数：$Q=8m^3/h$，$H=58m$，$N=2.2kW$；另配气压罐 $D=1200mm$。

5. 生活水池

区域生活水池及泵房设置在体育场一层生活泵房内，生活水池有效容积 $180m^3$，$L \times W \times H = 14m \times 6.0m \times 2.5m (h)$，分设成 2 格。

生活水池体采用不锈钢板，水箱设置水消毒器。

三、排水系统

1. 污水排水系统

室内采用分流制排水系统，即雨水和污水分开排放。体育场最高日污水排水量约 $690m^3/d$，体育馆最高日污水排水量约 $385m^3/d$。室内污水排水系统采用伸顶透气、环形透气或专用通气立管双立管排水系统。室外排水采用雨污分流制。污水经化粪池处理后，厨房废水经成品隔油器处理后排入市政污水管网。

2. 雨水排水系统

屋面雨水采用内排水系统，屋面的雨水沿屋面排入雨水天沟内，再经雨水斗排入室内雨水立管直至室外雨水管。主要屋面采用虹吸压力流雨水系统，其余小屋面和平台采用重力雨水系统。考虑体育馆内凹屋面的特殊性，此部分屋面做了虹吸和重力流两种排水系统。室外硬场地的雨水通过雨水口或带缝隙的雨水沟有组织收集，排至室外雨水管网，最终排入市政雨水管网。

青岛市雨水设计暴雨强度公式：$q = \dfrac{469.938(1 + 0.70 \lg P)}{t^{0.5}}$，设计重现期 P 如下：屋面 $P = 50$ 年，内凹屋面 $P = 100$ 年，室外场地 $P = 5$ 年。室外综合径流系数：$\psi_z = 0.70$。

四、热水系统

1. 热水供水区域及分区

体育场热水供应范围为运动员淋浴、运动员公寓、餐饮部分。按照建筑功能和设计要求，运动员淋浴、运动员公寓采用集中热水供应系统，少量分散的用水点采用小型容积式电热水器供应热水。

体育馆热水供应范围为运动员淋浴、餐饮部分。按照建筑功能和设计要求，运动员淋浴采用集中热水供应系统，少量分散的用水点采用小型容积式电热水器供应热水。

热水系统分区同冷水系统。每区最低用水器具的静水压力不超过 0.45MPa，配水点静水压力超过 0.20MPa 的支管设支管减压阀。

2. 热源

体育场、体育馆运动员淋浴热源采用太阳能和能源站热源辅助加热。室外绿地设置闭式承压的太阳能热水系统，太阳能加热的热媒水供应至热水机房，通过水-水换热器将水预热或加热，太阳能不足时，由能源站高温热媒水通过二次水-水换热器将水加热至 60℃后供水至各用户，热媒水供/回水温度为 115℃/70℃。

体育场运动员公寓热源采用能源站提供的高温热媒水，能源站高温热媒水通过水-水换热器将水加热至 60℃后供水至各用户，热媒水供/回水温度为 115℃/70℃。

3. 生活用热水用水量（表3、表4）

体育场热水（60℃）用水量表 表3

名称	用水量标准（60℃）[L/(人·d)]	数量（人）	最高日用水量（m³/d）	用水时间（h）	时变化系数	最大时用水量（m³/h）
运动员淋浴	26	300	7.8	4	3	5.85
运动员公寓	160	160	25.6	24	3.33	3.55
办公	10	400	4	8	1.5	0.75
餐饮	7	6000	42	8	1.5	7.88
小计			79.4			18.03
未预见用水量	10%		7.94			1.80
总计			87.34			19.83

体育场最高日热水用水量约为87.34m³/d，最大小时热水用水量约为19.83m³/h。

体育馆热水（60℃）用水量表 表4

名称	用水量标准（60℃）[L/(人·d)]	数量（人）	最高日用水量（m³/d）	用水时间（h）	时变化系数	最大时用水量（m³/h）
运动员淋浴	26	500	13	4	3	9.75
办公	10	400	4	8	1.5	0.75
餐饮	7	4000	28	8	1.5	5.25
小计			45			15.75
未预见用水量	10%		4.50			1.58
总计			49.50			17.33

体育馆最高日热水用水量约为49.5m³/d，最大小时热水用水量约为17.33m³/h。

4. 热水系统设计

体育场运动员淋浴热水储水总有效容积10.0m³，采用立式导流型容积式水-水换热器。换热器型号：RV-04-2.0（1.6/1.0），2台，用于太阳能热媒水加热；RV-04-3.0（1.6/1.0），2台，用于能源站热媒水加热。

体育场运动员公寓热水储水总有效容积6.0m³，采用立式导流型容积式水-水换热器，采用RV-04-3.0（1.6/1.0），2台。

体育馆热水储水总有效容积10.0m³，采用立式导流型容积式水-水换热器。换热器型号：RV-04-2.0（1.6/1.0），2台，用于太阳能热媒水加热；RV-04-3.0（1.6/1.0），2台，用于能源站热媒水加热。

热水循环系统采用干管机械循环的方式。冷水设计温度为4℃。太阳能热媒系统采用机械循环。

5. 太阳能集热面积计算

体育场、体育馆运动员淋浴日热水用量为15.6m³/d，采用太阳能间接供热和能源站高温热水辅助加热供水系统，合计需太阳能集热器面积为390m²，实际全部太阳能集热器面积约 160m²。太阳能满足率（仅运动员淋浴）约为 41%。太阳能集热系统采用承压式平板太阳能集热器，分别设置在体育场、体育馆室外绿地，太阳能集热器单块面积 4m²，共设置 40 块。

五、消防给水系统

1. 消防灭火设施

本工程防火设计按照《建筑设计防火规范》GB 50016—2014 中单、多层民用建筑进行防火设计。体育场需设置室内外消火栓消防给水系统、自动喷水灭火系统、建筑灭火器配置。其中一层环形车道、二～四层休息平台等敞开空间，采用预作用喷淋系统，一层开敞式车库采用局部干式室内消火栓系统。体育馆需设置室内外消火栓消防给水系统、自动喷水灭火系统、大空间智能型主动喷水灭火系统、自动消防炮灭火系统、七氟丙烷气体灭火系统、建筑灭火器配置。

2. 水源

采用城市自来水，市政 1 路进水方式。

3. 消防用水量

（1）体育场：消火栓系统室内：40L/s；室外：40L/s；自动喷洒系统：40L/s；

（2）体育馆：消火栓系统室内：30L/s；室外：40L/s；自动喷洒系统：40L/s；大空间智能型灭火系统：45L/s；自动消防水炮灭火系统：40L/s。

4. 消防水池、消防泵房和消防水箱

体育馆为消防用水量最不利点，区域消防水池最小容积需按体育馆同时使用的 2h 室内外消火栓用水量、1h 闭式自动喷水灭火系统、大空间智能灭火系统、自动消防水炮灭火系统用水量之和计算，共计 954m³，区域消防水池实际有效容积 1095m³，分成独立的 2 座，设置在体育场一层。区域泵房设置在体育场一层，内设室内消火栓泵 2 台，自动喷洒泵 3 台，大空间智能型主动喷水灭火系统泵 2 台，自动消防炮泵 2 台，自动消防炮稳压设施一套。区域消防水箱有效容积 50m³，设在体育场高位，消防水箱底标高 30.08m，并设有稳压设施。

5. 室外消火栓给水系统

设置室外区域消防用水提升泵和稳压设施，通过室外区域消防专用给水管网和室外消火栓供应室外消防用水。室外消火栓泵选用消防专用泵 2 台，一用一备，Q=40L/s，H=50m。同时设置室外消防稳压设备一套，稳压泵 2 台，一用一备，气压罐 1 个，有效容积不小于 150L。建筑周边设置环状室外消防给水管网，并通过室外地上式消火栓提供室外消防给水。室外消火栓设置间距不超过 120m，并确保每 1 个水泵接合器周围 15～40m 范围内均有室外消火栓。同时设置消防车取水口。

6. 室内消火栓给水系统

采用区域临时高压消防给水系统，不分区。其中，体育场一层开敞式车库采用局部干式室内消火栓系统。室内消火栓给水系统管网立体成环，消火栓布置间距小于 30m，布置在建筑内门厅、走道等明显易于取用的地点，保证同层任何部位有两只消火栓水枪的充实水柱同时到达。消防组合柜内配 Φ19mm 水枪，25m 长、DN65 麻质衬胶水龙带，DN25

消防卷盘一套。

室内消火栓给水系统由设置在体育场一层消防泵房内的 2 台（一用一备）室内消火栓水泵（$Q=0\sim40L/s$，$H=120m$）供水。同时在区域消防水箱出水管上设置管道泵和气压罐，以保证所需的水压，气压罐有效容积不小于 150L，管道泵和气压罐根据设定的压力自动启闭。室内消火栓泵由消防水箱出水管上的流量开关、消防泵出水管上的压力开关等开关信号自动启动，也可由消防控制中心启动。静水压力大于或等于 50m 的消火栓，均采用稳压减压型的消火栓。

7. 自动喷水灭火系统

采用区域临时高压消防给水系统，不分区。建筑内除楼梯间、强弱电设备机房和不宜用水扑救的场所，以及净空高度超过 12m 的场所外，均设置闭式自动喷水灭火系统。其中体育场一层环形车道、二～四层休息平台等敞开空间，采用预作用喷淋系统。

自动喷水灭火系统由设置在体育场一层消防泵房内的 3 台（二用一备）自喷泵（$Q=0\sim50L/s$，$H=120m$）供水。同时在区域消防水箱出水管上设置管道泵和气压罐，以保证所需的水压，气压罐有效容积不小于 150L，管道泵和气压罐根据设定的压力自动启闭。自喷泵由报警阀组的压力开关、消防水箱出水管上的流量开关、消防泵出水管上的压力开关等开关信号自动启动，也可由消防控制中心启动。

8. 大空间智能型主动喷水灭火系统

体育馆内净空高度大于 12m 的高大门厅等室内空间，设置标准型自动扫描射水高空智能灭火装置。系统由智能型探测组件自动启动，也可由消防控制中心启动。

大空间智能型主动喷水灭火系统由设置在体育场一层消防泵房内的 2 台（一用一备）智能灭火消防泵（$Q=0\sim45L/s$，$H=125m$）供水。在区域消防水箱出水管上设置管道泵和气压罐，以保证所需的水压，气压罐有效容积不小于 150L，管道泵和气压罐根据设定的压力自动启闭（图 1）。

9. 自动消防水炮系统

净空高度大于 12m 的比赛厅、观众厅上部，采用自动消防水炮系统保护。自动消防水炮的布置，均保证 2 门自动消防炮的水流能够同时到达被保护区域的任一部位。自动消防水炮，流量 20L/s，半径 50m，工作压力 0.8MPa，系统由智能型红外探测组件、自动扫描射水高空水炮、电磁阀组、信号阀、水流指示器等组成，并带雾化转换功能。

自动消防炮系统由设置在体育场一层消防泵房内的 2 台（一用一备）消防炮泵（$Q=0\sim45L/s$，$H=145m$）供水。同时在区域消防水池出水管上设置管道泵和气压罐，气压罐有效容积不小于 600L，管道泵和气压罐根据设定的压力自动启闭（图 2）。

10. 建筑物灭火器

建筑物内灭火器采用磷酸铵盐干粉灭火器。根据《建筑灭火器配置设计规范》，本建筑灭火器配置要求如表 5 所示。

建筑灭火器配置要求　　　　　　　　　　　　　　　　　　　表 5

房间名称	火灾危险等级类别	最小配置级别	单位级别保护面积
观众厅	中危险级 A 类	2A	75m²/A
体育场大厅及后台	严重危险级 A 类	3A	50m²/A
体育馆大厅及后台	严重危险级 A 类	3A	50m²/A

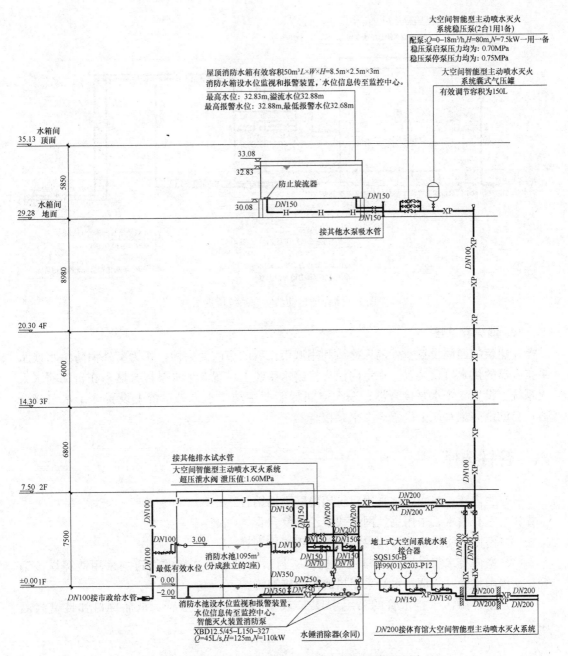

图 1　体育场大空间智能型主动喷水灭火系统原理图

灭火器配置设置在消火栓箱内，在距离不满足要求时单独设置灭火器箱，以满足规范中对其保护距离的要求。灭火器类型均采用磷酸铵盐干粉灭火器。

11. 气体灭火系统

高低压配电房、网络机房、中心机房、电源室等场所采用气体灭火系统。

高低压配电房等防护区，灭火设计浓度为 9％；网络机房、中心机房、电源室等防护区，灭火设计浓度为 8％。

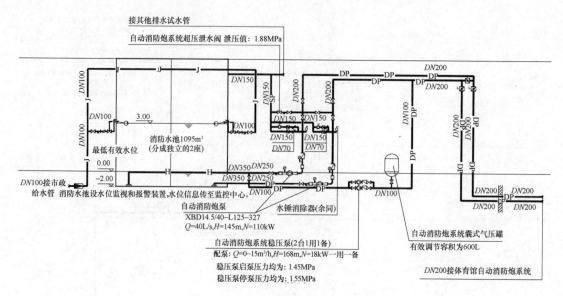

图2　体育场自动消防炮系统原理图

12. 消火栓系统

在建筑物四周设置室外消火栓或利用城市已有的市政消火栓，作为室外消防给水或水泵接合器的供水接口装置。在室内消火栓给水系统上设置 3 个水泵接合器；在自动喷水灭火系统上设置 3 个水泵接合器；在大空间智能型主动喷水灭火系统上设置 3 个水泵接合器；自动消防炮系统上设置 3 个水泵接合器。

六、管材选择

（1）室内冷、热水管，采用建筑用薄壁不锈钢管。

（2）室外给水管采用钢丝网骨架聚乙烯复合管。

（3）室内消防给水管采用内、外热浸锌焊接钢管。

（4）室内排水管采用机制排水铸铁管。与潜水排水泵连接的管道均采用镀锌焊接钢管。室内雨水管、空调排水管采用热镀锌焊接钢管。

（5）室外雨污水排水管的采用 HDPE 双壁波纹塑料排水管，承插接口弹性密封圈连接。

七、工程主要创新及特点

1. 可再生能源利用

按照建筑功能和热水供应区域的供水特点，太阳能热水系统采用如下供应方式：体育场运动员淋浴、运动员公寓，体育馆运动员淋浴分别采用集中热水供应系统，热源采用太阳能和能源站高温热水辅助加热。

（1）在与建筑师充分沟通、保证建筑造型美观的基础上，采用在建筑周边绿地集中设置闭式承压太阳能集热器，最大限度地利用太阳能。

（2）太阳能集热系统采用间接换热，其系统加注防冻液，加强系统在冬季的抗冻性能，保证太阳能集热系统冬季的集热效果。

（3）太阳能供热系统采用太阳能集热优先控制方式，减少城市热网的需求量，加大可再生能源的利用。

2. 雨水资源控制与利用

（1）雨水的控制。项目设置集中雨水利用系统，在室外绿地下方设置雨水调节回用水池。屋面雨水通过重力流排水系统，室外硬场地的部分雨水通过雨水口或带缝隙的雨水沟有组织收集，经初期弃流，优质的雨水集流到雨水集水池内，作为雨水回用的水源。经过曝气沉淀—过滤—超滤—消毒处理后作为道路冲洗和绿化用水等。

（2）雨水利用：

1）绿地内结合景观专业微地形做下凹地，直接利用土壤入渗进行利用；绿地低于道路100mm。

2）室外硬质铺装区域采用透水砖，停车场采用草皮砖等多种方式实现雨水回灌，补充地下水。

3）雨水系统设计融合低影响开发理念。室外设有集中雨水收集净化系统。经二次处理的雨水作为工程浇洒广场、道路及绿化用水，满足广场、道路冲洗及绿化的用水量。

3. 体育馆下凹屋面雨水设计

为了表现出白色椭圆形体育馆"云之贝"这一建筑理念，体育馆钢罩棚内部为劲性悬挂结构，通过拉索和 40 根平面辐射状布置的 H 型钢梁相结合的方式创造出极为新颖别致的室内效果，同时产生了一个高差达 8m，面积接近 6600m² 的下凹屋面。为了满足下凹屋面雨水排水安全需要，同时符合结构荷载的要求，共设置了 3 套雨水系统：虹吸雨水系统、87 型雨水系统、溢流系统。考虑到在 2012 年青岛曾出现 200 年一遇的大暴雨，每套雨水系统均按单独排除青岛市暴雨重现期 50 年的 5min 暴雨强度的要求进行设计。降雨开始时，最先启动的是虹吸雨水系统，其次启动的是 87 型雨水系统，最后启动的是溢流系统，在建筑北侧设置两根 1m 宽、0.5m 高的溢水槽直接通往建筑外表皮。这样，3 个系统的总设计暴雨重现期远大于 200 年一遇，充分保障了屋面的结构和屋面雨水排水安全性。

4. 外圈弧形屋面虹吸雨水系统设计

根据建筑造型的需要，体育馆、体育场外侧大屋面的虹吸雨水排水天沟无法做到同一标高。设计采用建立数字模型的办法，找到与底标高接近的雨水斗，通过设置雨水斗坑、挡水板等划分雨水汇水区域，经数字模拟计算找到管路损失接近的点，4 个虹吸雨水斗一个系统，排至地面，排出室外，满足屋面雨水需求。

武汉东湖隧道给水排水及消防工程①

- 设计单位： 中铁第四勘察设计院集团
  有限公司
- 主要设计人： 符　珍　蒋金辉　王松林
  赵存绪　薛　扬　张素婷
- 本文执笔人： 符　珍

作者简介：

符珍，1992年毕业于兰州铁道学院，在中铁第四勘察设计院集团有限公司从事给水排水设计及咨询工作近28年，先后担任广珠铁路、广深港客运专线、广珠城际轨道交通线、沪杭客运专线等多个铁路长大干线的给水排水专业设计负责人，并担任武汉东湖通道、澳门大学横琴校区越海隧道等公路越江工程的专业设计负责人。

一、工程概况

武汉东湖通道起于武汉二环线水东段主线高架桥（红庙立交），止于喻家湖路与喻家山北路交叉口，横贯东湖风景名胜区，线路由红庙立交接线桥梁段、东湖通道段、团山路地面段、团山通道段与喻家湖路地面段组成，全长约10.634km。

东湖通道采用城市主干道标准，主线设计车速60km/h，双向六车道。通道湖底长7.02km，全线设有3对进、出通道匝道。通道主线单洞宽13.85m，结构净高6.1m，主体结构防水等级为二级，主体结构设计使用年限100年。

东湖通道采用围堰明挖法施工，是国内最长的湖底通道。通道进口、出口各设1座消防泵房，整个通道设废水泵房6座，雨水泵房10座，在通道出口设管理中心1处。

二、给水系统

1. 水源

给水水源均采用武汉市自来水，市政管网压力不小于0.18MPa。

2. 用水量

东湖通道主要用水点，一个是设在鲁磨路旁的通道管理中心，另一个是位于湖心岛及滨湖广场下的风机房。管理中心地面2层，地下1层，设计最高日用水量为5.2m³，最大时用水量为0.44m³/h，均为生活用水。通道内风机房最高日用水量为0.8 m³，最大时用

---

① 该工程设计主要工程图详见中国建筑工业出版社官方网站本书的配套资源。

水量为 0.1m³/h，为生产用水。

3. 供水方式

管理中心及空气净化机房的用水均采用市政自来水直供，无需加压。

三、排水系统

通道外管理用房排放的生活污水经化粪池处理后排入市政污水管网。通道内共设 6 座废水泵房，10 座雨水泵房，雨、废水分类收集，经抽升后排入市政雨水、污水系统。

1. 污废水排水系统、通气方式、排放量等

东湖通道内道路有起伏，需在每个纵坡的低位处设置废水泵房，用于收集通道结构渗漏水、道路冲洗用水及通道火灾时的消防废水等（图 1）。在通道 DHTDK5＋280～ DHT-DK6＋400 段通道顶部局部设有通风孔，还需排除从通风孔进来的雨水。通道内废水经道路侧沟流入废水泵房，同时在进入废水泵房前的道路最低点设两道横截沟，将路面漫流废水截留进入废水泵房。

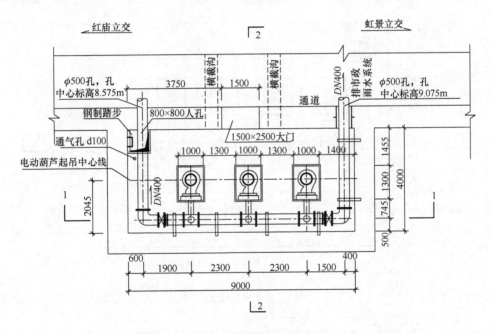

图 1　废水泵房平面图

通道结构渗水量为 1L/（m²·d），冲洗水量按 1.5L/（m²·d）设计。消防废水量为消火栓系统、泡沫水喷雾系统用水量之和，消防时可不考虑冲洗用水。

废水泵房集水池的有效容积按不小于最大一台泵 15min 出水量设计。

通道内压力废水管采用球墨铸铁管（k9 级），TF 自锚式连接。每座泵房引出两根压力管，其中：1 号、2 号、3 号废水泵房共用 2 根 DN400 的压力排水管，沿通道侧壁纵向铺设，从通道进口九女墩路附近引出，经消能后排入附近市政污水管网。4 号、5 号、6 号废水泵房共用 2 根 DN400 的压力排水管，沿通道侧壁纵向铺设，从通道出口植物园路附近引出，经消能后排入附近市政污水管网。每座废水泵房的扬水管上设放空阀，通道内

的压力排水管在局部高处设自动排气阀，在结构变形缝附近设金属波纹管。

每座废水泵房内设3套自动搅匀潜污泵，非消防时轮换使用，消防时二用一备，在非常事故时可同时开启。

废水泵的控制方式为：液位计自动控制、控制中心远程启动、泵房内手动启动，并在控制中心显示水泵的启闭状态。

2. 雨水排水系统、重现期、排放量等

在东湖通道进、出洞口、湖心岛匝道、鲁磨路匝道进出洞口处和湖心岛半敞开段最低处等处共设10座雨水泵房，用以排除通道敞开段的雨水，敞开段外的雨水通过道路侧边沟及雨水泵房前端设置的两道 $B \times H = 0.5m \times 0.5m$ 的横截沟，将洞口雨水拦截进入雨水泵房（图2）。

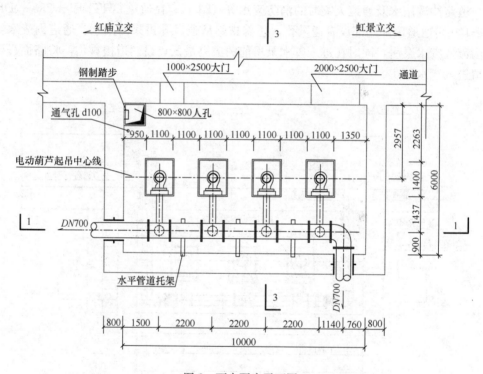

图2　雨水泵房平面图

雨水计算采用武汉市暴雨强度公式，雨水泵房的设计规模按设计雨水量的1.2倍确定，集水池的有效容积不小于最大一台泵5～10min出水量，每座泵房均设备用泵1台。

泵房内雨水管采用球墨铸铁管（K9级），法兰式连接。每座泵房引出两根压力管，雨水经消能后排入市政雨水系统。

雨水泵的控制方式为：液位计自动控制、控制中心远程启动、泵房内手动启动，并在控制中心显示水泵的启闭状态。

四、消防系统

1. 消防灭火设施配置

东湖通道内消防方式共有四种：消火栓灭火系统、泡沫/水喷雾联用灭火系统、灭火器系统及超细干粉灭火系统等。通道消防水源均为市政自来水。

消火栓系统及灭火器布置在通道敞开段及明挖暗埋段；泡沫/水喷雾联用系统布置在通道明挖暗埋段。在通道设备用房内设置无管网超细干粉灭火系统。

消防泵房设在通道洞口附近，进口、出口各设一座。消火栓泵、水喷雾泵及泡沫泵均设在泵房内。

消火栓系统：通道内消防用水量为 20L/s，火灾延续时间 3h，按一处失火考虑，2 股水柱同时到达，最不利点水枪充实水柱长度不小于 13m。通道洞口外消火栓用水量为 30L/s，火灾延续时间 2h，水压不小于 0.1MPa。

泡沫/水喷雾联用系统：强度≥6.5L/（min·m²），泡沫混合液喷射时间≥20min，水喷雾防护冷却时间≥60min，合计作用时间≥80min。

在每座消防泵房外均设置 2 座 $V=400m^3$ 消防水池。

2. 消火栓系统

（1）消防给水系统和分区情况

东湖通道全长 6.36km，根据路面标高情况，将整个通道划分为 2 个分区：进口消防泵房设置在 DHTDK0+240 附近，管辖的范围为 DHTDK0+100～DHTDK2+900；出口消防泵房设置在 DHTDK6+800 附近，管辖的范围为 DHTDK2+900～DHTDK7+035。每座泵房分管各自区域，每座泵房各自引出两根 DN200 的消火栓总管，分别沿通道左右两线纵向敷设，全线贯通，形成环状管网，在特殊情况下可人工开启另一区域的泵房进行灭火。

消火栓主管上每隔 5 个消火栓箱设一个检修蝶阀，在管网低处设放空阀，高处设排气阀，在结构变形缝附近设金属波纹管。消火栓系统见图 3。

（2）系统增压装置（稳压泵、气压罐）和设备选型

每座泵房的消火栓系统均设立式稳压设备 1 套，其中：稳压泵 2 台，型号为 25LGW3-10×8，一用一备；气压罐 1 个，容积为 300L。

（3）消火栓系统水泵选型，防超压或减压措施

每座消防泵房内设消火栓泵 2 台，互为备用。消火栓系统按设计流量为 20L/s，水枪充实水柱不小于 13m 计算。进口泵房水泵性能参数为：$Q=20L/s$ $H=40m$，$N=15kW$；出口泵房为：$Q=20L/s$ $H=50m$，$N=18.5kW$。

在消火栓泵出水管上设自动泄压阀，并从出水管引出一根管道至洞口，设置 2 组水泵接合器。由于整座通道的地面标高没有非常大的起伏，通道消防管上无需设减压阀。

（4）消火栓箱型号规格、箱内配置和系统的控制方式

东湖通道标准断面宽 13.8m，主线与匝道并线段最宽 22m。在每个车行道右侧，消火栓箱设置间隔为 50m，匝道并线段间距为 40m。每个箱内设 DN65 单阀单出口消火栓 2 个、25m 水龙带 2 盘、19mm 喷嘴水枪 2 支、自救式软管卷盘及报警泵按钮等配套设施。

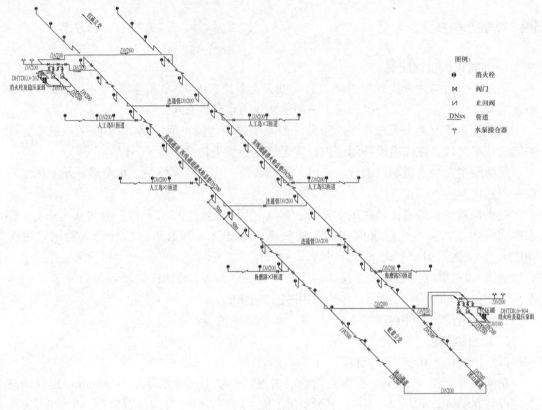

图3 消火栓系统图

消火栓系统启动方式为：消火栓箱内的手动报警按钮将信号反馈至控制中心，控制中心确认后启动；泵房内手动启动及机械应急启动；控制中心遥控启动；根据管网压力变化自动启动。

3. 泡沫/水喷雾联用系统

（1）泡沫水喷雾系统的供给强度≥6.5 L/（min·m²），泡沫混合液喷射时间≥20min，水喷雾防护冷却时间≥60min，合计作用时间≥80min。泡沫混合液的浓度≥3%，所有通道专用泡沫水喷雾喷头处的压力不小于0.35MPa。

（2）泡沫/水喷雾联用灭火系统设置在通道暗埋段（湖心岛敞口段除外）。通道内纵向分为990组独立的保护区间。每个区段设独立的泡沫喷雾控制阀组，内含雨淋阀组、比例混合器、泡沫阀组和控制系统。每座消防泵房水喷雾泵的管辖范围与消火栓系统一样。每座泵房分管各自区域，由泵房各自引出两根DN300水喷雾总管及DN80泡沫总管，分别沿通道左右两线纵向敷设，全线贯通，形成环状管网，在特殊情况下可人工开启另一区域的泵房进行灭火。

在水喷雾主管及泡沫液主管上每隔5个报警阀组设一个检修蝶阀，在管网低处设放空阀，高处设排气阀，在结构变形缝附近设金属波纹管。

（3）每座泵房内设水喷雾泵3台，二用一备，进口端水泵性能参数为：$Q=60L/s$，$H=100m$，$N=110kW$，配ZW（L）-Ⅱ-Z-E型立式稳压设备1套；设泡沫泵3台，二用一备，性能参数为：$Q=1.8L/s$，$H=110m$，$N=4kW$。出口端水泵性能参数为：$Q=60L/s$，

$H=90\text{m}$，$N=90\text{kW}$，配 ZW（L）-Ⅱ-Z-E 型立式稳压设备 1 套；设泡沫泵 3 台，二用一备，性能参数为：$Q=1.8\text{L/s}$，$H=100\text{m}$，$N=4\text{kW}$。通道标准主线段及通道主线与匝道并线段发生火灾时启动 2 台水喷雾泵及 2 台泡沫泵进行灭火，匝道段发生火灾时启动 1 台水喷雾泵及 1 台泡沫泵进行灭火。

在水喷雾泵出水管上设自动泄压阀，并从出水管引出一根管道至洞口，设置 8 组水泵接合器。

整个通道沿纵向划分灭火分区，通道标准主线段（标准三车道）车道宽度 13.8m，泡沫水喷雾阀组箱间距为 25m，每组 10 个喷头，每个阀组箱连接 5 个喷头，喷头双侧布置，喷头间距≤5.0m，喷头流量系数 $K=134$。通道主线与匝道的并线段，车道宽度 15～22m，泡沫水喷雾阀组箱间距为 20m，每组 8 个喷头，每个阀组箱连接 4 个喷头，喷头双侧布置，喷头间距≤5.0m，喷头流量系数 $K=212$；通道匝道段（单车道）车道宽 6m，泡沫水喷雾阀组箱间距为 25m，每组 5 个喷头，每个阀组箱连接 5 个喷头，喷头单侧布置，喷头间距≤5.0m，喷头流量系数 $K=134$。喷头距地面高度为 4.5m。

通道标准段及通道主线与匝道并线段消防时同时启动着火点任意前后 4 组泡沫水喷雾阀组箱，匝道段消防时同时启动着火点任意前后两组泡沫水喷雾阀组箱。

阀组箱的进口水压控制在 0.5～0.6MPa，不满足的区域，在阀组箱下部支管上设减压孔板进行调节。

（4）泡沫/水喷雾灭火系统消防泵启动方式为：根据火灾报警系统自动启动；中控室远程遥控启动；消防泵房内可自动手动启动和机械应急启动泡沫泵和水喷雾泵。

泡沫/水喷雾灭火系统阀组启动方式为：根据火灾报警系统自动启动；中控室远程遥控启动；现场手动启动泡沫水喷雾阀组。

4. 超细干粉灭火装置

（1）灭火设置场所：东湖通道内的配电间、监控设备室、弱电设备室、风机房控制室等重要电气房屋均设置气体灭火装置，由于各电气房屋面积不大，设计采用的是柜式（无管网）超细干粉灭火装置，全淹没灭火方式。系统自动联动启动。

（2）灭火剂的选择、设计浓度等设计参数：灭火剂采用超细干粉灭火剂。由于超细干粉无国家标准，本工程参照山东省地方标准进行设计。灭火剂浓度采用 0.065kg/m^3，设计灭火浓度：$1.2\times0.065=0.078\text{kg/m}^3$，喷射时间不小于 10s，喷射剩余量按 15％计，防护区不密封度补偿系数采用 1.2。

5. 其他灭火设施

在通道明挖暗埋段及敞开段均设置灭火器。通道标准段在车行道左右两侧均设置灭火器，交错布置，每侧间距 50m；在通道主线与匝道并线段双侧布置灭火器，每侧间距 40m；匝道段单侧布置灭火器，间距 50m。每个箱内放置 2 具 5kg 磷酸铵盐干粉灭火器及 2 具 9L 轻水泡沫灭火器。

五、管材选择

通道内消火栓管及水喷雾管采用热镀锌钢管，管径≥80mm 采用沟槽式连接，管径≤65mm 采用丝扣连接。泡沫液管采用 4mm 厚不锈钢管，氩弧焊接。通道外埋地消防给水管采用钢丝网骨架复合塑料管，电熔连接。

通道废水泵房及雨水泵房内压力排水管采用球墨铸铁管，法兰连接；埋地压力排水管采用球墨铸铁管，柔性承插连接；沿通道侧壁铺设的压力排水管采用球墨铸铁管，TF 自锚式连接。重力排水管采用 HDPE 双壁缠绕管，承插连接。

六、工程主要创新及特点

（1）本工程在设计中除采用了常用的消火栓灭火系统及灭火器外，在通道明挖暗埋段采用国际先进的泡沫/水喷雾联动灭火系统。在通道暗埋段范围，根据宽度不同，每 20～25m 设置一组控制阀组，每个阀组控制 4～5 个专用喷头，喷头均匀布置在通道两侧的侧墙上部，按最不利情况同时开启两组设计。根据本工程的特点，在不同地段采用单/双侧布置喷头，选用近、远程组合的喷头，整个系统配水管路布置紧凑合理，适用于有效通道空间。

（2）通道主体涉及 6 个进出匝道、主线通道、渐变段以及湖心岛中间敞开段等，是目前已建成通道消防设计最复杂的消防工况组合。由于通道正线段、匝道段及通道变线段宽度相差较大，根据车行道宽度不同，在匝道段采用单侧布置特征系数较小的喷头，在主线通道双侧布设特征系数较小的喷头，而在渐变段则双侧布置特征系数较大的喷头，同时通过调整每组喷头的个数及喷头间距，使泡沫水雾全方位覆盖。由于发生火灾的地段不同，消防流量会有成倍数的关系，在设计中首次采用了 3 台消防泵组合形式，在匝道发生火灾时可启动一台消防泵，在主线及渐变段起火时可启动两台泵，确保喷头布水均匀，并达到节能的目的，较好地解决了在地下疏解车道变宽的情况下保持消防流量不变的问题。

（3）排水系统是保证通道安全运行的重要环节。本工程共设置了 10 个雨水泵房，6 个废水泵房，为避免影响东湖水域环境，必需将污水强排至进、出口端的市政管网内。本次在主线雨水泵房设 4 台潜污泵，三用一备，匝道雨水泵房及 6 个废水泵房均设 3 台潜污泵，两用一备。排水泵站内各水泵可切换运行，每个泵房均设有一台备用泵，确保在其中一台泵发生故障的情况下仍能满足要求。泵房集水井内设有超声波液位计，水泵启停采用液位自动控制、就地控制、控制中心远程控制三种模式，并在控制中心显示设备运行情况，确保排水系统安全运行。

（4）由于通道内未设专用管廊，通道侧壁装饰层内需布置 1 根 DN300 水喷雾主管、1 根 DN200 消火栓主管、1 根 DN80 泡沫管及 2 根 DN400 压力废水管，上部布置有电缆桥架，还有水喷雾支管、消火栓支管等需要上下横穿。由于装饰层与结构层净距小（仅 0.6m），各种管道错综复杂，管道布置难度极大。既要考虑 2 根废水管与各废水泵房出水管能平稳连接，又要考虑几根消防管与各消火栓箱、水喷雾箱进、出管道能顺畅穿过。在充分比较各管道的功能及定位等诸多因素后，确定了最佳方案，保证了通道的美观，也满足各系统的正常运行。

重庆轨道交通十号线
（建新东路—王家庄段）工程①

- 设计单位：　北京城建设计发展集团股份
　　　　　　　有限公司
- 主要设计人：陈淑培　江　琴　穆育红
　　　　　　　魏英华　郑　超　田　鹏
　　　　　　　吴春光　黄代青
- 本文执笔人：陈淑培

作者简介：

　　陈淑培，高级工程师、注册公用设备工程师。主要从事轨道交通及上部物业开发给水排水及消防专业设计研究工作，全程参与了重庆第一轮至第四轮轨道交通建设的设计、咨询、技术导则编写等工作。

一、工程概况

　　重庆轨道交通十号线（建新东路—王家庄段）工程线路全长 33.42km，设 19 座车站（其中 1 座为高架站），车辆段与停车场各一处。其中地下车站站台埋深 16～85m 不等。项目车站涵盖大深埋车站、与城铁及航站楼换乘的综合交通枢纽车站、已建车站换乘的车站、预留大型剩余空间车站等，给水排水系统设计复杂、难度大。本工程建设周期为 2014 年 6 月 20 日至 2017 年 12 月 15 日，于 2017 年 12 月 22 日完成竣工验收。给水排水系统设计主要包含以下内容：

　　（1）车站及段场给水排水及消防系统主要有生产生活给水系统、消防给水系统、排水系统、灭火器布置。

　　（2）区间给水排水及消防系统主要有消防给水系统、排水系统。

二、工程主要技术特色

1. 消防给水系统

　　重庆地区单水源车站较为普遍，同时地下车站站台层公共区设置有自动喷水灭火系统，设计标准为中危险 II 级，设计流量为 30L/s，这是与其他城市地铁消防给水设计很大的不同之处。加上消火栓给水系统设计流量 50L/s，地下车站消防时设计流量为 80L/s。一般城市管网末端较难实现 80L/s 的消防供水能力，所以地下车站普遍需要设计消防泵房及水池。本工程给水排水系统充分分析了每个车站的埋深、水源及其他可利用的资源情况，针对每一类车站的特点，选用不同的消防给水方案，做到了消防供水方案差异化及合理化。主要案例技术要点如下：

---

　　① 该工程设计主要工程图详见中国建筑工业出版社官方网站本书的配套资源。

（1）深埋车站，创新地将消防水池直供的常高压给水系统做法引入地下车站消防给水系统，充分利用地势高差，极大地简化了消防给水系统的水池及泵房。以红土地站为例：该站站厅埋深约为 82m，为双水源车站，市政供水压力满足车站最不利点（出入口上部）消火栓系统压力需求。因车站埋深较深，地面消防水池静压即可满足车站站台层喷淋系统压力需求。故车站站台层喷淋系统采用消防水池直接供水的常高压供水系统，消火栓系统采用市政直接供水的常高压系统，该方案消防水池有效容积为 108m³，无消防给水设备。

（2）双水源车站，通过分析市政供水压力并计算车站用水压力需求，有针对性地选择合适的消防给水方案。以中央公园西站、渝北广场站为例：中央公园西站站厅埋深约为 18m，市政供水压力满足出入口最不利点消火栓系统压力需求。车站消火栓系统采用市政直接供水的常高压系统，喷淋系统采用消防水池及消防泵加压的临高压给水系统。该方案消防水池有效容积为 108m³，同时泵房内只设置喷淋系统消防泵给水设备；渝北广场站也为双水源车站，但市政供水压力不满足出入口最不利点消火栓系统压力需求，故本站消火栓系统采用了消防水池及消防泵加压的临高压系统，喷淋系统采用市政直供的常高压供水系统。该方案消防水池有效容积为 360m³，同时泵房只设置消火栓系统消防泵给水设备。

（3）综合交通枢纽站：本工程共有重庆北站南广场站、重庆北站北广场站、T2 航站楼、T3 航站楼四个综合交通枢纽站，消防给水方案复杂。现以重庆北站南广场站为例说明，该站位于既有火车北站南广场下方，为大型综合交通换乘枢纽站，其建筑规模、地下层数均在国内少见。车站地下一层为地铁三号线、十号线及环线的站厅层并与城铁换乘，城铁、地铁、公交、长途、出租等多种人员疏散。结合项目消防性能化报告，该站消防给水系统采取了以下加强措施：

1）车站按照地下建筑标准选取消火栓系统设计流量。

2）车站站厅、站台公共区设计自动喷水灭火系统。

3）地下五层环线站台及地下四层交通厅设置移动式高压细水雾灭火设备。

（4）与既有站换乘车站：分析既有车站消防水池有效容积等参数，通过经济技术比较，有针对性地选择合适的改造方案。以悦来站为例：六支线悦来站为单水源地下车站，设有消防水池（有效容积约为 280m³，按照当时规范，地下车站无室外消防用水量）及泵房。经计算，既有悦来站的消防水池有效容积及泵房面积均能满足十号线悦来站室内消防给水系统需求，只需要对原消防给水加压设备进行更换即可。故十号线悦来站选择对原车站消防泵房及设备进行改造和设备更换，室内消防给水系统共用既有车站的消防水池及给水加压设备的方案。十号线车站只设置消防水池及泵房用于室外消火栓给水系统。

2. 区间排水设计

重庆地区地形起伏较大，其轨道线路区间排水泵站的设置比例也相对其他城市轨道线路高。传统区间排水泵站均采用单池机械排水泵站，设备故障时，由于不能及时进入区间检修，严重时会造成停运等事故。十号线区间排水创新采用了双拼排水泵房设计方案。该方案是在集水池中部设置不到顶的溢流隔墙，将线路排水沟排水通过两根排水管分别接入隔墙两侧的集水池。相对独立的两格集水池分别设置独立的排水系统。

（1）在正常工况时，每个排水泵站独立运行。当一侧排水泵出现故障时，即一侧泵站排水能力无法满足要求时，该集水池内积水会自动漫过溢流隔墙进入另一个集水池，通过相邻的排水泵站排水。区间排水安全性得到大大提高。

（2）当需要清理集水池、单侧排水泵故障分析时，只需要将相应的集水池进水管封闭，区间废水就会自动流入相邻集水池，再将集水池内的原有水抽排至相邻的集水池，即可保持该集水池处于无水状态，便于清淤、检查、提高排水泵故障分析等。

三、技术成效

1. 消防给水方案

《消防给水及消火栓系统技术规范》GB 50974—2014 实施后，重庆地区地下车站设置消防水池及泵房较为普遍。通常做法是将消防用水全部储存在消防水池内，通过消防泵加压供各系统使用。标准地下车站消防水池有效容为 $468m^3$，泵房占地面积约为 $90m^2$，占地面积较大，且土建及设备投资也较以往增加。本工程根据每个车站的埋深及水源情况，选用不同的消防给水方案，做到了消防供水方案差异化及合理化。部分车站减少了水池及泵房的占地面积，优化了设计方案、降低了投资以及后期的设备维护费用。

（1）深埋车站，重庆地区以红土地站为例。消防水池有效容积为 $108m^3$，小于常规消防水池的 $468m^3$，缩减了消防水池及泵房的占地面积，同时泵房内无消防给水设备（图 1）。车站消防给水设计方案降低了投资费用、节约了土地资源，同时由于无消防给水设备，也节约了后期的设备维护费用。重庆地区轨道交通线路均存在一定比例的深埋车站，本站实施的设计方案具备在同类型深埋车站推广使用。

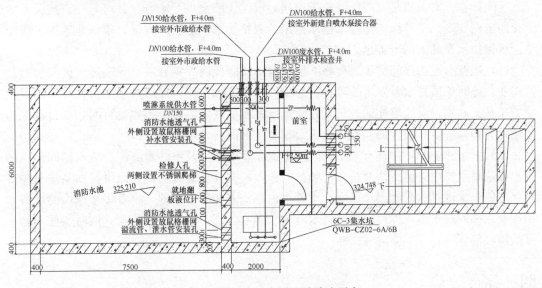

图 1　深埋车站红土地站消防泵房

（2）双水源车站，以中央公园西站为例。该站消防水池有效容积为 $108m^3$，小于常规消防水池的 $468m^3$，缩减了消防水池及泵房的占地面积。同时泵房内只设置喷淋系统消防泵给水设备。该站及其类似车站消防给水设计方案降低了投资费用、节约了土地资源，同时由于减少了消防给水设备，也节约了后期的设备维护费用。

（3）大型综合枢纽车站，本工程枢纽车站多。以重庆北站南广场为例，对大型交通枢纽车站采取的加强措施旨在进一步减少火灾危害，保护人身及财产安全。本站消防给水系统做法也为以后类似车站提供了很好的借鉴意义（图2）。

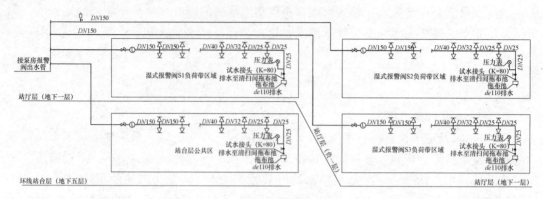

图2 重庆北站南广场站

（4）换乘车站，以悦来站为例。该站充分利用利用了既有车站的消防水池及加压泵房，缩小新建车站的消防水池及泵房规模，该站的改造方案也为后续类似车站提供了借鉴与参考意义。随着城市轨道交通建设的持续进行，与既有车站换乘的车站会越来越多，充分挖掘既有车站的消防给水系统资源，做到资源共享，可大大降低车站消防给水系统投资费用、节约土地资源，同时由于减少了消防给水设备，也节约了后期的设备维护费用。

2. 区间排水方案

区间排水方案一直是重庆地区轨道交通建设关注的重点及难点，其可靠性直接关系轨道交通运营安全。十号线区间排水创新采用的双拼排水泵房设计方案，很好地解决了传统单池机械排水泵站的两个不足之处：

（1）运营时段内区间排水泵检修不便。因运营时段内，检修人员无法进入区间进行检修作业，此时如果排水泵发生故障，检修将极为困难和不便。双拼排水泵房将两个相对独立的排水泵站通过溢流墙连通，日常独立运行；单侧故障或需要单侧运行时，可自动互为备用，为检修提供了极大便利性，也大大增加了区间排水可靠性。

（2）清淤作业时，一直有来水。区间隧道淤积的杂质及泥沙最终都会流入区间低点的排水泵站集水池内。清淤作业是较为频繁的作业，尤其是运营初期。双拼排水泵房只需要将相应的集水池进水管封闭，区间废水就会自动流入相邻集水池，再将集水池内的原有水抽排至相邻的集水池，即可保持该集水池处于无水状态，便于清淤作业，同时也便于排水泵故障检修等。

四、综合效益

（1）本工程重点、难点车站多，充分分析每类型车站的具体情况，挖掘不同类型车站可利用的资源，做到了不同类型车站消防供水方案差异化及优化。例如深埋双水源车站采用消防水池加市政直供的常高压供水系统；双水源车站采用常高压与临高压组合的供水系统；换乘车站室内消防给水系统采用与既有车站共用消防水池及泵房的方案等。实施上述方案的车站，每个车站均最大限度上减少了建筑面积 $100\sim160m^2$，节约土建及设备投资 80 万～150 万元。同时由于未设置或减少了消防泵房及消防给水设备，也大大节约了该部分的长期维护费用。

（2）区间双拼排水泵站，使得区间排水安全性得到大大提高，降低了因区间排水设备故障可能引起的停运风险。在解决了区间排水检修不便问题的同时，也为运营管理人员清淤作业时创造了较好的工作条件。在清淤频率及工作强度均较高的情况下，实现了清淤的便利性。

本工程采用的上述设计理念及做法体现了设计认真负责的态度，也具有良好的经济效益及社会效益。上述设计理念及做法在重庆十号线采用后，得到建设单位及运营单位的很大好评，已被积极推广应用至其他新建线路。

2017 年一等奖

南京牛首山文化旅游区一期工程——佛顶宫^①

- 设计单位： 华东建筑设计研究总院
- 主要设计人：李鸿奎 徐扬 陈钢
  王 利 许 培 陈欣晔
  陶 俊 徐霄月
- 本文执笔人：李鸿奎

作者简介：
　　李鸿奎，现任华东建筑设计研究总院专业院副总工程师，教授级高级工程师，国家注册公用设备工程师。代表性项目：海南省"博鳌亚洲论坛"会址项目、"国家图书馆二期暨国家数字图书馆工程"项目、南京牛首山文化旅游区一期工程—佛顶宫等。

一、工程概况

　　本项目位于江苏省南京市江宁区西南侧的牛首祖堂风景区的牛首山核心区域，同时兼具文化、旅游、商业、宗教等多重功能及属性。建设用地面积 59215m²，总建筑面积 121708m²，包括地上 4 层，地下 6 层。地上建筑面积 25137m²，地下建筑面积 96571m²，绿化率 31.5%，建筑密度 20.2%，容积率 0.49，总建筑高度：45.50m。

　　地下一层：餐饮厨房、机电设备机房；地下二夹层：网络机房、餐饮等；地下二层：消防水池及消防水泵房等设备机房、会议办公区等；地下三夹层：展厅、设备机房等；地下三层：舍利展示大空间、展厅等；地下四层：佛骨舍利藏馆及配套区域；地下车库：环形车道从上到下（地下一层至地下四层）车道两侧为停车位停车位约 160 辆，车道为半敞开式。地上部分主要是卧佛展示空间。一层：佛顶宫主入口，中间是展示卧佛的大空间（一层至四层）；一夹层：观礼区及商业；二层：观礼区、商业、公共卫生间；三层：商业（含简餐）、公共卫生间等；四层：设备机房层，包括暖通机房、生活水泵房。

二、给水系统

1. 水源
　　景区市政自来水公司管网供水，供水压力 0.15MPa。
2. 用水量
　　最高日用水量 913m³/d；最大时用水量 118.25m³/h（表1）。

用水量计算表 表1

| 序号 | 用水名称 | 人次、面积 | 用水量标准 [L/(人·d)] | 用水量 | | 备注 |
				最高日 (m³/d)	最大时 (m³/h)	
1	中餐	5950人次	60	357.00	53.55	$T=10$，$K=1.5$
2	快餐、职工食堂	1970人次	25	50	6.25	$T=12$，$K=1.5$
3	展览	9358m²	6	25.00	4.70	$T=8$，$K=1.5$
4	商业	7053m²	8	56.42	7.05	$T=12$，$K=1.5$
5	办公	397人次	50	20.00	3.00	$T=10$，$K=1.5$
6	员工	200人次	100	20.00	2.50	$T=12$，$K=1.0$
7	冷却塔补充水		1.5%冷却水循环量	240.00	24.00	$T=10$，$K=1.0$
8	绿化(整个区域)	18652m²	2L/(m²·d)	37.30	7.50	$T=8$，$K=1.0$
9	景观用水	4795m²	5.8mm	14.5	1.82	$T=8$，$K=1.0$
10	车库冲洗水	3000m²	3L/(m²·次)	9.00	1.13	$T=8$，$K=1.0$
	小计			830	107.5	
11	未预见水量		10%小计	83	10.75	
12	合计			913	118.25	

3. 供水方式及供水分区

由景区市政自来水公司管网直接供水地下一层生活用水池，供水方式为：地下一～地下三夹层市政自来水直接供水，地下三夹层～地下四层由景区市政自来水公司管网直接供水，并设减压阀；地下二～三层由变频给水泵组供水，采用减压阀分区供水。各供水区域供水压力为 $0.15\text{MPa} \leqslant P \leqslant 0.45\text{MPa}$，供水水压大于 0.20MPa，采用设置支管减压阀方式减压。

系统竖向分区如表2所示。

供水系统分区 表2

序号	区域层数	供水方式	系统最不利处静水压 (MPa)	系统供水压力 (MPa)
1	地下三夹层～地下四层	市政自来水直供＋减压阀	0.15	0.45
2	地下二夹层～地下二层	变频给水组＋减压阀	0.15	0.45
3	地下一层～三层	变频给水组	0.15	0.45

4. 增压设备

地下二层以上层及地上部分均由变频压给水泵组供水，单泵 $Q=12\text{m}^3/\text{h}$，$H=15\text{m}$，$N=0.75\text{kW}$（三用一备），配置稳压罐（隔膜式）一台。

5. 生活贮水池（水箱）容量

按最高日用水量913（m³/d）的20%取值，为185m³/h。

三、排水系统

1. 污、废水系统形式及通气管设置方式及排水量

室内污、废合流，公共卫生间排水设排水主立管、支管，主通气立管和环形通气管。地上及地下三层以上重力排至室外污水管，地下四层压力排水之排至室外污水管。污水排水量为 584.1m³/d。

2. 雨水排水系统、重现期、排放量（表 3）

雨水排放量   表 3

区域	南京市暴雨强度 [L/(s·100m²)]	汇水面高程 (m)	汇水面积(m²)/ 流量(L/s)	排水方向
东侧山坳及挑空区域	6.84(100 年)	129	14852/482.10	地下五层雨水排水沟
小穹顶	6.84(100 年)	137	12000/391.98	一层雨水排水沟
一层广场（佛顶宫）	4.29(5 年)	165	21949/540	一层雨水排水沟

3. 采用的局部污、废水处理设施

在餐饮厨房区域排水就近排水下一层隔油装置机房，经新鲜油脂分离器隔油后重力排至地下三层室外污水管，室外污、废水管均通过项目垂直竖井排至下游区域污水处理站。

排水系统简图见图 1。

四、热水系统

1. 热水用水量

最高日用水量 168.45m³/d；最大时用水量 25.35（m³/h）（表 4）。

热水用水量   表 4

建筑类型	60℃水用水定额 (L/人次)	用水单数 (人次)	最高日用水量 (m³/d)	最大时用水量 (m³/hr)
中餐	25	5950	149.00	22.35
快餐、职工食堂	10	1970	19.70	3.00
合计			168.45	25.35

2. 热源

餐饮热水供应系统为集中热水供应系统，热媒采用太阳能＋热水锅炉，其余部分卫生间为局部热水供应系统，采用容积式电热水器供应热水。

3. 系统竖向分区

同冷水系统。

4. 太阳能热水供水系统

由太阳能集热器、集热水罐、热媒循环泵、热水罐、热水循环泵及管道等组成，热水锅炉作为辅助热源设施供应职工餐厅热水，采用强制循环间接加热系统。

5. 冷、热压力平衡措施、热水温度的保证措施

冷、热水同源，热水、热回水管道设置为同程，为解决高低区压力差问题，设置温感控制阀，在回水温度不满足要求时，启开阀门；热水循环泵定时循环。

6. 热水储热设备

集热水箱采用闭式热水罐（$\phi1600$，$V=4000L\times2$ 台）；辅助热源选用半容积式交换器（$\phi1800$，$V=4500L$，$F_i=14.9m^2\times3$ 台）。

冷热水系统简图见图 2。

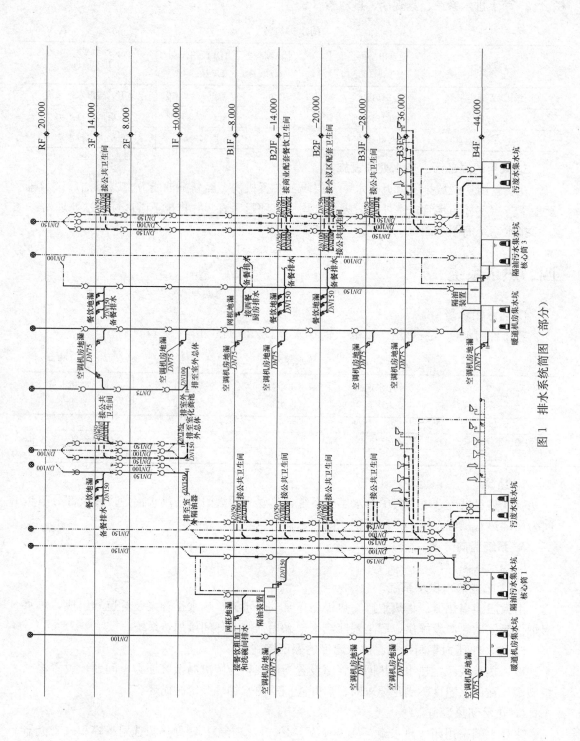

图1 排水系统简图（部分）

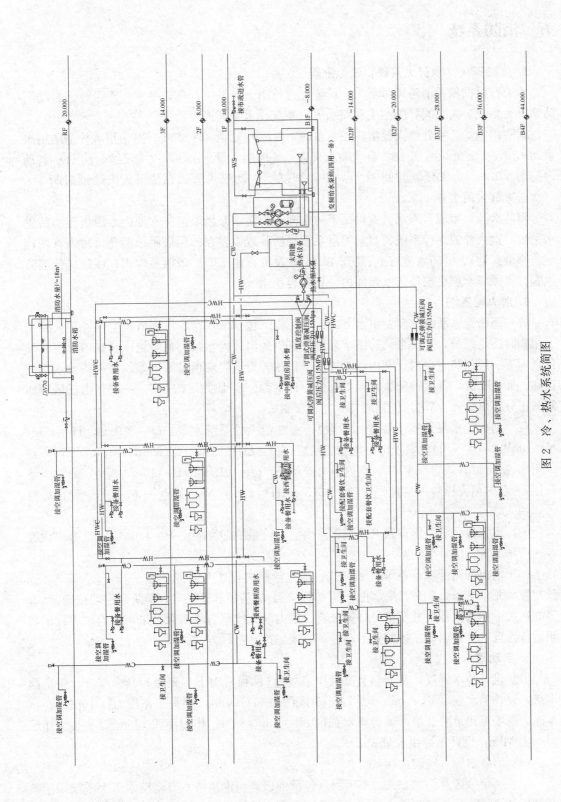

图 2　冷、热水系统简图

五、消防系统

1. 消防灭火（水灭火系统）设施配置

本工程根据相关消防规范要求，设置室内外消火栓系统、自动喷水灭火系统、自动消防炮灭火系统、大空间智能型主动喷水灭火系统、水喷雾灭火系统。

消防用水量：室外消火栓消防用水量 30L/s，火灾延续时间 4h；室内消火栓消防用水量 40L/s，火灾延续时间 4h；自动喷水灭火系统的用水量 35L/s，火灾延续时间 1h；自动消防炮 80L/s，火灾延续时间 1h；大空间智能型主动喷水灭火系统，火灾延续时间 1h。一次灭火最大用水量 1422m³。

消防水源：市政自来水管道供至消防水池，消防水泵汲取消防水池内水源供至消防供水系统；室内外消火栓系统、自动喷淋系统稳压装置设置在佛顶塔屋顶消防泵房内（两栋建筑物最高处）。消防水池有效容积 1422m³，设置在地下一层消防泵房内；屋顶高位消防水箱：佛顶塔八层夹层消防水箱间内，有效容积 18m³。

2. 消火栓系统

（1）消防给水系统分区及供水方式：本工程（包括佛顶宫、佛顶塔）室内外消火栓均采用临时高压系统，为一个消防供水系统，室内外消火栓水泵、消防稳压装置均设置在佛顶宫地下一层消防水泵内，室内消火栓消防稳压装置设置佛顶塔八层处。消火栓给水系统设高、低 2 个区，低区：佛顶宫地上部分、地下部分及佛顶塔基座层、一层（由低区减压阀减压分别供给）；高区：佛顶塔二～九层（图 3）。

（2）消火栓水泵及增压装置（参数）。室外消火栓系统水泵：$Q=30L/s$，$H=45m$，$N=30kW$（一备一用）；室外消火栓稳压装置（泵）：$Q=5L/s$，$H=60m$，$N=5.5kW$（一备一用）、稳压罐有效容积 450L；室内消火栓系统：$Q=40L/s$，$H=110m$，$N=75kW$（一备一用）。室内消火栓稳压装置（泵）：$Q=5L/s$，$H=41m$，$N=4kW$（一备一用）、稳压罐有效容积 450L。

（3）水泵接合器：佛顶宫共 5 组，室内消火栓系统 $DN150$，$P=1.6MPa$，3 套，设置在西广场北侧。

（4）消火栓箱配置及系统控制方式：消火栓箱内设 $DN65$ 消火栓一只，$DN65×25m$ 长衬胶水龙带一条，$\Phi19$ 直流水枪，$DN25×25m$ 的消防软管卷盘，消防泵启动按钮、5kg 磷酸铵盐干粉灭火器 2 具及信号灯等全套。室内消火栓消防供水泵，采用室内消火栓消防箱内按钮远程直接启动、控制室手动控制、现场控制三种方式。

3. 自动喷水灭火系统

（1）设计喷水强度。非仓储类高大净空场所（佛顶宫地下二夹层）/其余部分，中危险Ⅰ级，设计喷水强度 6L/(min·m²)，作用面积 260/160m²，喷头工作压力 0.10MPa；汽车库、商场等中危险Ⅱ级，设计喷水强度 8L/(min·m²)，作用面积 160m²，喷头工作压力 0.10MPa；设计系统用水量 35L/s。

（2）消防水源：同消火栓系统。

（3）系统分区及供水方式：本工程（包括佛顶宫、佛顶塔）自动喷水灭火系统采用临时高压系统，为一个消防供水系统，自动喷水灭火系统水泵设置在佛顶宫地下一层消防水

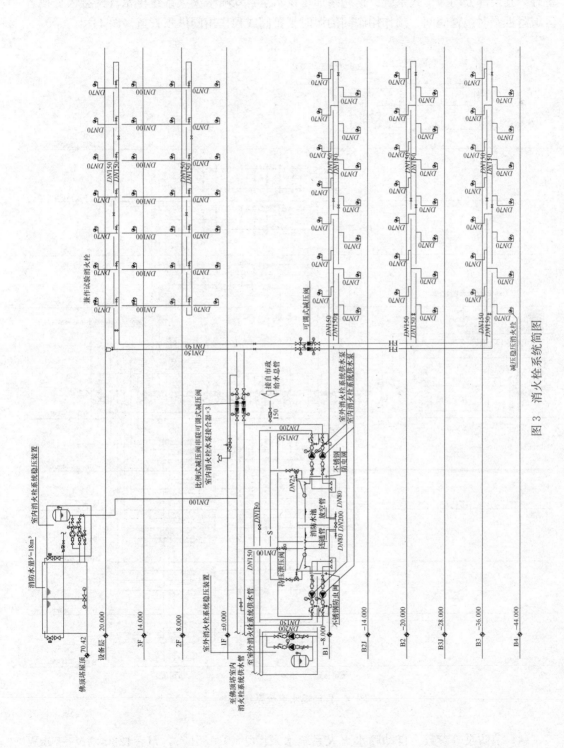

图 3 消火栓系统简图

泵内，消防稳压装置设置佛顶塔八层处，一个供水分区。除部分室外停车库设置预作用系统外，其余部分均为湿式系统。消防泵加压供水至自动喷水灭火系统供水环网接入分设各区域附近湿时报警阀间、预作用阀间的湿时报警阀或预作用阀供水管道（图4）。

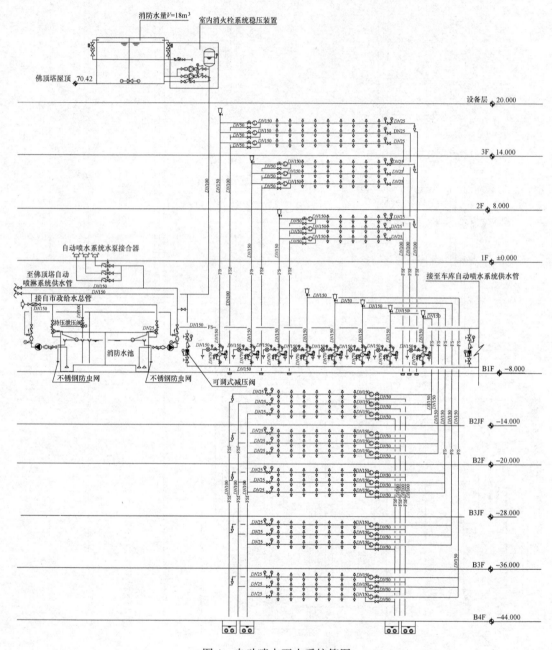

图4　自动喷水灭火系统简图

（4）消防泵等参数。自动喷水灭火系统水泵：$Q=0\sim35L/s$，$H=122m$，$N=90kW$（一备一用）；消防稳压装置：$Q=1L/s$，$H=35m$，$N=1.1kW$（一备一用）、稳压罐有效容积150L；闭式喷头：除地下车库采用易熔合金闭式喷头外，其余部分均采用玻璃泡闭式喷头，所有喷头均为 $K=80$ 快速响应喷头，不得采用隐蔽型吊顶喷头，地下汽车库及无吊顶设备用房采用直立型喷头，厨房部位采用上下喷式喷头或直立型喷头；温级：喷头动作温度除厨房、热交换机房等部位采用 93℃级、小穹顶钢架保护喷头采用 141℃级外，其余均为 68℃级（玻璃球）或 72℃级（易熔合金）；湿式报警阀组：$DN150$，$P=1.0MPa$，18 套；预作用报警阀组 $DN150$，$P=1.0MPa$，10 套；水泵接合器：自动喷淋系统 $DN150$，$P=1.6MPa$，2 组，设置在西广场北侧。

（5）系统控制方式：自喷淋系统供水泵采用报警阀组的压力开关自动启动、控制室手动控制、现场控制三种方式。

4. 水喷雾灭火系统

锅炉房、柴油发电机房采用水喷雾灭火系统，就近设置雨淋阀站，由自动喷水灭火系统管网供水至雨淋阀站。喷雾强度采用 $20L/(min \cdot m^2)$，持续喷雾时间为 0.5h，系统设计用水量 27L/s，水雾喷头工作压力大于或等于 0.35MPa。系统与自动喷水灭火系统合用消防水泵。系统控制方式：采用自动控制、手动控制和应急机械启动。

5. 气体灭火系统

地下一层变电所、地下二层网络机房、有线电视机房、无线覆盖机房、营运机房等均设置 IG-541 气体灭火系统。IG-541 气体灭火系统灭火设计浓度为 37.5%，当 IG-541 混合气体灭火剂喷放至设计用量的 95% 时，其喷放时间不应大于 60s，且不应小于 48s。灭火浸渍时间为 10min。系统控制方式：采用自动控制、手动控制和应急机械启动。

6. 自动消防炮灭火系统

（1）系统设置：本工程一层"禅境大观"为长度为 112m、宽 62m、高 42m 的特高大空间，设置自动消防炮灭火系统。消防专家论证会要求：固定消防水炮灭火系统在满足两门灭火的同时，加设两门喷雾冷却禅境大观空间。采用双波段光截面报警、影像监控及水炮红外定位技术的控制方法，来满足上述要求。

（2）设计流量及供水加压设施：80L/s，自动消防炮自带雾柱转化功能，单台流量：20L/s，工作压力 0.8MPa，射程 50m，四门消防炮同时运行，全面积保护，独立消防系统供水。自动消防炮加压水泵设置在地下三层消防水泵房内两台（四用一备）单台泵参数：$Q=0\sim80L/s$，$H=130m$，$N=90kW$。并设局部增压设备一套（包括稳压泵两台），一用一备，单台泵参数：$Q=5L/s$，$H=158m$，$N=15kW$；隔膜式气压罐一只，有效容积 600L。

7. 大空间智能型主动喷水灭火系统

本工程地下五层至地下一层净高大于 12.00m 的大空间内设置大空间智能型主动喷水灭火系统。单台流量 5L/s，工作压力 0.6MPa，射程 20m，全面积保护，两行布置，同时开启水炮个数 4 个，设计流量 20L/s，独立消防系统供水。大空间智能型主动喷水灭火系统水炮加压水泵两台（一用一备），$Q=0\sim20L/s$，$H=105m$，$N=37kW$，设置在地下三层消防水泵房内，采用高位消防水箱（佛顶塔）稳压，系统设置 2 组水泵接合器于西广场北侧。系统采用自动启动、控制室手动控制、现场控制三种方式。

六、管材

（1）给水管：室内部分生活冷、热水给水管采用薄壁不锈钢管，环压连接；冷却循环水管道采用螺旋焊接钢管，焊接，阀门等活节处法兰连接。

室外部分给水管、消防给水管：管径≥DN100采用球墨铸铁给水管，承插连接；管径≤DN80采用热浸镀锌钢管，丝扣连接，外设防锈蚀措施。

（2）消防给水管：采用热镀锌无缝钢管。管径＜DN100采用热镀锌钢管及配件，丝扣连接；管径≥DN100采用热轧无缝钢管及配件，内外壁热浸镀锌，二次安装，优质沟槽式机械接头接口。

（3）排水管：室内部分排水管采用机制排水铸铁管，法兰连接；雨水管均采用HDPE塑料排水管及配件，卡箍连接。室外部分：HDPE双壁缠绕塑料排水管，弹性密封圈承插连接；排水窨井：塑料排水检查井。

七、工程设计特点

1. 场地雨水排水

设计中对山地建筑的雨水排水策略及措施提出了建设性建议和具体的实施方法，对山地建筑中排洪沟、室外场地雨水排水重现期取值（包括相关规范、世界发达国家取值对比）、各种计算公式的选用以及管段计算方法进行了对比、剖析及探讨，充分证实在该项目中室外雨水排水设计和计算方法更优化、可靠及安全。

佛顶宫建筑在原有矿坑及山坳之中，周围山体高程250～140m，而建筑物在高程165～129m处，由于广场挑空部分及建筑物东南侧与山体之间形成较大面积下沉空间，形成雨水汇水面积较大、自然排水条件较差等诸多不利因素。防洪、雨水排涝，成了设计的重中之重，相关部分进行数次专家论证会，防洪设计标准也由50年一遇调整为百年一遇，除考虑在不同标高设置排洪沟、雨水沟及利用原矿坑通道加设大口径排水外，还增加了全流量雨水排水泵站排出建筑物底部。

（1）标高165m以上雨水汇水面积考虑设置防洪沟排放雨水（由当地水利设计院负责设计），标高165m以下，建筑红线以内汇水面积由我院负责设计。考虑到本工程重要性，雨水量计算按南京市暴雨强度公式计算，屋面、汽车坡道入口、露天挑空部分设计降雨重现期采用100年，室外场地设计降雨重现期采用5年。室外广场（165m）设置雨水沟，雨水沿雨水沟汇集到集水槽，然后再经过两根DN900管子排至地下三层管道竖井。

（2）地下五层室外平地（128.4m）沿山体起坡线设置排水沟并设置有雨水蓄水池，雨水蓄水池里的水通过重力排水管（两根DN700）接至管道竖井排入下游水库，同时还设置雨水泵站，在遇到几百年一遇的洪水时，可辅助雨水的排水，泵站通过提升雨水排至一层山体排洪沟系统，设计降雨重现期采用100年。

2. 禅境大观大空间消防系统设计

设计中对突破现行消防设计规范的"禅境大观"超大空间，利用空间"火灾场景"进行数据分析，从火灾控制机理角度对蔓延灾情控制起到至关重要作用的热释放速率、表征火灾增长快慢程度的重要参数（有否设置水灭火设施等）进行罗列、对比，更深层次地论证设置水灭火系统（消防炮）的重要性、必然性。

"禅境大观"位于佛顶宫一层，一层和二层回廊，建筑面积为9160m²，大大突破了防火分区4000m²限定，建筑体量为105m（长）、62m（宽）、净高42m超大空间，且具有演出功能，火灾负荷较大，人员密集。考虑到本工程特殊性、重要性、安全性及偏离市区等因素，要求采取加强措施，固定消防水炮灭火系统在满足两门灭火同时，加设两门喷雾冷却"禅境大观"（小穹顶）空间。消防水池储存取同时使用水灭火设施最大值。在设计中，除满足专家意见外，消防水炮的布置需要充分考虑中央为荷花升降台莲花叶瓣升降遮挡因素，为消除整个保护区域的盲区，达到自动消防炮对建筑安全技术的要求，对消防水炮喷水灭火过程射流试验轨迹水力曲线图进行细致化分析，并同时满足两股水柱达到任何点的规范要求，水炮布置在弧形高空的 32m（离地）处，采用双波段光截面报警、影像监控及水炮红外定位技术，来满足上述要求。由于装修上的要求，水炮采用升降式（采取得相关消防部门认可的产品），以满足整个"禅境大观"效果要求。

3. 雨水作为冷却水补充水设计

由于需要满足"绿色三星"评价加分项要求，加之其余用水量不能满足非传统水利用率 20％的要求，考虑冷却水补充水也采用雨水回用系统，对雨水回用水质，采取以下技术措施：雨水回用仅收集小穹顶的屋面雨水；在水处理工艺中除雨水调蓄池设置沉淀仓，设置机械过滤器、加絮凝剂、消毒外，增设活性炭、精密过滤器；设置水质在线监测与控制。

4. 室外排水管设置排水管沟

由于地下四层施工时开挖达 7～8m 深，导致回填土无法夯实至地下四层，整个建筑物与室外地坪产生不均匀沉降而引起排水出户管的断裂。结构专业设置了排水管沟，敷设室外排水及检查井，同时管沟设置检查口与通风井，克服了排水出户管沉降问题，并便于日后的维护、清通及检修。

中国博览会会展
综合体（北块）[①]

- 设计单位： 华东建筑设计研究总院、
  清华大学建筑设计研究院
- 主要设计人： 陈立宏 张 威 徐 青
  徐 扬 王 珏 任国栋
  徐 琴 吉兴亮
- 本文执笔人： 陈立宏

作者简介：

陈立宏，高级工程师，注册公用设备（给水排水）工程师，现任华东建筑设计研究院机电一院副总监、主任工程师。代表作品：越洋国际广场、北京会议中心 8 号楼、世博中心等。

一、工程概况

本工程临近虹桥机场，北至崧泽高架路南侧红线，南至盈港东路北侧红线，西至诸光路东侧红线，东至涞港路西侧红线，东西向跨度约 800m，南北跨度 1000～1200m，建筑限高 43m，占地面积 85.6ha，建筑面积 147 万 m^2，其中地上建筑面积 127 万 m^2，地下建筑面积 20 万 m^2。展览面积 53 万 m^2（其中包括 10 万 m^2 室外展场），连续运营中的地铁 2 号线徐泾东站及区间段横贯地块东西。项目于 2011 年年底开始设计工作，2013 年 5 月完成施工图，2014 年 11 月试运营，2015 年 3 月展厅正式运营，2016 年 10 月酒店投入运营。2018 年 11 月经过局部提升改造，项目被确定为进博会主会场。建筑设计方案采用优美而具有吉祥寓意的"四叶草"原型，以地铁徐泾东站为花心，向四个方向伸展出四片脉络分明的叶片状主体，形成更具标志性和视觉冲击力的集中式构图，创造出高效率运营的新型会展模式，充分体现出功能性、标志性、经济性和科技性的设计原则和造型理念。图 1 为东南视角效果图和建筑功能分区图。

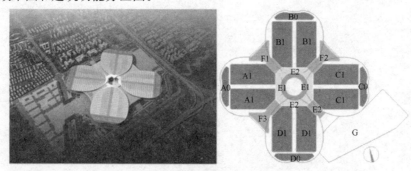

图 1 效果图和功能分区图

---

① 该工程设计主要工程图详见中国建筑工业出版社官方网站本书的配套资源。

二、给水系统

1. 水源

地块周边四条道路的市政给水管网分别为 3 条 DN500 和 1 条 DN300，在供水规划范围内的最不利点市政供水压力为 0.16MPa。项目从 4 条道路上分别接出 2 路市政给水引入管（地铁站用水单独从市政接出及计量），经倒流防止器和水表计量后，在红线内形成大环。对于超大地块来说，随着地块面积的增大，生活用水量相应增大，而消防用水量并不同比例增加，因此生活给水和消防给水合用室外环网是合理的，既避免了专用消防管网长期死水的问题，也没有小地块合用管网中消防用水比例远大于生活用水而产生的大管网小流量、管网内水流速过低、停留时间过长的问题。

2. 各主要单体生活用水量

各主要功能单体生活给水量如表 1 所示。最高日用水量 10771m³/d，最大小时用水量 1546m³/h；其中浇洒用水和车库冲洗采用回用雨水，最高日用水量 410m³/d，最大时用水量 68m³/h。D0 酒店生活用水采用深度处理后的净水。

主要单体生活用水量　　　　　　　　　　　　　　表 1

单体	功能	最高日用水量 (m³/d)	最大小时用水量 (m³/h)	水泵加压区设计秒流量
A0/B0/C0	办公	412	73	10L/s
D0	酒店	1020	110	Ⅰ区 35L/s，Ⅱ区低区 15L/s，Ⅱ区高区 13L/s，Ⅲ区低区 10L/s，Ⅲ区高区 15L/s
A1	展厅	1000	187.5	单展 10L/s，双展 13.3L/s
B1	展厅	700	132	2×10L/s
C1	展厅	1300	243.8	2×13.3L/s
D1	展厅	1300	243.8	2×13.3L/s
E	商业	2094	234.7	100L/s
F1	展厅	115	21.7	/
F2	展厅	115	21.7	2×4.5L/s
F3	展厅	115	21.7	2×4.5L/s
G	车库	200	25	/

3. 给水系统简介

本项目除底层生活给水为市政直接供水，车库和绿化浇洒采用回用雨水外，其余的生活给水为变频加压供水，包括了常规的生活给水和展览工艺给水，二者水质要求相同，因此给水泵房考虑合建，生活给水变频泵和工艺给水变频泵则考虑分设。每组水泵仅供一个分区，不采用减压阀分区，除酒店外，对供水超 0.2MPa 的用水点采用支管减压措施。生活泵房共设有 13 座，位置及服务范围如图 2 所示。

酒店给水分为 5 个区，裙房为Ⅰ区，客房区分为左右、高低四个区，分别是Ⅱ区高区、低区、Ⅲ区高区、低区。分设变频加压泵组从净水箱吸水供水。

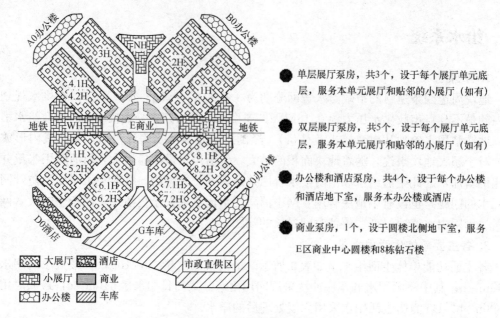

● 单层展厅泵房, 共3个, 设于每个展厅单元底层, 服务本单元展厅和贴邻的小展厅 (如有)

● 双层展厅泵房, 共5个, 设于每个展厅单元底层, 服务本单元展厅和贴邻的小展厅 (如有)

● 办公楼和酒店泵房, 共4个, 设于每个办公楼和酒店地下室, 服务本办公楼或酒店

● 商业泵房, 1个, 设于圆楼北侧地下室, 服务 E区商业中心圆楼和8栋钻石楼

图 2 生活水泵房分布图

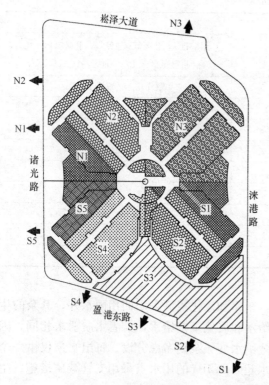

图 3 污水流域规划图

注: 图中 N (北) 和 S (南) 为以地铁为界的流域及出口编号。

三、排水系统

1. 污、废水排水系统

室外排水系统规划: 4 条周边道路, 其中东侧的涞港路上没有市政重力污水管, 污水出路只能在其他的 3 条路上。由于地铁站及区间段的存在, 在红线内所有雨污水管都无法直接跨越, 必须分向南北两侧。规划每个排水点都以最短的路线排至市政道路。设计对雨污水流域进行了总体规划, 如图 3 所示。

除酒店客房采用室内污、废分流外, 其余采用污、废合流系统。厨房采用油水分离装置处理、车库采用沉砂隔油池处理后提升排放。客房采用器具通气管, 其余公共卫生间采用环形通气管。

展厅内侧通道两边的卫生间排水无法通过重力排放, 在展厅中间通道与办公楼 (酒店) 交界处下方汇总, 进入地下室污水提升泵房。每个污水泵房内设有混凝土污水集水井, 有效容积不小于 $40m^3$, 设 3 台污水提升泵, $Q = 10L/s$, $H = 12m$, $N = 5.5kW$,

二用一备。室外进水井内设有格栅、溢流管，保证事故状态下高水位污水直接排放，保证集水井不发生溢流。

由于排水量大，排水接驳点多，室外总体污水均以重力排水为主。排水管线长，提前规划了穿越地下室区域的降板范围，保证了排水重力排出。排水量不以单体为单位统计，而以流域划分后的每一条出水管路所承担的区域统计。N3 崧泽大道市政污水管施工阶段标高抬高，排水管无法重力接入，后期增设了一个一体化提升泵站。污、废水排水量见表2。

污、废水排水量   表2

污水管编号	排出口管径	排出口道路	管底标高（m）	汇水范围	设计流量（m³/d）
N1	DN300	诸光路	3.20	F3 北/A1 东南	350
N2	DN400	诸光路	0.92	A1 西北/F1 西/E 西北	1930
N3	DN300	崧泽大道	3.00	B1/F1 东/E 东北	2260（泵提升）
S1	DN400	盈港东路	−0.90	E 东南/F2 南/C1 东北/C0	850
S2	DN400	盈港东路	1.70	E 东南/C1 西南/G 西/景观	1400
S3	DN300	盈港东路	2.30	G 中，西/景观	220
S4	DN400	盈港东路	1.20	E 西南/D1 东南/D0 东南	1620
S5	DN300	诸光路	1.60	F3 南/D1 西北/D0 西北	630

2. 雨水排水系统

室外雨水系统规划：4 条周边道路均有市政雨水管。与污水管类似，规划每个雨水排水点都以最短的路线排至市政道路。设计对雨污水流域进行了总体规划，如图 4 所示。

由于雨水量大，接驳点多，室外总体雨水均以重力排水为主，除 E 区圆楼地铁徐泾东站上方广场区域雨水重现期采用 100 年设计（雨水收集池先蓄水后提升）外，其余场地设计重现期 5 年。雨水排水管线长，提前规划了穿越地下室区域的降板范围，在展厅之间、展厅和办公之间设雨水宽沟，保证了绝大部分雨水重力排出。雨水排水量不以单体为单位统计，而以流域划分后的每一条出水管路所承担的区域统计，详见表3。

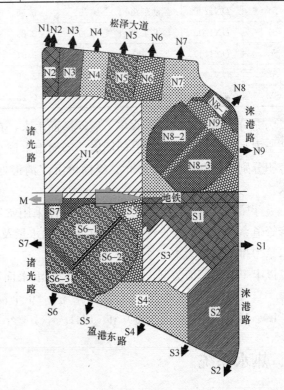

图 4　雨水流域规划图

雨水排水量

表 3

雨水管编号	排出口管径	排出口道路	管底标高 (m)	汇水面积 (万 m²)	加权汇水面积 $\sum \psi_i F_i$ (万 m²)	流域设计流量 (L/s)
N0	*DN*2200 合并排出	崧泽大道		诸光路市政雨水管借道		
N1		崧泽大道	−0.51	16.05	15.26	4136
N2		崧泽大道		1.40	1.16	511
N3	*DN*1000	崧泽大道	1.70	1.81	1.56	689
N4	*DN*1000	崧泽大道	1.80	1.94	1.66	758
N5	*DN*1000	崧泽大道	1.80	2.26	1.94	883
N6	*DN*1000	崧泽大道	1.80	2.00	1.71	780
N7	*DN*1200	涞港路	1.10	5.48	4.79	1497
N8	*DN*1400	涞港路	1.45	9.17	8.53	3052
N9	*DN*1200	涞港路	1.00	3.51	3.01	1159
NM	*DN*500	诸光路	2.18	0.25	0.25	110
S1	*DN*1400	涞港路	0.05	8.20	7.80	2718
S2	*DN*1200	涞港路	0.50	7.35	4.63	1460
S2A	*DN*500	盈港东路	1.40	0.52	0.3	137
S3	*DN*1400	盈港东路	1.88	5.39	5.37	1929
S4	*DN*1200	盈港东路	0.75	5.55	2.65	1137
S5	*DN*1200	盈港东路	0.80	2.89	2.85	963
S6	*DN*1400	盈港东路	1.00	9.91	9.48	3309
S7	*DN*1200	诸光路	1.20	2.29	1.85	794
SM	*DN*500	诸光路	2.18	0.25	0.25	110

为充分利用雨水，设计收集了展厅屋面雨水，在 B0 办公外侧和 D0 酒店外侧场地下设有 2 座雨水调蓄池，场地设有回用展厅屋面雨水排水收集管道进入调蓄池。两个雨水调蓄池容积分别为 350m³ 和 1050m³。经简单沉淀消毒处理后的雨水用于地块绿化浇洒和水景补水。

展厅屋面雨水采用虹吸雨水排水，设计采用常用排水管道系统和溢流排水管道系统，两套管道系统分别满足设计重现期为 10 年雨水量及 100 年与 10 年雨水量的差值。其余屋面以重力排水系统为主。

以半个展厅屋面为例，虹吸雨水排水的汇水面积约 40730m²。合计设计了 14 个常用系统、44 个常用雨水斗及 9 个溢流系统、20 个溢流雨水斗。合计雨水总流量分别为 2493L/s（10 年重现期雨水量）和 1124L/s（100 年重现期与 10 年重现期雨水量差值）。

四、热水系统

1. 系统简介

仅酒店设集中热水供应。热媒采用来自能源站的 90℃/70℃ 的高温热水。全楼生活热水小时耗热量 3457kW。主要换热设备参数如表 4 所示。

主要换热设备参数　　　　　　　　　　表 4

名称	型号及规格	单位	数量	备注
Ⅰ区立式半容积式热交换器	$\phi1600$，储水容积 $3.5m^3$，单罐小时供热水量 $10m^3$	台	2	一台故障时可满足 80% 热水量
Ⅱ低区立式半容积式热交换器	$\phi1500$，储水容积 $1.5m^3$，单罐小时供热水量 $10m^3$	台	2	一台故障时可满足 80% 热水量
Ⅱ高区立式半容积式热交换器	$\phi1500$，储水容积 $1.5m^3$，单罐小时供热水量 $10m^3$	台	2	一台故障时可满足 80% 热水量
Ⅲ低区立式半容积式热交换器	$\phi1300$，储水容积 $1m^3$，单罐小时供热水量 $10m^3$	台	2	一台故障时可满足 80% 热水量
Ⅲ高区立式半容积式热交换器	$\phi1500$，储水容积 $1.5m^3$，单罐小时供热水量 $10m^3$	台	2	一台故障时可满足 80% 热水量

　　酒店屋面太阳能集热板提供的热水用于泳池维温。除初次加热外，日常维温所需小时耗热量约 100kW。

2. 用水量及耗热量（表 5）

用水量及耗热量　　　　　　　　　　表 5

用户名称	用水量标准	数量	最高日用水量 （m^3/d）	最大时用水量 （m^3/h）	用水时间 （h）	时变化系数	耗热量 （kW）
酒店客房（左半部分，高区）	160L/（床·d）	338 床	54.1	7.2	24	3.2	453.5
酒店客房（左半部分，低区）	160L/（床·d）	388 床	62.1	7.8	25	3.16	493.5
酒店客房（右半部分，高区）	160L/（床·d）	278 床	44.5	6.0	24	3.25	378.8
酒店客房（右半部分，低区）	160L/（床·d）	184 床	29.4	3.9	25	3.3	244.4
地下室职工餐厅厨房	10L/人次	540 人次/d	5.4	0.7	12	1.5	42.5
一层酒吧及咖啡厅	8L/人次	400 人次/d	3.2	0.3	18	1.5	16.8
一～二层餐厅、宴会厅及厨房	20L/人次	3725 人次/d	74.5	11.2	10	1.5	702.8
二层会议	3L/人次	1260 人次/d	3.8	1.1	4	1.2	71.3
健身房	20L/人次	700 人次/d	14.0	2.1	10	1.5	132.1
泳池淋浴	192L/（h·只）	12 只淋浴	9.2	2.3	4	1	144.9
员工后勤淋浴	192L/（h·只）	30 只淋浴	17.3	5.8	3	1	362.3
泳池维温							100
未预见水量							314.3
总计							3457.2

3. 热水供水系统

供水方式为冷热同源，由各分区变频给水泵出水经半容积式换热器加热后供水。分 5 个区，采用垂直加左右分区方式，每个分区竖向仅 4 层，减小了每个分区的高低位水压差。各分区各设热交换器。回水方式为同程回水，强制循环。

五、消防系统

设计期间《建筑设计防火规范》GB 50016—2014、《消防给水及消火栓系统技术规范》GB 50974—2014、《自动喷水灭火设计规范》GB 50084—2017 均尚未颁布实施，设计采用当时的相关国家标准及上海市《民用建筑水灭火系统设计规范》。

1. 消防系统及主要设计参数

各单体主要消防设施配置和设计流量如表 6 所示。消火栓类火灾延续时间 3h，自动灭火类 1h。

消防设施配置和设计流量

表 6

单体	名称	室内消火栓 (L/s)	自动喷水灭火系统(L/s)	消防水炮 (L/s)	室外消火栓 (L/s)	高架车道室外消火栓 (L/s)	同时使用最大水量 (L/s)
A0	办公	30	50		30		110
A1	展厅	40	120	40	30	60	290
B0	办公	30	50		30		110
B1	展厅	40	35	40	30		145
C0	办公	30	50		30		110
C1	展厅	40	120		30	60	250
D0	酒店	30	50		30		110
D1	展厅	40	120		30	60	250
E	商业	30	40		30		100
F1	展厅	40	120		30	60	250
F2	展厅	40	120		30	60	420
F3	展厅	40	120		30	60	420
G	车库	10	60		20		80

项目设有 6 个消防泵房。其中位于叶片顶端的 3 个办公和 1 个酒店各自设有消防泵房，消火栓和喷淋各自从市政管网直接吸水，为常规系统；展厅和商业设有 2 个泵房，北侧消防泵房设于 E 区圆楼地下室北侧，主要负责地铁以北区域和 E 区消防，南侧泵房设于 G 区地下车库，主要负责地铁以南区域消防。展厅高架车道消防由北区泵房承担。两个泵房内分别设有消防水池，容积分别为 940m³ 和 540m³。设计考虑普通喷淋系统、室内消火栓系统、室外高架车道消火栓系统等从市政给水管直接吸水，其余大空间自动水灭火系统等消防用水储存在消防水池中。考虑到 F 区后续可能改建为演艺功能，在北侧泵房预留了舞台雨淋系统和水幕系统的储水量。

2. 消火栓系统

各单体室内消火栓系统共分 6 个泵房分别给水。每个消火栓系统都不分区。在办公楼和酒店、圆楼屋顶分别设有高位消防水箱。消火栓加压泵组和稳压装置均设于地下室消防泵房，为临时高压给水系统。对于动压超 0.5MPa 的消火栓设减压稳压消火栓。在展厅区域，由于均为高大净空场所，设计增大了消火栓充实水柱至 16m，适当增加了栓口水压。

高架车道消火栓系统采用稳高压系统，保证任意情况下车道消火栓栓口压力不小于 10m，室外消火栓沿高架车道按间距 60m 布置。

3. 自动喷水灭火系统

各自动喷水灭火系统设计要求详见表 7。喷淋水泵的设置位置与同一栋建筑内的消火栓泵一致，稳压泵及稳压罐设置在同一泵房内，从屋顶水箱出水管吸水加压后稳压。

自动喷水灭火系统设计要求 表 7

自动消防系统	水量 (L/s)	火灾延续时间 (h)	设置场所	消防水源/给水系统	备注
自动喷水灭火系统（净高＜8m）	30	1	办公楼、商业、餐饮、夹层、辅助用房等	市政管网吸水/临时高压系统	$K=80$ 快速响应喷头
自动喷水灭火系统（机械车库）	50	1	双层机械车库	市政管网吸水/临时高压系统	$K=80/115$ 普通喷头/扩展覆盖侧喷头托板上方侧喷头加集热罩
增大喷水强度，扩大作用面积的自动喷水灭火系统（净高 8～12m）	35～81	1	净高 8～12m 展厅	消防水池/临时高压系统	$K=115$ 喷头，最大间距 3m；防火隔离带上空喷头设独立报警阀
增大喷水强度，扩大作用面积的自动喷水灭火系统（净高 12～18m）	47～108	1	净高 12～18m 展厅	消防水池/临时高压系统	$K=115$ 喷头，最大间距 3m；防火隔离带上空喷头设独立报警阀
大空间自动喷水灭火装置洒水器	108	1	净高 18～25m 展厅	消防水池/临时高压系统	带红外探测组件及其他配件；防火隔离带上空设单独管网
自动消防炮灭火系统	40	1	净高大于 25m 展厅	消防水池/稳高压系统	单台流量为 20L/s 的消防水炮
布展自动喷水灭火系统	35	1	净高大于 25m 展厅展沟内预留	消防水池/临时高压系统	间隔 18m×18m，预留 $DN100×DN100$ 三通，根据布展情况安装喷头

4. 水喷雾系统

本项目共设有4处柴发机房，5台柴油发电机设有水喷雾系统保护。设计参数如下：设计喷雾强度采用20L/（min·m²），按柴油发电机表面积（约55m²）和油箱间（约18m²）保护面积计算喷雾设计流量。最大设计流量24L/s，火灾延续时间按0.5h计算，响应时间60s。一次灭火用水量为43.2m³，工作压力0.35MPa。设计选用喷头型号为ZSTWB—43—120，喷头喷雾角度120°，喷头流量特性系数为43。为每台发电机配1个DN150雨淋阀，每个油箱间配1个DN80雨淋阀。系统与本单体喷淋系统合用水泵，泵出管后设单独的雨淋阀供水喷雾系统。

5. 气体灭火装置

本项目各变电站、办公楼网络机房、酒店通信机房、展厅无线覆盖机房、通信机房、高压配电间、高压进线间、商业安保机房等处设有七氟丙烷气体灭火系统。其中共有73个机房（防护区）分别设预制式气体灭火系统，42个机房（防护区）共设9个组合分配系统。

其中强电类机房设计浓度9%，喷放时间10s，浸渍时间10min；弱电类机房设计浓度8%，喷放时间8s，浸渍时间5min。储存容器为一级增压，增压压力为2.5MPa（表压）。预制式系统最大防护区体积为1642.2m³，灭火剂设计用量1184.15kg，实际用量1221kg；组合分配系统中最大防护区在商业地下室南区，体积为2502.4m³，设计灭火剂用量1665.8kg，实际用量1841.4kg。钢瓶规格选用120L，最大防护区储瓶数31个。

6. 其他灭火设施

本项目单层展厅采用了单个水量为20L/s的水炮，系统设有2台40L/s水炮系统加压泵及相应的稳压泵，最不利水炮工作压力不小于0.8MPa，系统从消防水池吸水，在3个单层展厅（净高30～35m）周边和中轴线顶部33m高处设置。水炮灭火进行了有消防部门参加的现场灭火测试。

双层展厅的上层，净高大于18m，采用了每个流量为10L/s的洒水器系统。通过探测系统的布置与洒水器的联动，每组探测器可控制4只洒水器电磁阀的开启，通过探测器控制范围的规划设计，做到任意一点着火的情况下，打开的喷头不超过12只，既可满足快速喷水灭火，也满足系统实际喷水量不超过120L/s，可以达成消防系统扑救初起火灾的功效。双层展厅的下层，净高约12m，设计选用K=115大流量洒水喷头。展厅同时火灾考虑一次，故洒水器灭火系统与喷淋系统采用同一组水泵供水。

六、工程主要创新及特点

本项目结合设计过程做了"大型博览会建筑水环境安全实用技术研究"的课题，包含给水安全、排水安全、雨水排水安全及运营管理安全等内容，做了现场水质测试、各地约30个场馆用水情况调研、排水横管污水排水能力的测试研究等工作；对不同高度的超高大场馆的消防系统分别做了性能化分析，对安装高度超高的水炮和大流量洒水器系统做了现场点火灭火的实测。以项目设计和科研课题为基础，在《给水排水》杂志2016年7月～11月，开设了项目论文专栏，共计发表了10篇论文。主要内容有：

（1）对项目给对排水、消防设计的诸多难题进行了分析总结，形成两篇系统设计总述——《破解大之难》。

（2）对超高单层展厅的消防解决方案进行详细阐述，通过分析各现行规范的要求和局限，提出了该类建筑"立体消防"的概念和"自动消防水炮系统和布展喷淋系统相结合"的设计解决方案，介绍了自动消防水炮装置现场测试的情况。

（3）在超高双层展厅上层，设计选用了非标的大流量洒水器，在红外探测器与洒水器数量非一一对应的情况下，对探测器的布置方式做了创新式的改变，在满足规范规定的设计喷水强度和作用面积的前提下，减少洒水器开启数量，使系统设计流量与双层大展厅下层的喷淋系统流量接近从而共用系统，减小了系统规模，控制了造价，同时达到有效控火的目的。与施工单位共同设计了用于斜桁架的整体支架，使洒水系统的安装及运行更加合理及安全。

（4）本项目因功能原因，地面硬化严重，径流系数很高。为保证地铁车站和隧道的安全及连续运营、保证展厅和重要机房的安全、不增加市政排水设施负担，采取了各种具体的安全、生态技术和管理措施；

（5）收集全国近30家已建成展馆的设计资料，2家展馆的实际运营资料，分别对展览建筑给水系统的设计现状、水量、水质等问题进行分析，同时结合国家会展中心（上海）的给水系统安全设计，提出大型展览建筑给水安全设计建议，为大型展览建筑的给水设计和相关规范的修编提供参考。

（6）通过实验室搭建的方式模拟本项目中大型卫生间排水管道布置情况，进行一系列测试，研究具有明显间歇性使用特征的大型公共卫生间，在间歇期偶然使用时，大口径排水横管的污物输送能力。测试结果可为类似使用特点的大型公共卫生间排水管道设计提供依据。

（7）项目因大展厅屋面叶片状的特殊造型，承接一半雨量的天沟位于建筑内部，给展厅屋面雨水排水设计带来困难，总结了项目屋面虹吸雨水系统的设计要点，及针对系统安全所做的模拟测试研究及现场实测的情况，提出保证系统安全的技术措施。

（8）总结设计和研究经验，编制了大型会展建筑的水环境安全设计导则和安全运营手册。

广州珠江新城西塔^①

- 设计单位：华南理工大学建筑设计研究院有限公司
- 主要设计人：王　峰　江　帆　王学峰
　　　　　　　林　方　韦桂湘　岑洪金
　　　　　　　梁志君　关宝玲
- 本文执笔人：王　峰

作者简介：

王峰，研究员，硕士生导师，注册公用设备（给水排水）工程师，现任华南理工大学建筑设计研究院有限公司副总工程师。主要从事水规划及区域水管理学、二次给水系统及设备等领域的研究。

一、工程概况

本工程位于广州市珠江新城核心商务区，总用地面积 31084.96m²，总建筑面积 44.8 万 m²，主塔楼 103 层、塔楼总高度 432m，为广州市重要的标志性建筑。

主要功能包括智能化超甲级写字楼、白金五星级酒店、套间式办公楼、多功能会议展览厅、超高档商场（国际名牌旗舰店）。该建筑按功能分为四部分：主塔楼 103 层：一～六十五层为智能化超甲级写字楼；六十九～一百层为白金五星级酒店（四季酒店）；一百零一～一百零三层为设备房；顶部设直升机平台。套间式办公楼（公寓）分为南北两翼，建筑高度 99.4m。裙楼地上 5 层，北侧设超高档商场，南侧为多功能会议展览厅。地下 4 层，除地下一层北侧有一部分商业用房及厨房餐厅、地下四层设平战结合五、六级人防地下室外，其余为设备机房和地下停车库，停车库车位 1747 个。本建筑设计标高±0.00 等于广州城建高程 9.00m。2010 年 11 月 18 日开始陆续正式投入使用。

二、给水系统

1. 水源

本工程由广州市自来水总公司供给南洲水厂生产的优质水，水压为 0.25MPa（实际水压可达 0.32 MPa），可满足本工程水量及水质的要求。

本工程北侧在花城大道和东侧珠江大道市政给水干管管径为 DN600 和 DN1000，从该两条市政给水干管上各接一条 DN500 的入户管，两条管道互为备用，在一条管道发生故障时，另一条可保证供给全部用水量。

两条管道在红线内成环，并分别接入塔楼水泵房和公寓水泵房，环状管网上每

---

① 该工程设计主要工程图详见中国建筑工业出版社官方网站本书的配套资源。

隔 100~120m 设置室外消火栓供火灾时消防取水。

2. 用水量

本工程最高日设计用水量 7730m³。

3. 供水方式、供水分区、减压措施、增压设施、生活贮水池和水箱容量

室内给水按建筑功能分为 4 部分：地下室及裙楼、酒店式公寓、塔楼办公部分、塔楼酒店部分，这四部分各自成为独立的系统，竖向分区保证所有供水点出水水压，不低于 0.15MPa，不高于 0.45MPa，其竖向分区及按分区计算如表 1 所示。

给水竖向分区及设计秒流量　　表 1

序号	建筑区域	竖向分区	分区水箱或设备	供水方式	设计秒流量(L/s)	备注
			地下室及裙房			
1	Ⅰ区	B4F~3F		市政直供	111.30	
2	Ⅱ区	4F~6F	B2F 150m³	变频调速供水	75.00	
			酒店式公寓			
1	Ⅰ区	7F~17F	B4F 35m³	变频调速供水	8.75	
2	Ⅱ区	18F~28F	B4 35m³	变频调速供水	9.30	
			塔楼办公			
1	Ⅰ区	B4F~3F		直供		
2	Ⅱ区 4F~20F	4F~8F	12F 60m³	12F 水箱重力供水	4.60	
		9F~13F		变频调速供水	4.60	
		14F~20F		变频调速供水	4.60	
3	Ⅲ区 21F~38F	21F~26F	30F 55m³	30F 水箱重力供水	4.60	
		27F~31F		变频调速供水	4.60	
		32F~38F		变频调速供水	4.60	
4	Ⅳ区	39F~45F	48F 50m³	48F 水箱重力供水	4.60	
		46F~52F		变频调速供水	4.60	
		53F~59F		变频调速供水	4.60	
		60F~66F		变频调速供水	4.60	
5	塔楼酒店 67F~102F	67F~72F	66F 变频泵	变频调速供水	15.00	
		73F~80F	80F 减压阀	102F 水箱重力减压供水	3.00	
6		81F~87F	87F 减压阀	102F 水箱重力减压供水	3.00	
		88F~95F	102F 水箱	102F 水箱重力减压供水	2.40	
		96F~102F	101F 变频泵组	变频调速供水	4.00	

三、排水系统

本工程总污水排放量按用水量扣除浇洒用水、室外水池补水及空调用水后计，最大日污水量为 5977m³。生活污水收集后排至室外，经末端格栅井（水质检测井）拦截较大污物后，进入市政管网，排至城市污水处理厂集中处理。

1. 排水系统设计

（1）酒店生活污水系统。酒店生活污水（六十七层以上）采用污废合流排水。各卫生间设 DN100 排水立管，立管设于可进人管井内（与通风管合用管井）。酒店生活污水共设 3 套 DN200 双管制汇合转输排水干管（立管排水量 36.6L/s），该管分别设于可进人检修的三个管井内，由一百零三层接至首层，并为酒店专用。

（2）主塔办公生活污水系统。主塔办公生活污水（主塔首层至六十六层）采用污废合流排水。各卫生间设 DN100 排水立管，立管设于不进人管井内。主塔办公层生活污水设 2 套 DN150 排水管加专用通气管的双管制汇合转输排水干管（立管排水量 21.4L/s），由六十六层接至首层，并为办公专用。办公层卫生间采用同层排水。

（3）套间式办公楼污水系统。套间式办公楼（公寓）采用污废合流排水。酒店式公寓也曾考虑采用同层排水，后因建筑平面布置管井与卫生间分开，无法实施，最终没有采用。

（4）杂排水系统设计。杂排水采用 2 套 DN200 和 2 套 DN100 普通铸铁单立管排水，各层给水、热水及空调机房、外围通风廊排水，一百零二层锅炉设排污降温池间接排水；生活水箱、消防水箱溢流及放空采用排水池间接排水，消防系统及自动喷水末端试水，报警阀排水采用排水池或漏斗间接排水；空调冷凝水采用地漏间接排水。

（5）消防水箱溢流排水。加强减压水箱溢流排水，本工程在三十层及六十六层消防减压水箱内设溢流虹吸排水系统，排水量按 90L/s（大于消防系统设计总用水量 70L/s）设计。

2. 雨水排水系统

本工程屋面设计重现期取 10 年，溢流设计重现期取 50 年，计算雨水排水量。

（1）重力流系统设计：酒店式公寓屋面采用重力流（87 型斗）雨水系统。主塔楼屋面采用重力流（87 型斗）多斗雨水系统（采用多斗可增加安全度）。

（2）虹吸（压力）流系统设计：裙楼六层屋面、主入口光棚采用虹吸流系统。

（3）压力排水系统：地下一层汽车坡道集水井内设 2 套流量为 14L/s 的潜水泵，设置最低启泵水位、停泵水位和报警水位（第二台泵启动），总排水能力 28L/s。

（4）雨水利用：根据市政雨水利用规划，雨水单独收集。纳入珠江新城新中轴广场绿化雨水回用系统，雨水经净化后，作为绿化用水。

3. 地下层排水系统及厨房隔油

（1）地下层排水系统：地下层卫生间生活污水采用一体化污水提升系统；地下二层洗衣房排水设降温池，经降温处理压力排至室外；地下一层酒店厨房含油脂污水先经隔油器处理后，排入集水井，提升至室外隔油池进行二次隔油隔渣；地下层楼地面排水及消防排水设置集水井，由污水泵提升排出室外。

（2）生活污水及含油废水的处置：酒店后勤厨房含油脂和泡沫污水（六十七层以上）

采用 2 套 DN200 单立管排水，含油脂污水在六十七层接入隔油池，经气浮处理后，单独排放，在六十六层以下（已去除 90％油脂和泡沫的含油污水）汇合成一套 DN200 普通铸铁单立管排出，含油脂污水在排出室外前，经二次隔油池隔油隔渣后（最后去除部分油脂及泡沫，达到排放标准），排至室外污水检查井。

四、热水供应系统

需要提供热水供应的场所有：酒店客房、厨房、泳池、公共卫生间等。

1. 商场、写字楼、酒店式公寓热水供应系统

采用局部热水供应系统，在每组洗脸盆上方的吊顶内设置一个贮热式热水器，功率为 3kW，贮水量 60L。本项目的酒店式公寓也根据相同的设计原则，选用贮热式热水器提供热水，根据使用用水器具的数量，热水器的贮水容积，有 120L 和 195L 两种。

2. 泳池的热水供应系统

本工程设有两处室内恒温泳池，塔楼六十九层的酒店泳池和裙楼六层的会所泳池。六十九层的酒店泳池由中央集中热媒水供应系统提供。六层的会所泳池采用三集一体（供热、通风、除湿）热泵热水系统。

3. 酒店中央集中热水供应系统

（1）系统概况。西塔塔楼六十六层至天面为五星级酒店，按白金五星级酒店标准设计。酒店各层的使用功能为：六十七、六十八层为设备用房、员工餐厅；六十九层为泳池、健身房等；七十层为酒店大堂；七十一～七十二、九十九～一百层为厨房、餐厅；七十四～八十、八十二～九十八层为酒店客房，共有客房 375 间，床位 750 个。热水系统设备分设于各设备层，其中热水锅炉房设于一百零二层，热水加热器间分设于一百零一层，八十一、七十三、六十六层。

（2）热水量。客房热水量：客房的热水用量标准取 160L/（人·d）（60℃），最高日热水用水量为 120.0m³。厨房、餐厅的热水用量：热水量按用餐人数确定，根据餐厨专业设计公司提供的数据，计算其热水量，最高日 60℃热水用量为 98.4 m³。泳池的热水量：提供保持池水恒温所需要的热量，六十九层泳池使用面积为 142m²，体积为 192m³，每天总耗热量相当于最高日 60℃热水用水量 15m³。洗衣机房热水量：洗衣机热水量按洗衣量计算，60℃热水用量标准取 25L/kg干衣，最高日热水用水量为 102 m³。

（3）热源。以燃气锅炉作为主热源，利用热回收空调制冷机组产生的高温冷却水为冷水预热的加热方式。

（4）锅炉的选择。选用常压式热水锅炉，出水温度不大于 85℃。根据热水量计算，最高时热水用量为 40.5m³（60℃），设计小时耗热量为 2355kW。该锅炉同时作为空调供暖的热源。锅炉房设置于一百零二层（屋面层），距安全出口的距离大于 6.00m，设有泄爆口。热媒的出水温度为 85℃，回水温度为 65℃。

（5）热交换器。热交换器选用 SUS316L 不锈钢外壳，紫铜管 T3 U 形换热管的半容积式卧式热交换器。热交换器热媒进水控制阀采用三通式温控阀，可以更精确地控制热交换器的出水温度，且保证运行的稳定。

（6）热水锅炉供热（热媒）系统。本系统由 3 台常压热水锅炉作为热源，由设于一百零四层的软水补水箱供水，水箱与锅炉高差小于 10m，保证锅炉压力不大于 0.1MPa。热媒经锅炉加热至出水温度后，启动热媒循环泵，供至各热交换器，加热冷水后回流至锅炉。

（7）热水供水系统。热水供水系统的压力分区同冷水的压力分区，共分为 5 个压力区。各分区均自成系统，采用上行下给式管网。

五、消防系统

本工程根据建筑功能及规范要求设置的灭火系统为：室内外消火栓灭火系统、自动喷水灭火系统、汽车库自动喷水－泡沫联用灭火系统、固定泡沫消防炮系统、备用发电机房油库泡沫灭火系统、IG-541 气体灭火系统、厨房专用灭火系统、建筑灭火器等灭火系统。涵盖了目前建筑内采用的绝大部分灭火系统。

1. 消防用水量（表 2）

消防用水量计算表　　　　　　　　　　　表 2

序号	系统名称	用水量标准（L/s）	火灾延续时间（h）	一次消防用水量（m³）	备注
1	室外消火栓系统	30	3	324	由市政给水管网提供，不计入消防水池
2	室内消火栓系统	40	3	432	
3	自动喷水灭火系统	27.8	1	100	按中危险Ⅱ级设计
4	大空间智能型主动喷水灭火系统	15	1	54	与自动喷水灭火系统不同时开启
5	固定泡沫炮灭火系统	40	0.5	72	保护屋顶直升机坪，与自动喷水灭火系统不同时开启
	地下消防水池容积			150	消防补水及水泵接合器接力转输用水
	屋顶消防水池容积			600	提供整个大楼消防系统的用水量

2. 消防水源及室外消火栓系统

本工程采用市政自来水作为消防水源，由东侧珠江大道和北侧花城大道引入的市政给水管各为 DN500，室外环状管网为 DN200，给水室外环状管网上每隔 100m 左右设置 1套 DN150 室外消火栓，共设 7 套。其中距接地下消防水池的水泵接合器 40m 内布置 3 个室外消火栓。保证火灾时消防车向室内地下消防水池供水，然后由水泵接合器转输泵供给屋顶消防水池。市政自来水引入管处水压 0.25MPa，可满足室外消火栓水压要求。

3. 消防水灭火系统的设计及思考

室内消防水灭火系统覆盖整个建筑的主要是室内消火栓及自动喷水灭火系统。设计的指导原则是：应完全满足现行国家标准《高层民用建筑设计防火规范》GB 50045 对水灭火系统的要求；加强系统设置，提高系统的可靠度及安全度。

（1）室内消火栓和自动喷水灭火的供水系统合并设计，采用稳高压及常高压相结合的方式：火灾延续时间 3h 内全部室内消火栓的用水量 432m³ 和自动喷水灭火系统 1h 的用水量 100m³ 合计 532m³（考虑到其他水灭火系统，虽不是同时开启，但容积放宽到 600m³），置于一百零二层屋顶，作为水灭火系统的水源，水池分为两格。

水灭火系统以常高压为主，重力流不能满足压力的上部楼层采用稳高压系统（八十二～一百零三层）。

（2）地下水池和转输水箱：本系统的地下水池及转输水泵、转输水箱形成了第二供水系统，其实际意义相当于第二水源。屋顶水池及稳高压、常高压结合的灭火系统已形成了一套完备的灭火系统。地下水池和屋顶水池各贮存 1h 的自动喷水灭火系统用水量，相当于发生火灾时自动喷水灭火系统保有 200% 的贮水量。而 20min 室内消火栓流量则意味着发生火灾时第二水源立即供水，消防车如在发生火灾 20min 内赶到，可通过水泵接合器向地下水池供水。

（3）中间减压水箱：中间减压水箱为水灭火主系统的供水设施，其容积应不小于 10min 用水量（消火栓和自动喷水合并），42m³ 即为 40L/s 加 30L/s 的 10min 水量。

4. 室内消火栓系统

（1）室内消火栓系统以常高压系统为主，消防水池设于塔楼一百零二层，重力流分区减压供水。水池底标高不能满足常高压供水要求的顶部楼层（八十二～一百零三层），设置全自动气压给水设备供水，该分区为稳高压系统。

（2）竖向各分区静水压不超过 1.0MPa，分区内消火栓口压力超过 0.50MPa 时采用减压稳压消火栓。

（3）在消防车供水范围内的区域，水泵接合器直接供水到室内消防环状管网，水泵接合器设置 3 套；在消防车供水压力不能到达的区域，水泵接合器接至地下消防水池，火灾时利用转输水泵及转输水箱向屋顶消防水池供水，水泵接合器设置 3 套。水泵接合器每套流量为 15L/s，置于首层室外。

（4）系统控制。屋顶稳高压全自动消防气压给水设备根据系统压力控制水泵启、停。当系统压力为 0.25MPa 时，稳压泵启动，压力 0.30MPa 时，稳压泵停止运行，压力降至 0.20MPa 时，主泵启动。每个消火栓箱内均设消火栓水泵启动按钮，火警时供消火栓使用，水泵可自动启动，也可人工启动，并同时将火警信号送至消防控制室；消火栓水泵也可由消防水泵房及消防控制室的启/停按钮控制。采用常高压给水系统的每个消火栓旁边均设置手动报警按钮，不设消火栓水泵启动按钮。火警时，按下手动报警按钮将火警警报信号送至消防控制室并启动火警警钟。发生火灾时，消防控制室可手动启动接合器转输水泵（地下四层、三十层、六十六层）。

5. 自动喷水灭火系统

（1）本建筑除游泳池、小于 5m³ 的卫生间及不宜用水扑救的场所外，均设置自动喷水灭火装置。

（2）自动喷水灭火系统以常高压系统为主，消防水池设于塔楼一百零二层，重力流分区减压供水。水池底标高不能满足常高压供水要求的顶部楼层（九十四～一百零三层），设置全自动气压给水设备供水，该分区为稳高压系统。

（3）竖向各分区静水压力不超过 1.2MPa，配水管道静水压力不超过 0.40MPa。

（4）系统控制：常高压自喷系统和室内消火栓系统共用水源，从屋顶水池出水管直接向各竖向分区补水。接合器转输水泵流量同时包括消火栓和自喷系统用水量。屋顶稳高压系统全自动消防气压给水设备控制与室内消火栓全自动气压给水设备控制相同。各水流指示器的信号接至消防控制中心，湿式报警阀的压力开关信号亦接至消防控制中心。湿式报警阀前设置的电动阀在系统动作 1h 后可由消防控制中心关闭。

（5）水泵接合器设置：因屋顶水池和地下水池各存储有 100m³ 自动喷水灭火系统用水，备用率 100%，故水泵接合器设置不考虑该系统流量。利用地下消防水池贮存的 1h 消防水，火灾时由转输水泵及转输水箱向屋顶消防水池供水。

6. 汽车库自动喷水—泡沫联用系统

地下室汽车库采用自动喷水—泡沫联用系统强化闭式自动喷水系统性能，采用固定式水成膜泡沫液。作用面积 160m²，喷水强度 8L/（min·m²），泡沫混合液供应强度和连续供给时间不小于 10min。

7. 大空间智能型主动灭火系统

在酒店中庭采用大空间智能型主动喷水灭火系统，选用智能型高空水炮灭火装置。系统利用设置在一百零二层的 600m³ 消防水池提供水量及水压，常高压重力供水。

8. 固定泡沫炮灭火系统

屋顶直升机坪设置固定泡沫灭火系统，采用 3% 的氟蛋白泡沫混合液，其供给强度不小于 6L/（min·m²），持续供水时间为 30min。系统利用一百零二层的 600m³ 消防水池设置泡沫灭火加压泵加压提供水量和水压。

9. 备用发电机房油库泡沫灭火系统

备用发电机房油库和油泵房的上部设泡沫灭火系统，本部分由应急管理部四川消防研究所作消防性能化设计，以供消防主管部门以及专家审批和论证。

10. 气体灭火系统

地下室和避难层所有的高低压配电房、变压器房、发电机房及后备电源间等均设置全淹没 IG-541 洁净气体灭火系统。

11. 厨房专用灭火系统

采用 ANSUL 厨房专用灭火系统（R-102 系列灭火系统）。ANSUL 厨房专用灭火系统灭火原理：当灶台发生火灾时，安装在灶台上方的喷嘴将 ANSULEX 药剂喷放到发生火灾的炉具中，药剂与炉具中的油脂发生反应生成一层厚厚的皂化泡沫膜，皂化泡沫膜将炉具彻底覆盖，使得油脂与空气隔绝，从而达到灭火的目的。灭火系统配有自动燃气阀，灭火的同时自动切断燃气供应。该系统有一套完整的探测、报警、释放、灭火剂容器等专用系统组件。

12. 建筑灭火器配置

根据《建筑灭火器配置设计规范》GB 50140—2005 规定，超高层建筑和一类高层建筑的写字楼、套间式办公楼为严重危险级。按严重危险级配置建筑灭火器。

六、管材选用

1. 给水管材

室外埋地：钢丝骨架增强 PE 复合给水管，PN1.0；室内冷水：不锈钢管，PN1.0～

PN2.0；生活热水：薄壁不锈钢管，PN1.0。

2. 排水管材

室内生活污水：柔性接口离心铸造排水铸铁管；室内雨水：裙楼屋面虹吸采用不锈钢或 HDPE 管，重力流采用柔性接口离心铸造排水铸铁管，塔楼屋面采用不锈钢管；室外排水：中空结构缠绕 HDPE 排水管（S2 型），$2\alpha=180°$。

3. 消防给水管

室外埋地：钢丝骨架增强 PE 复合给水管，PN1.0；室内消防：干管采用无缝钢管（热浸镀锌），PN2.5，支管采用热浸镀锌钢管，PN1.6。

七、工程主要创新及特点

1. 主要创新

（1）标志性意义

1）本工程是从初步设计到施工图设计完全由国内设计院完成的国内第一座高度超过400m 的建筑（说明：广州电视塔在设计时间上较早，但官方说法是："构筑物"）。

2）一个完整的设计文本：本工程的设计目标之一是做成一个精品设计，给出一个完整的设计文本。本工程的给水排水初步设计消防篇及消火栓给水系统原理图已编入《建筑给水排水设计手册》（第二版）。

3）贡献了一个完整的超高层建筑工程实例：近年来，国内超高层建筑建设如雨后春笋。承接设计任务的国内一流设计院多次来我院交流，截至目前，给水排水专业已接待过4 所国内一流设计院组团来我院的技术交流活动，并应邀进行过十数次西塔给水排水设计的专题讲座。

（2）成果总结

目前，本工程已通过消防验收并正式运营，这说明本工程的消防设计是成功的。总结如下：

1）在满足现行标准规范的前提下采取各种强化措施的设计指导思想是正确的。

2）在《高层民用建筑设计防火规范》对高于 250m 建筑无具体条文规定的前提下，采用消防性能化设计的思想方法，运用系统论的整体思维模式，综合考虑各系统设置，圆满地解决了灭火各系统悬而未决的问题。

3）本工程灭火系统设计对以后国家标准规定建筑高度超过 250m 以上的措施提供了工程案例。转输水箱、减压水箱容积的确定等为制定超高层建筑水灭火系统规范条文时提供参考。

2. 特点

（1）解决的技术难题

本工程给水排水设计因几无先例可循，所有的技术难题必须解决。最终遇到的问题也一一解决了。解决的主要技术难题如下：

1）高度超过 250m 建筑的消防水系统设置及相关参数的确定：现行《高层民用建筑设计防火规范》对高度超过 250m 建筑的消防无具体条文规定及约束。本设计在满足《高层民用建筑设计防火规范》对水灭火系统一般设计要求的前提下，结合超高层建筑的特点，从性能化、可靠度及整体安全考虑系统设置。提出了稳高压和常高压结合，主水源（第一水源）及辅水源（第二水源）结合的水灭火系统，同时对减压水箱、转输水箱、辅水源水池容积提出了确定原则，厘清了转输水系统及主灭火水系统的设置关系。

本次设置的水灭火系统设备少（主灭火系统无转输节点）、可靠度高、投资省，并同时解决了《高层民用建筑设计防火规范》中不曾规定的外部消防支援与内部灭火系统的通信问题。应该说，水灭火系统的各个环节考虑得比较周全。

在完善水灭火系统设计的同时，其他灭火系统均较常规高层建筑灭火设计得到加强，如设置的地下车库自动喷水—泡沫联用系统、直升机停机坪泡沫消防炮系统、柴油发电机储油罐泡沫灭火系统、大空间智能型主动灭火系统、厨房专用灭火系统等。

总之，本工程的灭火系统既解决了高度超过 250m 的超高层建筑灭火问题，也为完善及细化防火设计规范提供了相关依据、参数及工程实例。

2）大体量大用水量建筑的供水安全及节能。本工程的供水设计超越了一般建筑供水的常规做法，弥补了一般供水系统的缺陷，在设计中产生了一项发明技术——"二次供水前置设备及其控制方法"。不仅解决了大用水量建筑安全供水，又实现节能的技术难题，同时又是一项建筑供水的技术进步。本次设计的供水系统代表着建筑给水系统的发展方向。

3）高度超过 400m 以上的屋顶雨水排放。本设计的雨水系统从屋面一管到底，中间不设消能，下面设置消能井。此做法实践证明可行。同时，本次设计也对现行施工规范要求雨水不加区分地灌顶试验的做法提出质疑。

（2）采用的先进技术及效果

1）采用的先进技术。设计贯彻以人为本及可持续发展的理念，各系统综合采用国内外建筑给水排水最新技术及本院本专业原创技术共 20 项，达到节能、节水、节材、节地、环保及技术创新的多重设计目的。

2）综合设计效果如下：本工程共节地 1140m²；节省建筑面积 640m²，节省土建投资 896 万元；年节水量 56344.5m³，年节电量 3814966kWh，全年节约费用 4270427.34 元。

南昌绿地紫峰大厦①

- 设计单位：　华东建筑设计研究总院
- 主要设计人：李鸿奎　江　凯　楼睿竑
　　　　　　　徐琴　胡　明　张　霞
- 本文执笔人：李鸿奎

作者简介：

李鸿奎，教授级高级工程师（教授级）、国家注册公用设备工程师，现任华东建筑设计研究总院专业院副总工程师，代表作品：海南省"博鳌亚洲论坛"会址项目、"国家图书馆二期暨国家数字图书馆工程"项目、南京牛首山文化旅游区一期工程—佛顶宫等。

一、工程概况

本项目位于江西省南昌市高新区，南至紫阳大道，东至创新一路，为超高层综合体，包括一座 58 层 268m 高的多用途塔楼和 5 层的裙楼。地上总面积为 145732m²，地下总面积为 65380m²，总建筑面积 211112m²。塔楼里的甲级智能化办公部分面积 68965m²，五星级酒店（洲际华邑酒店）面积 37475m²。商业零售面积 39292m²。地下共 2 层，包括酒店后勤部、停车场、卸货和设备空间；一层为办公楼主大堂、酒店大堂及商业零售；二～五层为商业、会议室及宴会厅等；六～三十七层为办公；三十八层为避难层兼设备转换层；三十九层及四十层包括酒店空中大堂及空中大堂夹层；四十一～五十四层为酒店；五十五～五十六层为酒店休闲娱乐设施及餐厅层；五十七～五十八层为设备机房层，为一类建筑。

设计时间：2011 年 1 月 ～2013 年 12 月，竣工时间：2015 年 3 月 30 日。

二、给水系统

1. 用水量

最高日用水量 2223.1m³/d，最大时用水量 215.30m³/h（表 1）。

用水量表　　　　　　　　　　　　　　　　　　　　　　　　　　　表 1

序号	用水类别	用水标准	数量	使用时间（h）	时变化系数	最高日用水量（m³/d）	平均时用水量（m³/h）	最大时用水量（m³/h）	备注
1	办公	50L/（人·d）	5750 人	10	1.5	287.5	28.75	43.13	

---

① 该工程设计主要工程图详见中国建筑工业出版社官方网站本书的配套资源。

续表

序号	用水类别	用水标准	数量	使用时间(h)	时变化系数	最高日用水量(m³/d)	平均时用水量(m³/h)	最大时用水量(m³/h)	备注
2	商业	6L/(人·d)	7000人次	12	1.5	42	3.5	5.25	
3	餐饮	50/人餐	2000人次	12	1.5	100	8.50	12.45	
	酒店								
4	酒店客房	400L/(人·d)	640人	24	2.5	256	10.70	26.70	标准间320间
5	工作人员	100L/(人·d)	320人	24	2.5	32	1.35	3.50	1:1
6	餐厅	50L/人次	1280人	12	1.5	64	5.50	8.00	
7	职工餐厅	25L/人次	640人次	12	1.5	16	1.35	2.00	
8	酒店客房	60L/kg干衣	320间	8	1.5	105.6	13.2	19.8	90%5.5kg/(d·间)
9	酒店餐厅	60L/kg干衣	1280人	8	1.5	15.36	1.92	2.88	20kg干衣/100人
10	泳池补水	10%池容积	350m³	10	1.5	35.00	3.5	5.25	0
11	空调冷却补充水	1.5%		16	1.0	1003.5	62.72	62.75	
12	锅炉房	0.50	8	16	1.0	64.00	4.0	4.0	
13	小计					2021	145.00	195.71	
			未预见水量(10%)			202.10	14.50	19.60	
14	合计					2223.1	159.50	215.30	

2. 水源

本项目由市政自来水公司管网供水，供水压力0.15~0.20MPa。

3. 供水方式、供水系统及分区

本项目为超高层综合体，给水系统根据不同功能对用水水压、水质和物业管理等不同要求，分别设置独立且不同的供水系统。市政给水管经水表计量后直接供至地下二层~一层公共卫生间、车库、各设备机房等给水，其余生活用水进入地下二层生活水泵房生活贮水池（商业、办公和酒店分别设置），商业、办公和酒店分别设置独立给水系统，除办公十七~二十三层为重力供水外，其他均由变频泵组供水。酒店用水经净化+软化处理后供至客房、洗衣房、厨房等，办公和酒店系统为串联供水。供水分区压力为0.15MPa≤静压≤0.45MPa。各区内静水压力大于0.20MPa的低层分支管上或支供水管上加设支管减压阀。根据使用功能及竖向静水压的要求，供水方式、分区：地下层由市政自来水管网直接供水。①商业。地上裙1F~5F由商业用水变频给水泵组供水。②办公。Ⅰ区：24F~37F，由27F（设备层/避难层）生活水泵房办公变频加压泵组从27F中间办公水箱汲水加压后供水；30F~24F由减压阀供水；Ⅱ区：17F~23F，由27F中间办公水箱中重力供水；Ⅲ区：由 B2F 生活水泵房办公变频加压泵组从 B24F 办公水池汲水加压供水。③酒店。生活用水净化处理后，由地下 B2F 提升泵供至 38F 酒店用净水水箱，39F～40F 酒店大堂，酒店客房 41F～45F、46F～50F 由 38F 各自供水区域酒店生活用水变频净水泵组供水；酒店 55F～58F 由屋顶水箱间，设置增压变频给水泵组供水。供水分区压力为 0.10MPa≤静压≤0.45MPa。

办公、商业、冷却水补水给水系统简图如图 1 所示。酒店热水系统简图如图 2 所示。

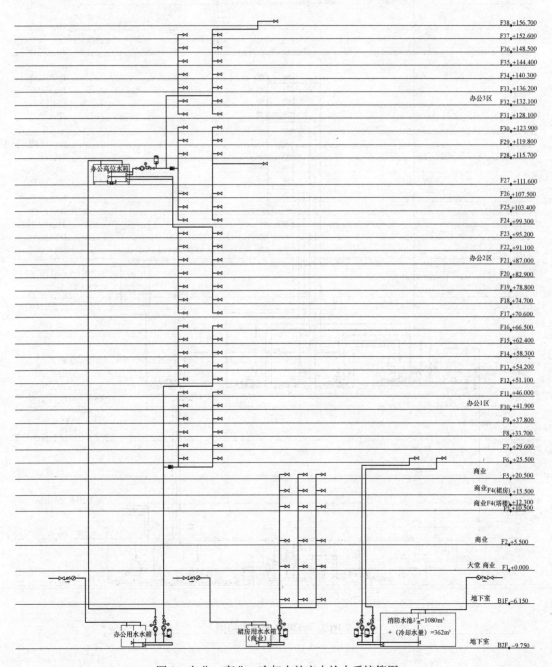

图 1　办公、商业、冷却水补充水给水系统简图

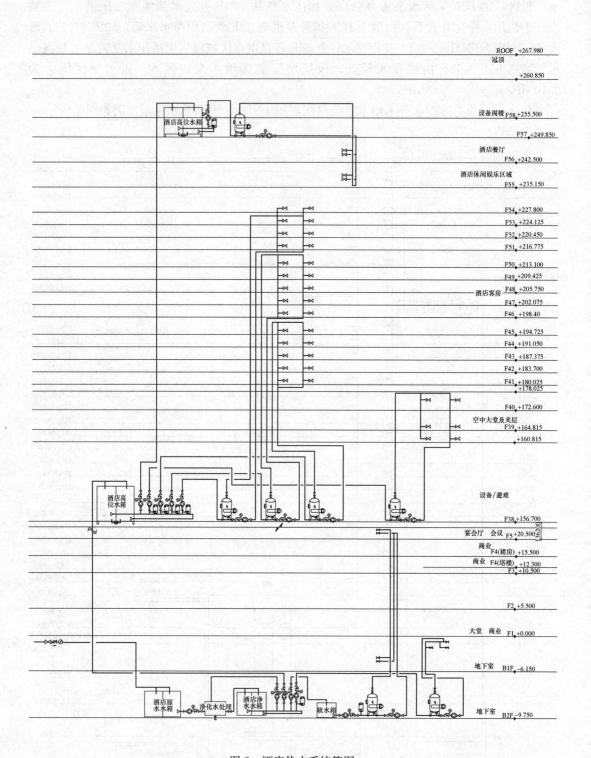

ROOF +267.980
冠顶

+260.850

设备阁楼 F58 +255.500

F57 +249.850

酒店餐厅 F56 +242.500

酒店休闲娱乐区域
F55 +235.150

F54 +227.800
F53 +224.125
F52 +220.450
F51 +216.775

F50 +213.100
F49 +209.425
酒店客房 F48 +205.750
F47 +202.075
F46 +198.40

F45 +194.725
F44 +191.050
F43 +187.375
F42 +183.700
F41 +180.025
+178.025

F40 +172.600
空中大堂及夹层
F39 +164.815
+160.815

设备/避难

F38 +156.700

宴会厅 会议 F5 +20.500
商业 F4(裙房) +15.500
商业 F4(塔楼) +12.300
F3 +10.500

F2 +5.500

大堂 商业 F1 +0.000

地下室 B1F -6.150

地下室 B2F -9.750

图 2 酒店热水系统简图

4. 给水加压设备（表2）

给水加压设备　　　　　　　　　　　　　　　　　表2

供水系统(按使用功能)	供水设备设置楼层	供水设备
酒店		
酒店高Ⅰ区 55F～57F	58F 设备层	恒压变频加压泵组(一频一泵)：$Q=18m^3/h$，$H=25m$，$N=3.0kW$(二用一备)(自带气压罐、控制柜)
酒店高Ⅱ区 51F～54F	38F 设备层	变频加压泵组(一频一泵)：$Q=15m^3/h$，$H=105m$，$N=7.5kW$(二用一备)(自带气压罐、控制柜)
酒店高Ⅲ区 46F～50F	38F 设备层	变频加压泵组(一频一泵)：$Q=15m^3/h$，$H=90m$，$N=7.5kW$(二用一备)(自带气压罐、控制柜)
酒店高Ⅳ区 41F～45F	38F 设备层	变频加压泵组(一频一泵)：$Q=15m^3/h$，$H=70m$，$N=5.5kW$(二用一备)(自带气压罐、控制柜)
酒店高Ⅴ区 39F～40F	38F 设备层	变频加压泵组(一频一泵)：$Q=15m^3/h$，$H=55m$，$N=4.0kW$(二用一备)(自带气压罐、控制柜)
酒店低区 B1F～5F	B2F	变频加压泵组(一频一泵)：$Q=20m^3/h$，$H=55m$，$N=7.5kW$(三用一备)(自带气压罐、控制柜)
酒店加压及转输水泵	B2F	酒店原水给水泵：$Q=40.00m^3/h$，$H=50m$，$N=11kW$(一用一备)； 水处理反冲洗给水泵：$Q=140m^3/h$，$H=35m$，$N=30kW$(一用一备)； 软化水给水泵组：$Q=20m^3/h$，$H=30m$，$N=4kW$(一用一备)； 酒店(B1F～B2F)软化水变频给水泵组：$Q=20m^3/h$，$H=40m$，$N=5.5kW\times2$(二用一备)(自带气压罐、控制柜)
办公		
办公Ⅰ区 24F～37F	27F(设备层/避难层)	生活变频给水组：$Q=15m^3/h$，$H=60m$，$N=5.5kW$(二用一备)(二用一备)(自带气压罐、控制柜)
办公Ⅲ区 6F～16F	B2F	生活变频给水组：$Q=10m^3/h$，$H=105m$，$N=7.5kW$(二用一备)(自带气压罐、控制柜)
办公转输水泵 (B2F～27F 转输水箱)	B2F	办公转输水泵：$Q=30.00m^3/h$，$H=140m$，$N=37kW$(一用一备)
商业		
商业(2F～5F)	B2F	生活变频给水组：$Q=20m^3/h$，$H=60m$，$N=11.0kW\times2$(二用一备)(自带气压罐、控制柜)

三、排水系统

1. 污、废水排水系统形式及通气管设置方式

室内污、废分流。公共卫生间排水设排水主立管、支管，主通气立管和环形通气管；

酒店客房排水采用 WAB 特殊单立管排水系统，其上部特殊管件采用 WAB 加强型旋流器，排水管底部采用 WAB 弯头及设置泄压管。地下室等无法用重力排水的场所，设置集水坑，采用潜水泵提升后排出。最高日污、废水排水量 $Q=1007.33\text{m}^3/\text{d}$，平均时排水量 $Q=81.45\text{m}^3/\text{h}$。

2. 雨水排水系统、设计重现期、雨水排水量

塔楼、商业裙楼屋面，雨水设计重现期按 10 年，总排水能力（设置溢流口）按重现期 50 年，5min 降雨历时的设计降雨强度；室外地面雨水设计重现期，除地下车库入口处按 50 年考虑外，其余均为 3 年。商业裙楼屋面雨水排水采用虹吸压力排水系统；塔楼屋面采用重力流排水系统。

3. 局部污、废水处理设施

室内污水排至室外后经化粪池排与室外废水管合流；餐饮厨房含油废水设器具隔油和新鲜油脂分离器隔油处理后设单独排水管排出，与其他生活废水一起排入丰和大道市政污水管网。

四、热水系统

1. 热水用水量

最高日用水量 $245.92\text{m}^3/\text{d}$，最大时用水量 $35.39\text{m}^3/\text{h}$（表3）。

热水用水量 表3

建筑类型	60℃水用水定额		用水单位数	热水供应时间 (h)	小时变化系数	最大时热水用量 (m³/h)	最高日用水量 (m³/d)
	值	单位					
酒店客房	160	L/(人·d)	640	24	3.33	14.25	102.4
工作人员	50	L/(人·d)	320	24	3.33	2.22	16.00
洗衣房	30	L/(kg 干衣·d)	320(间)	8	1.5	8.91	47.52
酒店餐厅	20	L/人次	1280	12	1.5	3.20	25.6
职工餐厅	10	L/人次	640	12	1.5	0.80	6.40
泳池						6.00	48.00
小计						35.39	245.92

2. 热源

办公、商业部分卫生间为局部热水供应系统，采用容积式电热水器供应热水，酒店部分为集中热水供应系统，热媒为高温热水（90～70℃）。

3. 系统竖向分区

同冷水系统。

4. 供水系统及热交换器

办公及商业卫生间用热水采用容积式电热水器就地供应。酒店客房、餐厅厨房、泳池和 SPA 区域的附属设施、职工淋浴等生活热水均采用集中热水系统供应。泳池及温水池、按摩池热水由专业公司配合设计热水给水，本设计仅提供冷水水源及热媒。酒店部分热水

系统的分区与给水系统相同。各区热交换器进水均由同区给水管提供。热交换器采用导流式容积式水－水热水器。酒店高Ⅰ区热交换器设于五十八层酒店屋顶水箱间，高Ⅱ、Ⅲ、Ⅳ、Ⅴ区热交换器设于三十八层酒店热交换器机房内。酒店低区（裙房＋地下室）及洗衣房用热交换器设于地下二层酒店热交换器机房内。热交换器参数如表 4 所示。

热交换器参数表：

表 4

热交换器用途	热交换器设置楼层	热交换器型号及规格、数量
酒店高Ⅰ区	酒店屋顶水箱间	$\Phi1200$，$V=2.0\mathrm{m}^3$，$F=8.9\mathrm{m}^2$，2 台
酒店高Ⅱ区	38F 酒店热交换器机房	$\Phi1600$，$V=4.0\mathrm{m}^3$，$F=10.8\mathrm{m}^2$，2 台
酒店高Ⅲ区	38F 酒店热交换器机房	$\Phi1600$，$V=5.0\mathrm{m}^3$，$F=13.1\mathrm{m}^2$，2 台
酒店高Ⅳ区	38F 酒店热交换器机房	$\Phi1600$，$V=5.0\mathrm{m}^3$，$F=13.1\mathrm{m}^2$，2 台
酒店高Ⅴ区	38F 酒店热交换器机房	$\Phi1200$，$V=1.5\mathrm{m}^3$，$F=8.9\mathrm{m}^2$，2 台
酒店洗衣房、厨房（部分）	B1F 酒店热交换器机房	$\Phi1200$，$V=3.0\mathrm{m}^3$，$F=10.9\mathrm{m}^2$，2 台
酒店职工淋浴、厨房	B1F 酒店热交换器机房	$\Phi1200$，$V=2.0\mathrm{m}^3$，$F=8.9\mathrm{m}^2$，2 台

5. 冷、热压力平衡措施、热水温度的保证措施

冷、热水采用同源，热水、热回水管道设置为同程，供水泵组采用恒压变频给水组，一频一泵控制，出水压力控制在 0.011～0.02MPa；热水供水系统设置循环泵，客房部分采用 24h 循环，设温度传感器控制启停，公共部分为定时循环。

五、消防系统

1. 消防灭火（水灭火系统）设施配置

本工程根据相关消防规范要求，设置室内外消火栓系统、自动喷水灭火系统、大空间智能型主动喷水灭火系统、水喷雾灭火系统、防火玻璃防护冷却系统。

消防用水量：室外消火栓系统 30L/s，火灾延续时间 3h；室内消火栓系统 40L/s，火灾延续时间 3h；自动喷水灭火系统的用水量 35L/s，火灾延续时间 1h；大空间智能型主动喷水灭火系统 20L/s，火灾延续时间 1h；防火玻璃防护冷却系统 35L/s，火灾延续时间 2h。一次灭火最大用水量 1080m³。

2. 消防水源

市政自来水管网 2 路供水，满足室外消火栓低压制供水要求；市政自来水管道引入管供至消防水池，消防水泵汲取消防水池内水供至消防供水系统；消防水池有效容积 1080m³，设置在地下二层消防泵房内。

3. 消火栓系统

（1）室外消火栓消防系统：室外消火栓消防系统采用低压制。由紫阳大道市政给水总管上引入一根 DN250 进水管，上设 DN250 倒流防止器和水表计量，同时由创新一路市政给水总管上引入一根 DN250 进水管，上设 DN250 倒流防止器和水表计量后，在基地内形成 DN250 供水环网，在总体适当位置和水泵接合器附近设置室外消火栓，供消防车取水。各消火栓间距不超过 120m。

（2）室内消火栓消防系统：采用临时高压供水系统，串联供水方式供水。在地下室设置消防水池外，十五、二十七、三十八、五十八层均设置100m³消防水箱，十五、二十七、三十八层为中间转输水箱，五十八层为屋顶消防水箱；地下二、十五、二十七、三十八、五十八层设消防泵供水各区域消火栓供水系统（见表5），十五、二十七、三十八层设转输水泵转输上一级水箱。供水分区供水压力不超过1.2MPa，静压高区不超过1.0MPa，除地下二～五层（地下室及裙房）供水区域外，分区以不考虑设置减压阀为原则；各供水区域除三十八、五十八层设置消防稳压泵（一用一备）及稳压罐300L供水该区域，其余部分均由上级中间水箱供水初期火灾用水；分区设置水泵接合器。

系统分区　　　　　　　　　　　　　　　　　　　　　　　表5

分区	供水设备设置楼层	供水方式	平时稳压设施
高Ⅰ区	49F～58F	由高区室内消火栓供水泵从屋顶58F消防水箱汲水加压供水	屋顶消防水箱和局部增压设施
高Ⅱ区	38JF～48F	由高区室内消火栓供水泵从38F中间消防水箱汲水加压并经减压阀减压后供水	
高Ⅲ区	24F～38F	由高区室内消火栓供水泵从27F中间消防水箱汲水加压并经减压阀减压后供水	38层高位消防水箱和局部增压设施
低Ⅰ区	12F～23F	由低区室内消火栓供水泵从15F中间消防水箱汲水加压	27F高位消防水箱
低Ⅱ区	2F～11F（塔楼）	由低区室内消火栓供水泵从B2消防水池汲水加压供水	15F高位消防水箱
低Ⅲ区	B2F～5F（地下室及裙房）	由低区室内消火栓供水泵从B2消防水池汲水加压并经减压阀减压后供水	

（3）消火栓水泵（或转输水泵）、稳压装置参数如表6所示。

消火栓水泵、稳压装置参数　　　　　　　　　　　　　　　表6

分区	设备设置楼层	消火栓水泵（或转输水泵）及其稳压装置设施
高Ⅰ区 49F～58F	58F（屋顶）	消防供水泵：$Q=0-40L/s$，$H=30m$，$N=22kW$； 消火栓稳压泵组：$Q=5L/s$，$H=30m$，$N=3kW$ 稳压罐 $V_{效}=300L$
高Ⅱ区 38JF～48F	38F（设备/避难层）	消防供水泵：$Q=0-40L/s$，$H=90m$，$N=75kW$； 四级消防转输泵：$Q=0-40L/s$，$H=120m$，$N=90kW$； 消火栓稳压泵组：$Q=5L/S$，$H=25m$，$N=3kW$ 稳压罐 $V_{效}=300L$
高Ⅲ区 24F～38F	27F（设备/避难层）	消防供水泵：$Q=0-40L/s$，$H=85m$，$N=55kW$（一用一备）； 二级消防转输泵：$Q=40L/s$，$H=60m$，$N=45kW$（一用一备）
低Ⅰ区 12F～23F	15F（设备/避难层）	消防供水泵：$Q=0-40L/s$，$H=75m$，$N=75kW$（一用一备）； 二级消防转输泵：$Q=40L/s$，$H=65m$，$N=45kW$（一用一备）
低Ⅱ区 2F～11F（塔楼）	B2F	消防供水泵：$Q=0-40L/s$，$H=100m$，$N=75kW$（一用一备）； 一级消防转输泵：$Q=0-40L/s$，$H=90m$，$N=75kW$（一用一备）
低Ⅲ区 B2F～5F（地下室及裙房）		

（4）水泵接合器：低Ⅱ、Ⅲ区：3套；低Ⅰ区：室外消火栓系统3套；一级转输水箱3套，$P=1.6$MPa，$DN150$。

（5）消火栓箱配置及系统控制方式：消火栓箱内设$DN65$消火栓一只，$DN65\times25$m长衬胶水龙带一条，$\Phi19$直流水枪，$DN25\times25$m的消防软管卷盘，消防泵启动按钮、5kg磷酸铵盐干粉灭火器2具及信号灯等全套。室内消火栓消防供水泵，采用室内消火栓消防箱内按钮远程直接启动、控制室手动控制、现场控制三种方式。

4. 自动喷水灭火系统

（1）自动喷水灭火系统的用水量35L/s，火灾延续时间1h。中庭/其余部分，中危险Ⅰ级，设计喷水强度6L/(min·m²)，作用面积260/160m²，喷头工作压力0.10MPa；地下车库部分、裙房商业等，中危险Ⅱ级，设计喷水强度8L/(min·m²)，作用面积160m²，喷头工作压力：0.10MPa。设计系统用水量35L/s。

（2）消防水源：同消火栓系统。

（3）供水方式：系统同消火栓系统，各供水区域自动喷水灭火供水泵、转输水泵（备用泵与消火栓系统合用）从消防水池或中间消防水箱（转输）汲水加压，供给各区自动喷水灭火系统用水。各区自动喷水灭火供水泵。三十八、五十八层自动喷水灭火稳压泵两台（一用一备）及150L气压水罐满足该区域火灾初起时的系统水压要求，其余供水区域均由上一级中间水箱（转输）或屋顶水箱供水初期火灾用水，系统按配水管压力不超过1.2MPa分区。报警阀组前均为环状供水，每层配水管均支管状供水。

（4）系统分区见表7。

自动喷水灭火系统分区及供水方式 表7

分区	供水楼层	供水方式	平时稳压设施
高Ⅰ区	49F～58F	由高区自动喷水灭火供水泵从58F中间消防水箱汲水加压供水	屋顶消防水箱和局部增压设施
高Ⅱ区	38F～48F	由高区自动喷水灭火供水泵从38中间消防水箱汲水加压供水	38F中间消防水箱和局部增压设施
高Ⅲ区	23F～37F	由高区自动喷水灭火供水泵从27F中间消防水箱汲水加压供水	38F中间消防水箱和局部增压设施
低Ⅰ区	11F～22F	由低区自动喷水灭火供水泵从15F中间消防水箱汲水加压供水	27F中间消防水箱
低Ⅱ区	B2F～10F	由低区自动喷水灭火供水泵从B2消防（冷却）水池汲水加压并经减压阀减压后供水	15F中间消防水箱

（5）自动喷水灭火水泵（或转输水泵）、稳压装置参数见表8。

自动喷水灭火水泵、稳压装置参数 表8

分区	设备设置楼层	水泵（或转输水泵）及其稳压装置设施
高Ⅰ区	58F	消防泵 $Q=0-35$L/s，$H=40$m，$N=30$kW（一用一备）； 稳压装置 $Q=1$L/s，$H=35$m，$N=3$kW（一用一备）稳压罐 $V_{效}=150$L

续表

分区	设备设置楼层	水泵（或转输水泵）及其稳压装置设施
高Ⅱ区	38F	消防泵 $Q=0-35L/s$，$H=100m$，$N=75kW$（一用一备）； 四级消防转输泵：$Q=0-35L/s$，$H=120m$，$N=75kW$（一用一备）； 稳压装置 $Q=1L/S$，$H=35m$，$N=3kW$（一用一备）稳压罐 $V_{效}=150L$
高Ⅲ区	27F	消防泵：$Q=0-35L/s$，$H=90m$，$N=55kW$（一用一备）； 三级消防转输泵：$Q=0-35L/s$，$H=60m$，$N=37kW$（一用一备）
低Ⅰ区	15F	消防泵：$Q=0-35L/s$，$H=80m$，$N=55kW$（一用一备）； 二级消防转输泵：$Q=0-35L/s$，$H=65m$，$N=45kW$（一用一备）
低Ⅱ区	B2F	消防泵 $Q=35L/s$，$H=105m$，$N=75kW$（一用一备）； 一级消防转输泵：$Q=35L/s$，$H=95m$，$N=55kW$（一用一备）

（6）喷头选型：闭式喷头：除地下车库采用易熔合金闭式喷头外，其余部分均采用玻璃泡闭式喷头，所有喷头均为 $K=80$，快速响应喷头。不得采用隐蔽型吊顶喷头。地下汽车库及无吊顶设备用房采用直立型喷头，厨房部位采用上下喷式喷头或直立型喷头。温级：喷头动作温度除厨房、热交换机房等部位采用 93℃级外，其余均为 68℃级（玻璃球）或 72℃级（易熔合金）。

（7）湿式报警阀组：$DN150$，$P=1.2MPa$，31 套。

（8）水泵接合器：自动喷淋系统 2 组，低Ⅱ区 3 套，一级转输水箱 3 套。地上式，$P=1.6MPa$，$DN150$。

（9）系统控制方式：自喷淋系统供水泵采用报警阀组的压力开关自动启动、控制室手动控制、现场控制三种方式。

5. 防火玻璃防护冷却系统

根据消防专家审查会会议的要求："商业店铺应采用不小于 2 小时耐火极限的隔墙或防火玻璃（独立闭式喷水系统保护）进行分隔"，本工程在裙房店铺走道至疏散口的防火玻璃分隔上设置了防火玻璃防护冷却系统，按其设计喷水强度 $0.5L/(s \cdot m)$，喷头工作压力 $0.10MPa$，最长（计算长度）52m，设计流量 $Q=35L/s$，设置独立供水系统。

6. 水喷雾灭火系统

锅炉房采用水喷雾灭火系统，就近设置雨淋阀站，由自动喷水灭火系统管网供水至雨淋阀站。喷雾强度采用 $20L/(min \cdot m^2)$，持续喷雾时间为 0.5h，系统设计用水量 27L/s，水雾喷头工作压力大于或等于 0.35MPa。系统与自动喷水灭火系统合用消防水泵。系统控制方式：采用自动控制、手动控制和应急机械启动。

7. 气体灭火系统

地下室的变电器室、高低压配电间、UPS 室、集控中心、电话机房、避难层的变配电间等以及信息机房、网络机房、自动化机房、消防安保主控中心、柴油发电机房等均采用气体灭火系统。气体灭火拟采用 IG-541 洁净气体，设计浓度为 $37.5\% \sim 43\%$，当 IG-541 混合气体灭火剂喷放至设计用量的 95% 时，其喷放时间不应大于 60s，且不应小于 48s。灭火浸渍时间为 10min。系统控制方式：采用自动控制、手动控制和应急机械启动。

8. 大空间智能型主动喷水灭火系统

本工程在商业裙房净高大于 12m 中庭，设置大空间智能型主动喷水灭火系统。单台流量 5L/s，工作压力 0.6MPa，射程 20m，全面积保护，两行布置，同时开启水炮 4 个，设计流量 20L/s，与自动喷水灭火系统合用消防水泵，采用高位消防水箱稳压，系统采用自动启动、控制室手动控制、现场控制三种方式。

六、管材

（1）生活给水管。室内部分：生活冷、热水给水管采用薄壁不锈钢管，环压连接；机房部分与加热设备、水泵连接处为法兰连接。室外部分：给水管：管径≥DN100 采用球墨铸铁给水管，承插连接；管径＜DN100 采用热浸镀锌钢管，丝扣连接，外设置防腐层。

（2）排水管。室内部分：污、废水管采用机制排水铸铁管，承插柔性接口连接；裙房雨水排水采用 HDPE 塑料管，热熔连接，塔楼雨水排水采用热浸镀锌内涂塑或衬塑钢管及配件，管径≥DN100，采用优质沟槽式机械接头连接，管径＜DN100，采用丝扣连接。室外部分：排水管采用 HDPE 双壁缠绕塑料排水管，弹性密封圈承插连接；排水窨井：塑料排水检查井。

（3）消防给水管

室内外消火栓、自动喷水灭火、大空间智能型喷水灭火、自动消防炮系统消防管均采用热镀锌无缝钢管。管径＜DN100 采用热镀锌钢管及配件，丝扣连接；管径≥DN100 采用热轧无缝钢管及配件，内外壁热浸镀锌，优质沟槽式机械接头接口，二次安装。

七、工程设计特点、难点

1. 设计特点

本工程为超高层综合体（主体高 268m），功能较多，给水系统根据不同功能对用水水压、水质和物业管理等不同要求，分别设置独立且不同的供水系统。酒店给水考虑设置水质净化处理＋软化设施。商业裙房、办公、酒店各自独立给水系统。热水供水管、热水回水管为同程管路。室内污、废分流；污水经化粪池后与废水合流排入市政污水管网；室外污、废水与雨水分流，雨水排入市政雨水管。酒店部分采用特殊单立管系统，办公、裙房商业设环形通气管。室外总体雨水接入市政雨水管前设雨水调蓄池及简易水处理，供室外绿化给水。消防给水：室外消火栓系统采用低压制（两路市政自来水管网供给）；室内消火栓系统、自动喷水系统为临时高压。根据相关消防专家评审会建议，除地下室设置室内消防用水量贮水池外，在十五、二十七、三十八、五十八层均设置 100m³ 中间消防水箱（五十八层为屋顶消防水箱），且各消防给水分区不应设置减压阀分区，供水分区压力大于1.2MPa，在裙房商业防火区内涉及疏散走道并设有耐火极限 1h 防火玻璃上方，应独立设置自动喷水系统冷却保护，历时 2h。以上两点均作为超出 250m 超高层建筑的加强措施要求。裙房商业、酒店大堂净高大于 12m 均设置自动扫描射水高空水炮灭火装置。地下室的变电器室、高低压配电间、UPS 室、集控中心、电话机房、避难层的变配电所（间），以及信息机房、网络机房、自动化机房、消防安保主控中心、柴油发电机房等均采用气体灭火系统。气体灭火系统拟采用 IG-541 组合分配式全淹没灭火系统，分别在地下一层、三个避难层设备机房等处设有钢瓶间。

2. 设计难点

（1）管道综合及给水排水管井优化。本工程为超高层综合体（主体高268m），功能较多，建筑、结构均在使用功能转换层，其中有电梯井道的转换、结构形式的转换，造成给水排水管道需要转换，结合其中机电专业管道综合因素敷设管道，同时甲方为充分利用各避难层使用面积，造成各机电设备机房设置面积不够，尤其对给水管、消防管、排水管汇合成层，将给水排水管井设置在避让大风管进、出管的部位，避免与其交叉，满足了给水排水管道设计要求的同时，也符合室内装修设计净高的要求。

（2）大型超高层综合体排水管出户管之难点技术问题解决。目前大部分该类工程均为满堂地下室、裙房、主塔，往往裙房、主塔部分（地下一层顶部）排水横干管排至出户管距离较长，会造成排水管道敷设过长、坡降较大，严重影响地下一层商业等净高，大大增加管道堵塞的几率，考虑将排水立管分层转换敷设，减短本层敷设长度及其坡降，在排水立管转弯处的顶部设通气管，以释放其管道的正压值，改善排水通水能力；在距建筑外立面（墙）附近中设置排水管井，同时考虑对应的区域结构降板，排水管就近在降板区排出室外。在解决排水管难题的同时，也减少了建筑、结构的降板区域，大大提高了地下一层商业的净高。

（3）消防系统加强措施：由于消防专家评审会滞后于施工进度（施工已到结构三十八层），原有设计均按照当时现行规范设计，水箱容积和消防给水形式等与专家意见大相径庭，造成了施工现实与修改设计的巨大差异，也造成了结构专业荷载、建筑机房、平面和避难层重大调整。我院各专业群策群力、克服困难，结构专业精心复核原计算，减小了部分区域找平层以减轻荷载，建筑专业调整相关避难层消防水泵房平面，以满足新增要求，消防水系统除调整原系统外消防水系统更加安全、可靠。

上海东方肝胆医院^①

- 设计单位： 上海建筑设计研究院有限
  公司
- 主要设计人：朱建荣 张 隽 胡圣文
  归晨成 李海超
- 本文执笔人：张 隽

作者简介：
　　张隽，高级工程师，现工作于上海
建筑设计研究院有限公司。代表作品：
厦门长庚医院、泉州市第一医院新院、
上海虹口足球场。

一、工程概况

本工程位于上海市嘉定区安亭镇前炬路以北、墨玉北路以西。项目由2栋病房楼、一栋医技楼、一栋门急诊楼、一栋康复治疗中心/健康体检中心楼、一栋行政管理与培训中心楼及其他配套设施组成。各单体建筑下设连通的一层地下室及地下二层的污物通道。一期病房1000床，康复300床，门诊人数4000人，医护人员2500人。同时预留二期病房500床。总建筑面积为17.7万 m^2，总占地面积为9.48hm^2。建筑功能及高度：病房楼地上13层，地下1层，建筑高度56.70m；康复治疗中心/健康体检中心地上8层，地下1层，建筑高度35.30m；医技楼地上4层，地下1层，建筑高度20.40m；行政管理与培训中心地上4层，建筑高度17.20m；门急诊楼地上3层，建筑高度15.30m。

二、给水设计

1. 水源
由前炬路、墨玉北路市政给水管网2路供水，进户管为2根DN200进水管，经水表计量后在基地内连成环网供各用水点用水。

2. 用水量
本工程最大日用水量为2097m^3/d，最大小时用水量为233m^3/h。

3. 市政水压
上海市政供水压力为0.16MPa。

4. 系统划分
（1）地下室和一层（除病房楼及淋浴外）、室外绿化浇灌由市政给水管网直接供水。

（2）医技楼、门急诊楼和行政楼二层以上（包括二层）由变频泵供水。

（3）病房楼一～十三层和康复楼二～八层由病房楼屋顶水箱供水。

---

① 该工程设计主要工程图详见中国建筑工业出版社官方网站本书的配套资源。

（4）病房楼和康复楼供水静压大于 0.35MPa 时，采用减压阀分区减压供水。因此在六层设减压阀，一～五层为低区，六～十层为高区。

（5）病房楼十一～十三层由屋顶增压设备加压供水，最不利点供水压力控制在 0.10MPa。

5. 供水方式

（1）病房楼和康复楼供水方式采用水池、水泵和屋顶水箱联合供水。

（2）医技楼、门急诊楼和行政楼供水方式采用水池、变频恒压供水设备联合供水。

（3）贮水池、屋顶水箱供水泵和变频恒压供水设备设于医技楼地下室泵房内。贮水池采用一只 $350m^3$ 的不锈钢成品水箱（分成二格）。

（4）1号病房楼屋顶生活水箱容积 $60m^3$，2号病房楼生活水箱容积 $40m^3$。水箱采用不锈钢成品水箱（分成两格）。

（5）为保证不间断供水，手术室除由变频恒压供水设备供应外，同时由1号病房楼屋顶水箱减压后供应。

6. 冷却塔补水

（1）冷却塔补水采用水池、变频恒压供水设备联合供水。

（2）病房楼冷却塔补水箱及变频恒压供水设备设于2号病房楼地下室机房内，水箱采用不锈钢成品水箱，容积 $45m^3$。

（3）康复楼冷却塔补水箱及变频恒压供水设备设于医技楼地下室机房内，水箱与生活水箱合用，其中冷却塔补水容积 $70m^3$，采用不锈钢成品水箱。

7. 饮用水

采用不锈钢电开水器供应开水，其饮用水定额为 3L/（人·d），在病房楼每层备餐间及其余部位开水间预留 9kW 用电量。

8. 给水增压设施（表1）

给水增压设施 表1

编号	名称	规格型号	数量	备注
1	1号病房楼屋顶生活水箱供水泵	立式离心泵 （$Q=60m^3/h$，$H=75m$，$N=22kW$）	2台	一用一备
2	2号病房楼屋顶生活水箱供水泵	立式离心泵 （$Q=40m^3/h$，$H=80m$，$N=15kW$）	2台	一用一备
3	生活变频恒压供水设备	额定供水压力 0.36MPa，水泵参数 （$Q=27m^3/h$，$H=45.5m$，$N=7.5kW$）	1套	水泵二用一备带气压罐
4	病房楼屋顶给水增压设备	额定供水压力 0.16MPa，水泵参数 （$Q=12m^3/h$，$H=25m$，$N=2.2kW$）	2套	水泵二用二备带气压罐
5	门急诊楼、行政楼热水变频恒压供水水泵	额定供水压力 0.37MPa， 水泵参数（$Q=6m^3/h$，$H=45m$，$N=4kW$）	1套	水泵一用一备带气压罐

三、排水设计

1. 污水排放

（1）室内排水系统采用污、废水分流，设置专用透气管。

（2）厨房废水经成品隔油处理器处理后再排入废水系统。

（3）地下车库排水经沉砂隔油池处理后再排入污水系统。

（4）锅炉房、中心供应排放的高温热水经排污降温池处理后再排入废水系统。

（5）放射性废水经衰变池处理后再排入废水系统。

（6）口腔科产生含汞废水液，经成品废液处理装置处理。该装置采取物化沉淀法处理，即收集含汞废液，先进行调整废液的 pH 值至 8～10 以后，先投加 Na_2S，混合搅拌后投加 $FeSO_4$，再搅拌，然后沉淀，上清液进入下水管网，汞渣经离心机分离，产生汞粒与分离水，分离水进入下水管网，再排入医院污水处理系统。

（7）检验室废水化学成分复杂，应根据使用化学品的性质单独收集，可根据不同的化学特性进行物化处理，经过化学过程、物理过程后降低或消除其毒性，然后再排入废水系统。

（8）室外污、废水合流经化粪池处理后排至污水处理站，经二级生化消毒处理后排入市政污水管。本工程污废水排放量为 1410m³/d，总排放管为一根 $DN300$。

2. 雨水排放

（1）暴雨强度计算采用上海地区的雨量公式：$q = \dfrac{5544(P^{0.3} - 0.42)}{(t + 10 + 7\lg P)^{0.82 + 0.071\lg P}}[\mathrm{L/(s \cdot hm^2)}]$。

（2）医院区总占地面积为 9.48hm²，重现期 $P=1$ 年，综合径流系数 $\varphi=0.6$，降雨历时 $t=15\mathrm{min}$，医院区雨水量为 1306L/s。雨水排水管就近接排入市政雨水管，总排放管为 2 根 $DN800$。

（3）除医技楼屋面外的其他建筑屋面雨水采用重力流内排水系统，重现期 $P=10$ 年，综合径流系数 $\varphi=0.90$，降雨历时 $t=5\mathrm{min}$。溢流措施按 50 年重现期设置。

（4）医技楼屋面雨水采用虹吸压力流排水系统，设计重现期为 50 年。分 4 个系统，采 24 个虹吸雨水斗，雨水斗的最大排水量为 35L/s，相邻雨水斗间距不超过 20m。管道系统内最大负压值不应大于 0.08MPa，水平管道的充满度不应小于 60%，最小流速不小于 0.7m/s。

污水排水原理图如图 1 所示。

四、热水设计

1. 供应范围

除医技楼、门急诊公共厕所外的所有场所。

2. 用水量（60℃）

热水日用水量为 679m³/d，最大小时热水用水量为 69.9m³/h。

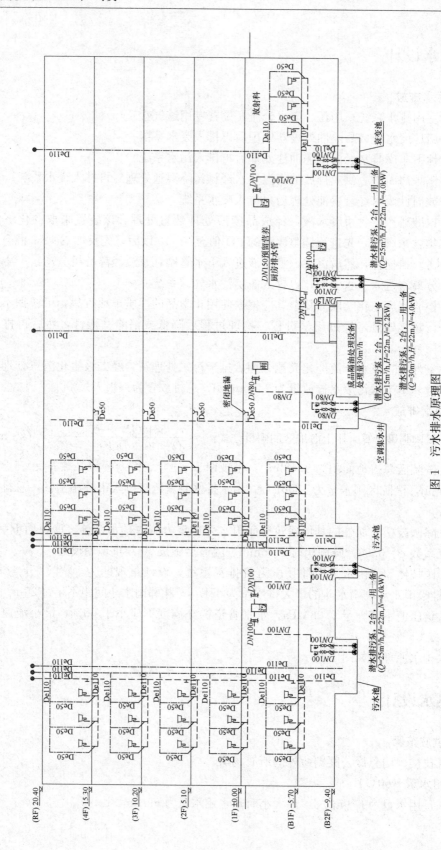

图 1 污水排水原理图

3. 热源

（1）病房楼、康复楼、医技楼部分热源来自燃气热水锅炉供高温热水，供水温度90℃，回水温度70℃。

（2）门急诊、行政楼热源来自太阳能热水，同时配备商用容积式电热水炉作为辅助热源。

4. 水源

根据冷水系统划分，分别来自变频供水设备或屋顶生活水箱。

5. 系统划分

热水系统划分同给水。

6. 加热方式

病房楼、康复楼、医技楼采用集中加热方法，采用立式水—水导流型容积式加热器。1号病房楼、康复楼、医技楼容积式加热器设于地下室能源中心热交换机房内。2号病房楼容积式加热器设于其地下室热交换机房内。康复楼地下室～二层及医技楼采用4台5m³。1号病房楼、康复楼三～八层低区采用2台4m³，高区采用2台4m³，增压区采用2台2m³。2号病房楼低区采用2台2.5m³，高区采用2台2.5m³，增压区采用2台2m³。

7. 供水方式

热水管网均采用上行下给式机械循环，各区热水循环泵均设于地下室热交换机房内。

8. 热水循环泵规格（表2）

热水循环泵规格　　　　　　表2

编号	名称	规格型号	数量	备注
1	门急诊楼、行政楼热水循环泵	热水型管道泵 IRG20-110 ($Q=1.5\text{m}^3/\text{h}$，$H=16\text{m}$，$N=0.27\text{kW}$)	2台	一用一备
2	能源中心热交换机房一区热水循环泵	热水型管道泵 IRG40-125A ($Q=7\text{m}^3/\text{h}$，$H=15.5\text{m}$，$N=0.75\text{kW}$)	2台	一用一备
3	能源中心热交换机房二、三区热水循环泵	热水型管道泵 IRG20-110 ($Q=3.3\text{m}^3/\text{h}$，$H=13.5\text{m}$，$N=0.37\text{kW}$)	4台	二用二备
4	能源中心热交换机房四区热水循环泵	热水型管道泵 IRG20-110 ($Q=1.5\text{m}^3/\text{h}$，$H=16\text{m}$，$N=0.27\text{kW}$)	2台	一用一备
5	病房楼热交换机房一、二区热水循环泵	热水型管道泵 IRG20-110 ($Q=2\text{m}^3/\text{h}$，$H=16\text{m}$，$N=0.37\text{kW}$)	4台	二用二备
6	病房楼热交换机房三区热水循环泵	热水型管道泵 IRG20-110 ($Q=1.5\text{m}^3/\text{h}$，$H=16\text{m}$，$N=0.27\text{kW}$)	2台	一用一备

9. 太阳能热水系统

门急诊楼和行政楼热水采用太阳能热水系统（图2）。集热器采用平板太阳能集热器阵列，集热器面积900m²，集热器安装于门诊与医技楼共享中庭的玻璃天棚上。辅助热源采用商用容积式电热水器，功率300kW。太阳能热水采用变频恒压供水设备供水。加热水箱、恒温水箱、板式换热器、循环泵和容积式电热水器均设于医技楼地下室太阳能热水机房内。

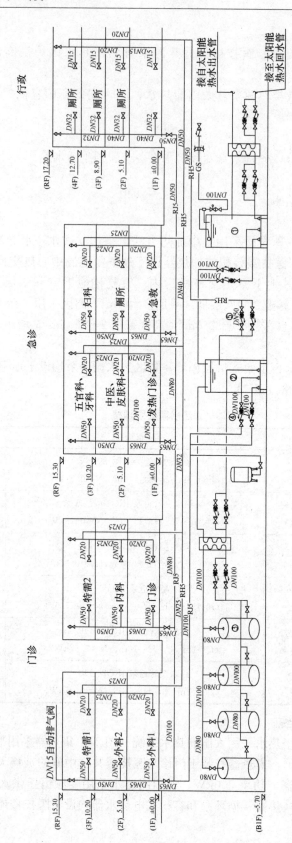

图 2　太阳能热水系统

10. 预热系统

利用空调地源热泵余热对 1 号病房楼、康复楼、医技楼热交换器的水源进行预加热。在春秋季空调地源热泵的冷媒管通过板式换热器与各区冷水进行热交换，预热后的预热水作为容积式热交换器的水源，同时各区冷水在板式换热器热水侧旁通。

新生儿洗浴采用恒温热水箱供应的 35℃ 恒温热水。

为保证不间断供水，手术室热水采用局部容积式电热水器作为辅助热源。

五、消防设计

本工程消防总用水量为 130L/s，其中室外消防用水量为 20L/s，室内消火栓用水量为 30L/s，自动喷淋和水喷雾二者取水量大者，为 50L/s，自动扫描射水高空水炮系统用水量为 30L/s。消防用水由前炬路和墨玉北路市政给水管网 2 路供水，进户管为 2 根 $DN300$ 进水管，在基地内连成环网供消防用水。

本工程有下列消防设施：室外消火栓系统，室内消火栓系统，自动喷淋灭火系统，自动扫描射水高空水炮系统，水喷雾灭火系统，七氟丙烷气体灭火系统，手提式、推车灭火器。

1. 室内消火栓系统

（1）各单体建筑每层均设室内消火栓保护，消火栓设置间距保证每层相邻两个消火栓的水枪充实水柱同时到达室内任何部位，安全区水枪的充实水柱不小于 13m，其余部分水枪的充实水柱不小于 10m。

（2）消防箱采用带自救软盘的钢制单栓消防箱。

（3）各楼室内消火栓为一个管网系统，室内消防给水采用临时高压供水系统。消火栓系统专用泵设于地下室消防泵房内，消防泵选用 2 台变流量恒压泵（$Q=30L/s$，$H=100m$，$N=55kW$），一用一备。泵由基地内消防环网直接抽水。系统设 2 组 $DN150$ 水泵接合器。

（4）高位消防水箱（18m³）设于 2 号病房楼屋顶。

病房楼消火栓系统如图 3 所示。

2. 自动喷淋系统

（1）自动喷淋系统安装于除小于 5m² 的厕所、净空高度大于 18m 的中庭、电气机房、锅炉房、手术室及贵重设备机房以外的所有部位。系统为湿式。

（2）地下车库按中危险 II 级设计，喷水强度 8L/(min·m²)，作用面积 160m²。净空高度 12<H≤18m 的安全区（中庭），喷水强度 6L/(min·m²)，作用面积 350m²；其余部位均为中危险 I 级，喷水强度 6L/(min·m²)，作用面积 160m²。

（3）喷头采用玻璃球喷头，除厨房、热交换机房、玻璃天棚采用 93℃ 喷头外，其余均为 68℃。除病房内采用 $K=115$ 的边墙型扩展覆盖面喷头外，其余均为 $K=80$ 的快速响应喷头。

（4）整个系统由 24 只湿式报警阀控制，安全区设置独立报警阀。每只报警阀控制喷头数不大于 800 只，报警阀分别设于各楼地下室设备间。每个防火分区均设水流指示器、监控蝶阀和试验放水装置。

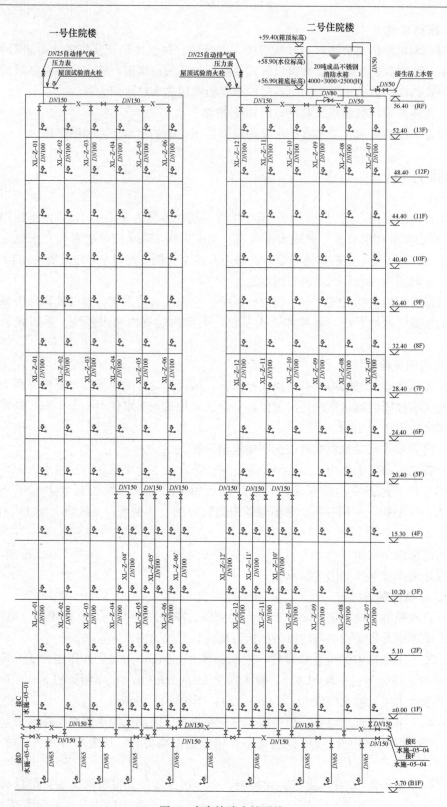

图 3　病房楼消火栓系统

（5）系统采用临时高压给水系统，喷淋专用泵设于医技楼地下室泵房内，喷淋泵选用 2 台变流量恒压泵（$Q=50L/s$、$H=110m$、$N=90kW$），一用一备。泵由基地内消防环网直接抽水。系统设 4 组 $DN150$ 水泵接合器。

（6）为确保高区火灾初期最不利点喷头的供水压力不低于 0.10MPa，在 2 号病房楼屋顶设置喷淋系统增压设施，气压罐的调节水容量为 150L，额定工作压力为 0.30MPa。

3. 自动扫描射水高空水炮系统

（1）在净空高度大于 18m 的安全区（中庭）设置自动扫描射水高空水炮，代替自动喷淋灭火系统。

（2）根据广东省标准《大空间智能型主动喷水灭火系统设计规范》DBJ 15-34-2004，每个高空水炮喷水流量 5L/s，工作压力 0.6MPa，保护半径 20m，最大安装高度 20m，系统的设计流量为 30L/s。

（3）系统采用临时高压给水系统，高空水炮专用泵设于医技楼地下室泵房内，高空水炮泵选用 2 台变流量恒压泵（$Q=30L/s$、$H=90m$、$N=55kW$），一用一备。泵由基地内消防环网直接抽水。系统设 2 组 $DN150$ 水泵接合器。

（4）系统由自动扫描射水高空水炮灭火装置、电磁阀、水流指示器、信号阀、模拟末端试水装置、配水管道及供水泵等组成，能在发生火灾时自动探测着火部位并主动喷水灭火。

4. 水喷雾灭火系统

地下室燃气锅炉房和柴油发电机房设置水喷雾灭火系统，设计喷雾强度 20L/(min·m²)，持续喷雾时间为 30min。锅炉房由 5 只雨淋阀控制，发电机房由 2 只雨淋阀控制。水喷雾与喷淋合用消防泵。

5. 气体灭火系统

信息网络设备机房和贵重设备房采用七氟丙烷气体灭火系统。灭火设计浓度为 8%，系统喷放时间不应大于 10s。行政楼信息网络设备机房设计用气量为 750kg，采用 11 个 90L 气瓶，实际储存量为 770kg。医技楼一层贵重设备机房 1 设计用气量为 2062kg，采用 18 个 150L 气瓶，实际储存量为 2160kg。医技楼一层贵重设备机房 2 设计用气量为 1238kg，采用 11 个 150L 气瓶，实际储存量为 1320kg。医技楼地下一层 SPECT 机房设计用气量为 768kg，采用 11 个 90L 气瓶，实际储存量为 770kg。医技楼地下一层直线加速器机房设计用气量为 1153kg，采用 10 个 150L 气瓶，实际储存量为 1200kg。

6. 手提式灭火器灭火系统

手提式灭火器火灾种类一般场所按 A 类固体火灾设计，变配电间按 E 类带电火灾设计。在每个消防箱内配置产品灭火级别为 3A 类 5kg 手提式磷酸铵盐灭火器 2 具，在各机房、配电间、电器控制室、储藏和有固定人员值班的场所配置产品灭火级别为 2A 类 5kg 手提式磷酸铵盐灭火器 2 具。车库每层配置 297B 类 50kg 磷酸铵盐推车式灭火器若干。

沿建筑物四周的道路旁，每 120m 间距设置一只地上式 $DN100$ 室外消火栓。接合器与室外消火栓设置间距在 15～40m 范围内。

六、环保节能设计

污废水处理采用二级生化消毒处理，处理量为 65m³/h。污水处理站设于 1 号病房楼地下室。污水处理工艺流程如图 4 所示。

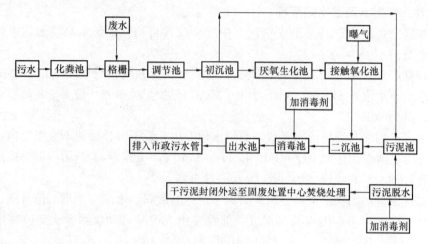

图 4 污水处理流程

调节池容积为 500m³，厌氧池停留时间 3h，氧化池停留时间 6h，沉淀池停留时间 2.5h，消毒池停留时间 1h，出水总余氯量大于 2mg/L。为确保污水处理站运行安全可靠，在污水管网上设置余氯自动检测装置，随时监控污水处理效果，确保污水不造成二次污染。污水处理构筑物采用全封闭结构，对污水处理中产生的有害有异味气体在进行消毒和除臭处理后病房楼屋顶高空排放。埋地污水处理构筑物采用钢筋混凝土双墙结构，内壁涂防水防腐材料，确保污废水不渗漏。

七、设计特点

1. 标准模块化设计

医院用水设备多、布置分散，用水点的位置随着建筑平面使用功能变化而改变。由于医疗技术发展迅速、设备更新很快，医院在运行过程中，其平面功能经常会作较大的调整，用水点变动较大。针对上述医院用水特点，给水排水配管设计采用集中管道间标准化配管设计模式。利用楼梯、电梯等垂直交通部位设置集中管道间，本工程共设置了 9 个集中管道间，每个管道间内配置给水、热水、热水回水、废水、污水、排水专用透气及医疗气体竖向干管，各楼层横管进行标准化配管设计，通过与业主沟通确定各系统预留量，如冷热水管径均为 DN65（图 5）。为了便于维护管理，各楼层横管的控制阀均设在管道间内。每个管道间服务区域面积与建筑楼梯、电梯的服务区域相结合，尽量使每个管道间服务区域面积相近，以利于管道标准化设计。这种配管模式较好地满足了用水设备多、布置分散及变化多的使用要求。由于集中管道间与建筑楼梯等垂直交通部位相结合，其位置相对固定不变，若以后局部平面使用功能调整，用水点改变，只需调整该区域各系统配水横

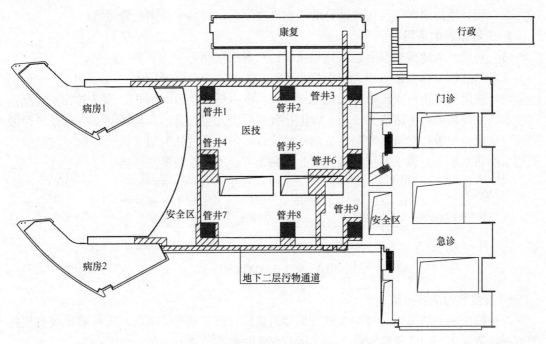

图 5　集中管道间

支管，无须调整各系统竖向干管，不影响整个医院正常运行。

2. 排水解决方法

在总体布局中，医技楼被其他各单体围合，地下室范围远大于地上建筑外墙。如果排水管按传统方式在地下一层顶板敷设出室外，则排水管线过长，埋设深度过深。而且地下室有较多部位不能有排水管道穿越。因此设计了如下排水方式：

（1）在 9 个标准管井所在的每个楼梯下均设污水池及集水池各一座。污水池用于排放厕所、诊疗室水盘等污水；集水池用于排放空调凝结水、设备机房地漏等废水。在污水池内设 2 台自动搅匀潜水排污泵，一用一备；在集水池内设 1 台潜水排污泵，设备房内备 2 台备用泵。

（2）地下室设 400mm 回填层，地下室本层的排水横管敷设在回填层内。总管敷设在地下二层的污物通道管廊内，支管向各排水点辐射，最终排入楼梯下方的污水池。总管服务面积与楼梯服务区域一致，各集水池接纳的用水点排水量基本相同。

（3）为改善排水横干管排水工况，室内排水系统设置洁具透气系统，每层均设专用透气横干管，每个洁具透气管与横干管连接，横干管接至集中管道井内专用透气立管。采用这种系统，即使遇到排水点平面位置的变动或者排水器具数量适当增加等情况，都可以在原有的排水管道系统上作相应调整，而对排水的水力条件不会产生太大的影响。

（4）医技楼屋面雨水采用虹吸压力流排水系统，设计重现期为 50 年。

3. 污物通道的利用

由于污洁分开的原则，建筑在病房楼、康复中心、医技与动力中心之间设有连通的污物通道（地下二层）。适当增加污物通道的宽度作为管廊，将给水、消防、排水等主供管道均在管沟内敷设。这样不仅便于管道的维护与管理，而且减少了敷设在地下一层吊顶空间内的管线，使得地下一层医技部分的净空高度增高，提高了使用的舒适度。

4. 节能措施的采用

（1）利用空调地源热泵余热对热交换器的水源预加热。

（2）门急诊、行政楼采用太阳能热水系统。

（3）住院楼采用污水源热泵系统，充分利用废水低温能源（图6）。医院排污水包括医疗废水、住院楼病人生活废水，经二级生化处理后仍含有大量的低温废热。空调系统供暖时可以从废水中吸收热量，空调系统制冷时可以将热量通过低温废水散发。由于二级生化处理后的污水不与空调水系统接触，因此致病菌不会通过空调系统传播。

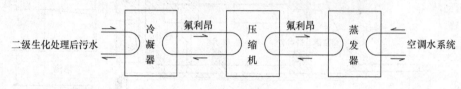

图6　废水低温能源利用

5. 安全区的消防措施

医技楼是一个约100m×100m的方形建筑单体，被其他单体围合，无法满足现行消防规范的疏散要求。因此建筑专业在医技楼的东西两侧各设置了一个安全区。

（1）安全区有下列消防设施：室内消火栓系统、自动喷淋灭火系统、自动扫描射水高空水炮系统、手提式灭火器。

（2）室内消火栓系统：各安全区每层均设室内消火栓保护，消火栓设置间距保证每层相邻2个消火栓的水枪充实水柱同时到达室内任何部位。水枪充实水柱不小于13m。

（3）自动喷淋系统：安装于安全区除净空高度大于12m的所有部位。系统为湿式，设置独立报警阀。净空高度$8<H\leqslant12$m的部分，喷水强度$6L/(min \cdot m^2)$，作用面积$260m^2$；其余部位均为中危险Ⅰ级，喷水强度$6L/(min \cdot m^2)$，作用面积$160m^2$。喷头均为快速响应喷头。采用金属镂空吊顶(30%穿孔率)的场所，系统的喷水强度扩大1.3倍。

（4）自动扫描射水高空水炮系统：净空高度大于12m的安全区设置自动扫描射水高空水炮，代替自动喷淋灭火系统。

上海保利大剧院^①

- 设计单位： 同济大学建筑设计研究院
  （集团）有限公司
- 主要设计人：刘　瑾
- 本文执笔人：刘　瑾

作者简介：

刘瑾，咨询工程师（投资）、注册公用设备工程师（给水排水），现任职于同济大学建筑设计研究院（集团）有限公司。主要从事民用建筑给排水设计、景观水系处理设计。

一、工程概况

上海保利大剧院是公共文化建筑，位于上海市嘉定区，嘉定新城 D10-15 地块，北隔白银路与规划中的嘉定新城商务中心区对望，西以裕民南路为界，南侧为塔秀路，东南方向面临远香湖。用地总面积 30235m²，总建筑面积 54934m²，建筑高度 34.4m，地上 6 层，地下 1 层，舞台台仓地下 3 层。建筑底层占地面积 12450m²，建筑密度 45.48%，绿化率 25%。本建筑为高层建筑，建筑耐久年限为一级，使用时间为 50 年以上。建筑防火分类为一类建筑，建筑耐火等级为一级。

在形态上，建筑西侧有局部 2 层，建筑主体以一个 100m×100m×34m 的立方体形式展开，在基地中构成了中心。建筑内部通过 5 组直径 18m 的圆筒以不同的方向与立方体相交，在保证核心剧场功能的前提下，将光、水、风等自然要素以及周边水景、远香湖的自然美景引入到建筑内部，从而在简洁形体的内部形成了丰富变化的室内和对公众开放的半室外公共空间。在紧邻建筑的南侧及东侧设计了连接远香湖区域的水池，使得大剧院和湖景自然地融为一体。水边的广场与剧院北侧的前广场相连，形成可以让市民围绕剧场休闲体验的漫步道。建筑范围内的大部分半室外空间平时免费对公众开放。

大剧院共有两个室内剧场，其中歌剧厅 1572 座，多功能厅 498 座，为大型剧院。另外还有 2 个半室外的剧场，与室外景观密切结合，分别位于半室外的一层和六层与屋顶。建筑内除了剧场相关配套功能外，还有水庭、咖啡厅、餐厅、画廊、排练厅、艺术品展示、职工食堂、职工淋浴等为观众和职员提供的相关功能。

给水排水及消防给水的机房布局：地下三层：主舞台台仓下消防排水集水井和潜水泵组；地下一层平面：消防水泵房生活水泵房及热水机房、雨水调蓄水池及处理机房、锅炉房（由暖通设计）；一层平面：雨淋阀间；六层平面：消防水箱间。

---

① 该工程设计主要工程图详见中国建筑工业出版社官方网站本书的配套资源。

二、给水系统

1. 水源

分质供水。生活和消防水源为城市自来水。本设计考虑由基地外围市政主干道路接入一根 DN100 进水管，作为本工程的生活专用水源。杂用水采用收集的雨水净化后回用，包括冷却塔补水、屋顶绿化、水庭补水、冲厕。室外绿化浇灌和水景补水从远香湖取水。

2. 用水量（表 1）

用水量 表 1

用途	用水量定额	用水单位数	最大日用水量（m³/d）	使用时数（h）	小时变化系数	最大小时用水量（m³/h）	每年使用天数（d）	年用水量（m³/a）
观众	5L/(人·场)	1600座/d	8	3	1.5	4	100	800
演员	50L/人次	100人次	5	3	3	5	100	500
职工	50L/(人·d)	200人	10	8	2	2.5	260	2600
生活用水小计			23			11.5		
空调系统补水			60	10	1	6	30	1800
绿化洒浇用水	2L/(m²·d)	7740m²	16	4	1	4	150	2400
杂用水小计			76			10		
合计			99			21.5		8100

最大日用水量 99m³/d，最大小时用水量 21.5m³/h，全年用水量为 8100m³/a。变频供水系统的供水量为 28 m³/h。

3. 供水方式、供水系统及供水分区

供水方式：厨房、卫生间面盆、热水水源、消防给水采用市政自来水，一层及以下为市政给水直接供应（低区），二层及以上为水箱＋变频泵供水（高区）。

屋顶绿化用水、冲厕、冷却塔补水、水庭补水采用雨水收集处理后回用，为水箱＋变频泵供水，不分区。

中央直饮水供水系统，供应观众、后台和办公直饮，为水箱＋变频泵供水，不分区。

室外绿化浇灌和水井补水取远香湖水体，潜水泵压力供水。

4. 增压设施

生活给水、雨水回用中水供水、直饮水供水压均采用不锈钢水箱＋恒压调速变频泵组供水。

生活泵：变频泵参数为：3L/s，0.6MPa，3kW，3 台互为备用；

中水供水：变频泵参数为：2.7L/s，0.55MPa，2.2kW，2 台互为备用；

直饮水系统：变频泵参数为：1m³/h，0.55MPa，0.55kW，2 台互为备用。

5. 生活水池、水箱容量

生活水箱有效容积 24m³，4000×4000×2000（mm）。

6. 冷却水循环系统

冷却水循环系统采用一次泵定流量系统，冷却水泵与冷水机组一一对应设置；冷却水出水温度为 38℃，回水温度为 32℃；冷却水供、回水主干管设置旁通控制阀，以保证进

入冷水机组的冷却水温不低于 15.5℃。冷却塔设置于屋面，采取设置平衡管的方式，避免冷却水泵停泵时冷却水溢出。

空调冷却水泵流量为 540m³/h，选用 3 台水泵（二用一备），水泵参数：$Q=270$m³/h，$H=28$m，$N=37$kW。

冷却塔选用 2 台，300m³/h，15kW，安装在屋顶。

冷却水补水量按循环水量的 1% 设计，由雨水处理的回用水补水。

冷却循环水的处理，采用旁通的低压电解杀菌灭藻工艺。

三、排水系统

1. 污废水排水系统

卫生间污废水合流，空调机房等清洁废水单独设立管间接排放，观众厅和舞台下台仓的消防排水排入室外污水井。污水直接排市政污水管网，排水量为 21m³/d。透气管的设置方式：污水管均设置专用通气管，公共卫生间均设置环形透气管。污水提升泵站均设专用通气管。

2. 雨水排水系统

屋面采用虹吸排水，室外和半室外平台采用重力排水，设计重现期为 50 年一遇。室外设计重现期 3 年，径流量为 752.4L/s。

地下一层钢筋混凝土雨水蓄水池总容积 646m³，暴雨前腾空容积，可满足 85% 年径流总量控制率调蓄水量。

项目不设化粪池，污水直接排市政污水管。厨房单独设排水系统，厨房废水经隔油池处理后排入室外污水管网。

四、热水系统

1. 热源

热源来自热水锅炉（由暖通专业设计）。项目所有热水用水点都采用中央热水供应的方式。耗热量为 313kW。

2. 热水水量（表 2）

热水水量　　　　　　　　　　　　　　　　　　　表 2

用途	用水量定额	用水单位数	最大日用水量 （m³/d）	使用时数 （h）	小时变化系数	最大小时用水量 （m³/h）
观众	1L/（人·场）	1600 座/d	1.6	3	1.5	0.8
演员	30L/人次	100 人次	3	3	3	3.0
职工	5L/（人·d）	200 人	1	8	1.5	0.19
职工淋浴	70L/（人·d）	50 人	3.5	8	2	0.88
合计			9.1			4.9

最高日用水量 9.1m³/d，最大小时用水量 4.9m³/d，热水计算温度为 60℃。

3. 供水方式

供水范围包括演员淋浴、化妆间、职工淋浴、公共卫生间等全部热水用水点。热水系统的竖向分区与冷水系统一致，冷热水压力相同。热水供水点采用同程设计，热水系统采用机械循环。冷水经容积式热交换器间接换热，热交换器配自动温控阀和安全阀等。

4. 热水循环泵

采用双头热水循环泵，低区、高区各一套，水泵参数为 $Q=8\sim16\text{m}^3/\text{h}$，$H=10\text{m}$，$N=0.75\text{kW}$。启动和关闭由回水管上的温度传感器控制（图1、图2）。热水管、回水管和热交换器采用 $30\sim100\text{mm}$ 厚离心玻璃棉保温。

5. 热水蓄水容器

采用承压容积式热交换器。低区采用2台 2m^2 的热交换器，高区采用2台 1m^2 的热交换器。

五、雨水利用系统

1. 中水水源的确定和水质要求

本项目采用雨水作为中水水源，处理后水质达到《建筑与小区雨水利用工程技术规范》GB 50400—2006 和《城市污水再生利用 城市杂用水水质》GB/T 18920—2002 的标准。

2. 雨水回用水量

雨水回用于冲厕、屋顶绿化浇灌，冷却塔补水等。地面绿化和水景用水直接取用远香湖水。最大日用水量 $83.5\text{m}^3/\text{d}$，最大小时用水量 $13.2\text{m}^3/\text{h}$，年用水量 $4530\text{m}^3/\text{a}$。直接取用湖水为最大日用水量 $5.3\text{m}^3/\text{d}$，最大小时用水量 $2.7\text{m}^3/\text{h}$，年用水量 $195\text{m}^3/\text{a}$。

3. 雨水供水方式、工艺流程、设计参数及设备选型

根据实际收集的屋面面积、绿化屋顶径流系数、耗损率等计算得年可利用雨水量为 4053m^3，年需使用中水量为 4530m^3，不足部分由市政给水补充。地面绿化用水为直接取用远香湖水，年用水量为 195m^3，本项目利用非传统水源水量比例为$(4053+195)/8100=52\%$（其中：年总用水量 $8100\text{m}^3/\text{a}=$ 市政给水 $3852\text{m}^3/\text{a}+$ 雨水回用 $4053\text{m}^3/\text{a}+$ 远香湖水 $195\text{m}^3/\text{a}$）。

雨水处理工艺流程：屋顶绿化过滤雨水→雨水蓄水池沉淀区→蓄水区→絮凝剂→全自动过滤系统→次氯酸钠消毒（包含次氯酸钠发生器）→超滤膜过滤→清水池→供水水泵→冲厕、冷却塔、屋顶绿化喷灌。

设计处理规模：$15\text{m}^3/\text{h}$。全自动操作系统。

雨水回用竖向为一个压力分区，供水方式为清水池＋恒压调速变频泵组供水。

4. 雨水蓄水池和清水箱容量

上海 85% 年径流总量控制率对应的降雨厚度为 33.2mm，需调蓄水量 $W=30235$（基地面积）$\times33.2\text{mm}\times0.6$（计算的综合径流系数）$=632\text{m}^3$。利用地下一层东南角异型平面的条形空间设钢筋混凝土雨水蓄水池，总容积 646m^3，暴雨前腾空容积，可满足 85% 年径流总量控制率调蓄水量。雨水蓄水池分为沉淀区和蓄水区，沉淀区有 1.2m 的底部蓄水不能利用，定期排除，可利用的蓄水量为 560m^3。

清水池采用钢筋混凝土水池，有效容积 160m^3。

雨水回用（中水）给水系统如图3所示。

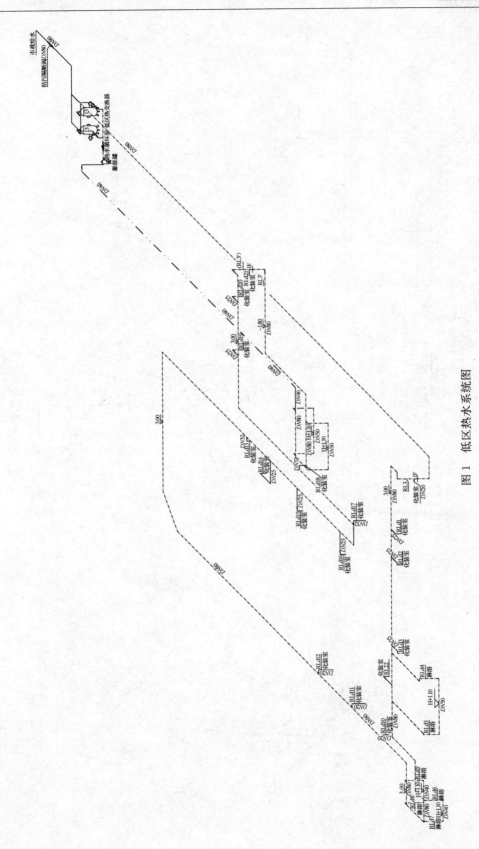

图 1 低区热水系统图

429

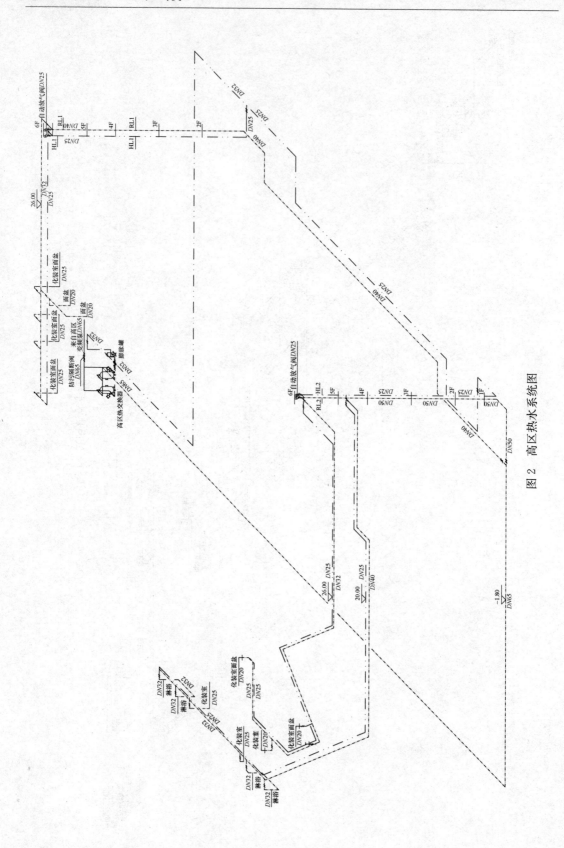

图 2 高区热水系统图

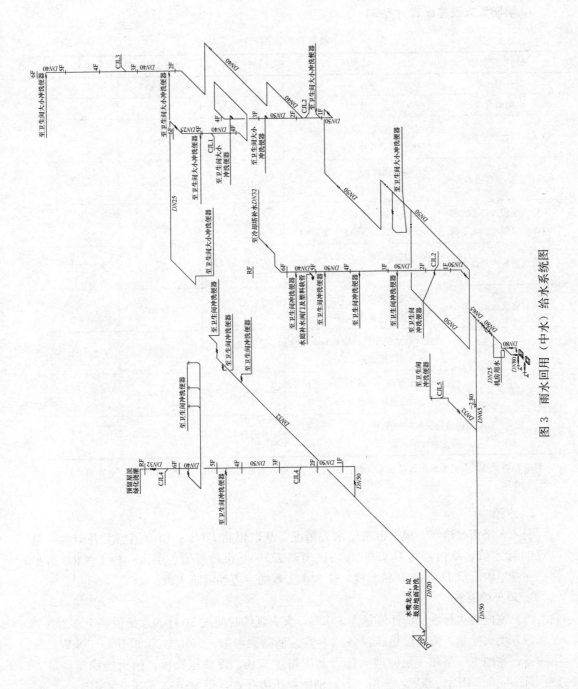

图 3 雨水回用（中水）给水系统图

六、消防系统

1. 消防灭火设施配置（表3）

消防灭火设施 表3

消防系统名称	设计参数	设计流量	一次灭火用水量	火灾延续时间
室外消火栓	30L/s	30L/s	324m³	3h
室内消火栓	30L/s	30L/s	324m³	3h
普通场所自动喷水灭火	设计喷水强度：6L/(min·m²)，$K=80$，作用面积160m²	21L/s	76m³	1h
观众厅上空自动喷水灭火	设计喷水强度：6L/(min·m²)，$K=80$，作用面积350m²，47L/s	47L/s	170m³	1h
入口大厅和入口走廊的自动扫描射水灭火系统	5L/s，保护半径小于20m，安装高度大于6m小于20m	10L/s	36m³	1h
舞台口防护冷却用水幕	设计喷水强度：1.0L/(s·m)水幕长度16m(施工图调整后)	16L/s	58m³	1h
舞台防火分隔水幕	设计喷水强度：2.0L/(s·m)水幕长度65.4m	131L/s	473 m³	1h
雨淋灭火	设计喷水强度：16L/(min·m²)作用面积260m²	70L/s	252m³	1h
水喷雾灭火系统	设计喷雾强度：20L/(min·m²)，保护面积100m²	38L/s	137m³	1h
室内消防设施同时作用最大合计用水量		277L/s	1476m³	

注：消防设施最大用水量是当舞台着火时，消火栓、雨淋、水幕同时作用，消防车到达后，室外消火栓也一并作用。

2. 水源

引入3路市政给水。根据市政给水管情况，从白银路 DN600 市政道路上各引入一根 DN400 给水管，从白银路 DN300 和裕民南路 DN300 市政管道各引入一根 DN300 给水管，在基地内形成 DN400 环状管网，作为本工程的室内外消防水源。

3. 消火栓系统

（1）室内消火栓系统设计流量为30L/s，火灾延续时间按3h计。系统设一个压力区。

（2）消火栓泵、消火栓稳压设备的参数。消防泵参数：30L/s，0.6MPa，30kW，一用一备；在地下一层和一层的消火栓口动压超过50m，设减压孔板；消火栓稳压设备参数：5L/s，0.3MPa，3kW，一用一备；消防稳压罐有效容积300L，承压0.8MPa。

（3）消火栓箱采用组合型消火栓，消防箱内将同时配置消火栓、水龙带、水枪、自救式灭火喉、手提式灭火器以及消防泵启动按钮。消防箱下部配置4kg装手提式磷酸铵盐干粉灭火器3具。由消防按钮启动消防泵。

4. 自动喷水灭火系统

(1) 一般场所自动喷淋灭火系统按中危 I 级设计。而大剧场和小剧场观众大厅的室内净空高度大于 8m 小于 18m，拟采用高大净空场所的设计水量及基本参数，作用面积为 350m²，流量为 47L/s。系统为一个压力区。

(2) 喷淋泵、喷淋稳压设备的参数。喷淋泵参数：48L/s，0.75MPa，55kW，一用一备；所有水流指示器后水压力大于 0.4MPa 的，设减压孔板减压；喷淋稳压设备参数：1L/s，0.3MPa，1.5kW，一用一备；喷淋稳压罐有效容积 150L，承压 0.8MPa。

(3) 一共设 6 组报警阀，其中一组为雨淋阀，供地下室柴油发电机房和日用储油间设水喷雾灭火系统。报警阀均设在消防泵房内。一般场所在有吊顶部位为 $K=80$ 隐蔽型68℃闭式喷头，在无吊顶部位设 $K=80$、68℃直立式闭式喷头；观众厅吊顶处和多功能厅安装 $K=115$、68℃闭式喷头。

5. 雨淋系统

主舞台、两侧台及后台设雨淋灭火系统。设计喷水强度为 16L/（min·m²），作用面积 260m²。系统在两种不同方式的火灾报警系统同时作用后自动执行，并在消防中心和现场设手动启动装置。雨淋泵参数：70L/s，0.55MPa，55kW，758kg，一用一备；雨淋阀设在舞台后台外的专门房间内，设置 9 组雨林阀。

6. 防护冷却用水幕和防火分隔水幕系统

主舞台与观众厅设有防火幕，且采用内侧防护冷却水幕保护，冷却用水幕设计喷水强度为 1.0L/（s·m），采用水幕喷头；舞台与侧舞台和后台间均设有防火分隔水幕系统，防火用设计喷水强度为 2.0L/（s·m），采用开式喷头。作用长度按主舞台四周内侧的水幕喷头同时作用确定。台口水幕喷头安装高度为 11m 左右，市政水压为 0.16MPa。水幕泵为参数为：80L/s，0.45MPa，45kW，二用一备。

7. 消防水炮灭火系统

通高 5 层的入口大厅和水平圆柱状剧场观众厅前厅，分别安装 4 台 5L/s、保护半径为 20m 的自动扫描射水灭火系统。采用 ZSS-25 型，最小喷水压力为 0.6MPa。与喷淋系统共用喷淋泵。每个空间的消防炮可以同时启动，根据水炮探测到的火情摄像，启动控制水炮的电磁阀开启，即可喷水。

七、景观给排水及绿化喷灌

(1) 本工程屋顶绿化水源为雨水回用中水。地面绿化水源为远香湖取水，取水潜水泵设在消防取水井内。项目贴邻远香湖，故根据分质供水原则，充分利用水资源（上海市水务局允许在每天绿化用水量小于 10m³ 的情况下，免费从自然河道取水）。

(2) 设计包含了水景喷泉；景观水体循环过滤和消毒；绿化草坪的分片喷灌系统的设计。

(3) 屋顶花园喷灌系统，分片灌溉，投资较经济。将电磁阀等重要部件安装在室内，只将给水管留至屋面，以便延长设施的寿命。屋顶共有 5 套喷灌系统，采用地埋弹出式360°散射喷头，喷水半径 5.5m，流量 1.21m³/h。绿化场地轮流喷灌，每次只喷一组。采用自动控制的方式轮流喷灌，每组喷灌时间为 10～15min。

（4）室外绿化喷灌和室外水景给水，利用天然湖水补充。地面共有 7 片绿化喷灌场地，采用地埋弹出式 360°散射喷头，喷水半径 5.5m，流量 1.21m/h。采用自动控制的方式轮流喷灌，每组喷灌时间为 10～15min。

（5）喷泉：设有 2 组涌泉，分别为 15 只喷头和 21 只喷头，2 台卧式潜水泵，单独控制。涌泉喷高 0.5m。喷头型号：GPB-101 ϕ50 外螺纹，8.0m³/h，喷头压力 4m。

（6）景观水循环及处理：景观水体面积为 15000m²，平均水深 0.3m，水容量为 4500m³。景观水循环处理系统 $Q=50$m³/h；景观水循环处理设备设在建筑地下一层的雨水处理机房内，包含叠片式过滤器，絮凝剂投加模块，次氯酸钠发生器和自动控制系统。

（7）广场排水采用缝隙式排水沟。

八、工程主要创新及特点

（1）参与方案深化。本项目建筑景观是建筑大师安藤忠雄的方案，为了深刻了解设计大师的设计意图，在剧院的概念方案深化阶段多次听取建筑方案的介绍，及时联系本专业特点，进行必要的沟通，如提示门厅大空间内需要设置消火栓，建筑师可以尽早综合考虑。又如，剧院观众厅和门厅的自动喷水灭火系统形式等。这些前期工作利于深化设计顺利进行。

（2）充分理解建筑。设计为功能服务，在建筑华丽的外表和空间下抽象出给水排水专业的要点，方案阶段分辨独立单体（各层因建筑功能竖向分割形成的水平管道横向不能通过），定好管井必须设置部位，利用建筑的消极空间设水管井。由于建筑内墙很多区域为清水混凝土，在土建设计阶段就需要预留预埋定好位，以便设备管道的隐蔽低调。如开敞楼梯前厅顶面的喷头设置就需要预埋喷淋支管。

（3）全设计过程参与和配合。给水排水设计全程参与设计的各个阶段，包括后期室内设计配合和景观设计，绿化喷灌和景观喷泉均设计到直接购买末端设备的水平。

（4）坚持可持续绿色发展理念。分析环境给予的条件，取舍设计要素，与环境和谐相处。本项目利用紧邻远香湖，将湖水作为地面绿化、水景的水源，同时作为消防备用水源。有条件利用地下一层的条形空间建了容量较大的雨水蓄水池，因此考虑冲厕和冷却塔补水利用雨水，故采用了超滤工艺和次氯酸钠发生器消毒，以保证水质；为方便管理，采用全自动控制系统。

（5）采纳积极建议。本项目紧靠后台设置的雨淋阀间，这是在消防方案评审会时，由消防评审专家建议的；室外从远香湖取水的消防车取水口设置是由上海市消防局提出的。这些意见的落实不但有利于本项目的安全，也为其他剧院的设计提供了宝贵的实践经验。

（6）与业主保持良好沟通。设计方案阶段的系统、措施充分与业主交流，达成共识以便得到业主的支持，利于更好的执行设计要求；施工中发现与后期效果有不符的一些问题设计即时处理，避免了留下遗憾。

上海自然博物馆
(上海科技馆分馆)①

- 设计单位：　同济大学建筑设计研究院
（集团）有限公司、PER-
KINS＋WELL
- 主要设计人：杨　民　秦立为　龚海宁
归谈纯
- 本文执笔人：杨　民

作者简介：

杨民，同济大学建筑设计研究院（集团）有限公司设计二院设备所所长、给水排水主任工程师、集团给排水专业委员会成员，注册公用设备工程师（给水排水）。代表作品：上海中心大厦、上海自然博物馆、绿地中央广场等。

一、工程概况

上海自然博物馆位于静安区，北临山海关路，南临静安雕塑公园，西临育才中学，东临大田路。西北口与地铁 13 号线接壤。基地面积约 12000m²，总建筑面积约 45300m²，其中地上建筑面积约 12700m²，地下建筑面积 32600m²。建筑地上高度 18m，地下高度 −16m，地上 3 层，地下 2 层，为多层建筑，耐火等级为一级。主要功能区域包括：展示及公共服务、行政管理办公、周转库房、设备用房、地下车库等。

上海自然博物馆采取建筑与自然一体化设计，并用现代的技术和永续性的结构加以新的诠释。建筑的整体形状灵感来源于螺的壳体形式。本建筑以提高公众科学素养为使命，是融展示与教育、收藏与研究、合作与交流于一体的现代化综合性自然博物馆。其定位是成为具有代表性和知名度的现代化自然博物馆，引领科普事业的发展，并为国内其他博物馆的建设提供学习和借鉴的样板。

二、给水系统

1. 水源

由市政给水管网供水。由基地北侧引入一根 DN100 的供水管，作为本工程生活用水，水压按 0.16MPa 设计。

2. 用水量（表 1）

生活用水量：最高日用水量为 165m³，最大小时用水量为 27m³。

---

① 该工程设计主要工程图详见中国建筑工业出版社官方网站本书的配套资源。

用水量

表 1

用途	用水量定额	用水单位数	最高日用水量 (m³/d)	用水时间 (h)	小时变化系统	最大时用水量 (m³/h)
餐厅	20L/人次	300	6	4	1.5	2
咖啡厅	6 L/人次	600 人	3.6	10	1.5	1
展厅	3L/(人·d)	6000 人	18	10	1.5	3
报告厅	6L/人次	660 人	4	10	1.5	0.6
工作人员	50L/(人·d)	300	15	10	1.5	2
空调补水			80	10	1	8
景观补水			10	10	1	1
绿化浇洒	1L/(m²·d)	14000m²	14	2	1	7
小计			150			24
不可预见	10%		15			3
合计			165			27

3. 供水方式

系统竖向分区：地下室、一层以及室外部分由市政水压供水；二层、三层由生活水池＋变频泵组加压供水。楼层各用水点处压力超过 0.2MPa，采用可调式减压阀减压。生活给水系统如图 1 所示。

4. 增压设施

生活泵房在地下一层西北角设置。泵房内设 40m³ 不锈钢组合式生活水箱一座、生活变频水泵一组（$Q=23m^3/h$，$H=35m$，$N=3kW$，二用一备，配置隔膜气压罐）。生活水箱配置水处理器消毒处理。

5. 计量

除基地进水管上设总表外，其余按不同使用功能及管理要求设置分级水表，并采用远传式水表，数据收集至控制中心，统一用于能耗计量及监控。

三、热水系统

1. 热源

根据建筑热水用水点少且分散的特点，因地制宜采用局部供热水的形式。其中，地下室职工淋浴间采用空调余热加热并辅助容积式电加热（利用夜间蓄热）提供热水；二层公共卫生间因靠近屋顶层，洗手盆热水采用太阳能系统提供热水；其余卫生间采用容积式电加热器提供洗手盆热水。

2. 热水用水量

地下室职工淋浴间，最高日热水用量 1.5m³/d（60℃），最大时热水用量 0.75m³/h。

3. 供水方式

因本建筑内热水用水点相对分散、用水量较小，故设计采用了分散设置、局部加热的热水系统。冷水供水就近由冷水系统提供补水。

地下室职工淋浴间采用空调余热加热并辅助容积式电加热，由一台导流型容积式热水器存储一天热水。二层公共卫生间采用太阳能热水系统提供热水，太阳能集热器、储热罐、循环泵等设置在建筑屋面（图 2）。其余卫生间在吊顶内设置容积式电热水器提供洗手盆热水。

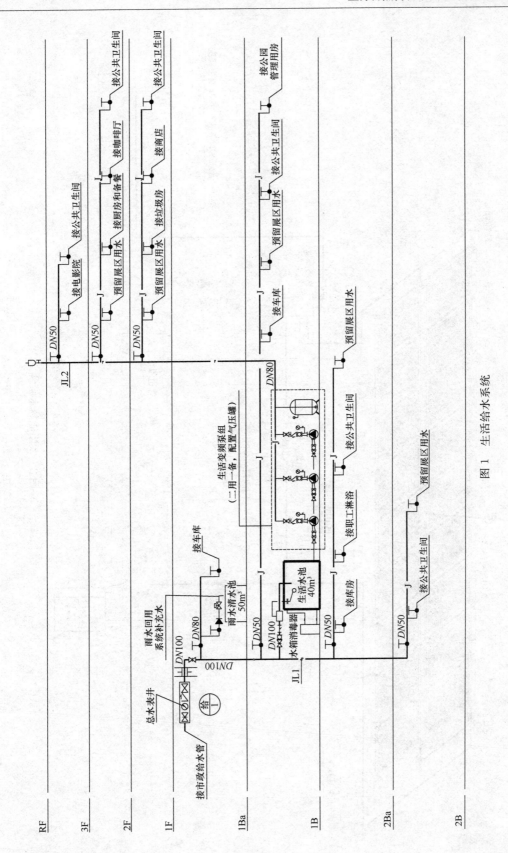

图 1　生活给水系统

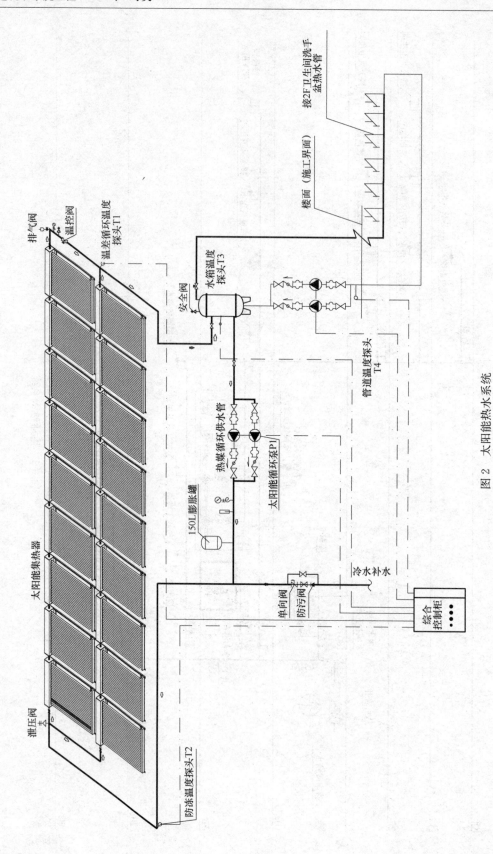

图 2 太阳能热水系统

4. 供热设备

二层卫生间的太阳能热水系统，太阳能板结合建筑屋面设置，储热罐、循环泵等结合屋面设置。太阳能热水系统采用自动控制系统，并配置防过热、防冻保护系统。其余每个卫生间配置一台容积电热水器（$V=100L$，$N=1.5kW$）提供热水。职工浴室的淋浴配置一台导流型容积式热水器（RV-04-2.0，换热面积 $10.7m^2$）、一台容积式电热水器（$V=300L$，$N=24kW$）、循环泵组（$Q=1.2m^3/h$，$H=5m$，$N=0.12kW$，一用一备）。

5. 冷热水压力平衡措施、热水温度的保证措施

局部热水系统，均有同一分区冷水系统管路提供冷水补水。热水管均采用保温措施。热水机组均在用水点附近设置，减少管路热量损耗，保证热水出水的温度及时间。

四、雨水回用系统

（1）屋面雨水收集处理，提供室外道路冲洗、绿化浇灌、景观补水、二层卫生间冲厕等。

（2）水量平衡表见表2。

水量平衡表　　　　　　　　　　　　　　　　　　　　　　表2

年平均产水量 （t/a）	年平均用水量(t/a)				年平均产水量与 用水量的差额 （t/a）
雨水产水量	水景补水	绿地广场浇洒	2层卫生间冲厕	用水量合计	
5043	2652	1803	636	5091	48

（3）供水方式及给水加压设备：景观补水由清水池直接重力供水；室外绿化浇灌、道路冲洗等由一组变频泵组（$Q=6m^3/h$，$H=35m$，$N=2.2kW$，一用一备）供水。

（4）水处理工艺流程。雨水处理工艺：弃流—蓄水调节沉淀池—提升—加药—过滤—清水池—消毒—加压供水（图3）。雨水处理机房设在地下一层，内设一组提升泵、一套处理设备和一座清水池，室外设置一座弃流井和一座250吨雨水调蓄池。雨水处理量为$10m^3/h$。

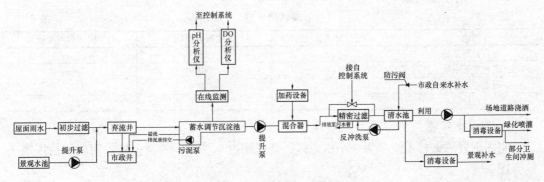

图3　雨水处理工艺图

五、排水系统

（1）排水系统形式。室内污、废水合流，室外雨、污水分流。地上部分重力排放，配置通气管，并伸顶通气。地下室部分采用压力排放，其中污水采用密闭提升器提升，并设置透气管，减少废气污染，密闭提升器配置双泵，保证排水正常运行；废水采用集水坑＋潜水泵提升排放。基地排水有一路 $DN200$ 排出管经市政监测井，排至市政雨污合流管网。通气管的设置方式：排水系统设置主通气管，与排水主立管由结合通气管连接，排水主立管伸顶通气。采用局部污水处理设施包括：厨房废水经地下室隔油装置处理达标后提升排放；车库地面冲洗废水经沉砂隔油池处理后提升排放。基地污水排放量为 $43m^3/d$。

（2）雨水系统。屋面主要采用虹吸雨水系统，以减少雨水立管的数量，局部小屋面采用重力雨水系统。屋面结合绿化设置明沟、滤水层等排水系统；结合坡向地面的斜屋面，作为超重现期的雨水溢流排放出路。地下室车库入口雨水、景观水池溢流雨水等，由雨水坑收集、潜水泵提升排放。雨水设计重现期屋面为 10 年，结合溢流系统不小于 50 年；室外为 2 年。中央水景溢流排水按重现期 100 年计算。室外地面雨水经绿地下渗，多余的雨水收集至市政雨污合流管网。基地设 2 路 $DN600$ 雨水排出管。屋面雨水收集利用，由管道连接至室外埋地调蓄池，经处理后回用至景观补水、室外绿化浇灌、道路冲洗等（图 4）。屋面为种植屋面，雨水经植被和土壤过滤后，减少了雨水中的杂质，也相应减少了对雨水后续处理工艺的负荷。基地雨水排放量为 300L/s。

六、消防系统

1. 消防供水方式

由市政给水管提供 2 路 $DN300$ 进水管，在基地内连成环管，供室内外消防用水，水压 0.16MPa。

本工程按多层建筑设计，室内消防水灭火系统采用稳高压系统。地下室消防泵房内设置消防泵、喷淋泵组，消火栓稳压泵组、喷淋稳压泵组一组，由消防环管直接抽水。

室外管网呈环状布置，管径为 $DN300$。沿建筑物四周均匀布置室外消火栓和消防水泵接合器。

2. 消防用水量（表 3）

消防用水量 表 3

用途	设计秒流量	火灾延续时间	一次灭火用水量
室外消防系统	30L/s	2h	$216m^3$
室内消防系统	20L/s	2h	$144m^3$
自动喷淋系统	129L/s	1h	$465m^3$
合计	179L/s		$825m^3$

3. 消火栓系统

室内设置消火栓系统分为一个压力区。动压超过 0.5MPa 的消火栓采用减压稳压消火栓（图 5）。

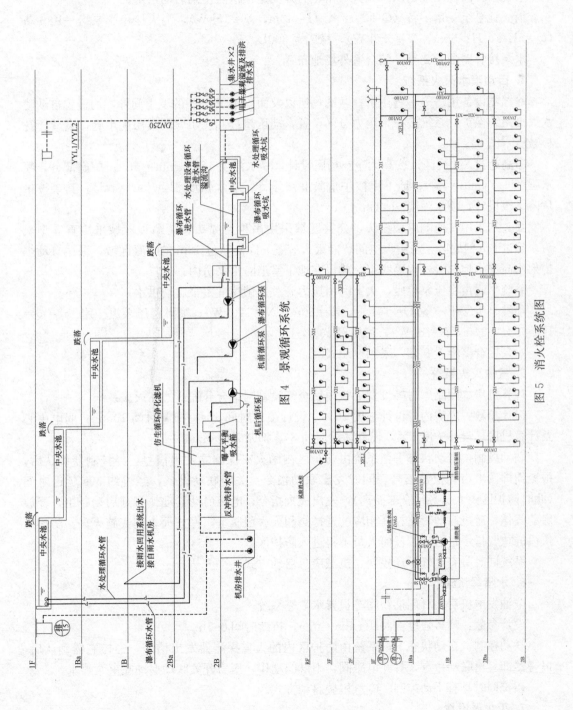

图 4 景观循环系统

图 5 消火栓系统图

室内消火栓布置保证室内同层任何部位有两支水枪的充实水柱同时到达。消防箱内将同时配置消火栓、水龙带、水枪、消防卷盘、手提式灭火器以及报警按钮。

系统平时由稳压泵稳压，火灾时由压力开关连锁消防主泵启动供水。

消火栓泵组一用一备（$Q=20L/s$，$H=40m$，$N=15kW$），消火栓稳压泵组一用一备（$Q=5L/s$，$H=50m$，$N=5.5kW$），稳压罐300L。

水泵接合器配置2套，结合室外场地布置。

4. 自动喷水灭火系统

除电器设备用房等不宜用水扑救的场所以及面积小于5m² 的卫生间外，均设置自动喷水灭火系统保护，系统按一个压力分区设置，动压超过0.4MPa的楼层配水管，设减压孔板减压（图6）。

净高超过8m展区，按高大净空场所设计，喷水强度12L/(min·m²)；中庭部分，喷水强度6L/(min·m²)；地下室按中危险Ⅱ级设计，喷水强度8L/(min·m²)；其余按中危险Ⅰ级设计，喷水强度6L/(min·m²)。

喷头均采用快速响应型喷头，公共区域采用吊顶型喷头，无吊顶区域采用直立型喷头。超过8m的展区，采用大空间智能灭火装置，净高超过18m的中庭区域，采用自动扫描射水高空水炮。湿式报警阀组，均设在地下室消防水泵房内。

系统平时由稳压泵稳压，火灾时由压力开关连锁喷淋主泵启动供水。

喷淋泵组二用一备（$Q=70L/s$，$H=80m$，$N=110kW$），喷淋稳压泵组一用一备（$Q=1L/s$，$H=94m$，$N=3kW$），稳压罐100L。

水泵接合器配置9套，采用侧墙式。

5. 气体灭火系统

计算机房、藏品库房等设置七氟丙烷全淹没管网组合分配式气体灭火系统。

设计参数：库房内，设计浓度10%，设计喷放时间10s，抑制时间10min；弱电中心及计算机房，设计浓度8%，设计喷放时间8s，抑制时间5min。

联动控制：自动状态下，系统由防护区内的火灾探测器发出信号，经控制器确认后，报警器即发出声光报警信号，同时发出联动指令，关闭联动设备，经过约30s延迟时间（此时防护区内人员必须全部撤离），发出灭火指令，电磁启动器动作打开启动瓶组，释放启动气体，通过启动管路打开相应的选择阀和灭火剂瓶组，释放灭火剂实施灭火。防护区入口的放气指示灯启动，任何人员不得进入防护区。

系统同时具有电气手动控制、机械应急启动方式。

6. 水喷雾系统

柴油发电机房、日用油箱间等设置水喷雾系统。

设计参数：喷雾强度：20L/(min·m²)，持续时间0.5h。

联动控制：自动状态下，系统由防护区内的火灾探测器发出信号，经控制器确认后，报警器即发出联动指令，打开电磁阀，雨淋阀动作，压力开关联动启动喷淋泵喷水。

系统同时具有手动控制、应急机械启动方式。

7. 灭火器设置

灭火器按严重危险级设计；一般为A类火灾，电气设备用房为E类火灾，均配置手提式磷酸铵盐干粉灭火器；地下一层变电所内配置推车式磷酸铵盐干粉灭火器。

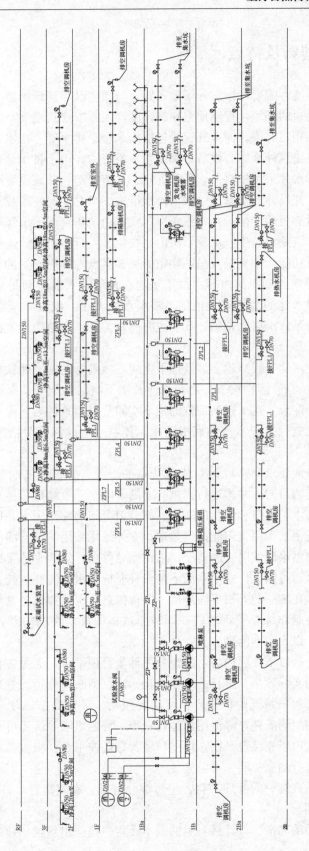

图 6 喷淋系统图

七、工程主要创新及特点

（1）室外空间紧凑，需要考虑室外场地布置、与周边已有建筑的协调、交通、管线综合布置等。为匹配周边的环境，控制地上建筑高度，因此本建筑地下空间较大，使得红线至地下室外墙的空间相当有限，而室外管线包括给水管、排水管、雨水管等。为此，与建筑、结构专业协商沿建筑外墙结合设备走廊设置一条管沟，用于排水管道、排水井、部分消防管道的铺设，排水井采用塑料井，底部支座、井筒固定、井盖设置等均一并考虑。管沟可进人施工检修，并设计有检修口、预留排水措施。同时，室外市政消防管道也设在室内，环形布置，配置必要的检修阀，并涂色以区别室内消防管；雨水管则仍旧设在室外。

（2）中央景观涉及跌水、生态水池、假山、绿化、人行步道等，需要在设计中实现其生态、绿色的特点及功能。中央景观是博物馆的一大亮点，其中水景的循环和处理、水池溢流安全措施是需要重点考虑的内容。由于水池在地下，水池旁即是地下展区的中庭幕墙，所以需要加强对水池的溢流安全措施。根据水池大小，设置2个溢流集水坑及潜水泵，由液位控制多台泵依次启动，到达低液位时同时关泵。水池边设置溢流沟，引导溢流水进入集水坑。

（3）博物馆有地铁轨交线穿越，涉及地下空间、减隔振措施、地铁出入口与建筑的连接。由于有13号线从自然博物馆下穿越，除涉及地下空间的配合、振动、噪声的控制以外，还有施工周期的配合。在了解到地铁的地下空间及限制条件后，水专业主要考虑集水坑的设置不在地铁上方，加强水池的底板防水、控制水池的深度等措施避免有水渗漏的可能。

（4）基于绿建节能要求，采取针对建筑特点的措施，并智能实时监控，达到运行优化、集中管理、节能的目的，并为运行提供必要的手段。主要绿建节能措施：屋面雨水回收利用，作为景观补水、道路和绿化的浇洒、部分卫生间的冲厕用水；职工淋浴采用空调余热、二层卫生间洗手盆采用太阳能提供热水；室外绿化采用滴灌、喷灌等形式；采用节水型洁具；市政压力供水区域以外的楼层，采用变频供水；景观水体采用循环处理的方式循环利用；室外雨水通过绿化、透水路面下渗，补充地下水；能耗监控：将各监测系统纳入统一的管理平台，在统一的人机界面环境下实现信息、资源和任务共享，完成集中与分布相结合的监视、控制和综合管理功能；同时通过集中显示终端向游客展示部分监控内容，宣扬节能环保、以人为本的理念。

集控管理平台包括以下几项内容：能源分项计量管理平台：通过各种计量表、计量设备，量化节能技术的实际效果、进行系统性能耗诊断、不断优化运行管理策略；智能照明系统监控平台、智能遮阳系统监控平台：可实现照明、采光的一体化设计，提高管理水准，以减少不必要的照明能耗，降低用户运行费用，智能遮阳系统还可达到建筑围护结构的综合热工性能与室内采光综合平衡；舒适环境营造监控平台：根据参观人数、室外气候状况等对空调系统进行动态控制。

以上各系统将纳入统一的管理平台，进行综合管理、有效运营，并将其向公众展示，宣传可持续发展的理念。

（5）设计与自然的和谐。设计从自然的基本元素中提炼出景观和建筑材料语汇，使建筑的外观形式和景观配置都反映出自然博物馆的展览主题和特色，使博物馆成为教育的载体，同时还形成了城市中结合展览、教育、社交和自然体验为一体的新型公共活动场所，更致力于在自身场馆建设上集成与博物馆建筑特点相适应的生态节能技术，成为人与自然和谐相处的典范，成为绿色、生态、节能、智能建筑的典范。

　　上海自然博物馆从总体布局、建筑形态，到内部空间，无一不渗透着自然的灵感，建成后将成为一座国内领先的现代化综合性自然博物馆，并以其对可持续设计概念的贯彻成为绿色建筑的典范。

博世北京力士乐新工厂①

- 设计单位： 中衡设计集团股份有限
  公司
- 主要设计人：薛学斌 程 磊 杨俊晨
  史 宁 郁 捷
- 本文执笔人：薛学斌

作者简介：

薛学斌，注册公用设备工程师，研究员级高级工程师，现任中衡设计集团股份有限公司副总工程师。代表作品：新鸿基苏州环贸广场（310m），苏州中心广场（225m），苏州广电现代传媒广场（214.8m）等。

一、工程概况

本项目位于北京经济技术开发区，北临泰河一街，西临博兴一路，东临新凤河路，南面为泰河二街，为生产减速机产品的机械加工厂房。新建建筑包括 201、202 厂房，203，205，206，207 为附属用房，204 为危险品库、207，217 为门卫房。项目占地面积 80480.8m²，总建筑面积为 70418.81m²。该项目主体建筑为 2 层，局部 3 层办公，为耐火等级二级的丁类厂房。

二、给水排水系统

本项目给水排水系统含以下内容：室内给水系统、热水系统、中水系统、排水系统、雨水收集利用系统、生产工艺用水系统、循环冷却水系统。

1. 给水系统

（1）水源。本工程厂区的生活用水水源为市政自来水，消防水池补水、冷却塔补水和生产用水均采用中水系统。从厂区北侧泰河一街和南面泰河二街的市政给水管上各引入一根 DN200 给水管道，北侧一路进水管上设一个 DN80 的生活水表和一个 DN150 的消防水表，南侧另一路进水管上设一个 DN150 的消防水表。在红线内连成环状。环状管网上每隔 100～120m 设置室外消火栓供火灾时消防取水。另外从市政中水管上引入一路 DN100 的中水管道，设一个 DN80 水表接至消防水池、冷却塔补水箱等。

（2）冷水用水量。全厂用水量详见表 1，水质水压要求见表 2。

---

① 该工程设计主要工程图详见中国建筑工业出版社官方网站本书的配套资源。

全厂用水量　　　　　　　　　　　　　　　　　表1

用水性质	用水定额	使用单位数量	使用时间 (h)	小时变化系数	最高日用水量 (m³/d)	最大时用水量 (m³/h)
生产和办公区生活用水	50L/（人·班）	1325	24	3.0	66.25	8.28
餐厅	20L/人次	1325	4	2.0	26.5	13.25
淋浴用水	60L/人次	1325	3		79.5	26.5
汽车	300L/（辆·班）	20			6	
生产工艺用水			24	2	12.5	1.0
冷却补水1	1.5%Q_h	Q_h=1200m³/h	24		432	18
冷却补水2	1.5%Q_h	Q_h=100m³/h	24		36	1.5
绿化	4L/（m²·d）				计入未预见部分	
生活用水小计					178.25	48.03
生产用水小计					480.5	20.5
未预见水量	10				17.8/48	4.8/2.0
生活用水总计					196.05	52.83
生产用水总计					528.5	22.5

水质水压要求表　　　　　　　　　　　　　　　表2

项目＼用水种类	生产用水	生活用水
水质要求	自来水	自来水
水温	常温	常温
水压	0.25MPa	0.30MPa 左右

综上，本项目生活最大时用水量 52.83m³/h，日用水量 196.05m³/d。生产最大小时用水量 22.5m³/h，日用水量 528.5m³/d。

（3）供水方式及竖向分区。本工程为多层建筑，为充分利用市政余压，一层采用市政直供，二层及以上采用加压变频供水。

（4）给水加压设备。于 PK205 设备房中，一期设一套变频加压生活供水设备（Q=30.0m³/h，H=50m），和一套变频加压中水供水设备（Q=45m³/h，H=50m）。二期增设一套变频加压生活供水设备（Q=45.0m³/h，H=50m）。

（5）生活储水设施。在 PK205 设备房中，一期设一个 20m³ 的成品不锈钢拼装生活水箱和一个 135m³ 的成品不锈钢拼装中水水箱；二期增设一个 50m³ 的成品不锈钢拼装生活水箱。

2. 热水系统

（1）热源选择。本工程热水采用太阳能及其辅助加热系统，于厂房顶设置 240 块太阳能板，每块 2.37m²，共 568m²，每天产热水约 36m³，辅助热源为厂区高温热水锅炉。

（2）厂区热水用水量详见表 3。

热水用水量（60℃） 表 3

用水性质	热水用水定额	使用单位数量	使用时间（h）	小时变化系数	最高日用水量（m³/d）	最大小时用水量（m³/h）
生产和办公区生活热水	5L/（人·班）	1325	24	3.0	6.625	0.828
餐厅热水	7L/人次	1325	4	2.0	9.275	4.625
集中淋浴热水	40L/人次	1325	3		53.0	17.7
热水用水量小计					68.9	23.153

本项目浴室、卫生间和厨房设置集中热水供应系统，热水最大时用水量为 8.6m³/h（60℃），配置容积式热交换器 3 台，每台容积式热交换器 $V = 3.0m^3$，系统设热水循环泵两台，流量为 1.0L/s，扬程为 15m，温度控制启停。热水供应温度为 60℃。部分卫生间热水则采用分散式电热水器提供，每个卫生间设置 40L、1.5kW 电热水器一台。

（3）供水方式及竖向系统分区。本工程淋浴和厨房均采用加压变频供水，热水系统与冷水同源供应。

（4）增压设施。本工程热水供水与冷水同源，接自冷水加压系统。供水系统设置热水循环泵两台，每台流量为 2.0L/s，扬程 15m，温度控制启停。设置太阳能热媒循环泵两台，每台流量为 11.4L/s，扬程 25m，温度控制启停。

（5）热交换器。系统采用储热供热方式，其中储热罐采用容积式热交换器 4 台，不锈钢罐体，每台热交换器 $V = 9.0m^3$，共 $36m^3$，型号为 RV-04-9（0.6/1.0），$V = 9m^3$，$S = 21.4m^2$；供热罐采用容积式热交换器两台，每台热交换器 $V = 7.0m^3$，共 $14m^3$，型号为 RV-04-7（0.6/1.0），$V = 7m^3$，$S = 19.7m^2$。上述交换器均为导流型。

（6）冷、热水压力平衡措施、热水温度的保证措施等。热水供应分区同生活冷水分区，并适当加大热水供水管径，采用低阻力损失的容积式热交换器，使得在用水点的冷热水出水水压基本相同。为提高用水的舒适性，热水主管尽量做到同程布置，合理规划热水管线路径。

3. 排水系统

（1）污废水系统。本工程采用雨污分流、污废合流的排水形式；排水设置专用透气立管及环形透气管，以更好地保证排水顺畅。最大时排水量 43.2m³/h，最大日排水量 160.4m³/d。

（2）雨水排水系统。主要大型厂房钢结构屋面和主要办公区混凝土屋面排水采用虹吸式雨水排放系统，暴雨重现期按 50 年设计，并设置溢流排水系统满足暴雨强度 100 年雨水排水。一些小型屋面或小型雨棚采用重力雨水排水系统。

室外雨水取重现期 $P = 2$ 年，径流系数 $\psi = 0.7$。厂区汇水面积 80500m²，则本项目设计雨水量为 1667L/s，全厂雨水通过两条 D500 和两条 DN600 的雨水管接入厂区北面、南面和西面市政雨水管。

（3）隔油池、化粪池及小型污水处理构筑物。厨房排水单独收集，经隔油器处理后排入室外污水管道，隔油池为埋地式油水分离器 OGA，处理量为 80t/d。PK204 的垃圾房、废水处理间及油品储存库有含油废水排出，故室外设置埋地式油水分离器OGA，处理量为20t/d。由于本区域污水均排放至城市污水处理厂，本工程室外不设化粪池；锅炉房的锅炉有高温废水排放，废水经室外排污降温池处理后排入室外管道。

（4）雨水收集回用系统。本项目室外设置两处雨水收集回用系统，每处收集容量为500m³。雨水收集系统采用拼装式塑料蓄水模块，材质为PP塑料，每处单独设置雨水处理及变频加压设备，供至室外中水供水管网，供项目冷却补水、绿化浇灌、景观补水等。

4. 中水系统

（1）中水水源。本项目中水水源共两个，其一为本项目雨水收集处理回用水，其二为市政中水。中水用于本项目室外绿化浇灌、道路冲洗、洗车和冷却塔补水，水质满足城市杂用水水质要求。

（2）中水回用水量详见表4。

中水回用水量 表4

用水性质	用水定额	使用单位数量	使用时间 （h）	时变化系数	最高日用水量 （m³/d）	最大时用水量 （m³/h）
生产工艺用水			24	2.0	12.5	1.0
冷却补水1	$1.5\%Q_h$	$Q_h=1200m^3/h$	24	1.0	432	18
冷却补水2	$1.5\%Q_h$	$Q_h=100m^3/h$	24	1.0	36	1.5
绿化	4L/(m²·d)	23144m²	8	1.0	92.6	11.6
中水用水总量					537.1	32.1

（3）供水方式及竖向分区。项目为多层建筑，分为一个加压区。中水采用加压变频供水。

（4）水处理工艺。中水水源引自市政中水管。本工程的雨水收集回用系统采用简单网式过滤。

（5）设备选型及水箱容积。绿化浇灌采用市政中水直供，冷却塔补水及生产用水采用加压变频供水。在PK205设备房中设置一个135m³的成品不锈钢拼装中水水箱和一套变频加压中水供水设备（$Q=45m^3/h$，$H=50mH_2O$）。

5. 生产工艺用水系统

本工程厂房生产工艺用水共有3个系统，分别为生产工艺用纯水系统、普通工艺给水系统和工艺循环冷却水系统。

（1）工艺纯水系统。厂区内设有工艺用纯水系统，工艺纯水干管在厂区内设置成环状，管网上每隔6m设置一个预留DN25的接口，便于生产用水连接和方便后期工艺调整。在PK205设备房内设置纯水处理设备，纯水系统产水量为8m³/h，精度为2.0 US/cm。水源为市政自来水，经处理后进入纯水储水箱，纯水储水箱为6m³，然后变频加压供至厂房生产用水。工艺纯水系统考虑设置循环系统，以保证管道内的纯水不因长时间不流动造成水质污染。工艺纯水系统均采用薄壁不锈钢管，卡压连接。

（2）普通工艺给水系统。项目厂区内设有普通工艺生产给水系统，水源来自设备房内生产给水加压变频供水机组，设置原则和管道均与纯水系统相同。

（3）工艺冷却水系统。本项目厂区内设有工艺冷却水系统，用于设备的换热。工艺冷却水循环量400m³/h，管道在厂区内形成环状布置，在环状网上每隔6m设置冷却水供水和回水接头。同时，为保证热处理车间的工艺冷却循环系统不断水，将生产用水和消防用水作为该系统的备用水源，对工艺设施进行紧急冷却。

（4）综合管架。本项目厂房内工艺管线、给水排水、消防、通风、动力、电力等各类管线繁多，因此，在厂房内设置综合管架，所有工艺管线全部敷设在综合吊架上，便于后期使用、增减和维修管线。

6. 循环冷却水系统

（1）空调冷却循环水系统。据暖通专业所提资料，一期空调冷水机组所需冷却水量 $Q=2000\text{m}^3/\text{h}$，二期所需冷却水量 $Q=1200\text{m}^3/\text{h}$。一层冷水机房内共设置冷却水循环泵 9 台（CWP1-1～9），八用一备，每台参数为 $Q=420\text{m}^3/\text{h}$，$H=25\text{m}$，$N=55\text{kW}$。

（2）空压机冷却循环水系统。根据暖通专业资料，共设置 4 台空压机和 3 台干燥机，共 850kW 负荷，采用水冷系统。所需冷却水温度与冷水机组相同，但考虑到所需压力比较大，故独立设置冷却水循环泵。设置冷却水循环泵 3 台（CWP3-1～3），二用一备，变频控制，每台参数为 $Q=60\text{m}^3/\text{h}$，$H=40\text{m}$，$N=11\text{kW}$。

（3）工艺冷却循环水系统。根据业主提供的工艺资料，工艺所需冷却水温度与冷水机组相同，但系统所需压力比冷水机组大，故独立设置冷却水循环泵。设置冷却水循环泵 3 台（CWP2-1～3），二用一备，变频控制，每台参数为 $Q=200\text{m}^3/\text{h}$，$H=40\text{m}$，$N=55\text{kW}$。

（4）冷却塔设置。为节省用水，将冷却水循环使用，仅补充少量蒸发及飞溅损失。三种冷却水系统水温相同，故合用屋顶冷却塔。本设计选用超低噪声方形阻燃型逆流工冷却塔，按湿球温度 26.4℃、进水温度 37℃、出水温度 32℃设计，冷却塔设于 PK205 屋顶，共 9 台，每台流量 $Q=400\text{m}^3/\text{h}$。

（5）冷却水处理。为防止经多次循环后的水质恶化影响冷凝器传热效果，设全自动过滤器连续处理一部分循环水，以去除冷却过程中带入的灰尘及除垢仪产生的软垢。系统还设有杀菌消毒投药装置。

（6）冷却循环水补水。冷却水补水采用中水和本工程雨水收集回用补水，通过变频加压泵组，从水箱处抽水提升后经软水装置处理成软水，然后供至冷却塔集水盘补水，冷却塔集水盘为深水型集水盘。

三、消防系统

1. 消防灭火设施配置

本项目消防系统含以下内容：室外消火栓系统、室内消火栓系统、自动喷水灭火系统、灭火器配置。室外消火栓用水量为 25L/s，室内消火栓用水量为 15L/s，火灾延续时间为 2h；自动喷水灭火系统设计水量为 110L/s，火灾延续时间为 2h。室外采用两路市政供水，消防水池储水量为 900m³，位于 PK205。泵房内设置消火栓和喷淋稳压泵及气压罐，气压罐调节容积分别为：喷淋 6.6m³，消火栓 9m³。系统不设置屋顶高位消防水箱。

2. 消火栓系统

（1）消防用水水源。从南侧泰河二街和北侧泰河一街市政供水管上各引入一路 DN200 管道，在水表井内均分别配置 DN150 消防水表各一个，此两路供水作为本项目消防水源。消防水池泵房位于 PK205 设备房，消防水池有效容积 900m³，分两格。屋顶无高位消防水箱。

（2）室外消火栓系统。室外消防管道在基地内呈环状布置。室外消火栓引自此环网，在基地内沿主要道路按覆盖半径150m，相距间距不大于120m的原则设置。

（3）室内消火栓系统。本工程为多层建筑，消火栓系统不分区。泵房设室内消火栓主泵2台，一电一柴，一用一备。消防泵规格为$Q=15L/s$，$H=55m$。设稳压泵两台（$Q=5L/s$，$H=60m$）和有效调节容积为9m³的气压罐（$\phi2200\times3500mm$）。建筑内消防管道环状布设，消火栓的配置满足室内任何部位都有两股水柱可以到达，水枪的充实水柱为13m。箱内配置$DN65$栓口、$DN65\times25m$衬胶水龙带、19mm喷嘴口以及启动消防泵按钮等。

3. 自动喷水灭火系统

（1）自动喷水灭火系统的用水量。本工程喷淋系统设计水量为110L/s。其中办公区按中危险级一级考虑，设计水量为21L/s，喷水强度为$6L/(min\cdot m^2)$，作用面积160m²，每个喷头最大保护面积为12.5m²。喷头感温级别：办公区68℃，厨房93℃。喷淋用水引自区域喷淋环管，设独立的报警阀和水流指示器。生产区按当时的消防规范可不设自动喷淋系统，现根据业主统一标准要求，考虑到后期的生产功能变化等，生产区设置自动喷淋，设计水量为110L/s，喷淋用水引自区域喷淋环管，并设独立的报警阀和水流指示器。仓库区内设有单双排货架，仓库高度为11m，货架储物高度8.5m，据《自动喷水灭火系统设计规范》GB 50084—2001（2005年版），仓库喷水强度$18L/(min\cdot m^2)$，作用面积200m²，持续喷水时间2h。内设置货架喷头。

（2）系统分区。本工程为多层建筑，消火栓和喷淋系统不设分区。

（3）自动喷水加压泵及稳压设备。按业主要求，系统泵房设喷淋主泵3台，一电两柴，一用两备，其中两台柴油泵均为备用泵，水泵参数为$Q=110L/s$，$H=90m$，同时设置喷淋稳压泵（$Q=1L/s$，$H=100m$）两台和气压罐两个（$\phi2000\times3500mm$），调节容积6.6m³。

（4）喷头选型。办公区及走道喷头：动作温度68℃，$K=80$，其中厨房动作温度93℃；生产区喷头：动作温度68℃，$K=160$；仓库区喷头：动作温度68℃，$K=160$；货架内喷头：动作温度68℃，$K=115$。

（5）报警阀的数量、位置。办公区、生产区、仓库区等各分区分别设置报警阀，报警阀设置在厂房设备机房内，水力警铃引至经常有人的区域。本工程共设置报警阀19组。

（6）水泵接合器的设置。自动喷水灭火系统管路设置消防水泵接合器8套。

4. 手提式灭火器系统

本工程各灭火器配置场所均按中危险级考虑。每个消火栓箱下方和其他需要场所配置MFABC3手提式磷酸铵盐干粉灭火器。贵重设备，变、配电所，发电机房，弱电机房等不宜用水扑救的部位，均加设手提式灭火器。灭火器最大保护距离20m，当最大保护距离超出时，另加设两具MF/ABC3灭火器。

四、管材选择

（1）给水管道：室外生活给水管道球墨给水铸铁管；室内冷热水给水管道$DN100$以上采用不锈钢管，焊接法兰连接；$DN100$及以下采用薄壁不锈钢管，卡压连接。

（2）污水管：室外采用HDPE双壁缠绕管，弹性密封承插连接；室内采用UPVC排水管，胶水粘接，胶水需由管材生产厂家配套提供。

（3）雨水管：室外采用 HDPE 双壁缠绕管，弹性密封承插连接；室内采用镀锌内涂塑钢管，丝接和卡箍连接；虹吸雨水系统采用 HDPE 排水管。

（4）中水管道：室内 DN100 以上采用不锈钢管；DN100 及以下采用薄壁不锈钢管，卡压连接；绿化冲洗水管采用钢丝网骨架 HDPE 复合管，电热熔连接。

（5）消防管道：室外消火栓给水采用球墨给水铸铁管，内搪水泥外浸沥青，橡胶圈接口。室内消防系统小于 DN100 管道采用热浸镀锌钢管（Sch40），丝接；大于等于 DN100 管道采用热浸镀锌无缝钢管（Sch30），卡箍连接。

五、工程主要创新及特点

作为一个工业建筑项目，其总体给水排水和消防设计难度可能没法与大型的综合体或超高层建筑相比，但是作为一个要求相对较高的工业建筑，设计中从细微处入手，充分贯彻精细化设计的理念，最终获得了一个完成度相对较高的作品。

（1）挂墙式坐便器的固定方式。挂墙式坐便器现在已经比较常见，但是对于挂厕支架的深入研究则相对较少。笔者基于多年的设计和使用经验，会同结构设计师一起探讨研究。挂式坐便器均自带水箱专用金属框架，当该框架固定于实墙时，一般不会产生问题；当水箱位于装饰板内时，则往往因设备固定不合理而产生排水接驳管断裂等问题。对此，我们提出了一种特殊加固方式，并获得了实用新型证书（图1）。

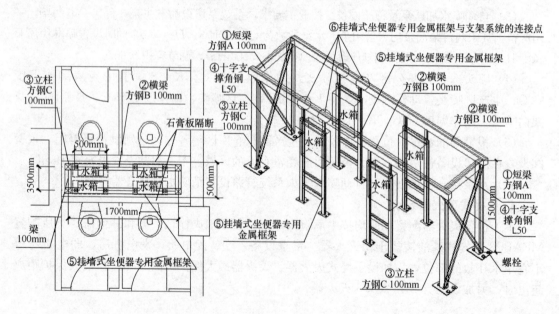

图 1　挂墙式坐便器加固方式

（2）设紧急制冷装置的太阳能热水系统。本工程集中洗浴采用太阳能热水预热加燃气热水炉辅助加热方式。业主对于太阳能热水系统的安全性有很高要求，该系统设有紧急制冷系统，太阳能系统热媒温度过高时开启，这在国内已建太阳能热水系统中很少见（图2）。

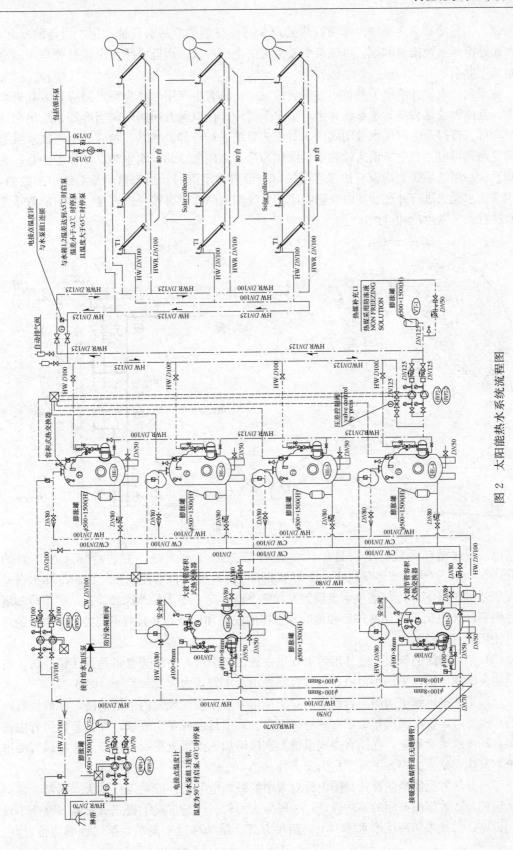

图 2　太阳能热热水系统流程图

（3）工艺冷却应急措施。本项目热处理车间设有工艺冷却水系统，用于设备的冷却。如果此处冷却系统出现问题，可能会引发极大的生产事故，因此必须保证该热处理车间冷却系统不断水。

鉴于此，本设计给出了两重附加保证措施：一是将生产用水作为第二路应急冷却补水水源，具体做法是将冷却水系统和生产供水系统设连接口和常闭阀门，当冷却系统出现故障时，可直接打开生产供水常闭阀门，对工艺系统进行冷却。当然，相应的生产供水泵组需设置两路供电。二是将消火栓供水系统作为第三路应急冷却补水水源。具体做法是，在冷却系统和消防系统上均设有快速连接接口，设置常闭阀门。当工艺冷却系统出现故障，且生产供水无法进行补充冷却时，则将冷却系统和消防系统直接快速连接，利用消防系统用水进行工艺紧急冷却（图3）。

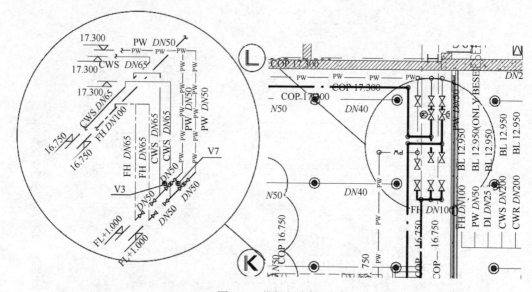

图3 工艺紧急冷却

（4）冷却循环系统。本项目厂区内设有工艺冷却水系统，工艺冷却水循环量约520m³/h，在厂区内形成环状供水。冷却水系统设置电导度自动控制系统控制冷却水自动排放和补水（图4）；冷却塔集水盘设置电加热系统，防止冬天结冰冻裂设备；屋顶冷却塔设置钢平台（图5），方便冷却塔和冷却水管道的安装和检修，并且对不同类型和型号的冷却塔使用没有限制。

（5）室外管线的验收。室外雨污水管道在施工完毕后，为检查管道是否接错，防止管内杂物未清理干净，采用小型机器人进行室外雨污水管道内部安装检查（图6）。

（6）工艺排风管道消防。目前国内对于厂房生产工艺排风管内部的消防，一般没有明确的灭火要求，仅对厨房排烟罩有些特殊要求。本项目参考业主要求，在工艺排风管内设置了自动喷水灭火系统，在原有湿式系统上直接增加一路水流指示器接至工艺排风管喷淋系统，其优点是大大提高了其厂房的安全性（图7）。

（7）分散数据间消防设计。国内针对集中的强弱电间，一般采用气体灭火系统，而对于每层的分散数据服务间的消防设计，一般分为两种：一是仅设手提式灭火器，其余不设任何设施；二是采用高压细水雾。上述两种方式，第一种过于简单，第二种则造价过高。

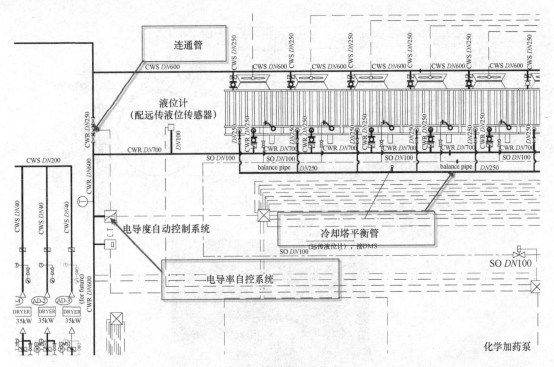

图 4　冷却循环系统

图 5　冷却塔钢平台

图 6　小型机器人检查污水管道

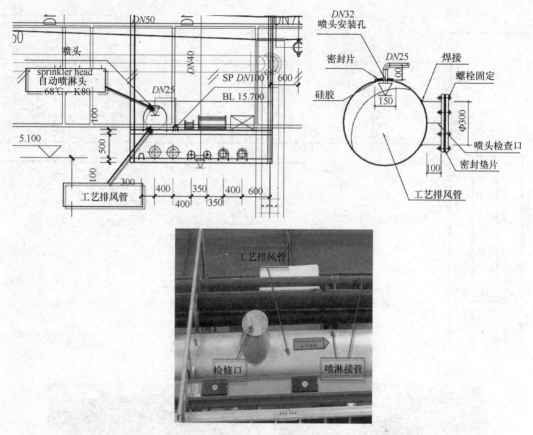

图 7　工艺排风管道消防

本项目业主提出了采用闭式水雾喷头的要求，在原有湿式系统上直接连接特殊的闭式喷头（图 8）。若发生火灾，喷头开放直接喷水雾。它最大的优点是对压力要求并不太高，仅需 0.3～0.35MPa 即可。由于分散式服务间面积均很小，故设置此类喷头对整个系统设计参数影响不大，个别项目仅需增加些系统设计压力即可。

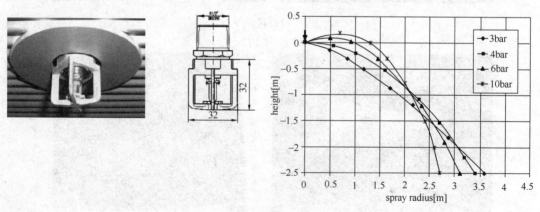

图 8　特殊的闭式喷头